新语说电力基础知识

JIANLUE DIANLI
XINYUSHUO
DIANLI JICHU ZHISHI

肖 登　章 晋 ● 编著

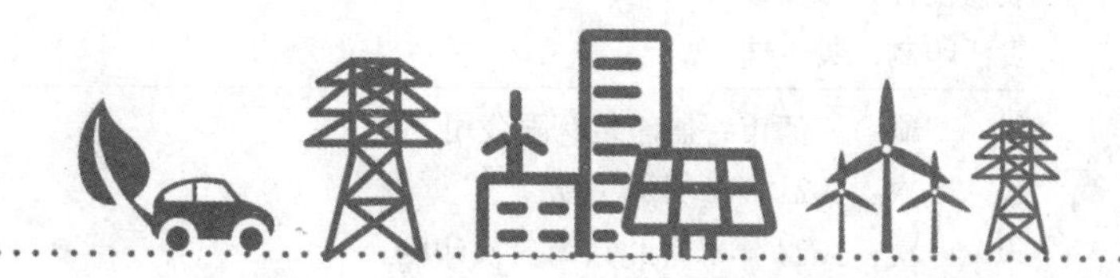

内 容 提 要

本书以创新的手法叙述电力系统基础知识，按电力发展历程和展望以及发电、输配电、变电、电能电机和继电保护等部分展开介绍。每个知识点均以简略韵文引出，然后辅以解析进行详细论述，既便于记忆，又便于理解。

本书内容丰富，叙述深入浅出，既可作为初涉电力行业人员和相关电力专业工作人员的参考书，也可作为一般读者了解电力基础知识的科普读物。

图书在版编目（CIP）数据

鉴略电力：新语说电力基础知识/肖登，章晋编著．—北京：中国电力出版社，2021.5（2023.8重印）
ISBN 978-7-5198-5271-9

Ⅰ.①鉴…　Ⅱ.①肖…　②章…　Ⅲ.①电力工程　Ⅳ.①TM7

中国版本图书馆CIP数据核字（2021）第004825号

出版发行：中国电力出版社
地　　址：北京市东城区北京站西街19号（邮政编码100005）
网　　址：http：//www.cepp.sgcc.com.cn
责任编辑：张富梅
责任校对：黄　蓓　常燕昆
装帧设计：张俊霞
责任印制：吴　迪

印　　刷：三河市百盛印装有限公司
版　　次：2021年5月第一版
印　　次：2023年8月北京第三次印刷
开　　本：787毫米×1092毫米　16开本
印　　张：17.5
字　　数：414千字
定　　价：76.00元

序

“大道至简，衍化至繁”是人们用来形容宇宙万物发展规律的。

作为在电力行业工作三十余年的科技工作者，初拿到本书原稿并先睹为快，看完之后，我很是触动，十分欣慰，万万没想到如此大规模的电力篇章竟能在作者笔下以“诗词”的形式呈现给读者。几遍细品之后，我又有些忐忑，如此别样的专业图书，该如何向读者形容它、推介它呢?

随着中国经济的迅速发展，人民生活水平日益提高，电气技术越趋数字化、智能化。可以说，多年的电力发展史，展示了一门技术学科从无发展到今天的博大精深。说它“博大”，是因为它的影响面之广，无论是穷乡僻壤的山间，还是高楼林立的城市，无不有它的身影;同时涉及领域之众，不仅涵盖了电磁，还囊括了通信、自动化、计算机等一大批相关知识，似乎宽阔得找不到边际;说它“精深”，是因为它所涉及的每个领域都是无数专家、学者共同智慧的结晶，想要彻底说清道明不是一件容易的事，于是想到了简化。对，就是简化，这难道不就是作者的初衷吗?大道至简，衍化至繁，以简驭繁，大道尤然。

本书来自作者多年的学习工作经验，积土为山，积水为海，在写作形式上有所创新。其间作者所付出的辛劳无需细说，在保留专业知识本色的同时还让“诗句”这般顺口、便于理解记忆，着实难能可贵。该书涉及的知识范围广，在略去众多专业理论推导之后，深入浅出地凝炼了整个电力系统基础知识，并将电力发展史与对未来的展望纳入其中，内容引人入胜，既能满足初涉电力生产专业人士之需，也能引起一般读者的科普兴趣，不失为一部优秀的电力作品。特别是其中不乏富有诗意，且将电力知识概括得恰到好处的句子，颇能引人细细回味。如对电力一次设备的描述，“一次设备列为主，目标能源之通路。”对输电网和配电网的区分，“输似动脉通肢体，配遍村户如毛细。”等等，不一而足。

总的说来，该书内容丰富，知识脉络明晰，语句通畅顺口，推荐一读。我相信本书的出版对广大从事电力生产建设或电力科技人员有所裨益，相信广大读者能寓学于乐，从中汲取电力知识，为中国的电力事业作出自己的贡献。

王维洲
2021 年 2 月

鉴略电力

——新语说电力基础知识

自序

伫立于多年电力发展革新的道路上，我们试图寻找出一种既结合文学手法又易于让读者接受的形式来介绍电力基础知识，以消除读者对电力知识相对枯燥、无趣的刻板印象。

2016年底，一次不经意间，想到一部历史书——《鉴略妥注》，其以诗歌形式讲述中华大地重要历史事件，从盘古开天一直写到明末清初，曾一度成为后来入学致仕优选读本。我们想，历史能够以朗朗上口的诗歌写出来，难道电力就不行吗？不行，只是他人罕有涉及罢了；行，却一定是要付出艰辛的。

写作初期，出现了颇多韵律版本，有通篇换韵的《琵琶行》体裁，有单押脚韵的正统七律，有不顾韵律的顺口溜，但都不尽满意。最后定格为“一篇一韵”（当然，中间难免少量换韵）却是因为《西厢记》，以期使读者阅读更为顺口，更易记忆。在每首韵文的后面辅以解释，从而使读者更加清晰、透彻地掌握相关知识扼要和原理。

写作期间，我们一字一句锱铢积累，一篇一章积微成著。尽管想写出更加确切、全面、顺口的篇章，无奈专业知识和章法词句总不易兼得，直至最后仍有个别篇章韵文不甚满意。但还是希望这样一本常识性的电力专业基础书，能使读者对电力知识产生兴趣，常识最有趣，亦最为受用。

你献热血遍榛莽，雨雪风霜汗浸裳。
用尽才略守职岗，苍天为被地为床。
电遍华夏大联网，五陵茅庐映光芒。

我著鉴略简篇章，业内粟犊明理行。
用词切实撮提纲，洞中肯綮句赓扬。
心兼天下系无量，皆入温柔富贵乡。

本书作为一本电力基础科普图书，涉及众多基础性知识，写作过程中参考了部分专业书籍，在此对原作者表示衷心的感谢。

本书主体架构由肖登构想，其中第3、5章由章晋主笔，其余部分由肖登主笔，全书由肖登统稿。在编写后期，王志童参与了书稿的校订，提出了许多宝贵意见，特致谢意。

鉴于知识有限，书中不妥之处在所难免，冀抛砖引玉。不当之处，恳请读者批评指正。

作者于兰州供电公司招待所

2021年2月

鉴略电力

——新语说电力基础知识

目录

序
自序
第1章　过往序章　未来展望……1
1.1　人类文明进步……2
1.2　能源发展划分……3
1.3　电磁理论认识……4
1.4　电工技术发展……11
1.5　分析法则建立……12
1.6　电子技术革新……14
1.7　未来能源与电力发展方向……16
第2章　发电始源　千汇万状……19
2.1　整体概况……20
2.1.1　电力系统概览……20
2.1.2　电机概况……24
2.2　基础知识……27
2.2.1　地球能源之来源……27
2.2.2　能源开发利用分类……28
2.2.3　电力设备分类……29
2.2.4　负荷功率……29
2.2.5　同步发电机……30
2.2.6　隐极同步发电机……31
2.2.7　凸极同步发电机……32
2.2.8　同步发电机的并列运行……34
2.3　火力发电……34
2.3.1　基本概况……34
2.3.2　核心设备与转化过程……35
2.3.3　汽轮机工作原理……37
2.4　水力发电……38
2.4.1　基本概况……38
2.4.2　水电站分类……39
2.4.3　水轮机分类……41

2.5 核能发电…… 44
2.5.1 基本概况…… 44
2.5.2 核辐射处理…… 45
2.5.3 核电结构…… 46
2.5.4 核电运行…… 46
2.6 太阳能发电…… 47
2.6.1 太阳能概况…… 47
2.6.2 光伏发电原理…… 48
2.6.3 光伏阵列…… 49
2.6.4 太阳能热发电原理…… 51
2.6.5 聚光形式概况…… 52
2.7 风力发电…… 54
2.7.1 基本概况…… 54
2.7.2 风能转化理论…… 55
2.7.3 大型风力机结构与参数…… 56
2.8 地热能发电…… 59
2.8.1 基本概况…… 59
2.8.2 发电技术…… 60
2.9 海洋能发电…… 61
2.9.1 海洋能概况…… 61
2.9.2 潮汐发电…… 62
2.9.3 温差发电…… 63
2.10 生物质发电 …… 65
2.10.1 生物质能概况 …… 65
2.10.2 石油植物培育 …… 65
2.10.3 生物质能转化技术 …… 66
2.11 燃料电池发电 …… 67
2.11.1 燃料电池概况 …… 67
2.11.2 燃料电池发电原理 …… 68
2.12 储能与发电 …… 69
2.12.1 飞轮储能概况 …… 69
2.12.2 飞轮储能发展 …… 70
2.12.3 飞轮储能特点 …… 71
2.12.4 抽水蓄能电站 …… 72
第3章 输配林网 迹遍闾巷 …… 73
3.1 输配电线路…… 74
3.1.1 输配线路概况…… 74
3.1.2 输配电线路分类…… 74

3.1.3 架空输电线路组成 …… 75
3.1.4 输电电压等级划分 …… 82
3.1.5 高等级交流电压输电优势 …… 83
3.1.6 直流输电结构 …… 84
3.1.7 直流输电优势 …… 86
3.2 输配电领域常见概念 …… 88
3.2.1 输电线路中各处电压等级的规定 …… 88
3.2.2 输电线路的参数 …… 90
3.2.3 输电线路等效电路 …… 92
3.2.4 电压降落、损耗、偏移 …… 94
3.2.5 集肤效应 …… 96
3.2.6 邻近效应 …… 96
3.2.7 电晕现象 …… 97
3.2.8 沿面放电概念 …… 98
3.2.9 绝缘子的沿面放电 …… 99
3.2.10 输电线路污秽闪络现象 …… 100
3.2.11 提高沿面闪络电压的措施 …… 102
3.2.12 跨步电压 …… 104
3.2.13 绝缘子片数的确定方法 …… 105
3.2.14 绝缘子片数简易计算 …… 106
3.2.15 配电系统的接地形式 …… 107
3.2.16 配电系统接地形式分类 …… 107
3.2.17 配电网与输电网的不同 …… 109
3.3 雷电概况 …… 110
3.3.1 雷电放电概况 …… 110
3.3.2 雷电冲击电压波形 …… 112
3.3.3 伏秒特性曲线 …… 113
3.3.4 绝缘配合 …… 114
3.4 输电线路防雷 …… 115
3.4.1 架空输电线路防雷四道防线 …… 115
3.4.2 装设避雷针（线）情况 …… 116
3.4.3 架空避雷线的保护 …… 117
3.4.4 避雷线架设情况 …… 118
3.5 避雷器 …… 119
3.5.1 避雷器工作概况 …… 119
3.5.2 保护间隙 …… 120
3.5.3 阀型避雷器 …… 121
3.5.4 金属氧化物避雷器(MOA) …… 122

第 4 章　变电升降　试验主场 …… 126
4.1　变压器 …… 127
4.1.1　变压器分类概况 …… 127
4.1.2　变压器主要部件 …… 132
4.1.3　变压器绕组排列 …… 134
4.1.4　变压器损耗和效率 …… 135
4.1.5　变压器等效电路及参数 …… 137
4.2　互感器 …… 139
4.2.1　互感器作用 …… 139
4.2.2　互感器分类 …… 140
4.2.3　电流互感器简识 …… 142
4.2.4　电压互感器简识 …… 144
4.2.5　电子式互感器 …… 146
4.3　高压电气设备 …… 150
4.3.1　非真空下的电弧 …… 150
4.3.2　电弧的熄灭 …… 151
4.3.3　SF_6 气体简介 …… 152
4.3.4　高压断路器（开关） …… 154
4.3.5　隔离开关 …… 157
4.3.6　熔断器 …… 158
4.4　电气主接线 …… 159
4.4.1　主接线概况 …… 159
4.4.2　有汇流母线 …… 161
4.4.3　无汇流母线 …… 168
4.5　绝缘试验 …… 171
4.5.1　绝缘试验概况 …… 171
4.5.2　检查性试验 …… 172
4.5.3　耐压性试验 …… 178
4.6　变电站自动化 …… 184
第 5 章　电能电机　工商日常 …… 186
5.1　电能质量 …… 187
5.1.1　电能质量概述 …… 187
5.1.2　电力系统频率概述 …… 187
5.1.3　频率调整 …… 187
5.1.4　电压中枢点调压概念 …… 189
5.1.5　电压调整的措施 …… 190
5.2　电机 …… 191
5.2.1　直流电机结构（换向式） …… 191

5.2.2 异步电机概况 …… 194
5.2.3 异步电机转差率 …… 196
5.2.4 绕线式异步电动机的启动 …… 198
5.2.5 异步电动机的调速 …… 201
5.2.6 特种电动机 …… 203
第6章 继电保护 安全保障 …… 211
6.1 继电保护基础概念 …… 212
6.1.1 整体概况 …… 212
6.1.2 继电保护基本原理与分析法则 …… 213
6.1.3 基本要求 …… 217
6.1.4 保护分类 …… 219
6.1.5 后备保护 …… 219
6.2 继电保护基本设备 …… 221
6.2.1 微机保护装置 …… 221
6.2.2 继电器概况 …… 223
6.3 电流保护 …… 224
6.3.1 电流保护概况 …… 224
6.3.2 三段式电流保护 …… 226
6.3.3 三段式电流保护评价 …… 229
6.3.4 中性点非有效接地电网中单相接地 …… 230
6.3.5 中性点有效接地电网中单相接地 …… 234
6.4 距离保护 …… 238
6.4.1 距离保护概况 …… 238
6.4.2 阻抗继电器简介 …… 239
6.4.3 三种圆形边界阻抗继电器 …… 240
6.4.4 对距离保护的评价 …… 242
6.5 输电线路纵联保护 …… 244
6.5.1 输电线路纵联保护概况 …… 244
6.5.2 纵联保护的通信通道 …… 245
6.5.3 输电线载波通道 …… 245
6.5.4 微波通道 …… 247
6.5.5 光纤通道 …… 248
6.5.6 高频信号的性质 …… 249
6.5.7 导引线电流纵联差动保护 …… 250
6.5.8 电流互感器的不平衡电流 …… 251
6.6 自动重合闸 …… 252
6.6.1 电力系统故障类型 …… 252
6.6.2 自动重合闸概况 …… 252

6.6.3　单相重合闸 …………………………………………………………… 253
6.6.4　三相重合闸 …………………………………………………………… 254
6.6.5　综合重合闸 …………………………………………………………… 254
6.6.6　不适合重合闸情形 …………………………………………………… 255
6.6.7　重合闸前加速 ………………………………………………………… 256
6.6.8　重合闸后加速 ………………………………………………………… 257
6.6.9　检无压和检同期重合闸 ……………………………………………… 257
6.7　电力变压器保护 ………………………………………………………… 259
6.7.1　故障类型与保护配置概况 …………………………………………… 259
6.7.2　电气量保护（主） …………………………………………………… 259
6.7.3　其他电气量保护（后备） …………………………………………… 263
6.7.4　非电量保护（主）——变压器瓦斯保护 …………………………… 266
参考文献 ………………………………………………………………………… 268

第1章 过往序章 未来展望

人们自己创造自己的历史，但是他们并不是随心所欲地创造，并不是在他们选定的条件下创造，而是在直接碰到的、既定的、从过去承继下来的条件下创造。

——马克思

1.1 人类文明进步

人类文明万世纪，生产用具累更替。①
渔猎时代赖采集，生存本能以充饥。②
农耕时代展身技，石器青铜又铁器。③
工业时代多奇迹，蒸汽电气和信息，④
突飞猛进谓电气，今朝更有新信息。⑤
电气信息互涉及，本册粗括述电力。⑥

解析：

人类文明进步

①人类文明滥觞于原始社会，距今已有百万年之久，它随着人类的生存、演化而向前推进。在这一过程中，一方面人类为了生存、发展、改变，不断地与大自然进行抗争，通过发明创造各种新的、高效的生产工具，促使人类生存方式徐徐更替；另一方面，人类在改变其生存环境的同时，也不断地改变着人类自身，人的体质、思维与认知能力随着生产实践活动的发展而日益发达，进而开始科学领域的初始性创造，一步一步地推进人类文明变革。根据这些特征，可大致将人类文明划分为三个大阶段：渔猎（采集）文明时代，农耕文明时代，工业文明时代。

②**渔猎（采集）文明时代（旧石器时代）**：渔猎时代，人类也许只会使用大自然造就的简单工具，依靠猎取野兽、捕获鱼类、采撷果实或是刨及可食用根茎维持生存。在人类的发展进化史中，这是一段相当漫长的历程，正是因为有了这些逐步进化的原始人类，有了他们生存本能所奠定的第一块基石，才拉开了人类文明发展的序幕。

③**农耕文明时代**（大致包括**新石器时代、青铜时代、铁器时代**）：渔猎时代的发展，使世界人口逐渐增加，一定地域范围内的自然资源数量相对减少，人类依靠原始工具和传统的方法已经难以获得维持其生存所需要的最低数量的食物，于是出现了谋生技能的革命性变革，人类开始利用磨削的石器、木制工具、骨器、弓箭，并将磨削石器缚于棍棒上作为武器等。随后，青铜器及铁器相继出现，使得人类文明进入农耕时代的高潮，人类不仅得以较好生存，还开始利用大自然，改变大自然。

④**工业时代**（大致包括**手工工场时代、蒸汽时代、电气时代、信息时代**）：工业时代是真正科学技术推动革命的时代，是人类凭借聪明才智创造奇迹的时代。人类长期以来众多美好的愿景在这一时代得以实现，如：能使夜如白昼的电灯，能远观千里的雷达，能万里闻声的电话，可日行千里的列车，似腾云驾雾的飞机、具有奔月本领的飞船等的出现。

早年，随着农业时代的向前发展，各地以纺织为代表的手工工场成为工业时代的开端。18世纪，手工业生产方式已经无法满足人类的生产生活需求，英国人哈格里夫斯发明了珍妮纺纱机，瓦特改良了蒸汽机，前者作为工业革命开始的标志，而后者成为整个工业革命的标志。随后诞生的一系列技术革命直接促使手工劳动向动力机器生产转变。

⑤**电气时代**：19世纪晚期，科学技术突飞猛进，新技术、新发明、新理论层出不穷，世界由蒸汽时代进入电气时代。19世纪70年代以后，石油工业、汽车工业、电气工业相继

出现，特别是电动机、发电机、电灯的发明以及远距离输电技术的实现，使得电气工业迅速发展起来。电能渐渐成为人类生产生活中不可或缺的核心资源，主宰着人类生产生活的方方面面，人类的生产生活方式也因时代的不同而发生了重大变化，人类正式进入电气时代。

电气时代发展至今天，渐渐趋于信息化，特别是计算机的普及对整个社会的影响渐而提高到一种无可撼动的地位，这种影响随着社会的进一步发展而进一步增强。其间的信息量、信息传播的速度、信息处理的速度以及应用信息的程度等都以几何级数的方式在增长。新科技革命以电子信息业的突破与迅猛发展为标志，其中包括众多领域，这些各个领域的新技术正在从根本上改变社会经济生活。

⑥**现代社会**：生产技术的各个领域进展日新月异，人类生活的变化翻天覆地。科技的发展使得学科之间交叉、融合得更加密切，学科界限越来越模糊。“你中有我，我中有你”成了当今学科或专业的重要特色。本书主要对电力部分加以概述。

1.2　能源发展划分

文明发展能源记，核心资源渐演替。①
薪柴时代长周期，钻木取火为基始。②
煤炭时代低效率，盛于蒸汽自供给。③
油气时代新格局，工业科技逐兴起。④
电气时代强动力，电力能源内燃机。⑤

解析：

能源发展划分

①自然界中存在的各种具有某种能量的自然资源被称为**能源**。能源随着人类文明的发展而不断地被发现和开发利用，每一种重要新能源的出现又强有力地推动着人类文明向前发展。因此，能源利用的演替进程同人类社会文明发展历程紧紧地联系在一起。人类历史上的核心资源利用占比的演替，更是人类文明与能源发展共同的重要标志。依据能源的利用情况，一般将能源发展历程划分为四大阶段：薪柴时代、煤炭时代、油气时代、电气时代。

②**薪柴时代**：钻木取火是人类在能源利用方面最早的一次科学创新。从利用自然之火到利用人工之火的转变，直接促使了以薪柴作为核心能源的时代到来，这就是人类真正意义上的第一次能源革命，也是人类文明真正意义上的起源时期，成为薪柴时代兴盛的根蒂。这一时期人们过着“刀耕火种”的生活，它的发展与更替历经了相当漫长的岁月。

③**煤炭时代**：随着人类文明的进步以及木材的大量消耗，人类渐渐地发现并开始利用煤炭燃烧来替代木材。到18世纪中叶，蒸汽机的出现直接导致煤炭的大量开采，基本能够自给自足的煤炭供应使蒸汽机的利用盛行于世。1860年，煤炭在世界一次能源消费结构中占24%，1920年上升为62%。从此，人类真正进入煤炭时代。而后，科技的进一步向前推进使人们意识到效率较低且又开采过量的煤炭已无法满足社会发展的需求，进而促使了油气时代的开启。

④**油气时代**：石油、天然气资源的发展，开启了能源利用的新时期。特别是20世纪中叶，美国、中东、北非相继发现巨大的油田和气田，西方国家很快从以煤为主要能源转换为

以石油和天然气为主要能源。1979年，世界能源消费结构的比重是石油占54%、天然气和煤炭各占18%，油、气之和高达72%。进而，工业科技迅猛发展，人文生活百花齐放，世界经济日趋繁荣，世界上许多国家依靠石油和天然气创造了空前的物质文明。

随后，石油资源日益紧缺，油价波动日渐频繁，随之而来的是经济的巨大震荡。因能源危机引发的传统战争和经济战争愈加频繁，世界政治生态发生巨变，导引了科技强国新理念，缔造了人类文明新格局。

⑤**电气时代**：世界科技迅猛发展，人类社会生产力也进一步发展、壮大，新技术、新理念层出不穷。电气时代，能源系统以电力能源为主体，电的应用、内燃机的发明，加速了城市化进程。这一时期，能源系统逐渐转向以电力为主体。世界经济因电而多彩，人类生活因电而绚丽，电气时代必是人类能源发展的重要时代。

1.3 电磁理论认识

电传来，笑颜开，
殊不知源头更在青山外，
偿不尽古今学者多少辛酸债。
科学发展世敬拜，千秋之功举大概。
中华罗盘初领率，七下西洋史册载。①1405
吉尔伯特理论开，地磁静电划时代。②1600
富兰克林引雷电，风筝实验避雷带。③1752
库仑扭秤显能耐，电荷微力量无碍。④1785
伏打电池遍四海，伏特量制由此来。⑤1800
奥斯特君究意外，电流周围磁场在。⑥1820
安培定则右手抬，电流计量用起来。⑦1820
欧姆不甘初失败，真理得认十数载。⑧1827
亨利线圈吸铁块，自感现象匝数改。⑨1829
法拉第君自成才，电磁感应始形态。⑩1831
楞次定律总阻碍，效果反着原因来。⑪1833
高斯韦伯共合作，有线电报观磁台。⑫1833
莫尔斯码通断排，信息传递跨大海。⑬1837
麦克斯韦统学派，电磁通论经典开。⑭1873
电话发明争议在，贝尔通信创时代。⑮1874
爱迪生君灯丝改，延长寿命竹丝代。⑯1879
赫兹潜心电磁波，频率单位因他来。⑰1888
马可尼家丰资财，无线电台商用快。⑱1894
爱因斯坦相对论，量子力学新时代。⑲1905

解析：

电磁理论认识

①1405年7月11日，我国明初永乐三年，三宝太监郑和（约1371～1433年）肩负着

图1-1　航海罗盘

寻找建文帝和宣扬国威的重大任务，第一次下西洋，顺风南下，到达爪哇岛上的麻喏八歇国，比哥伦布第一次航行早了80余年。这一历史事件正是我国航海罗盘、造船技术以及当时综合国力共同作用的结果。航海罗盘在这次下西洋中得到了史籍载录的最实际的应用。2005年，我国为纪念郑和下西洋600年，经国务院批准，将每年的7月11日定为“航海日”，并发行纪念邮票1套3枚，其中一枚命名为“科学航海”，其主图即是航海罗盘，如图1-1所示。

实际上，早在公元前600年左右，希腊与中国古代的文献中都有关于天然磁石吸铁和摩擦琥珀吸引细微物体的记载。最为著名的就是希腊学者泰勒斯有关毛皮与琥珀的描述，我国古代王充在《论衡》中的论述以及郭璞在《山海经图赞》中的解释，以及我国北宋科学家沈括记录的航海用的指南针等。其中在我国具有最悠久的历史实物为**司南**，著名科技史学家王振铎根据春秋战国时期的《韩非子》书中和东汉时期思想家王充写的《论衡》书中“司南之杓，投之于地，其柢指南”的记载，考证并复原勺形的指南器具，如图1-2所示。

图1-2　复原司南

②1600年，英国医生、电磁学研究的先驱者吉尔伯特（William Gilbert，1544～1603年）出版《地磁论》一书，书中指出地球本身就是一块大磁石，并且阐述了罗盘的磁倾角问题，提出了“磁轴”“磁子午线”等概念。吉尔伯特以验电器证明了离带电体越近，吸引力越大，并指出电引力沿直线；他还由希腊文“琥珀”（ηλεκτρου）创造了英文的“电”（electricam）一词；其后，由布朗根据英语语法改为“electricity”。那时候，对科学的主要研究方法为思考，而他主张真正的研究应该以实验为基础，并付诸自己的实践，在这点上，可以说吉尔伯特是近代科学研究方法的开创者。

③1752年夏天，美国科学家本杰明·富兰克林（Benjamin Franklin，1706～1790年）在费城进行了举世闻名的“风筝实验”：在一个雷电交加的雨天，他将用细铁丝作引线的风筝放上天空，引线末端与莱顿瓶（1746年，莱顿大学教授马森布罗克发明了一种存储静电的瓶子，它的原理也由富兰克林提出的正、负电荷概念所解释）相连，一阵闪电过后，他把收集到的“天电”进行放电实验，与摩擦起电产生的“地电”实验结果一致，从而揭开雷电现象的秘密，证明了“天电”与“地电”的性质完全一样。根据这一理论，他将科学理论运用于实践，从而发明了避雷针。

1876年在英国防雷协会会议上，马克斯威尔（J. C. Maxwell）为避免在建筑物上安装避雷针而可能吸引更多的雷云放电，提倡使用避雷带和法拉第笼。这一发展曾为富兰克林所预见，他曾建议在建筑物上装设“沿屋脊的中间线”，即避雷带的最早原型。

注：历史上还有众多科学家做过类似的风筝实验，如1753年7月，俄国科学家利赫曼在实验中不幸遭电击身亡，为科学献出了生命。

④1785年，法国工程师、物理学家查利·奥古斯丁·库仑（Charlse-Augustin de Coulomb，1736～1806年）使用扭秤测量静电力和磁力，建立了著名的**库仑定律**。库仑善于设计精巧的实验装置来测定各个物理量之间的关系，由他发明的扭秤能以极高的精度测出非常

微小的力。库仑定律就是他通过扭秤实验观测并受到牛顿万有引力的启发总结出来的：两个电荷之间的作用力与它们之间的距离的平方成反比，而与它们所带电荷量的乘积成正比。电荷量的单位就是用他的名字“库仑”命名的，符号 C。

⑤1800 年，意大利物理家伏特（Count Alessandro Volta，1747～1827 年）在意大利生理学家伽伐尼（研究“生物电”的先驱，他的发现源于“死蛙运动”）的基础上发明了“伏打电池”。这一历史上的神奇发明是通过铜币、银币和吸墨纸制成“电堆”，可以提供较长时间的连续电流，它的本质是金属的氧化还原反应产生电能。伏打电池的发现不仅为电学研究提供了效果非常好的电源，更是大大促进了电化学的发展，从而使电学的研究由静电扩大到动电。这种电池也是现代化学电池的原型。电动势、电位差、电压的单位“伏特”因此而来，符号 V。

⑥1820 年春天，丹麦物理学家、化学家奥斯特（Hans Christian Oersted，1777～1851 年）主讲一场关于电与磁的讲座，在讲座的实验演示过程中，他意外的发现当把电池与铂丝连通时，靠近铂丝的小磁针产生了轻微的晃动，实验如图 1-3 所示。这一并不显眼的试验现象并没有引起听众的注意，而奥斯特激动非常，经过几个月潜心研究，他最终得出：在通电导线的周围，会发生一种“电流冲击”，这种冲击只能作用在磁性粒子上，非磁性物体是可以穿过的；磁性物质或磁性粒子受到这种冲击时，阻碍它穿过，于是就被带动，发生了偏转。这一结论就是最早的**电流的磁效应**。虽阐述不完全准确，但奠定了电磁学研究的基础，为科学界提供了明确的研究方向。

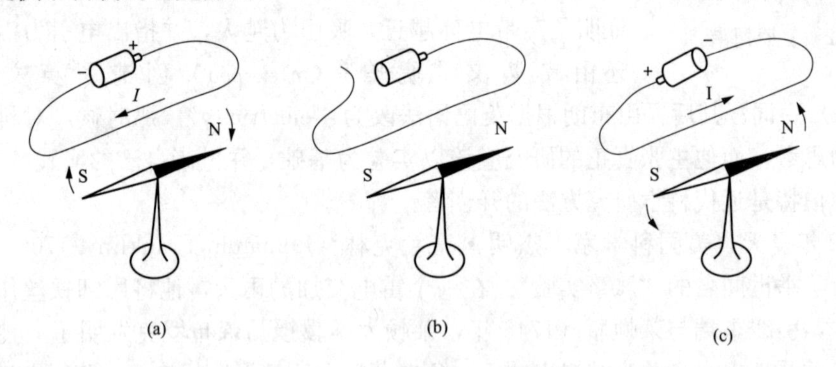

图 1-3 奥斯特实验原理图

（a）通电；（b）断电；（c）改变电流方向

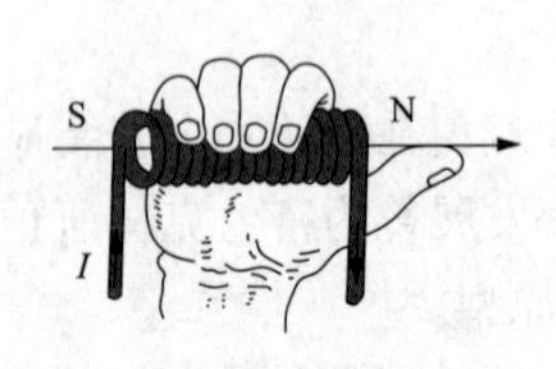

图 1-4 右手螺旋定则

⑦1820 年，奥斯特发现电流磁效应的消息很快引起科学界的广泛重视，法国物理学家安培（André-Marie Ampère，1775～1836 年）也得知了电流磁效应的详细情况，他立即投入全部精力开展电磁理论研究，通过实验验证奥斯特实验的正确性，并提出了电流方向与磁针转动方向关系的**右手螺旋定则**（又称**安培定则**），用来判定电流周围磁场方向，如图 1-4 所示。同时，安培还通过试验发现了两个载流导体相互作用力的规律：电流方向相同的两条平行载流导线互相吸引，电流方向相反的两条平行载流导线互相排斥。安培还发现，电流在线

圈中流动的时候表现出来的磁性和磁铁相似，并依据这一特性创制出了第一个螺线管，在这个基础上他又发明了探测和度量电流的电流计，除此之外，他还提出分子电流假设，提出了电动力学这一说法。他将自己的研究综合在《电动力学现象的数学理论》一书中，成为电磁学史上一部重要的经典论著。电流强度的单位“安培”由此而来，符号A。

⑧1827年，德国物理学家乔治·西蒙·欧姆（Georg Simon Ohm，1789～1854年）发现了电阻中电流与电压的正比关系，即著名的**欧姆定律**，但在他发表这一定律后并没有引起当时科学界的注意，只因为早年他发表了一篇错误结论的论文：1825年，他利用自制的电流扭秤记录实验数据，并根据数据得出一个公式，直到发表之后他才发现自己的公式有误，可惜为时已晚，已经发出去的论文已为人知。急于求成的轻率做法，使他吃尽了苦头，科学家们对他表示反感，认为他是假充内行。等到1827年欧姆定律发表时，科学界并不承认他的新的科学发现，许多人对他还抱有成见，甚至认为定律太简单，不足为信。要知道，当时科学界还没有出现电阻这一概念，人们更是对他的定律感到莫名其妙。这一切使欧姆也感到万分痛苦和失望。直到1831年，有位叫波利特的科学家发表了一篇与欧姆同样的结果的论文，这才引起科学界对欧姆的重新注意。在历经长达十余年后，他终于得到了应有的荣誉。1841年，英国皇家学会授予欧姆科普利金质奖章，并称欧姆定律是“在精密实验领域中最突出的发现”。电阻的单位“欧姆”就是为了纪念他，符号为Ω。

⑨1829年，美国物理学家约瑟夫·亨利（Joseph Henry，1797～1878年），经过潜心研究，对斯特金发明的电磁铁进行设计上的改进，使得体积并不大的电磁铁能吸住近1t的铁块，一举创下纪录。随后，他还进一步对电磁铁进行研究，发现了载流线圈在断电时产生强烈的电火花，即所谓的**自感现象**。在1830年进一步的实验中（实验如图1-5所示），发现改变线圈的匝数，可以改变线圈1和2中电流的大小，这个实验是电磁感应的直观表现，也就是说实际上最早发现“磁生电”现象的是亨利，但是他对这一成果的发表则是晚于法拉第（他的这一项研究直到1832年才正式发表），并且他与法拉第都是独立发现这一现象的，当然，他们的研究重点也存在很大的差异。电感的单位“亨利”就是用他的姓氏命名的，符号H。

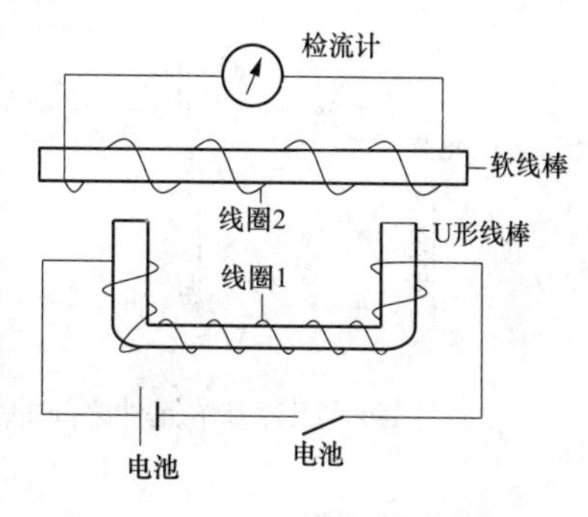

图1-5　亨利实验电路

⑩1831年，英国自学成才的物理学家法拉第（Michael Faraday，1791～1867年），出身于英国一个铁匠家庭，从小生活贫苦，9岁便辍学到文具店当学徒。后自学成才，通过自荐的方式博得化学家汉弗里·戴维（Humphry Davy，1778～1829年，因电解法离析出金属钾和钠而闻名，并发现了一氧化二氮的麻醉作用等）的推荐，顺利进入英国皇家学院实验室，不久后他便取得突破性进展。他做了与亨利相类似的试验（当时亨利的成果还未发表），他发现在两个软铁环上绕有两个相互绝缘的线圈时，将其中一个线圈回路开关断开和接通时会引起另一个线圈附近小磁针发生偏转，即磁生电试验。同年，他通过大量试验归纳出了能产生感应电流的五种情况：①变化的电流；②变化的磁；③运动的恒稳电流；④运动的磁铁；⑤在磁场中运动的导体。他把这种现象定名为“**电磁感应**”。这是一次革命性的突破，由电磁感应提供了产生电能的具体方式，沿用至今。根据这一原理，随后他便制造出了世界

上第一台发电机。而早在1821年，他根据奥斯特发现的“电生磁”原理也制造出了最早的电动机模型。现今，发电机、电动机和变压器都是利用电磁感应原理而制造出来的。除了电磁感应这一最伟大的贡献之外，他还为电学研究提供了众多方法、理论。电容量的单位“法拉”就是为了纪念他而命名的，符号F。

自此，电力专业基础理论的三种基本无源元件已经出现，即电阻、电容和电感。这三种基本元件组成了可实现各种功能的电路。其中，电阻是消耗电能的元件，它能将电能转化成为热能、光能或机械能等；而电容与电感是记忆性元件，电容依赖其储存电场能量的特性实现记忆功能，电感依赖其储存磁场能量的特性实现记忆功能。

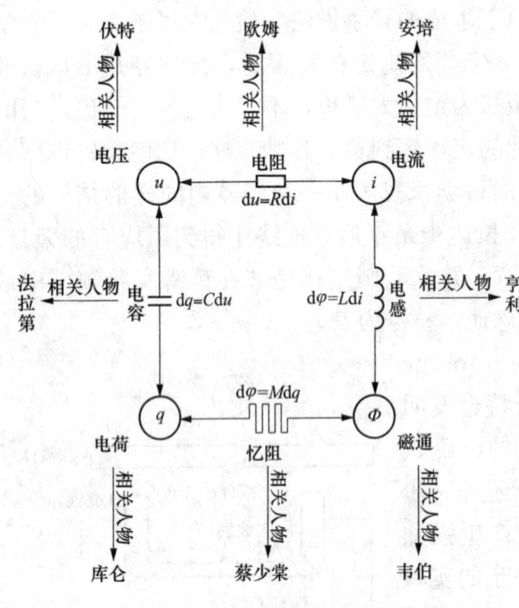

图1-6 四种基本元件之间的关系

1971年，华裔科学家蔡少棠在研究电荷、电流、电压和磁通之间的关系时，推断除上述三种基本原件之外，还应该存在另一种电路基本元件——忆阻器，并在《忆阻器：下落不明的电路元件》论文中提供了它的原始理论架构，推测它具有天然的记忆能力，即使电源中断也不会发生改变。这一理论论断直到2008年才被美国惠普公司的研究人员证实。四种基本元件之间的关系如图1-6所示。

⑪ 1833年俄国物理学家楞次(H. F. E. Lens，1804～1865年）在《论动电感应引起的电流的方向》论文中宣布发现了关于电磁感应现象的基本定律，指出感应电流的方向是使它所产生的磁场与引起感应的原磁场的变化方向相反，即**楞次定律**。楞次定律的表述可归结为：感应电流的效果总是反抗引起它的原因。如果回路上的感应电流是由穿过该回路的磁通量的变化引起的，则楞次定律可具体表述为：感应电流在回路中产生的磁通总是阻碍原磁通量的变化。

楞次的这一发现，使之前奥斯特、安培发现的电流对磁铁或另一带有电流的导线的作用定律和法拉第发现的电磁感应定律合并成一个定律，而这个定律也就是普遍的能量守恒和转化定律的一种形式。

除此之外，于1842年，楞次和焦耳几乎同时各自独立地发现了电流热效应的规律，即**焦耳-楞次定律**。在此基础上，楞次还定量地比较了不同金属线的电阻率，确定了电阻率与温度的关系，并建立了电磁铁的吸力正比于磁化电流二次方的定律。

⑫1833年德国著名的数学家、天文学家高斯（Johann Carl Friedrich Gauss，1777～1855年）与物理学家韦伯（Wilhelm Eduard Weber，1804～1891年）共同建立了地磁观测台，并构建了有线电报的雏形。高斯和韦伯一起从事电磁学的研究，他们以伏打电池为电源，构造了世界上第一台电报机，设立地磁观测站。韦伯画出了世界第一张地球磁场图，而且定出了地球磁南极和磁北极的位置。为了纪念他们的功绩，磁感应强度单位命名为“高

斯”（符号 Gs），磁通量单位命名为“韦伯”（符号 Wb）。

⑬1837 年，莫尔斯（Samuel Finley Breese Morse，1791～1872 年）电码（也称莫斯密码）的出现，彻底改变了有线电报格局。早在 1820 年奥斯特发现电流的磁效应后，安培就曾提出可以利用电流使指针偏转的动作来传递信息。1829 年俄国外交家斯契林制成用磁针显示的电报机；1830～1833 年间，高斯、韦伯建立了电报系统，但都因诸多不利因素，没有推广至社会。直到 1837 年英国青年科克和物理学家惠斯通制成双针电报机，才在社会上得以流行使用，但这种电报机有一个致命弱点：只能传送“有”和“无”两个信息。同年，莫尔斯运用电流的“通”“断”“长断”的不同组合来代替文字进行传送，即常听闻的短音“嘀”与长音“哒”以及对应的符号“.”和“—”，并把这样的信息传递到了 10mi（1mi＝1.6km）远的地方，这就是著名的**莫尔斯电码**。有线电报机原理如图 1-7 所示。1843 年在美国政府的资助下，莫尔斯逐步改进电报机，最终于 1856 年实现了从英国到美国之间的越洋通报。现今这一电码仍有众多使用场合，如 SOS 国际莫尔斯求救信号表示为“… — — — …”，即所谓的“三短三长三短”，人们往往可以通过灯光的亮暗组合、声音的长短组合等来向外界发出求救信号。

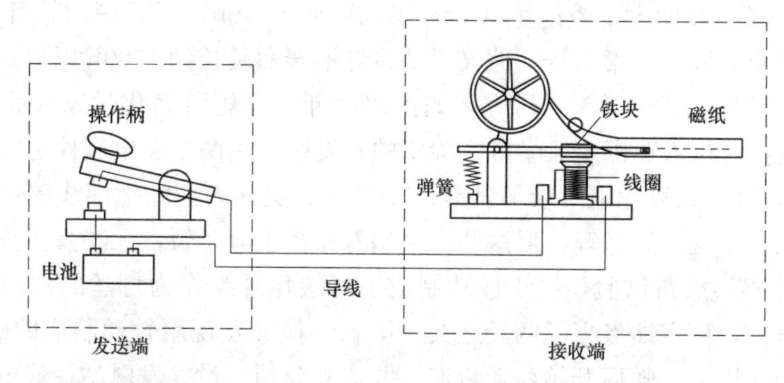

图 1-7 有线电报机原理

⑭1873 年英国数学家、物理学家麦克斯韦（James Clerk Maxwell，1831～1879 年）出版了电磁场理论的经典著作《电磁通论》。该书全面总结了前人的研究成果，并从数学角度证明了电磁场基本方程组解的唯一性，从而建立了完整的电磁学理论派系。《电磁通论》是一部可以同牛顿的《自然哲学的数学原理》、达尔文的《物种起源》和赖尔的《地质学原理》相提并论的里程碑式的自然科学理论巨著。麦克斯韦的电磁场理论使物理学的理论基础产生了根本性变革，他把原先相互独立的电学、磁学、光学相结合起来，使 19 世纪的物理学完成了一次重大综合。更为人们所熟知的是，他在 1865 年提出的电磁场基本方程组，后经德国物理学家赫兹和英国电气工程师赫维赛德整理成为著名的**麦克斯韦方程组**。除此之外，麦克斯韦还预言了电磁波的存在（后被赫兹通过试验证实），并推导出电磁波的传播速度等于光速，揭示了光的电磁本质等。在麦克斯韦去世后的 20 多年，著名物理学家爱因斯坦几乎推翻了整个经典物理学，而麦克斯韦方程组依然保持不变。

⑮电话的发明者到底是谁，一直有争议，贝尔、梅乌奇还是格雷，但不可否认的是，他们三位在对电话的发明、改进以及推广应用上都作出了相应的不可磨灭的贡献。

1876 年，亚历山大·贝尔（Alexander Graham Bell，1847～1922 年）获得电话发明专

利权（在他递交专利申请书后几个小时，格雷的与之相差不大的电话专利申请书也刚好到达专利局，专利权判为贝尔。为此两者经历了长达数十年的诉讼）。1878 年贝尔电话公司成立，开始架设电话线，使人类正式进入电话通信时代。

另据资料记载，早在 1860 年，安东尼奥·梅乌奇（Antonio Meucci，意大利人，1808～1889 年）把瘫痪在床的妻子的卧室和他自己的工作室用自己设计的“电话机”连接起来了，以方便妻子随时的呼唤，并在纽约的意大利语报纸上发表了关于这项发明的介绍。但是，英语水平不高的梅乌奇难以融入美国主流社会，得不到应有的认可。更不幸的是，他在一次乘坐蒸汽船时被严重烧伤，穷困潦倒的他，甚至无法为“电话机”支付 250 美元的终身专利费。1871 年，梅乌奇只得申请了一项需要一年一更新的电话专利权，三年后这一专利权因他无力支付费用而中止。又两年后，贝尔获得了电话机的专利，梅乌奇曾提起诉讼，就在案子有希望获胜时，他却于 1889 年溘然长逝，诉讼随之而中止。

电话的发明者还曾经一度被认为是格雷（Elisha Gray，1835～1901 年）。格雷也是一名资深的发明家，他一生拥有 70 多项专利，同时也是成功的实业家，创始了西电公司（Westen Electric），后被西联收购。

⑯1879 年，美国发明大王爱迪生（Thomas Alva Edison，1847～1931 年）成功地把灯泡的寿命延长至 40h 以上，第二年，他又成功将灯泡寿命延长到 1000h 以上。在此之前，已经有多位科学家对灯泡进行了深入研究，如：1810 年，英国著名化学家汉弗里·戴维（法拉第就是受他的推荐进入英国皇家学院实验室的）发明了用两根通电碳棒之间发生的电弧来照明的“电烛”，这可以算作电灯最早雏形；1860 年，英国人斯旺把棉线碳化后做成灯丝装入玻璃泡里，制成了碳丝灯泡等，但这些灯泡的寿命都十分短暂，无法真正投入使用。直至 1879 年，爱迪生经过大量试验，终于成功制成了以碳化纤维作为灯丝的白炽灯泡，称之为“碳化棉丝白炽灯”，稳定地点亮了两天之久。第二年他又发现用竹丝制成的碳丝更加耐用，可持续点亮 1000h 以上，随后开始商业量产，并成立公司、设立发电站、输电网等相应基础设施，很快使电灯的身影遍布美国，直至 1907 年乌丝灯泡的出现才真正让竹丝灯退出历史舞台。

⑰1888 年，德国物理学家赫兹（Heinrich Rudolf Hertz，1857～1894 年）设计制作了电磁波源和电磁波检测器，通过实验检测到电磁波，测定了电磁波的波速，并观察到电磁波与光波一样，具有偏振性质，能够反射、折射和聚焦。1889 年，赫兹明确指出，光是一种电磁现象。随后，他还研究了紫外光对火花放电的影响，发现了**光电效应**，即在光的照射下物体会释放出电子的现象。这一发现，后来由爱因斯坦通过理论推导予以解释并成为爱因斯坦建立光量子理论的基础。1960 年第 11 届国际计量大会确定把频率的单位定为“赫兹”，即是为了纪念他，符号 Hz。

⑱1894 年，意大利发明家伽利尔摩·马可尼（Guglielmo Marconi，1874～1937 年）在无线电发射试验上取得初步成功，不断增大发射功率。在当时更加重视技术的英国政府的支持下，1899 年，他在英国南福兰角建立了一个无线电报站，用来与对岸相距 50km 的法国通信。马可尼家境富裕，他虽然没有上过大学，但经常在父亲的私人图书馆中博览群书，其父更是把当时意大利有名的学者请到家中指导他的物理学习，在此期间，他深受麦克斯韦、赫兹等人的著作影响，在父亲的支持下，他开始在自家的庄园中从事各项试验，成功实现短

距离无线传输，而后获得英国政府的大力支持，飞速发展。马可尼一度被人们称为“无线电之父”。

无线电方面还有几位较为有名的科学家，如俄国发明家波波夫、美籍南斯拉夫发明家尼古拉·特斯拉等，他们都是独立地对无线电技术进行了深入研究，并为无线通信做出了相当大贡献。

⑲1905年，犹太裔物理学家阿尔伯特·爱因斯坦（Albert Einstein，1879～1955年）发表量子论，提出光量子假说，解决了光电效应问题，并独立而完整地提出狭义相对性原理，开创物理学的新纪元。1915年，提出“广义相对论”引力方程的完整形式。1921年，爱因斯坦因光电效应研究而获得诺贝尔物理学奖，他的研究推动了量子力学的发展。他一生发表了大量的学术文章，以全新的理念以及预想解决了科学界众多相互矛盾的问题，揭示了在高速和强引力场条件下的奇妙规律，提出了相对时空观，统一了质能关系，奠定了核物理、高能物理以及现代宇宙学的基础，开创了现代科学技术新纪元，被公认为是继伽利略、牛顿以来最伟大的物理学家，人们甚至把他称之为“整个世纪的大脑”。

1.4 电工技术发展

西门子甫去永磁，直流发电自激式。①1866
格拉姆改模型机，压高流稳显价值。②1870
爱迪生君竭毕力，直流商化成体系。③1882
乔治威斯汀豪斯，推引交流发电机。④1885
多布罗沃利斯基，三相交流初开辟。⑤1888
特斯拉者共砥砺，电流之战终胜利。⑥1890

解析：

鉴略电力之电工技术发展

①1866年，德国物理学家、实业家维尔纳·冯·西门子（Ernst Werner von Siemens，1816～1892年）发明了**自激式励磁直流发电机**，它是用电磁铁代替永久磁铁，即利用发电机自身产生的一部分电流向电磁铁提供励磁电流，使发电机的功率大大提高。除此之外，他还在电报机的实用性、地底电缆、电气化铁路、炼钢工艺等众多领域提出了自己的新见解，并推动它们的发展。当今世界电子电气工程领域著名的西门子股份公司，就是他在1847年创办的，该公司最初是致力于刚刚兴起的电报服务公司，他也在此期间对电报机和与之相关的传输线路的革新与改进作出了重大贡献。为了纪念他的杰出贡献，国际电工会议将电导单位定为“西门子”，符号S。

②1870年，法国籍比利时电气工程师格拉姆（Gramme Zénobe Théophile，1826～1907年）发明了实用的**自激直流发电机**。他对早期的发电机模型进行改进，用叠片式环形电枢在上下两个磁极间旋转，并采用金属换向器。由于他设计的发电机电压高、电流稳定，输出功率大，具有很高的实用价值，因此很快受到重视。

③1882年，正值爱迪生改进电灯后的辉煌时期，他又倾尽全力在美国建成第一个商业

直流发电厂——纽约珍珠街火电厂。其后，他又建立了威斯康星州亚普尔顿水电站，完善了初步的电力工业技术体系。随着人们对电能需求的显著增加和用电区域的逐步扩大，在当时技术还不先进的情况下，直流发电、供电系统表现出电能生产成本高、供电可靠性低、输电距离短等缺陷，爱迪生不得不每隔一段距离就建立一座发电厂，以维持线路电压。然而，此时正在爱迪生公司任职的尼古拉·特斯拉认为向用户供电，交流电应该比直流电更好，并表示自己可以制造出交流发电机，不过爱迪生不同意特斯拉的观点，他认为直流电比交流电更好而且更安全。

④1885年，美国发明家、工业家乔治·威斯汀豪斯（George Westinghouse，1846～1914年）进口了一套由戈拉尔和吉布斯设计的变压器以及由维尔纳·冯·西门子设计的交流发电机，在匹兹堡建立交流电网。1886年，他创办了西屋电气公司并购买了尼古拉·特斯拉的交流电相关专利，在美国推广交流电机发电与交流输电。此时正值爱迪生与交流电支持者间进行**“电流之战”**时期，由于特斯拉认为交流电更适用，便离开了爱迪生公司而加入威斯汀豪斯的企业，他在威斯汀豪斯的企业大展身手，对整个交流电系统进行创新设计和科学试验，使得交流电得到进一步发展。威斯汀豪斯在涉足电力业务之前，他所发明的空气制动器改善了整个铁路行业运输的安全性，他因此而聚集大量财富，并开始极力推引和斥资研发交流电系统，在漫长的竞争中最终胜利。

⑤1888年，俄国工程师多布罗沃利斯基（Mikhail Dolivo-Dobrovolsky）发明了**三相交流制**。次年，三相交流电由试验到应用取得成功。不久三相发电机与电动机相继问世，这就为三相交流电在世界上普遍应用奠定了基础。1891年，德国劳芬电厂安装了世界第一台三相交流发电机，并建成第一条三相交流输电线路。从此电能在工业中的应用得到迅速扩张，并逐步取代蒸汽等动力源。

⑥1890年，在美籍南斯拉夫发明家、电气工程师尼古拉·特斯拉（Nikola Tesla，1856～1943年）、威斯汀豪斯、多布罗沃利斯基等交流支持者的共同努力下，交流输电逐步得到发展与应用，逐步建成商业规模的交流供电系统。实践证明，在当时技术条件下，交流发电、输电都有更多的优势。除此之外，1888年，特斯拉发明了两相异步特斯拉电动机；1891年，他申请了“特斯拉线圈”专利，并以此造出了“人造闪电”。当今电动汽车“特斯拉”的取名就是借用了他的名字，以表示对他的敬仰和纪念。为了纪念特斯拉，国际计量大会确定以特斯拉作为磁感应强度的单位，符号T。

1.5 分析法则建立

基尔霍夫基础奠，闭合回路与节点。①1845
开尔文研信衰减，动态理论初步建。②1855
傅里叶者函数展，无穷级数正余弦。③1882
赫维赛德暂态阐，运算法则为经典。④1887
斯坦梅茨简计算，相量法则头带点。⑤1893
拉普拉斯立变换，微分方程得化简。⑥1779
福蒂斯丘对称变，正负零序三量添。⑦1918

诺顿延展戴维南，等效变换带阻源。⑧1926

解析：

分析法则建立

①1845年，德国物理学家基尔霍夫（Gustav Robert Kirchhoff，1824～1887年）提出了两条任意时刻、任意电路皆满足的定律——闭合回路内的电压定律和节点处的电流定律，为电路理论研究奠定基础。闭合回路内的**电压定律**（KVL）：任何时刻电路中任意一个闭合回路的各元件电压的代数和为零；节点处的**电流定律**（KCL）：任何时刻电路中任意一个节点的各条支路电流的代数和为零。1847年，他又证明了在复杂电路中，根据前述两条定律所列出的独立方程个数，正好等于电路的支路电流个数，恰好满足对给定电路方程的求解要求。

②1955年，英国物理学家威廉·汤姆逊（William Thomson，1824～1907年，亦名开尔文，热力学之父，**“绝对温标”**的提出者）通过研究海底电报电缆传送信号衰减的现象，构建了以电容、电阻组成的梯形电路作为长距离电缆的等效电路模型，并运用振荡频率与R、L、C参数之间的关系（这一理论是他在1853年分析莱顿瓶放电机理时推导出的电路振荡方程），得出了电报信号经过长距离传送而产生衰减、失真的原因，解决了当时一大难题。由此建立了动态电路理论分析的基础。

③1882年，法国数学家傅里叶（Jean Baptiste Joseph Fourier，1768～1830年）发明的以他的姓氏命名的级数和变换在电学分析中得到实际应用。**傅里叶级数**：任何周期函数都可以用正弦函数和余弦函数构成的无穷级数来表示。这一理论成为19世纪乃至当今分析电力问题时的重要依据，在电力系统暂态分析中更是必不可少，如运用傅里叶级数对电力系统周期分量进行分解，从而得到多次谐波。傅里叶变换是一种分析信号的方法，它可分析信号的成分，也可用这些成分合成信号，它不仅可以处理周期函数，也能处理非周期函数。实际工程中许多波形（如正弦波、方波、锯齿波等），可作为信号的基本成分，傅里叶变换用正弦波或余弦波作为信号的基本成分。

④1887年前后，英国物理学家、电气工程师赫维赛德（Oliver Heaviside，1850～1925年）提出了求解暂态过程的**“运算法”**。早先，求解动态电路采用**时域法**，这种方法随着电路中储能元件的增加而变得复杂无比。经过不断的探索，赫维赛德引入微分算子，将微分方程转换为普通代数方程，然后进行演算。这一方法既方便又有效，然而他并没有寻求这一方法的严密论证。直至近30年后，人们在拉普拉斯的理论论著中找到了与之相当的“拉普拉斯变换”。

赫维赛德也是一名自学成才的物理学家，他在16岁时因身体原因辍学，但他始终没有放弃学习。1880年，他在研究电流的集肤效应时，首先改写了较为复杂的麦克斯韦方程组。1887年，赫兹再度对麦克斯韦方程组进行整理和改写，使之成为电磁学上举足轻重的重要等式。1911年，赫维赛德又提出正弦交流电路中阻抗的概念，分析出阻抗也是一个复数，其实部是电阻，虚部是电抗。

⑤1893年，德国出生的美国发明家、电气工程师斯坦梅茨（Charles Steinmetz，1865～1923年）创立了简化计算交流电路的实用方法——**相量法**。它利用被称为相量的复数代表

正弦量，将描述正弦稳态电路的微分（积分）方程变换成复数代数方程，在相同频率下，它可以将正弦量的加、减运算转化为复数的加减运算，从而大大简化电路的分析和计算，并且其过程可以用图解法来完成。此种方法直观、易懂，直至今日仍是分析正弦交流电路的重要方法。

早年，美国通用电气公司发现斯坦梅茨在电学研究上有过人的天赋，欲将他招入自己公司却遭到斯坦梅茨拒绝，通用电气公司为让他为自己公司效力而将其所在的整个公司收购。进入通用电气公司后的斯坦梅茨不负众望，研制出了高压发电机、高压电容器、避雷器等一系列产品。

⑥1812 年，法国数学家、天文学家拉普拉斯（Pierre-Simon Laplace，1749～1827 年）在《概率的分析理论》一书中提出“积分变换法”，习惯称之为**拉普拉斯变换**。这一变换法则的运算过程与几十年后赫维赛德在解决电路问题时提出的“运算法”十分相似，正好填补赫维赛德的理论论证。因拉普拉斯提出这一理论在先，而赫维赛德将它运用于动态电路的求解在后，所以人们后来习惯上将电路中的“运算法”称为“拉普拉斯变换”，而将转换后的电路称之为“运算电路”。

⑦1918 年出生于美国纽约的加拿大籍电气工程师福蒂斯丘（Charles LeGeyt Fortescue，1876～1936 年）提出了**对称分量法**，即用数学的方法将本来不平衡的三相电路化为三相对称电路进行分析，其基本表述为：任何三相不平衡的电流、电压或阻抗都可以分解成为三个平衡的相量成分，即正序、负序和零序。其正序大小相等，角度顺时针相差 120°。负序大小相等，角度逆时针相差 120°。零序大小相等且方向相同。这三个序分量的实质是虚构出来的，但也确是可分解出的量，分解后便于对电路加以分析。这一方法至今仍是分析三相交流电机、电力系统不对称运行的最常用的方法。

⑧1926 年，美国电机工程师爱德华·劳笠·诺顿（Edward Lawry Norton）提出**戴维南定理**的第二种形式，被称之为**诺顿定理**。戴维南定理是早在 1883 年，由法国电气工程师戴维南（Léon Charles Thévenin，1857～1926 年）提出的，其指出任意一个含源一端口，其端口的电压 U 和 I 呈线性函数关系时，可以等效变换（简化）为一个带内阻的电压源。具体表述为：一个含独立电源、线性电阻和受控源的一端口，对外电路来说，可以用一个电压源和电阻的串联组合等效转换，此电压源的激励电压等于一端口的开路电压，电阻等于一端口内部全部独立电源置零后的输入电阻。诺顿对它进行延伸后，得出诺顿定理：任意一个含源一端口，其端口的电压 U 和 I 呈线性函数关系时，可以等效变换（简化）为一个带内阻的电流源。这两个定理因所研究的问题相同，并且对外可以相互转化，后被人们统称为等效电源定理，其在电路简化分析中占有重要地位。

注：在电工理论领域，还有众多较为经典的分析方法，如：电路理论中以电力拓扑为基础的特勒根定理，电力系统中计算潮流的 $P-Q$ 分解法，研究同步电机方程的 $d-q$ 变换法，以及在电力系统计算中应用广泛的高斯消去法等，不再一一论述。

1.6 电子技术革新

图灵标准测智能，计算逻辑初奠定。①1936

二战爆发需强军，弹道控制译码令。②1939
冯·诺依曼研计算，埃尼阿克得诞生。③1946
晶体管件材电省，计算速度万倍升。④1948
集成电路性能高，飞速发展至如今。⑤1958

解析：

电子技术革新

①1936年，英国数学家、计算机科学的先驱者阿兰·图灵（Alan Turing，1912～1954年）的研究成果——数理逻辑和计算理论为计算机的诞生奠定了基础。许多人工智能的重要理论也源自这位伟大的科学家，如他提出了人工智能的重要衡量标准——**图灵测试**。他还提出了一种能代替人工进行运算的抽象机器模型，也就是著名的图灵机。在后来第二次世界大战期间，他更是为英国军方作出了巨大贡献，并获得“不列颠帝国勋章”，人们为了纪念这位伟大的科学家，将计算机界的最高奖定名为“图灵奖”。

②1939年，第二次世界大战爆发，各国出于军事需要，纷纷投入大量资金和专家进行快速运算技术的研究，以解决当时计算导弹弹道轨迹困难、破译敌方报文困难等问题，这是促使计算机诞生的直接原因。图灵也应时代需要参与到了破译纳粹密码的工作中，并在破译著名密码系统——恩尼格玛密码机（Enigma Code）上作出了重要贡献。冯·诺依曼（John von Neumann，1903～1957年）则是因原子弹弹道的计算问题而开始投入到计算机的研究之中，并大获成功。

③1946年，“埃尼阿克（ENIAC）”计算机诞生，从此正式打开计算机科学大门。1944年，时任弹道研究所顾问、正在参加美国第一颗原子弹研制工作的美籍数学家匈牙利人冯·诺依曼带着原子弹研制过程中遇到的大量计算问题，加入到计算机研发小组中，并解决了计算机研发过程中的许多关键性问题。冯·诺依曼在此过程中不仅采用了二进制代替十进制运算，更是初步形成了现代电脑体系结构，他也因此而获得“电子计算机之父”的桂冠。

④1948年，美籍物理学家肖克利（William Shockley，1910～1989年）、布拉顿（Walter Brattain，1902～1987年）、巴丁（John Bardeen，1908～1991年）在贝尔电话公司实验研究所共同发明了**晶体管**。晶体管的出现使计算机的发展向前迈进了一大步，彻底取代早期体积庞大、耗电量惊人的电子管。晶体管计算机不仅体积小、重量轻、耗电省，而且运算速度提升到每秒几十万次。1956年，他们三人因发明晶体管共同获得诺贝尔物理学奖。1957年巴丁因提出低温超导理论（BCS理论），再次获得诺贝尔物理学奖。

⑤1958年，美国德州仪器工程师基尔比（Jack Kilby，1923～2005年）与诺伊斯（Robert Noyce，1927～1990年）共同发明了集成电路，使计算机运算速度大幅提升，体积减小、成本大幅下降，从此计算机进入普及阶段。1965年戈登·摩尔（Gordon Moore，1929～）提出著名的“**摩尔定律**”：当价格不变时，集成电路上可容纳的元器件的数目，约每隔18～24个月便会增加一倍，性能也将提升一倍。

1968年，诺伊斯与戈登·摩尔共同创立了当今著名的半导体芯片公司“intel”。一直到2010年，摩尔定律才得以减缓，当前的电子元件集成已经达原子级别，以当前技术模式想要再次翻倍已经十分困难。

1.7 未来能源与电力发展方向

世界能源之现状，传统能源渐紧张。①
环境污染碳排放，气候变暖海水涨。②
解决能源诸问题，清洁能源代过往。③
清洁能源可持续，风水生物与太阳。④
天然分布不均衡，一极一道分布广。⑤
新型技术核聚变，燃料氘氚自海洋。⑥
电能主导大方向，清洁高效无排放。⑦
直流技术微电网，远可供外近自享。⑧
储能技术渐发扬，充快放久寿命长。⑨
超导输电高压网，能源高效构坚强。⑩
海底电缆装备良，跨河跨江再跨洋。⑪

解释：

未来能源与电力发展方向

①自工业化以来，世界能源工业飞速发展，有力支撑了全球经济与社会发展。然而，在这一过程中，随着传统化石能源的大量开采使用，资源紧张、环境污染、气候变化等问题日益突出，严重威胁着人类的生存和可持续发展。

②与此同时，大量化石能源在生产、运输、使用的各环节对空气、水、土壤等均造成严重污染和破坏，化石能源燃烧产生的二氧化碳已经成为导致全球气候变暖、冰川消融、海平面上升的重要因素。

③为统筹解决因发展需求带来的能源与环境问题，突破当前非可持续发展基本形态，清洁电力成了将来发展的必然趋势，其具体可以细化为清洁发展的可持续和电力主导的可持续。

④⑤在能源开发上，采用以清洁能源代替化石能源，走低碳绿色发展道路，逐步实现从化石能源为主、清洁能源为辅向清洁能源为主、化石能源为辅转变。全球清洁能源资源丰富，水能、风能、太阳能等清洁能源属于可再生能源，取之不尽，用之不竭，年理论可开发量超过 150 000 万亿 kWh，远超出人类社会全部能源需求总和。

从世界清洁能源资源分布来看，北极圈及其周边地区（“一极”）风能资源和赤道及附近地区（“一道”）太阳能资源十分丰富，简称**“一极一道”**。

一极：北极地区风能资源丰富且分布广，技术可开发量约 1000 亿 kW，约占全球陆上风能资源的 20%。

一道：赤道附近地区太阳直射多、散射少，太阳能资源极其丰富，主要集中于北非、东非、中东、澳大利亚等地区，太阳能开发潜力占全球总量的 30%以上。

⑥广义上说，核能包括核裂变能和核聚变能两种。现代核电厂即是利用的核裂变，而氢弹则是利用的核聚变。所谓的核聚变，即是两个轻的原子核相碰撞，可以形成一个较重的原

子核并释放出能量。氘是核聚变的主要燃料，每“烧”掉一个氘核所释放出来的能量比裂变反应中每个核平均释放出的高4倍，因而聚变是比裂变更能提供巨大能源的一种核能。

更吸引人类眼球的是核聚变能可以利用的燃料是氘和氚，以水形式存在的氢里含有氘，也就是说，水实际上有两种，一种是轻水H_2O，另一种是重水D_2O，水中有氢和氘两种同位素。氘在海水中大量存在，海水中大约每600个氢原子中就有一个氘原子，因此地球上海水中氘的总量约40万亿t。从理论计算讲，1L海水中氘核聚变产生的能量相当于300L汽油产生的能量，按目前世界消耗能量的情况估算，海水中氘的聚变能可用几百亿年。更为可贵的是，聚变能不像裂变能那样会在生产过程中产生放射性物质，而是一种清洁的能源。

核聚变发现于1933年，比裂变发现早五年。1952年第一次实现了聚变爆炸，但至今受控聚变还没有实现有益的能量输出。经过科学家们几十年的潜心研究和大量人力、物力的投入，现今的核聚变技术虽然还未达到商用地步，但逐年的技术提升让人备受鼓舞。

⑦电能主导可持续是指在能源消费上，以电能代替煤炭、石油、天然气等化石能源的直接消费，提高电能在终端能源消费中的比重的可持续，这是当前乃至未来一定时期的发展方向。

电能是清洁、高效、便捷的二次能源，终端利用率高，使用过程清洁、零排放。与其他能源品种相比，电能的终端利用效率最高，可达90%以上。电能主导的可持续对能源利用效率的提升是全方位的。

⑧**直流电网**是以柔性直流输电技术为基础，由大量直流线路互联组成的能量传输系统。未来的直流电网将构建成大容量的电力传输系统，可以实现新能源的平滑接入，有功、无功的独立控制，大容量远距离的电力传输，快速灵活的电力配置，全局功率的调节互济。

微电网是由分布式发电、负荷、储能装置及控制装置构成的一个单一可控的独立电力系统。对大电网来说，微电网可视为大电网中的一个可控单元；对用户来说，微电网可满足近处用户的特定需求，如降低线损、增加本地供电可靠性以及满足本地用户日常需求等。国内外微电网现还处于试验示范阶段，尚未实现商业化运行。随着微电网和分布式电源技术的发展与融合，分布式电源即插即用、与用电需求侧灵活互动、与大电网协调运行，将成为各国智能电网的重要组成部分。

⑨**储能技术**是通过在电力系统中增加电能存储环节，使“即产即销”的电能变成“多能储，少能出”的供货充足的商品，特别是能平抑大规模间歇性能源发电接入电网带来的波动性，提高电网运行的安全性、经济性、灵活性。储能技术主要分为物理储能、化学储能、电磁储能三大类。不管哪一类储能，未来随着储能新材料的不断创新和发展，储能元件使用寿命将得到大幅延长，能量密度得到大幅提升，充电时间得到大幅缩短，放电时间得到大幅延长。

⑩**超导输电技术**是采用具有高电流密度的超导材料作为导体的输电技术。当处于超导态时，导体的直流电阻基本为零，几乎没有热损耗。从超导现象发现至今，已知的超导体元素共有近40种，合金、化合物超导材料达到数千种。超导输电线路的传输容量可以达到同电压等级交流线路输电容量的3～5倍、直流输电容量的10倍。目前，超导输电技术运行温度苛刻，通常材料需要在－196℃左右才能达到超导状态，使得线路的制造和运行成本十分高昂，从而制约其商业化。随着科学技术的不断发展，在不久的将来，低成本大规模商业化

的超导输电将成为电网的一个重要组成部分。

⑪**海底电缆**技术的突破，将使非洲与欧洲、欧洲与北美、澳大利亚与亚洲、亚洲与北美洲等需要跨越海洋的区域电网互联互通成为可能，而海底电缆的发展已具相当优良的装备和技术基础，目前已有±500kV、设计容量 576.2 万 kW、最大水深达 2600m 的海底电缆工程应用，未来更高电压等级、更大容量海底电缆将被研制成功，使得跨越海峡的电网互联更为经济、方便。

第 2 章
发电始源　千汇万状

人类最重要的进步，依赖于科技发明，而发明创新的终极目的，是完成物质世界的掌控，驾驭自然的力量，使之符合人类的需求。

——尼古拉·特斯拉

2.1 整体概况

2.1.1 电力系统概览

电力网架极庞大，涉及日常每一家。①
电力系统整体汇，发输变配及用电。②
发电厂站分种类，火水核电居高位。③
风光潮汐与地热，探索新型永不歇。④
各类厂站网连接，发电条件各特色。⑤
上网电量如何分，固调协调保运行。⑥
电能产消瞬间平，储能调峰时响应。⑦
输电线路分两类，直流交流各有利。⑧
交流电网架设广，安全稳定结构强。⑨
直流前景较明朗，远距输电大容量。⑩
交流电压分得细，直流等级不会低。⑪
电压等级如何定，输送容量及距离。⑫
等级变换不新奇，运用电力变压器。⑬
计算电压很容易，两侧绕组匝数比。⑭
升压降压两端逆，功率交换不相弃。⑮
输电降压至配网，逐级降压向用户。⑯
配电系统用户间，电缆架空线相连。⑰
配网电压高中低，低压入户讲规范。⑱
三根相线交叉连，保证平衡设计参。⑲
电力系统要安全，继电保护尤关键。⑳
测量通信与控制，时时监控自调节。㉑
调控设备自动化，少人值守效果佳。㉒

解析：

电力系统概览

①现代电力系统网架十分庞大，区域间的电网互联使得全国主网浑然一体。电能的利用更是已涉及日常生活的方方面面，甚至已经成为国民经济的主动脉。

②2001 年 5 月我国华北电网与东北电网实现跨大区联网，2002 年 5 月，川渝电网与华中电网互联，2003 年 9 月，华中与华北联网工程建成投运，形成东北—华北—华中三网同步；2004 年 4 月华中电网与南方电网互联（通过三峡—广州直流输电工程连接）；2005 年 6 月西北电网与华中电网实现异步联网，标志我国主要电网实现全国联网。至此，我国基本形成了以除台湾电网之外的华北—华中电网、华东电网、东北电网、西北电网、南方电网、西藏电网为一个整体的同步电网。因此，电力系统将具有更好的抗干扰能力、更好的稳定性能

和可靠性能，以及能更好的促进区域能源输送与分配。电网典型示意如图 2-1 所示。

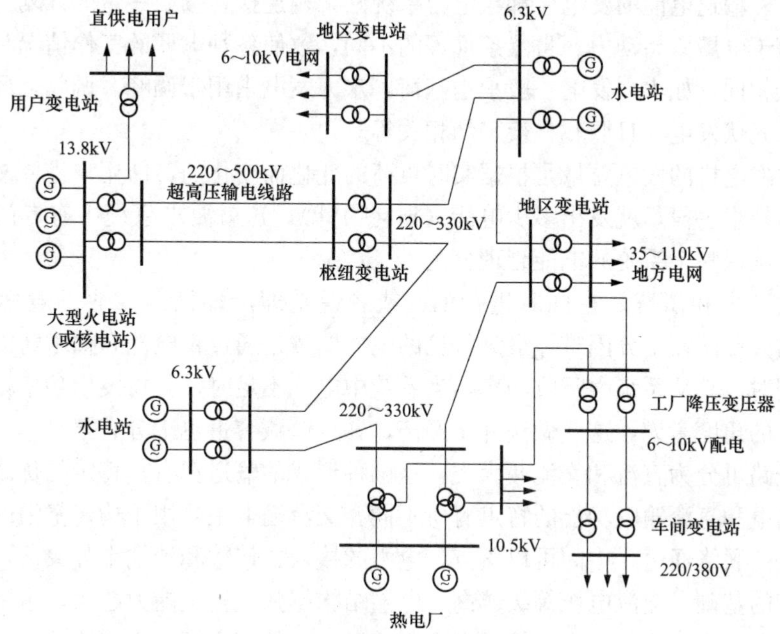

图 2-1　典型电网示意图

将生产、输送、分配到消费电能的各种电气设备连接在一起而组成的整体，称为**电力系统**。按照系统功能的不同又可将整个系统分为从发电、输电、变电、配电到用电设备以及全过程中的通信、测量、控制、保护等设备系统。电力系统再加上发电厂的动力部分，则称之为**动力系统**。动力系统整体示意如图 2-2 所示。

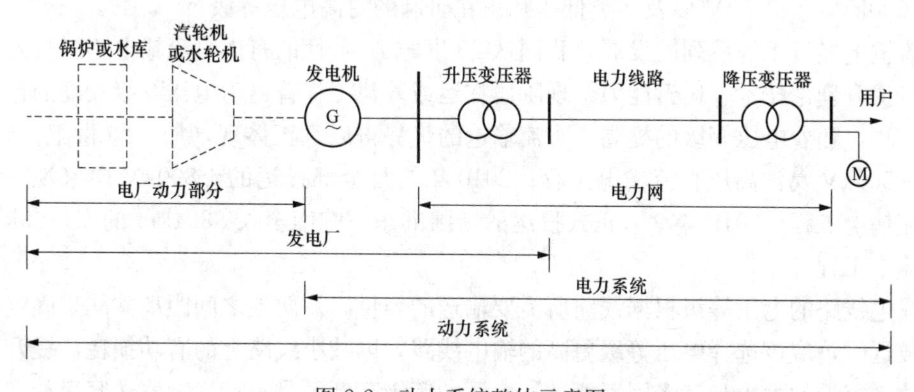

图 2-2　动力系统整体示意图

③电力系统中，根据所利用的原始动力不同，可将电厂分为多个类别，占比较高、处于核心地位的是火力发电厂、水力发电厂与核能发电厂。

④除了以上三种主要发电厂外，系统内还有包括潮汐发电、风力发电、太阳能发电、地热发电等各种形式的电厂，并且人们还在不断地探索与寻找更加新型、友好的发电形式，以满足人类日益增加的能源需求，确保在世界化石能源危机出现前，能将能源利用核心从传统

能源转换到新能源上来，这也是保持良好的生态环境的迫切需求。

⑤各类对外输送电能的发电厂都与电力系统网架相连接，按照一定的计划与安排投入或退出运行。由于电厂原始动力、自然条件等的不同，致使各种电厂的工作情况与在系统中的作用也不完全相同，如火力发电一般承担基荷，水力发电常用于调峰、调频，风力发电受自然风力影响，光伏发电与日照和昼夜密切相关等。

⑥系统中发电机的发电总量是根据实时负荷的变化而变化的，即用户需要多少电能，电网通过一定的技术手段，就发出多少电能（损耗另计），这就要求系统中有专门调控的设备和工作人员，确保整个系统的电能合理分配。

⑦电能的产生和消费是在同时进行的，或者说是即产即销（专业一般称为“源随荷动”）。电能的大量储藏十分困难，最为常见的电能储藏是通过蓄电池和抽水蓄能电厂，当系统中电能过剩时，其从系统中吸收功率，当系统中电能不足时，其再发出功率，起到调峰作用。但从能量的角度来说，这些做法并不经济，并且储藏容量也十分有限。

⑧输电线路可分为直流和交流两大类，这两种形式的输送都有其特定的优缺点。

⑨交流输电和直流输电功能的特点有所不同。交流输电主要用于构建坚强的各级输电网络和电网互联的联络通道，中间可以落点，电力的接入、传输和消纳十分灵活，是保证电网安全稳定运行的基础。交流电压等级越高，电网结构越强，输送能力越大，承受系统扰动的能力越强。早期国内、国际上交流输电发展很快，电网的基本框架由交流输电线路组成。

⑩近些年，随着电力电子技术的快速发展，直流输电技术也随之突飞猛进，有较为广阔的前景。高压直流输电系统中间没有落点，较难形成网络，现多用于大容量、远距离的点对点输电以及异步联网等。直流输电所具有的特点以及架设线路的优势，使之有足够的竞争力来与交流相抗衡。

⑪交流电压等级分为：**高压**，110kV、220kV；**超高压**，330kV、500kV、750kV；**特高压**，1000kV、±800kV 以及多类低压和正在研制的更高电压等级。

直流输电经过了一系列的发展，我国从 20 世纪 70 年代的舟山直流输电正式投入运行开始，逐步提升理论技术、运营能力。现阶段在运或筹建工程普遍为电压等级较高的输电工程或联网工程，随着电压等级的提高，直流输电的优势得以真正体现，如：20 世纪 90 年代初投运的±500kV 葛沪高压直流输电工程；2010 年 7 月全部投运的±800kV 向家坝—上海特高压直流输电工程。2019 年 9 月正式投运的新疆准东—皖南全长 3324km 的±1100kV 特高压直流输电工程。

⑫输电线路的电压等级根据线路所需要输送的容量以及两地之间距离共同来确定。当输电距离较远时，应该选择电压等级更高的输电线路，以减小线路上的有功损耗，提升经济效益。而输送容量的大小与诸多因素相关，电压的等级高低更是直接影响输送容量，如：输送距离在 50～150km，供电电压易选 110kV，此时输送电力容量通常在 10～50MW 之间；输送距离在 150～300km，供电电压易选 220kV，此时输送电力容量通常在 100～500MW 之间；输送距离在 300km 以上，供电电压易选 500kV，此时输送电力容量通常在 400MW 以上。采用架空线路时，与 220kV 以上电压等级相适应的输送功率和输送距离如图 2-3 所示。

⑬实现电压等级变换的设备为电力变压器。电力变压器是一种静止的电气设备，用来将某一数值的交流电压（电流）变成频率相同的另一种或几种数值不同的电压（电流）。正是

因为变压器的出现，才使得交流电的高压输送成为可能。

一般从发电机发出的电压等级最高为20kV，其中以6.3kV和10.5kV电压等级居多。这样低的电压要输送到几百千米以外地区不现实，电能将全部消耗在线路上，要想将电能从电站输送出去，必须经过变压器将电压升高后再输送。高压电输送至供电区以后，还要经过降压变电站降压，再把电能送到用户区，然后再经过附近的配电变压器再次降压，以供工厂及生活用电。

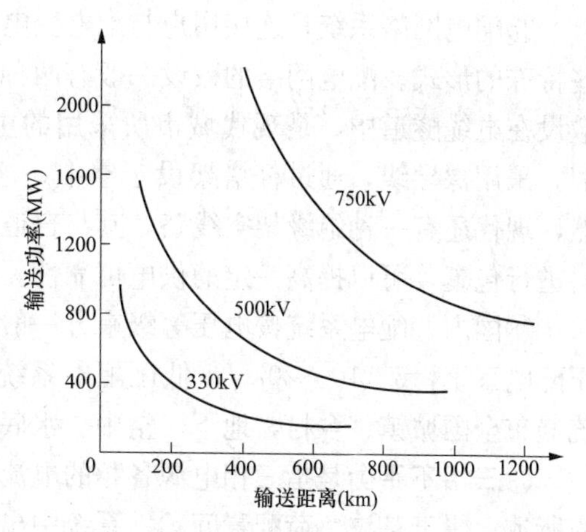

图2-3　采用架空线路时，与220kV以上电压等级相适应的输送功率和输送距离

⑭变压器一、二次侧绕组的电压之比等于其两侧绕组的匝数之比。正是因为这一原理，在功率不变的情况下，提高电压等级就意味着同比例减小了二次侧的电流，而电流的大小直接与输电线路损耗相关。线路损耗常可以利用$\Delta \widetilde{S_L} = I^2(R + jX)$进行计算，因此提高输电电压等级可以减少线路损失。

⑮电力变压器是既可以作为升压变压器使用，也可以作为降压变压器使用的可逆向设备。特别是在某些电力功率经常交换点或事故情况下，线路上的潮流可能出现反向，通过有载调压变压器的适应调整，可使得原本对二次侧输送电能的升压变压器变为向原来的一次侧输送电能的降压变压器，以补充对应功率的缺额，并且在这些功率点处潮流的逆向不会影响整个系统的工作。如许多装机容量不大的发电厂主变压器，当发电机运行时，主变压器起升压作用，将发电机发出的电能对外输送；而当发电机停止运行时，主变压器则起降压作用，从电网吸收电能以供电厂内设备使用。

⑯输电线路的下一级就是配电系统，配电系统作为电能传输的最后环节，直接连用户端，也是电力系统的重要组成部分。配电系统主体结构由总降压变电站、高压配电线路、配电变压器（或车间变电站）、低压配电线路等组成，如图2-4所示。

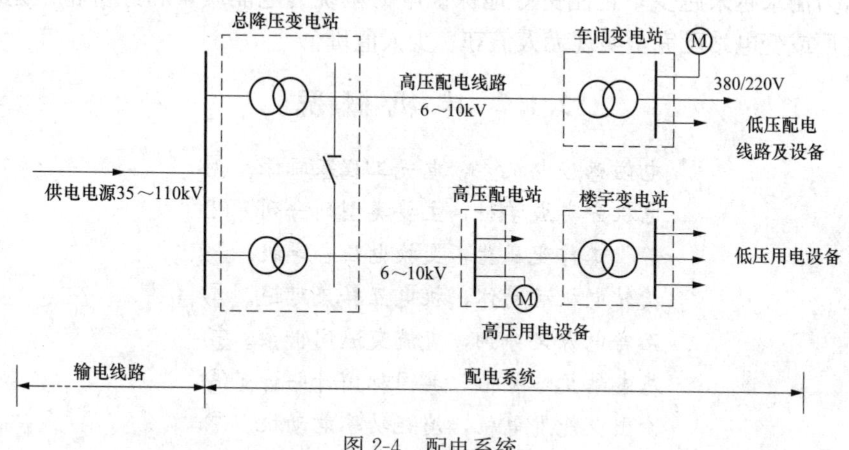

图2-4　配电系统

⑰配电网络系统是连接用户与配电变电站的中间桥梁，其结构一般呈放射线状，也有一些特殊的形式。配电网络的敷设一般有两种方式：一种是电力电缆，通常埋于地下、海底或敷设在电缆隧道中，是现代城市所采用的主要方式；另一种是架空线路，其与输电线路类似，采用裸导线，通过杆塔架设于空中，这种方式比较廉价，多用于乡镇与农村配电。当然，现代还有一种绝缘架空线路，其与普通架空线路所不同的是配电线路全线都采用绝缘材料进行包裹，可以提高一定的供电可靠性。

⑱国内，配电系统按电压等级来分一般分为三类：高压配电系统，35、63、110kV，中压配电系统，6、10、20kV；低压配电系统，380/220V。这些看似如蜘蛛网般的配电网系统遍布全国城镇、乡村，地下、空中、水底，结构错综复杂，是庞大的传导电能的载体。

⑲**三相不平衡**是指三相电源各相的电流（或电压）不对称，是各相电源所加的负荷不均衡所致，属于基波负荷配置问题。系统中出现三相不平衡，既与用户负荷特性有关，也与电力系统的规划、负荷分配有关。当电力系统中发生短路、断线等故障也会引起系统三相不平衡。三相不平衡对电力系统有众多危害，为了确保系统不出现三相不平衡，通常配电网进入主要利用单相电能的居民区或是商业区等时，A、B、C三相应交叉接入每一户（有较大负荷的作坊还需单独考虑），首先从设计规划源头上保证A、B、C三相尽可能平衡。

⑳**电力系统继电保护**是电力系统重要组成部分。它一方面能自动、迅速、有选择性地将故障元件从电力系统中切除，使故障元件免于继续遭到损坏，保证其他无故障部分仍然正常运行；另一方面，它反应电气设备的不正常运行状态，并根据运行维护条件，或动作发信或选择跳闸。因此电力系统从发电到配电、用电，均需有相应的保护装置投入运行，及时切除系统中发生故障的部位或设备，以防止事故的扩大以及一切不利的影响。无保护的电力设备禁止投入运行。

㉑电力系统中的测量系统、控制系统、通信系统及继电保护均属于电力系统二次部分。测量部分实时采集系统运行中的各项参数，并通过通信手段实时交换数据，以现代技术手段保证电力系统正常运行的经济性和电能质量的良好性，且对电能生产输送的全过程连续自动调节，从而达到自动控制、实时优化的目的。

㉒现代电力系统的调度控制、运行监测以及执行操作基本已经实现了完全性的自动化集中控制，人力需求越来越少，且能更好地保证电力系统的电能质量和经济稳定运行。现阶段，众多电厂或变电站已完全实现无人值守、少人值班。

2.1.2 电机概况

电磁感应电机学，电气工程基础课。①

电机分类成学科，主要类型列一列。②

静止工作变压器，变换电压各等级。③

旋转电机运动体，机电互转兼可逆。④

互转电源又分细，直流交流同世系。⑤

基本结构略相似，共同称谓计一计。⑥

输出电能发电机，消耗功率电动机。⑦

静止不动称定子，绕轴旋转是转子。⑧

起始部件称电枢，定转之间称气隙。⑨
气隙过大多漏磁，距离不够扫膛易。⑩
基波磁势穿气隙，交链回路虚轨迹。⑪
主磁通交定转子，漏磁通链其中一。⑫
交流电机分下去，同步异步各所需。⑬
同步速度看磁极，最常作为发电机。⑭
异步特性转差率，绝大多数电动机。⑮

解析：

电机概况

①作为电气工程专业的一门基础学科，电机学主要研究依据电磁感应定律和电磁力定律实现机电能量转换和信号传递与转换的机械或装置，这些机械或装置统称为**电机**。电机在国民经济建设中起着中流砥柱的作用。

②随着科技的不断发展，电机的概念更加宽广，甚至包括多个不同的领域，在电力生产与输送中更是有着无可替代的作用。按运动方式可分为静止的变压器、运行的旋转电机和直线电机（直线电机应用较少，不做介绍）；按照电机功能来分，一般可分为发电机、电动机、变压器、变频机、控制电机等。按电流种类来分，可以分为直流电机、交流电机；交流电机按运行速度与电源频率的关系，又可分为同步电机和异步电机。将上述分类归纳后可得电机的常见分类，如图 2-5 所示。

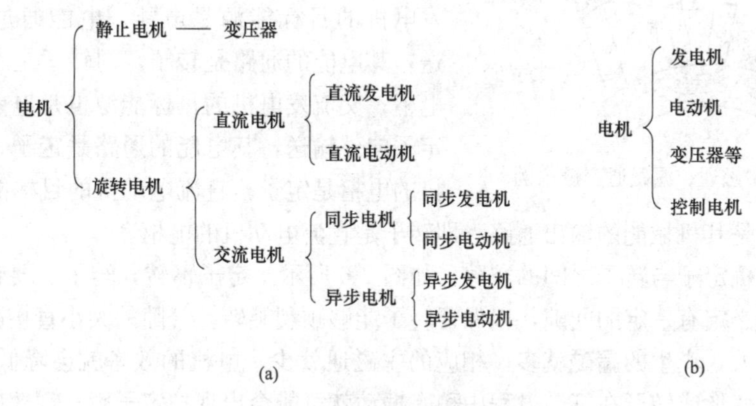

图 2-5　电机的两种常见分类

（a）按运动方式分类；（b）按功能分类

③**变压器**是一种静止工作的电力设备，是一种输入与输出有着不同电压等级的设备。也就是说，变压器用来连接不同电压等级的输电线路，并在其所连的不同电压等级中发生能量交换，即完成电能的输入与输出功能。

④电机中运动的设备分为直线电机和旋转电机。**旋转电机**是将机械能转化为电能（发电机）或将电能转化为机械能（电动机）设备的总称，根据电磁感应原理可知，这两种情况是可逆的。也就是说，同一台电机，在一定的条件下，既可以作为发电机运行，也可以作为电动机运行，但是从设计要求与综合性能上考虑，其技术性与经济性未必兼得。

⑤根据相互转换过程中电源性质的不同，又可以将旋转电机分为直流电机与交流电机两种，这两种形式在本质上相差无几，都是利用变化的磁场产生转矩。对交流电机而言，交变电流自然产生变化的磁场，而直流则是通过换向器与电刷结构完成电流翻转，保证磁场变化。

⑥直流电机与交流电机的基本结构、主要部件等十分相似，这是因为它们的发明是基于同一原理。下面将主要部件或结构的共同称谓加以说明。

⑦旋转电机中，将机械能转换成电能输出的称为**发电机**。发电机能将其他形式的能源转换成电能，它通常由水轮机、汽轮机、柴油机或其他动力机械驱动，将水流、气流、燃料燃烧或原子核裂变产生的能量转化为机械能传给发电机，再由发电机转换为电能。

电动机的能量转换与发电机相反，它消耗电能而转换成机械功率输出，它的应用同样广泛，几乎各行种业都有它的身影。

⑧旋转电机结构中，不管是发电机还是电动机，其固定着静止不动的部分称为**定子**，定子通常呈中空筒状。定子内部绕轴旋转部分称为**转子**，当作为发电机时，它的旋转为原动机带动；当作为电动机时，它的旋转由电磁拖动。

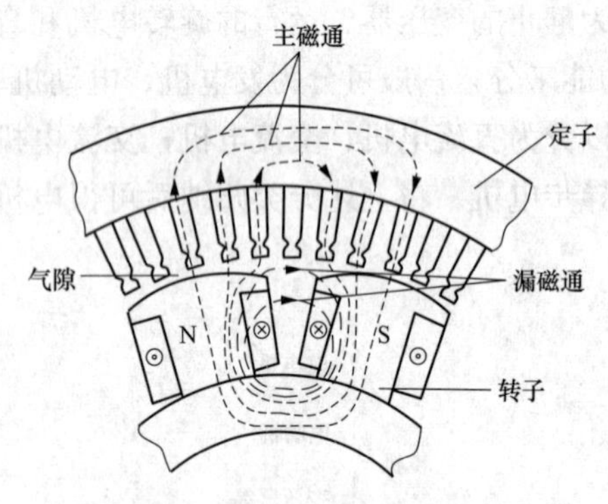

图 2-6　主磁通、漏磁通交链示例

⑨⑩**电枢**是在电机实现机械能与电能相互转换过程中，起关键和枢纽作用的部件。对于发电机来说，它是产生电动势的部件，如直流发电机中的转子，交流发电机中的定子；对于电动机来说，它是产生电磁力的部件，如直流电动机中的转子。直流发电机的目标能源是电能，电能通过转子向外输送，其电能的通路是转子，即转子是直流发电机的电枢；交流发电机的目标能源也是电能，电能通过定子向外输送，其电能的通路是定子，即交流发电机的电枢是定子；直流电动机的目标能源是获得机械能，而转子是其机械能的输出通路，即转子是直流电动机的电枢。

气隙是电机定子与转子之间的空隙，如图 2-6 所示。定子不转，转子需要转动，所以定子与转子之间必定有一定的间隙，以保证转子能够顺利旋转。气隙的大小直接决定磁通量的大小：气隙过大，产生的**漏磁**就多，相应的主磁通就少，电机的效率就会降低；气隙过小，转子结构稍有变形或转子在旋转过程中稍有振动就可能会出现扫定子膛（刮擦破坏定子绝缘甚至毁坏全部定子结构）。因此，需要将气隙控制到一个合理的数值，才能达到最佳效果。

⑪⑫由基波旋转磁通势所产生的，穿过气隙与定子绕组、转子绕组同时相交链的基波称为**主磁通**，只交链定子和转子其中之一的称为**漏磁通**。也就是说，主磁通在定子、气隙、转子三者之间形成磁通路，而漏磁通只在定子与气隙或转子与气隙间形成磁通路，发电机主磁通、漏磁通交链示例如图 2-6 所示。磁回路看不见、摸不着，却充满整个气隙空间，为了形象直观，往往用虚构的几条有代表的磁通路来代替，称之为**虚轨迹**。

⑬交流电机按运行速度与电源频率的关系可以分为异步电机与同步电机两大类。这两大类再根据应用场合、电机结构等还可以继续分成多种具体类型，此处不再赘述。

⑭**同步电机**与异步电机的本质区别在于转子的旋转速度是否与定子旋转磁场的速度一

致。之所以有速度一致与不同两种，是因为同步电机转子上有励磁绕组，在励磁绕组中人为地通入直流电流，使它能够达到与定子旋转磁场有相同的速度。转速 n 可以根据公式 $n=\frac{60f}{P}$（式中：f 为工作频率，我国规定为 50Hz；P 为磁极对数）计算，这也是称为同步电机的原因。同步电机结构较为复杂，适合大型设备或对性能要求较高的场所。目前电力系统中绝大多数发电机皆采用同步电机。

⑮**异步电机**是定子送入交流电，产生旋转磁场，而转子受感应而产生磁场，在两个磁场共同作用下，转子跟着定子的旋转磁场而转动，定子旋转磁场比转子旋转得快些，即两者不同步，有一个转差，因此将其称之为异步电机。因此异步电机结构简单、性能可靠、价格低廉，应用极其广泛。

异步电机目前主要作为电动机使用，也有少量的异步发电机，如风力发电机通常采用异步电机。

2.2　基础知识

2.2.1　地球能源之来源

地球能源种类多，蕴藏方式来源分。①
地球之外太阳能，能源之母万物生。②
地球本体热核能，裂聚衰变热储存。③
天体之间引力能，潮汐海流绕运行。④

解析：

地球能源之来源

①能源是指能向人类生活提供各种能量的物质资源。迄今为止，由自然界提供的能源多种多样，如太阳能、水能、风能、地热能、燃料的化学能、原子核能、海洋能以及其他形式的能量。通常根据这些能源蕴藏方式的不同，即能量来源的本体不同，将其分为来自地球以外的能源、来自地球本体的能源和来自天体之间相互作用的能源，具体见表 2-1。

表 2-1　　能源分类

类别		来自地球以外的能源	来自地球本体的能源	来自天体之间相互作用的能源
一次能源	可再生能源	太阳能、风能、水能、生物质能、海洋波浪能、海水温差能等	地热能	潮汐能、海流能
	非再生能源	煤炭、石油、天然气、油页岩等	核能	—
二次能源		焦炭、煤气、电力、氢、蒸汽、酒精、汽油、柴油、煤油、重油、液化气等		

②来自地球以外的能源是指来自地球以外的主要以太阳能及其各种衍生形式存在的能量，包括生物质能、风能、水能、海洋波浪能等多种形式的能量。太阳一直以来被称为“能源之母”，人类的生产生活除了直接利用太阳能外，还大量间接地使用太阳能，包括其中的

煤、石油、天然气等化石资源以及风能、水能、生物能等，其中化石资源是千百万年前绿色植物、动物的遗骸经漫长地质变迁而形成的。风能是由于不同地区的大气受到太阳照射后温度不同，压力和密度产生一定的差别而造成的空气流动。水能则是因为太阳光照射海洋，蒸发海水，然后以降雨的形式降落到地势较高的地方，再汇聚成为河流，由高向低流向大海而形成水能。

③来自地球本身的能源是指地球本体蕴藏的主要以地热能和原子核能为主要形式的能量。地热能是地球内放射性元素衰变辐射粒子或射线所携带的能量。其中包括地震、火山喷发以及温泉等自然能源。原子核能的储存体主要为**核裂变**燃料（铀、钍）和**核聚变**燃料（氘、氚）。如果能将这些裂变、聚变、衰变的能量全部加以利用，足够让人类生产利用上百亿年。

④来自天体之间相互作用而形成的能源主要是指太阳、地球、月球三者之间有规律运动而形成的潮汐能及潮流能。潮汐能蕴藏着极大的机械能，潮差可达几十米，拥有雄厚的发电动力。

2.2.2　能源开发利用分类

地球能源种类盛，开发利用步骤分。①
一次能源天然存，煤油风水生物能。②
二次能源加工成，煤气电能油制品。③
电能占比逐提升，理想能源之象征。④

解析：

能源开发利用分类

①地球资源的种类十分繁多，根据开发利用的步骤又可以分为两大类：一次能源和二次能源（见表 2-1）。

②**一次能源**指在自然界中天然存在的，可直接取得而又不改变其基本形态的能源，如煤炭、石油、天然气、水力能、风能、地热能等。一次能源又可根据能否再生分为可再生能源和不可再生能源。**可再生能源**是不会因被开发利用而减少，具有天然恢复能力的能源，如风能、水力能、地热能等；**不可再生能源**是指储量有限，短时间内难以再形成的能源，如煤炭、石油、天然气等。

③**二次能源**指为了满足生产和生活的需要，有些能源通常需要转换成另一种或另一类能源，以便提升效率、易于输送或方便使用。一次能源经过加工转换成的另一形态的能源称为二次能源，如煤气、电力、氢气、石油制品等。

④ 一个国家的发展与能源的开发利用紧密联系，当今，随着科技进一步发展，原先大量耗用煤炭、石油等的产业已经逐步向依靠电力过渡，如动车机组、新能源汽车等（电能使用方便，易于输送、清洁高效，是一种十分理想的二次能源）。电力已然成为当今世界应用最多、使用最广的二次能源，关乎着国民生产的经济命脉。

2.2.3 电力设备分类

电力系统一二次，作用不同共服务。①
一次设备列为主，目标能源之通路。②
二次设备关联主，监测调控与保护。③
好似凡尘人筋骨，血肉之躯互依附。④

解析：

电力设备分类

①电力系统按承担的任务与作用不同，可分为**一次系统**和**二次系统**，一、二次系统共同为电能质量和电力用户服务。一次系统中的电气设备称为**一次设备**，二次系统中的设备称为**二次设备**，一、二次设备共同服务于电力系统各个环节。

②一次设备属于电气主设备，主要是承担电能生产、输送、分配任务的高压系统。换句话说，电力系统设备组成的目标就是把产生的电能高质量地输送到指定的地点，电能就是输送的目标能源，电能所经过的通路就是一次设备，如发电机、变压器、断路器、母线、输电线、电压、电流互感器等。

③二次设备通常是指与一次设备直接关联，但电压等级相对较低的电气设备，主要承担对一次系统的运行数据或运行状况进行监察、测量、调节、控制和保护任务，如故障录波装置、自动同期装置、继电保护装置以及相关监控设备等。

④如果把整个电力系统比作鲜活的人体，其能以自己特定的方式将特定的物质送到指定地点，那么一次系统就相当于人体的基本骨骼框架，它构建了人体的整体模样，而二次系统则相当于依附骨骼而并存的血肉和灵魂。有了骨架，人才能行走，才能达到指定的地方；有了血肉，人才能感受沿途冷暖，体味身心舒乏，才能更好地保护骨骼不致受伤与损害。

2.2.4 负 荷 功 率

负荷功率分两种，物理性能大不同。①
有功功率实际用，电能转成光热动。②
无功功率不做功，能量交换感与容。③
恰似独轮人亲躬，沿途凹凸万千种。④

解析：

负 荷 功 率

①在交流电路中，由电源供给负载的电功率分为两种：一种是**有功功率**，$P=UI\cos\theta$；另一种是**无功功率**，$Q=UI\sin\theta$。这两种功率所表现的物理性能截然不同。

②有功功率是电气设备实际消耗的功率，持续供给才能保持用电设备的正常运行，即将电能转换为光能、热能、机械能（动能与势能的总和）等。

③无功功率因对外不做功而得名，但其存在并非无用，它用于电路内电场与磁场的交换，是衡量由储能元件引起的与外部电路交换的功率。无功功率的存在十分必要，“无功”

是指这部分能量在往复交换的过程中没有被“消耗掉”，与其直接相关的基本元件是储能元件——**电感**和**电容**。电感和电容的无功功率有互补作用，习惯上常把电感看作“消耗”无功功率，而把电容看作“产生”无功功率。

④有功功率和无功功率可以这样理解：某人将一独轮车推送到指定地点，以人的出力作为研究对象，人所提供的维持独轮车向前行驶的出力为有功功率，但在这一过程中单有这一出力是不足以将车推送到目的地的，人至少还要在行进过程中保持车的平衡性，这一对车向前行驶不做功的出力称为无功功率。只有无功功率供给充足，车平稳性好，有功功率才能更加高效。若无功功率供给不足，则表现为车左摇右晃，甚至栽倒，再足的有功出力也无济于事。另外，路面也不全是平整的，有凸起的地方，也有凹陷的地方，平整的地方人克服独轮车所受的摩擦力即为有功出力；凸起的地方好比电容，发出无功；凹陷的地方好比电感，吸收无功；同一个地方同样大小的凸起与凹陷相互抵消，即相当于路面平整，对应电路上的表现为纯电阻性负载，对外表现为既不吸收无功，也不消耗无功。正是因为有了凹凸不平的各种组合，人们才可以利用这些不同的组合创造出不同用处的机械或工具，好比音符的不同组合一样。

2.2.5 同步发电机

同步电机主发电，遍布世界各厂站。①
转子通入直流电，定子绕组引出线。②
出线回路电流翻，电枢反应不可免。③
气隙磁场共同建，相对静止旋转圆。④
能量转换两条件，恒定磁场同旋转。⑤
转子磁极分隐凸，结构用途各不同。⑥
隐极常用汽轮机，凸极多用水电站。⑦

解析：

同步发电机

①同步电机主要用作发电机，世界上绝大多数发电厂（站）发出的交流电都是由同步发电机发出的。采用同步电机作为发电机的主要原因如下：

（1）同步电机可以通过励磁电流灵活调节输入侧的电压和电流相位，即调节功率因数，而异步电机的功率因数一般不可调。

（2）同步电机的频率可以根据转子的速度进行有序调节，这就使得电力系统上的每一台机组理论上都能对频率进行调整，整个系统的频率不会因为某些机组的异常而受到重大影响。而异步电机的频率跟随电网而变动，如果系统中异步电机占主导地位，极易引发不良的连锁反应，致使整个系统瓦解。

（3）同步电机不仅可以向系统中提供必要的有功功率，同时还可提供一定量的无功功率，而异步电机则需要从系统中吸收一定量的无功建立磁场，将大大增加系统中功率补偿设备的投入。

②同步发电机转子上装有磁极和励磁绕组，电枢绕组即为定子，交流引出线与定子相

连。当转子开始旋转并逐步达到同步转速后，直流励磁系统向转子绕组中通入直流励磁电流，转子周围产生磁场，这一磁场与转子同速度旋转，也被称为**主磁场**，旋转的主磁场切割定子绕组。

③如果定子绕组引出线上接有负荷，定子绕组上即会产生对应的电流，即发电机发出了电能。此定子电流由于电流的磁效应也会产生一个磁场，称之为**电枢磁场**。电枢磁场对主磁场产生一定的影响，使主磁场发生一定的畸变，称为**电枢反应**（这里与直流电机情况略有不同，直流电机的两个磁场本身是静止的。而这里的两个磁场本身是旋转的，但是却是相对静止的）。

④**气隙磁场**是由主磁场和电枢磁场共同作用的结果，当三相绕组中流过三相对称电流时，气隙磁场是与转子相对静止的旋转圆形磁场。

⑤根据以上即可得出同步发电机稳定实现机电能量转换的两个条件：

（1）转子以同步速度旋转，定、转子磁场相对静止。

（2）气隙合成磁场恒定并以同步转速旋转。

⑥⑦同步发电机的结构采用磁极式，按转子磁极的形状可分为隐极式和凸极式两种。**隐极式**同步发电机多用于汽轮发电机，**凸极式**同步发电机多用于水轮机，这两种结构的平面如图2-7所示。

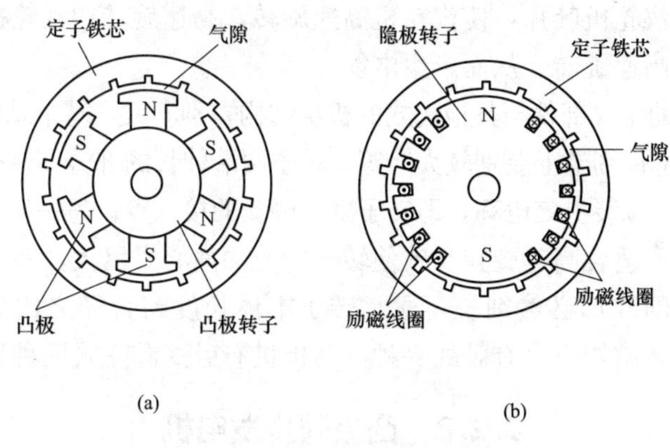

图2-7　同步发电机结构平面示意图

（a）凸极式；（b）隐极式

2.2.6　隐极同步发电机

隐极气隙均分布，旋转阻力甚微忽。①
机械结构高强度，适于汽轮高转速。②
冷水加热成蒸汽，蒸汽透平预处理。③
高速动能直冲击，汽轮机组原动力。④
机组部件无别异，端盖轴承定转子。⑤
典型外形长又细，整体结构成卧式。⑥

解析：

隐极同步发电机

①②隐极同步发电机气隙均匀，旋转时空气阻力相对较小，转子机械强度高，一般采用

整块的具有良好导磁性的高强度合金钢锻制而成，适合于高速旋转。隐极式同步发电机一般通过轴与汽轮机连接成发电机组，随汽轮机的转动而转动，这种组合即是汽轮发电机的基本组成形式。现代汽轮发电机一般都是两极的，即极对数 $P=1$，同步转速 $n=\frac{60f}{P}=3000$(r/min)。提高转子转速可以提高汽轮机运行的效率，并且可以减小整个机组的尺寸，从而降低造价。

隐极同步发电机转子外形如图 2-8 所示。

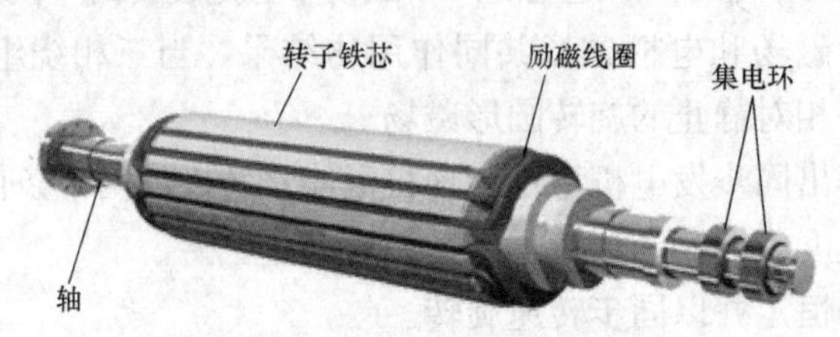

图 2-8 隐极同步发电机转子外形图

③④火电站的锅炉将冷水加热成为蒸汽，经过蒸汽透平处理，使蒸汽具有极高的动能，极速运动的蒸汽冲击汽轮机叶片，使汽轮机高速旋转，高速旋转的汽轮机作为原动机，再带动同轴的发电机转子高速旋转，从而产生电能。

⑤汽轮发电机组的主要部件与其他形式的机组结构差别不大，基本结构部件包括端盖、轴承、定子和转子（各部件细节上差别较大）等。转子两端伸长的部分即**转轴**，转轴一端起固定转子作用，通常在这一端装上**集电环**，即转子励磁电流的接入点；另一端与汽轮机轴相连。

⑥因为隐极式转子适合高速旋转，致使转子所受的离心力巨大，转子结构不可能做得过大，所以汽轮发电机的外形必然细长，通常转子本体长度与直径之比为 2～6，容量越大，此比值亦越大，且整体结构也只有卧式一种（凸极机有卧式和立式两种形式）。

2.2.7 凸极同步发电机

凸极气隙难均匀，较多磁极短轴承。①
转子外形如履轮，中低转速适运行。②
常用机组可细分，立式卧式两兼存。③
立式结构为典型，卧式调相或小型。④
立式推力主支撑，轴向重力数千牛。⑤
轴承位置再细分，悬式伞式两类型。⑥
悬式轴承转子上，机架稳定轴承长。⑦
厂房整体要求高，适于高水头电站。⑧
伞式轴承转子下，适于电站低落差。⑨

解析：

凸极同步发电机

①②凸极同步发电机转子的极对数较多，极像外圈带履带轮的大圆轮，转子直径较大，

主轴承较短，气隙不均匀，旋转时的空气阻力较大，比较适合中速或低速旋转的场合。其转轮的直径长度之比常为 4～7 或更大，常与水轮机共同构成发电机组。凸极机转子外形如图 2-9 所示。

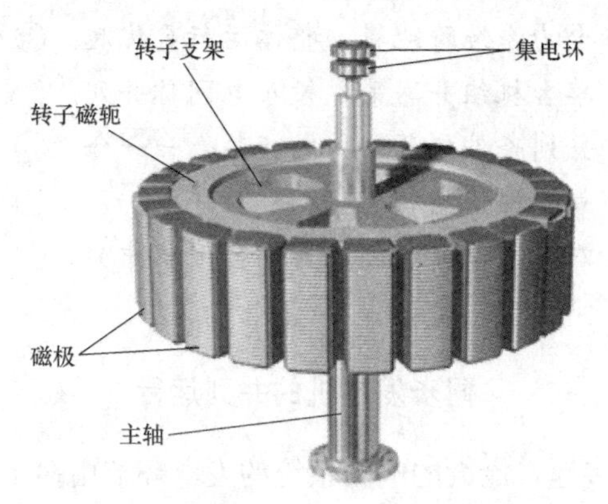

图 2-9　凸极式水轮发电机转子外形图

③水轮机组按照整体布置方式可以分为立式和卧式两种：立式，即轴承与地平面垂直；卧式，即轴承与水平面平行。

④**立式结构**是凸极式水轮发电机最经典的结构，一般应用于大中型容量的水轮机组，如常见的混流式机组、轴流式机组等都采用的是立式结构。而**卧式结构**的凸极式水轮发电机一般应用于同步电动机、调相机及小型发电机组，如潮汐发电机等。

⑤立式水轮机组转动部分的重力和水流的轴向推力总计可达数千牛，巨大的重力全部由推力轴承来支撑，推力轴承再通过机架将力量传递到地面。显然，推力轴承是立式同步发电机组的关键部件。

⑥～⑧立式水轮发电机根据推力轴承的不同安放位置，可以再次分为悬式和伞式两种基本结构。**悬式结构**的推力轴承装在转子上部，整个转子悬吊在上机架上。这种结构运行相对更加稳定，但它的轴承需要更长一些，对厂房整体的要求更高，适合容量大、水头高的电站，因而施工成本也相对较高一些，其布置如图 2-10（a）所示。

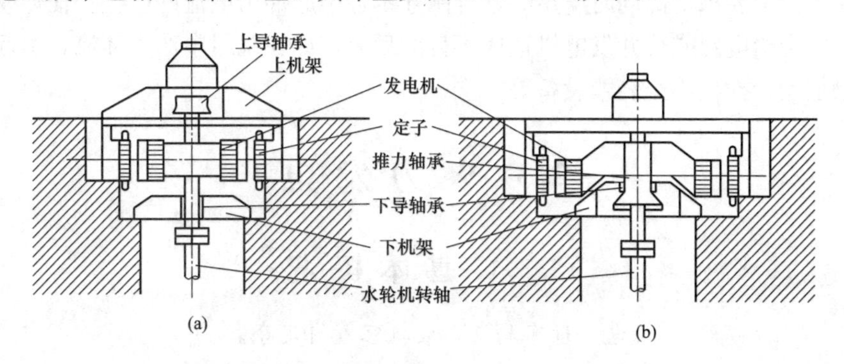

图 2-10　悬式和伞式水轮发电机示意图

（a）悬式；（b）伞式

⑨**伞式结构**与之相反，其推力轴承安放在发电机转子下部，呈伞形，它的机械稳定性稍

差一些，但能节省投资，一般适用于水头较低的电站，其布置如图 2-10（b）所示。

2.2.8 同步发电机的并列运行

电力系统跨地界，整体运行更优越。①
单台机组并网策，投入电网称并列。②
并列条件极苛刻，电能参数一一合。③
频率幅值需相同，相位相序得一致。④
四个条件全满足，瞬间合闸不冲突。⑤

解析：

同步发电机的并列运行

①整个电力系统跨越多地，庞大的电力系统的发电环节由多个发电厂并列而成，具有更好的稳定性、经济性和可靠性。这个大的整体就是“大电网”。

②单台同步发电机组投入电力系统并列运行需讲究一定的策略，并不是直接毫无根据地将机组投入电网。投入电网而达到稳定运行的过程称为**并列上网**（也有书上称之为“并联”，实际工作中一般称为“并网”）。

③同步发电机要并入到大电网中，首先要求的是在短时间（几个周波）内不产生大电流的冲击。简单来讲，只有保证待并发电机组发出的电能与电网上电能的各参数一致时，才能满足并网条件，而不产生过大的冲击电流。

④并网必须满足下述四个条件：

（1）待并发电机的频率等于电网频率。

（2）待并发电机的电压幅值等于电网电压的幅值，通常要求最大误差在 5%以内。

（3）待并发电机的电压相序与电网的相序相同。这一点要求最为严格，必须相同，否则后果不堪设想。

（4）待并发电机的电压相位角与电网相位角一样。

⑤只有当以上要求全部同时满足时，合闸才不会引起冲击电流的产生。任何一个条件不满足，都可能会给电网或待并发电机造成不良的后果，如在绕组中产生环流、引起发电机功率振荡、增加运行损耗甚至烧毁设备等。

2.3 火力发电

2.3.1 基本概况

火电厂址布局活，装机容量自定夺。①
建设周期大压缩，总体投资不算多。②
火电机组开停慢，承担基荷少变换。③
加减负荷较不便，不宜作为调峰源。④
燃耗量大轻污染，设备较多操作繁。⑤

纵观世界发电站，火力发电六成半。⑥

解析：

基 本 概 况

①火力发电厂的选址较为随意（当然也不是恣意的随心所欲，如需考虑燃料是否能就近供应、给水的水源是否充足等），厂址与设备的布局十分灵活，其装机容量的大小也是按需要决定。

②火力发电厂建造工期短，一般为同等装机容量的水电站的一半甚至更短。其一次性建造投资也较少，规模相当的火力发电厂比水电站投资少一半左右（水电站因水库的建设涉及诸多问题，譬如前期修路、河道导水、截流等，所以建设周期长、投资大）。

③火力发电厂锅炉和汽轮机的开、停机不仅要多耗费能量，而且花费时间长，并且对设备不利。大型发电机组由**冷备用**（锅炉熄火状态）到开机并网带满负荷需要花几小时到十几小时时间。因而火电厂一般承担均匀不变的基荷或有计划增减的负荷，机组一旦开机运行，应尽可能避免停机，每一次非计划的停机都会给企业造成直接或间接的严重损失。

④火力发电厂的锅炉和汽轮机承担波动较大的负荷时，与开、停机相似，既要耗费额外的能量，又要花费较多时间，因此其不宜作为调峰、调频电源使用。当然，现代技术的提升极大地改善了这一点，但承担急剧变动的负荷时，相比水力发电站，火力发电厂仍然显得吃力。

⑤火力发电厂燃耗量大，一方面其生产电能的成本比水电站要高出较多倍，另一方面也不可避免地对环境造成一定的污染。现代环境保护对电厂锅炉排放物有严格的限制，不仅要控制排放物中的烟气粉尘，更要控制排放物中的有害物质，如NO_x和SO_2气体。脱硫、脱氮装置广泛应用于火力发电厂，以减少对环境的污染。再者，火力发电机组中因高温、高压设备众多，机、炉、电之间运行关系复杂，尽管现代自动控制装置程度很高，但其各项操作也相对较为复杂和繁琐。

⑥据统计，目前世界发电能源结构中，火力发电设备容量占比高居群首，占总体65%左右，水电占20%左右，核能占5%左右。我国火力发电装机比例正在逐年缓慢下降（2012年底我国火电占比66.2%，截至2017年底，我国火电占比下降至64.85%。从发电量角度来说，因新能源存在一定的间歇性，火力发电量的比例更高一些，如2017年火力发电量占比为70.92%），这得益于众多新能源的研究投入与开发应用。

2.3.2　核心设备与转化过程

火电设备三主体，锅炉汽轮发电机。①
锅炉产生热蒸汽，燃烧煤油天然气。②
蒸汽透平汽轮机，热能变为机械力。③
机械旋转带转子，同轴转子建励磁。④
旋转磁场割定子，定子绕组获电力。⑤

解析：

核心设备与转化过程

①火力发电厂是一种将燃料的化学能转换成电能的能量转换工厂。锅炉、汽轮机、发电机是火力发电厂的三大主体设备，这三大主体设备的工作过程可以概括整个火力发电的过程。火力发电厂的结构十分复杂，除了主机外，还需要大量的辅助设备和测控元件来支持整个发电过程。三大主体设备连接示意如图 2-11 所示。

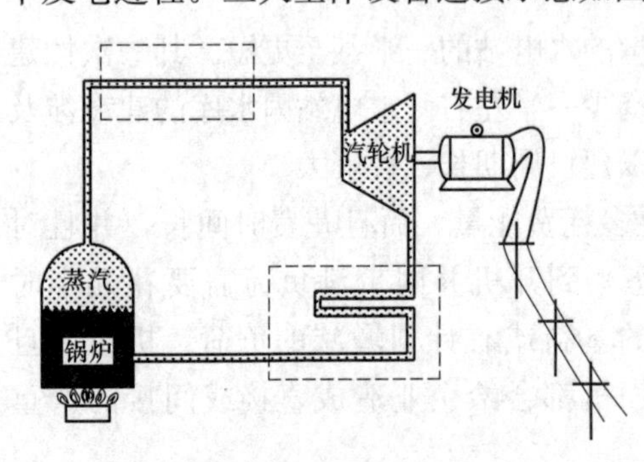

图 2-11　三大主体设备连接示意图

②**锅炉**将燃料的化学能转化为蒸汽的热能。其过程是首先将一定数量的燃料燃烧，燃烧释放的热量通过锅炉受热面传递给水，再将水汽化并过热成具有一定压力和温度的过热蒸汽。锅炉燃烧的燃料一般是煤、石油制品、天然气、页岩气等。目前全国发电用煤量约占全国煤炭总产量的 25%。

值得注意的是，现代以天然气作为燃料的火力发电厂通常采用的是燃气轮机，这是一种简化的发电原动力设备，它没有锅炉，不再以蒸汽作为工作介质，而是采用一体式的燃烧室替代锅炉，以高压空气作为工质带动叶轮高速旋转。燃气轮机模型如图 2-12 所示。

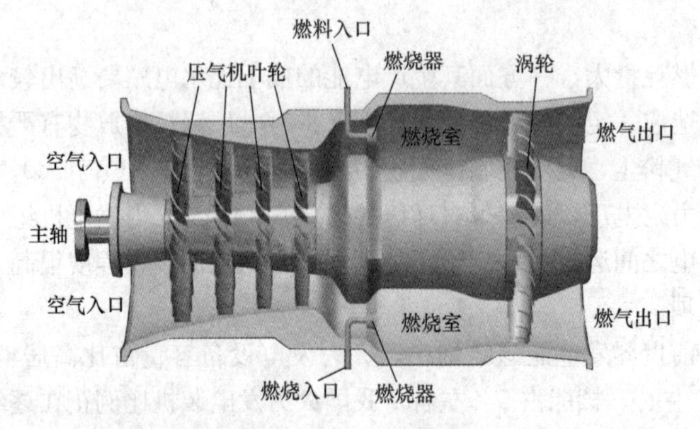

图 2-12　燃气轮机模型结构（来源 www. pengky. cn）

如今，燃气轮机已经成为工业生产领域不可或缺的工业设备，因其占地面积小，更加清洁且不再使用几近枯竭的煤炭作为能源，除在电力中得到大力发展外，其他领域中也逐渐出现它的身影。特别地，燃气轮机的工作形式与航空发动机相类似。如美国的 GE（通用电气）公司不仅是生产航空发动机的佼佼者，更是燃气轮机巨头。在可以预见的近几十年内，燃气轮机将会有较好的发展前景。

③**汽轮机**是火力发电厂的原动力。汽轮机转子是汽轮机的转动部件，它将锅炉产生的蒸汽的热能转换成旋转的机械能，再拖动发电机旋转发电。因此汽轮机又被称之为“蒸汽透平”发动机。

④⑤汽轮机转子与发电机的转子同轴相连，旋转的汽轮机拖动发电机转子同步旋转，当

达到额定转速后，自动化装置向发电机转子通入励磁电流，发电机转子建立励磁磁场，这一磁场随转子同步旋转，旋转过程中不断地切割其周围的发电机定子绕组磁场磁力线。发电机定子切割磁力线而获得电能，并源源不断地向外输送。这一过程与水轮机组、风力机组等其他各旋转式机组一样，都是原动机的运动带动同轴发电机转子旋转而发电。

2.3.3　汽轮机工作原理

汽机工作之原理，冲动反动共分析。①
锅炉产生热蒸汽，经过喷嘴预冲击，②
膨胀加速压降低，冲击叶轮变动力。③
再次膨胀于汽室，离开叶片反动力。④
实际应用多分级，提高热能利用率，⑤
膨胀一级再一级，热能变为机械力。⑥
热力过程有差异，中间循环与乏汽。⑦
凝汽再热经凝汽，凝结成水效率低；⑧
背压抽汽乏热气，输出电能热供给。⑨

解析：

汽轮机工作原理

①汽轮机工作时，最基本的做功单元是一组喷嘴和一组转子叶片。喷嘴的叶片固定不动，称为**静叶**；转子的叶片是转动的，称为**动叶**。静叶和动叶分别按周向布置并连接为辅静叶栅和动叶栅（图2-13中只画出最简结构）。根据蒸汽在动、静叶片中做功的原理不同，汽轮机可分为冲动式和反动式两种。

②③对于**冲动式汽轮机**，由锅炉来的蒸汽通过汽轮机时，具有一定压力和温度的蒸汽首先在固定不动的喷嘴中膨胀加速，使蒸汽压力和温度降低，部分热能转变为动能。从喷嘴喷出的高速汽流以特定的方向进入装在叶轮上的动叶片流道，在动叶片流道中改变速度，产生作用力，推动叶轮和轴转动，使蒸汽的动能转变为轴的机械能。

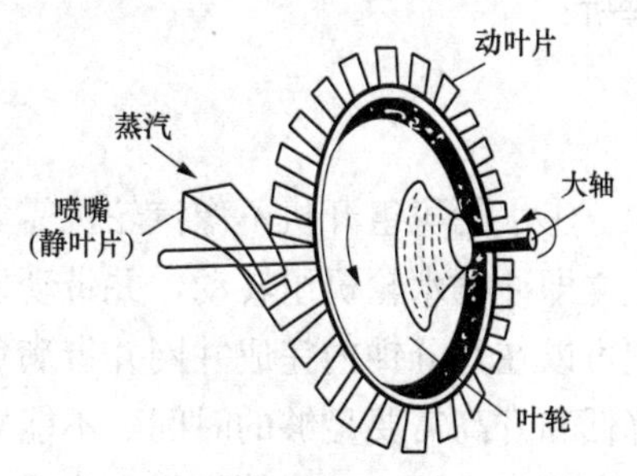

图2-13　单级冲动式汽轮机工作原理

④在**反动式汽轮机**中，蒸汽流过喷嘴和动叶片时，不仅在喷嘴中膨胀加速，而且在动叶片中也继续膨胀，使蒸汽在动叶片中的流速提高。当由动叶片流道出口喷出时，蒸汽便给动叶片一个反动力。动叶片同时受到喷嘴出口汽流的冲动力和自身出口汽流的反动力，在这两个力的作用下，动叶片带动叶轮和轴高速旋转。

⑤⑥现代汽轮机为了提高蒸汽做功效率，其内部结构由串联在同一轴上的多级做功单元组成。每一级转子叶片流出的蒸汽将进入下一级喷嘴，再次膨胀做功，级与级之间用隔板分成一个个独立的汽室。

⑦～⑨汽轮机的热力过程有一定的差异，主要体现在中间循环与乏汽环节，具体可分如

下四类：

凝汽式汽轮机：汽轮机中做功后的排气，在低于大气压力的真空状态下进入凝汽器，进而凝结成水排出。

中间再热式汽轮机：在汽轮机高压部分做功后，将蒸汽全部抽出，送至锅炉再热器中加热，然后回到汽轮机中压部分继续做功。此种方式的排气同样经过凝汽器凝结成水排出。

背压式汽轮机：排汽压力以高于大气压力排出，这部分热量可以供热用户，即构成“热电联产”。

调节抽汽式汽轮机：抽汽压力可以在一定的范围内调节，同样可以兼顾发电与供热用户。

2.4 水力发电

2.4.1 基本概况

水轮机组开机快，几分钟内满负载。①
提供可靠电能外，调峰调频显能耐。②
迟相运行过励态，输出感性无障碍。③
经常运行有例外，工况转变进相快。④
进相运行欠励态，吸收无功不为怪。⑤
进相范围摸清楚，静稳极限别过度。⑥
夏季丰水防坝满，承担基荷多发电。⑦
冬季枯水轮检修，在运机组调频峰。⑧

解析：

基本概况

①水轮机组开机不像汽轮机需要预热，它的开启通常为打开管道阀门或机组**导水叶**，水流立即冲动水轮机组转动，并带动发电机转子一起旋转，因此它的开机及并网发电快速，一般可以在几分钟内完成并网并带满负载，并且调整负荷也十分方便。而火力发电时，温度的降低和升高需要足够的时间，不能立即达到指定值，并且在强迫升高或降低期间，燃料利用率会显著降低。而水轮机组水流量的多少可以直接通过导水叶的开合来控制，相对简单。

②水轮发电机在电力系统中除向系统提供可靠的电能外，还具有调频、调峰和事故备用等重要作用。**调频**是指对电网的频率进行调整，保证系统频率在正常允许范围内；**调峰**是指用电负荷在某一时段达到峰荷，机组对峰值做出反应时的调整。与峰荷相对应的是基荷，是用电负荷低谷时所对应的负荷，或者说是电力系统中相对稳定不变的基本负荷。

③水轮机组有两种工况：进相运行和迟相运行。这两种工况下只需改变发电机励磁电流的大小就可以起到“吸收”和“发出”无功功率的作用，即起到调节电压作用（无功调压更励磁）。同时通过改变原动机功率可以改变发电机有功功率的输出，即可以起到调节频率的作用（有功调频变动力）。

发电机组的**迟相运行**状态实际上相当于调相机的**过励磁运行**状态，即励磁电流较正常励磁电流稍大一些，发电机组输出感性无功功率，并且发电机的静态稳定性得到提高。

④一般而言，迟相运行是发电机组经常的运行工况，但对于调峰调频电厂，发电机组多处于进相运行状态，发电机组从迟相变换为进相运行只需要减小励磁电流即可。

⑤发电机组的**进相运行**状态实际上相当于调相机的**欠励磁运行**状态，即励磁电流较正常励磁电流较小一些，发电机组吸收感性无功功率，发电机组的静态稳定会变得较差。

⑥在发电机投产前，应做进相运行试验，以确定发电机进相运行深度极限，从而保证运行人员能合理安排发电机组在允许的进相深度范围内运行。

⑦受自然气候影响，夏季是河流的丰水期，因此夏季水电站多承担电力系统基荷，一方面为系统提供电能，降低汛期大坝水位，防止水力资源的浪费和溃坝危险；另一方面保证下游灌溉，避免洪水泛滥影响人民生活。

⑧冬季为河流的枯水期，此时**非年调节大坝**（根据大坝库容量与河流常年流量的关系，一般可将大坝分为多年调节水库、年调节水库、周调节水库和日调节水库。年调节库容较大，基本能实现对一年中河流的来水进行调节控制；日调节则是库容较小，基本只能实现一日或几日来水的调节控制。）因水量达不到正常蓄水水头，一般无法保证全部机组开机发电，因而通常在此时安排部分机组维护检修，其他在运机组根据系统需要一般起调峰、调频或承担部分基荷的作用。

目前，水电在电力系统中的地位几乎是无可替代的，不仅仅因为它清洁稳定，更主要是它能承担其他机组难以完成的电力系统调峰、调频任务。

2.4.2　水电站分类

水电站址因地势，地形决定坝位置。①
结构紧凑坝后式，厂房紧靠坝布置，②
坝前坝后落差够，无需引水集水头。③
厂坝一体河床式，坝体中间厂布置，④
河床开阔坡平缓，水头不高流量灌。⑤
厂坝甚远引水式，明渠隧洞引水至，⑥
集中落差至厂房，有压无压看管网。⑦
筑坝建管又相近，混合两种犹可行。⑧

解析：

水电站分类

①天然水能存在的状况不同，开发利用的条件也各异，为了最充分、有效地利用天然水能，就需要用人工方法修建集中落差和调节流量的大坝和水工建筑物，因此水电站的形式也就多种多样。水电站修建坝址的选择应根据河道地形、地质、水文等条件的不同而具体分析。

②**坝后式水电站**厂房布置在大坝下游，厂房本身不抵抗上游水势的压力，这种布置形式可使建筑物紧凑、管理运行方便，如中国长江上的三峡水电站、黄河上的刘家峡水电站、金

沙江上的向家坝水电站。坝后式布置如图 2-14 所示。

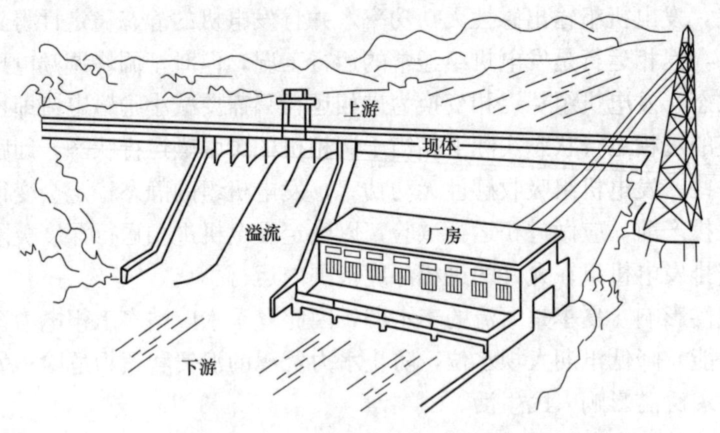

图 2-14 坝后式布置示意图

③ 坝后式水电站是在河道上修建拦河大坝来抬高上游水位以集中落差。抬高水位后，坝前坝后的落差可以达到较高水平，没有必要再将水流引至其他地方，只需将厂房建在大坝后即可。

④⑤ **河床式水电站**也是通过拦河大坝直接抬高上游水位以集中落差，但其厂房是坝体的一部分，相当于布置在坝体中间，可以同坝体一样抵抗水势的压力，如中国长江上的葛洲坝水电站、郁江上的西津水电站、富春江上的富春江水电站。河床式布置如图 2-15 所示。河床式水电站一般建在河道坡度较平缓、河面较宽阔的河流上，作用水头一般较低，但其水流流量很大，水电站依然可能有较大的装机。

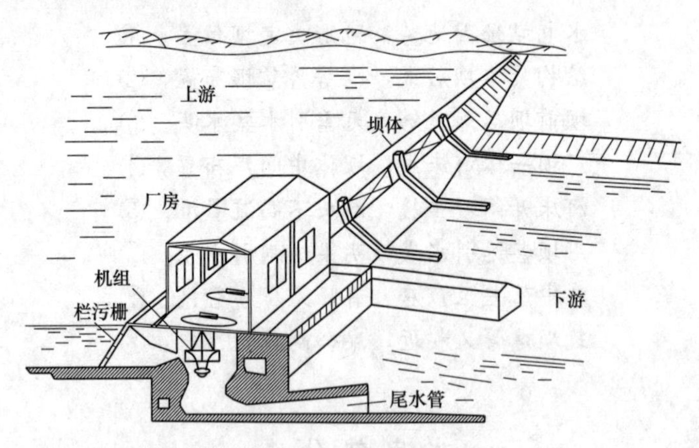

图 2-15 河床式布置示意图

⑥**引水式水电站**的大坝与厂房相距较远，采用人工修建引水建筑物（如明渠、隧洞、管道等）集中落差。之所以采用引水式，一方面是因为地势条件决定坝址，但坝址处直接建厂房可能落差较小，而将水流引至不太远的某一地带可以很大程度地抬高水头，增加水流的作用势能，从而使水能得到更好更充分的利用；另一方面这种结构一般无需建设巨型大坝，大坝的选址可以从更加经济的角度考虑，并且一般也不会存在淹没与移民问题。我国西部有

大量的小流量高落差河流，采用这种方式能极大的提升水电站的开发指标。引水式布置如图2-16所示。

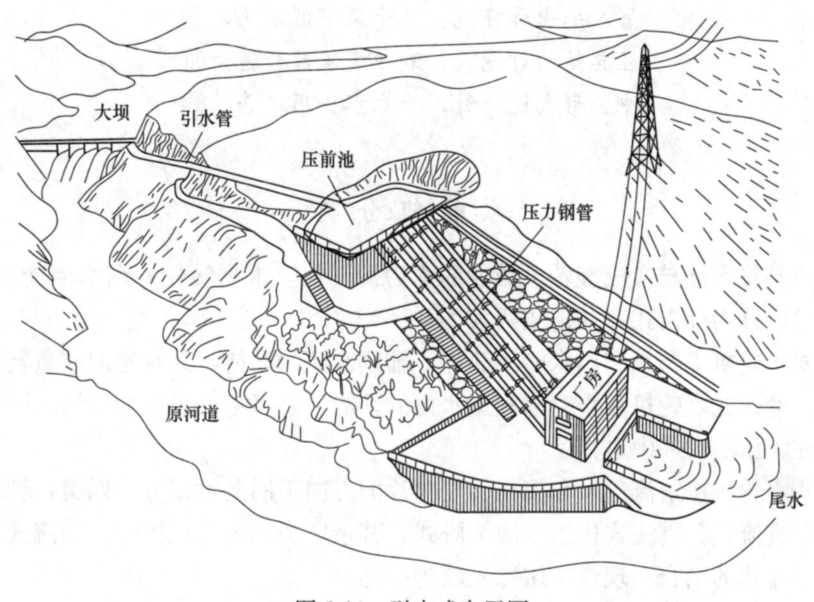

图2-16　引水式布置图

⑦引水式水电站又可以分为有压引水式和无压引水式。图2-16所示属**无压引水式**，它是用引水渠道从上游水库长距离引水，与自然河床产生较高落差。渠道与水库水面为平水无压进水，渠末倾斜下降的压力管道进入位于下游河床段的厂房。这种结构多用于小型水电站。**有压引水式**通常是用穿山压力隧洞从上游水库长距离引水，洞首口位于正常蓄水位之下，在将水流引至厂房时，须设置调压井（相对位置大约为无压式压前池的位置），最后再通过压力钢管引至厂房。目前世界上工作水头最高的水电站就是采用有压引水式，其工作水头接近2000m。有压引水式水电站有我国雅砻江上的锦屏二级水电站、金沙江上的虎跳峡水电站、开都河上的察汗乌苏水电站等。

⑧当水电站应用水头是由筑坝和修建压力水管道共同形成，且两者地理位置相距又较近时，一般称这类水电站为**混合式水电站**。混合式水电站发电方式，既可用水库调节径流，获得稳定的发电水量，又可利用引水管道获得较高的发电水头。在合适的地质条件下，混合式水电站也是一种较为有利的开发方式。

2.4.3　水轮机分类

水轮机组两大类，冲击反击硬设备。①
反击主用水势能，冲击全靠水动能。②
反击机组分几种，水流进出有不同。③
轴进轴出称轴流，转桨定桨大水流，④
转桨导叶协联调，半百水头促高效。⑤
径入轴出称混流，应用最多遍九州，⑥

落差可达七百米，其他反击无可比。⑦
斜进斜出称斜流，相似轴流提水头。⑧
平入平出称贯流，三十米下低水头，⑨
经典结构灯泡式，潮汐缓流最合适。⑩
冲击形式说一种，千米水头用水斗。⑪

解析：

水 轮 机 分 类

①**水轮机**是将水能转换成旋转机械能的水力源动机。根据转轮利用水流能量形式不同，现代水轮机可以分为反击式和冲击式两大类。

②**反击式水轮机**主要是利用水能的势能，辅以水流的动能，其转轮的能量转换在有压的管流中进行；**冲击式水轮机**几乎全部利用水力的动能，以高速的水流冲击转轮叶片，其转轮的能量转换在无压的大气中进行。

③反击式水轮机按水流进入和流出转轮叶片的方向不同又可以分为四类：轴流式、混流式、斜流式和贯流式。贯流式机组一般为卧式，其余三类都为立式机组。斜流式也可以认为是轴流式与混流式的结合，现今应用已经较为少见。

④水流与水轮机叶片接触前的流向（进入）与接触做功完成后的流向（流出）都是沿着转轴方向，即从上而下的方向流通的水轮机为**轴流式**，如图 2-17 和图 2-18 所示，根据其叶片能否转动又分为轴流定桨式和轴流转桨式。轴流式机组通常用于低水头、大流量机型，如我国长江上的葛洲坝水电站就是轴流式水轮机。

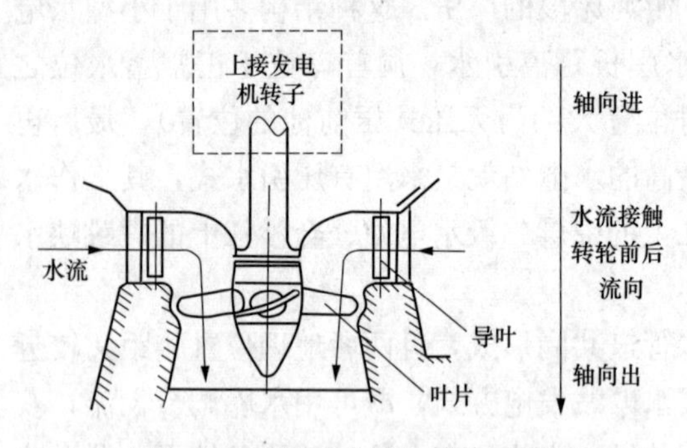

图 2-17　轴流式水轮机结构示意图

图 2-18　轴流式水轮机实物图

⑤转桨式水轮机转轮叶片可与导叶协联调节，效率高，应用广，多用于低水头大流量的水电站，其可应用水头范围一般在 3～70m，多用于 50m 以下。目前，世界上单机出力最大的轴流转桨式水轮发电机组是我国福建闽江干流上的水口水电站，其单机容量为 200MW。

⑥⑦水流径向流入（即与轴向垂直的方向，或者说是旋转平面半径的方向）、轴向流出的水轮机为**混流式**，如图 2-19 和图 2-20 所示。水流的径向流入是通过水轮机组外围的蜗壳导向完成的，水流在蜗壳内做旋转运动的同时从各个方向径向冲击水轮机叶片，基本均一的冲击使得机组运行十分稳定。其叶片为固定结构，故障率极低，并且应用水头范围十分宽广，可从 10m 左右上升达到 700m，最高效率可达 94%，是现代水电行业应用最为广泛的水

轮机，也是反击式水轮机里应用水头最高的一种形式。我国三峡电站采用的即为混流式水轮机。

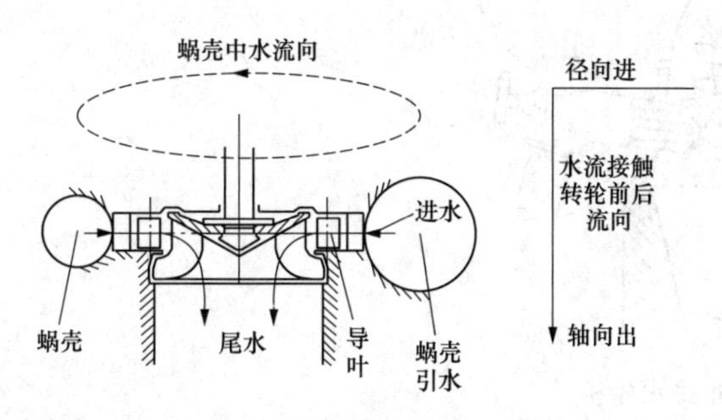

图 2-19　轴流式水轮机结构示意图

图 2-20　混流式水轮机实物图

⑧水流方向以倾斜于主轴的方向进、又从倾斜方向流出叶片的水轮机称为**斜流式**，示意如图 2-21 所示。其水流进入轮机的方式与混流相似，叶片结构与轴流式相似，因此能装设较多叶片（轴流式 4～8 片，斜流式 8～12 片），从而提高了应用水头，适用水头为 40～200m，但这种结构比较复杂，造价较高，现今应用较少。

⑨⑩水流以平行于机组主轴（机组一般为卧式）的方向进入、仍沿主轴方向流出的水轮机称为**贯流式**。贯流式水轮机过流能力极好，适用于 1～30m 水头的电站。其根据具体结构又可以分为多种，目前应用最为广泛且最具价值的是灯泡贯流式机组，灯泡贯流式水轮机如图 2-22 所示，因外形酷似灯泡而得名，适用于 30m 以下的大流量水电站，甚至于 0.3m 的水位差就能发电，特别适合潮汐电站以及流量大、落差小的电站。

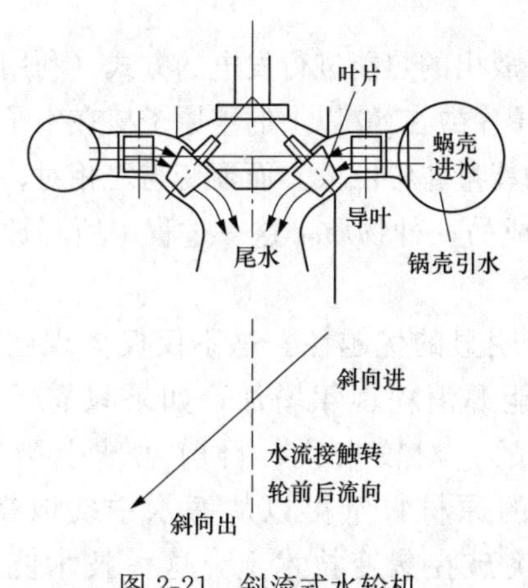

图 2-21　斜流式水轮机

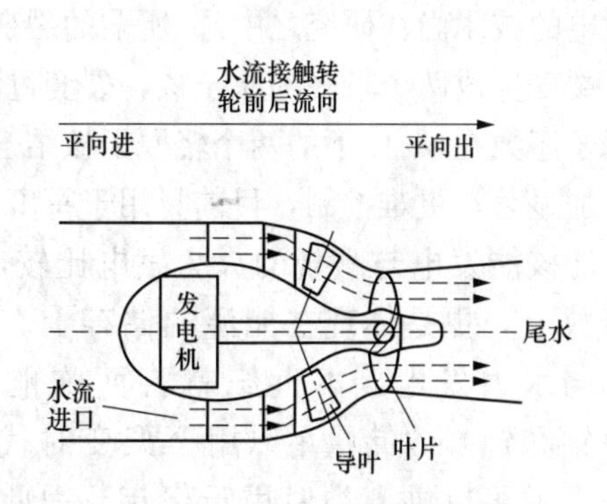

图 2-22　灯泡贯流式水轮机

⑪冲击式水轮机又分为水斗式（或称为切击式）、斜击式、双击式三种，水流均以喷嘴射流的形式冲击水轮机转轮叶片，如图 2-23 所示。水斗式适用水头为 100～2000m，是目前可应用水头最高的一种水轮机形式。奥地利雷扎河水电站就是采用这种结构，其工作水头达 1771m。我国湘江水系驿马河上游的天湖水电站设计水头为 1022.4m，也采用此种结构。

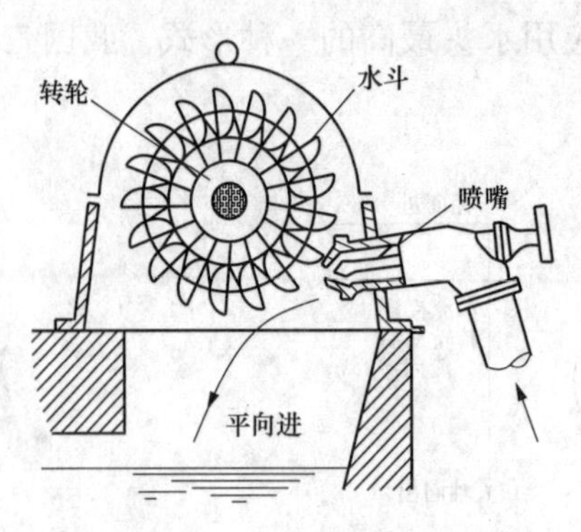

图 2-23　水斗式水轮机

2.5 核能发电

2.5.1 基本概况

核能发电铀裂变，释放热能电转换。①
相比常规水火电，能量优势更明显。②
燃料耗运万倍减，保护环境少排碳。③

解析：

基本概况

①核能发电是利用核反应堆中核裂变（铀）所释放出的热能进行发电的方式（利用核聚变发电的技术尚在研究之中）。所谓的裂变，即是原子序数在 80 以上的重原子核在中子的撞击下裂变生成两个较轻的原子核，裂变过程中释放的能量非常巨大。而聚变与之相对，它是由原子序数在 40 以下的两个轻原子核结合在一起生成另一种物质，这一过程中所释放的能量更加显著，更难控制，目前只用于军事上的氢弹。

②核能发电与常规的火力发电比较，具有十分明显的优越性。这不仅仅体现在能量的释放上，更是体现在能源的储存上。面对现代能源消耗逐年增加，如果只靠常规的火力与水力发电，本世纪就将面临能源危机挑战。相较来说，目前地球上裂变燃料（铀和钍）的储量足以用至聚变时代，而聚变的原材料氘可以从海水中提取得到，理论上说可以供人类使用千亿年。因此，核能的突破在聚变技术上，这一技术能从根本上解决人类能源问题。

③核能的能量密度大，消耗少量的核燃料就可以产生巨额的热能。这一理论首次由爱因斯坦揭示，即著名的**质能互换公式**：$E=mc^2$，其中的 m 为原子裂变中所发生的质量亏损。核能的释放正是质能互换的链式反应的结果。与同功率的火电相比较，核电站年消耗燃料的数量可减少数万倍甚至几十几百万倍，同时还可极大地减轻运输负担（现代大型火电都有专门的列车每日定时输送煤炭）。温室效应不断累积、地表温度持续上升、沙漠化与日蔓延，各国政府、企业都有义务、有责任采取措施减少排碳量。核电厂不需要燃烧煤、石油、天然

气等化石燃料，而是采用的裂变能，整个过程不会产生二氧化碳，这一点对改善环境十分友好。

2.5.2 核辐射处理

核能释放需防护，放射物质必禁锢。①
运行产生三废物，携带放射气液固。②
衰变箱中暂存储，加快衰变同位素。③
最后处理废物固，深埋地下深海处。④
反应堆芯重点顾，余热问题也严肃。⑤
四道屏障保安全，设计从严防事故。⑥

解析：

核辐射处理

①核电站也有它独特的且人人关心的问题：核物质的放射性。核能的释放过程也就是放射性物质的产生过程，核反应堆芯放射性活度巨高，现代核工程技术可以把这些放射性物质禁锢起来，使其不会危害电厂工作人员以及对环境造成污染。

这里的放射性指的是放射性同位素自发地放射出粒子，即 α 射线、β 射线和 γ 射线，它们的衰变最终会形成另一种新物质。一方面，当空气中的射线强度过高时，对人体的危害是极其严重的；另一方面，人类生活中无处不存在这些射线，更可谓是没有辐射就没有生命。在核电站不发生泄漏的情况下，核电的辐射甚至比所吃下去食物的辐射更为微小。需知道，辐射并不可怕，可怕的是大规模泄漏以及社会舆论。

②核电站在运行过程中会产生各种废物，归纳起来即为带有放射性的废液、废气和固态废料，也称为核电站的**“三废”**。“三废”都具有放射性，必须严格有效地控制、收集和处理。

③放射性气体、液体有一个共同原理的处理方法——**加快衰变**。这种方法可以使放射性物质同位素在几天到几十天间 99.9%完成衰变，衰变完成后不再具有放射性，经监测达到国家标准即可直接排放。对于部分无法直接排放的废物则另需要加工处理，如固化、分解、蒸发等，然后再另作处理。

④核电站放射性固体废物的处理，一般是废物处理的最后一道工序，多采用水泥固化、压缩装桶，经一定周期后，统一深埋于地下或沉入地质条件稳定的深海水中。

⑤与放射性相关联的另一个重点问题是核反应堆的剩余释热问题。剩余释热在机组停运后仍需要继续冷却，否则会对堆芯造成严重破坏。

⑥正常运行的核电站，放射性物质不会泄漏到周围环境中，但国际上曾发生过好几次核泄漏事故，影响十分巨大。因此现代工程更是对核安全作层层防线，反应堆心脏部分的“堆芯”采用四道屏障：第一道屏障是特制核燃料芯块；第二道屏障是锆合金包壳管；第三道屏障是压力容器和封闭的一回路系统；第四道屏障是安全壳厂房。因此，即使反应堆发生事故，放射性物质也无法突破这四道屏障。可以说，现代核电站已经具有了极高的安全性能，但仍不能放松警惕。

2.5.3 核电结构

核电负荷趋稳定，相似火电难调频。①
压水堆体钢锻成，核心构件为堆芯。②
高压流水一回循，好似锅炉之功能。③
交换热能二回循，过热蒸汽驱汽轮。④
循环做功同流程，唯有热源自核能。⑤

解析：

核电结构

①核电站的发电过程与火电站较为相似。其机组一般带基荷，运行过程中调整负荷会消耗较多的能源，且会引起机组温度与状态的变化，因此也不宜作为调频能源使用。

②**压水堆**是用于发电的基本反应堆结构，由核心构件**反应堆芯**和防止放射物质外逸的高压容器**压力壳**组成。压力壳因要长期承受工作压力和温度，通常采用低合金钢锻制而成，并辅以不锈钢衬里。堆芯是反应堆的心脏，是真正发生链式核裂变反应的场所。在堆芯处，核能转化成热能，由冷却剂循环带出堆外。为了提高堆内冷却水的出口温度以提高效率，常需提高堆内冷却剂的压力，以使其在堆内不发生沸腾，压水堆也是因此而得名。

③如图 2-24 所示，**一回路**即所对应的高压水流回路，也就是直接从反应堆中获取热能的工质回路。这一回路中，冷却水的压力一般保持在 13.7MPa 以上，这样，水流将在 350℃左右保持不发生沸腾。一回路经蒸汽发生器发生热交换，将高压水热能传导给**二回路**，整个过程中蒸汽发生器充当了火电站锅炉中锅的作用、反应堆本体充当了锅炉中炉的作用。一回路过程在安全壳内封闭进行，是直接与放射性物质相关联的回路，一般也将安全壳内的系统称为**核岛**。

④二回路中的热力循环与火电相类似，继而驱动汽轮机，带动发电机发出电能，其循环通路见图 2-24。

⑤核电站的整个发电过程除了热源来自核能之外，其他部分于火电无异，最主要的体现是都是通过热蒸汽驱动汽轮机，汽轮机再拖动同轴发电机而发电。整个过程因为无需燃烧煤等燃料，所以没有锅炉、输煤带、高烟囱等部分。

2.5.4 核电运行

核电启动按规程，较为烦琐多过程。①
调节裂变控制棒，功能不同分三种。②
吸收中子碳化硼，改变反应控温升。③
一旦事故急停堆，安全棒体入堆芯。④

解析：

核电运行

①冷态启动是核反应堆最复杂的一种综合操作过程，需要一回路系统和二回路系统紧密

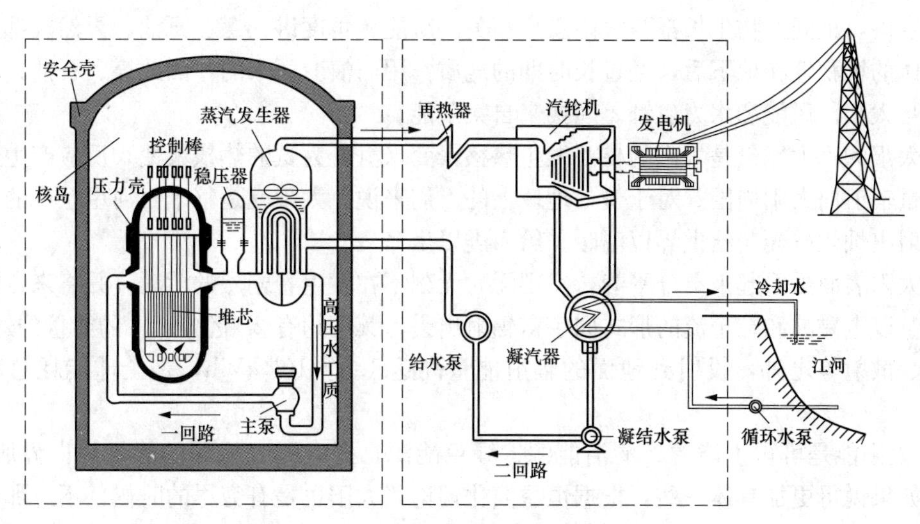

图 2-24　压水堆工作流程

配合完成。整个过程需按规程逐步操作。

②核反应堆芯的**控制棒**是控制裂变反应强弱的核心部件，又分为调节棒、补偿棒和安全棒。通过调节棒插入堆芯中的深度或棒的根数多少调节堆内反应；通过补偿棒的向外提取延续燃料降低后的反应，补偿棒每一个运行周期之初就插入堆芯中。随着燃料的减少而逐步向外提出（这也是控制堆内中子数量的一种措施，堆内中子的数量直接关系到核安全，是核电站设计时最应严格把关的点）；安全棒则用来紧急停止堆内核反应。

③控制棒通常采用对中子有强吸收能力的碳化硼或镉材料制成，而中子又是核反应中必不可少的粒子，控制棒实际上是控制了反应堆中的中子数量，从而实现对反应强弱与温升的控制。

④核电站一旦出现事故，应进行紧急停堆，此时安全控制棒发挥作用，它迅速动作全部插入堆芯，瞬间降低中子数量而停机。再者，核电机组的停机除了安全棒迅速投入工作外，还需持续冷却反应堆和一回路系统。

2.6　太阳能发电

2.6.1　太阳能概况

万物生长靠太阳，化石能源地下藏。①
热核聚变散能量，银河明灯映光芒。②
电磁波及粒子流，日夜辐射无止休。③
清洁能源零排放，无穷无尽世共享。④

解析：

太阳能概况

①太阳是地球上几乎一切能源的根源，没有太阳也就没有了生命，更谈不上能源了。从

生物角度讲，世间万物生长都与太阳息息相关。从能源角度讲，煤、石油、天然气都是古代生物遗体的堆积埋在地下后，经过长时期的地质作用而演变而来的，因此煤、石油、天然气等也来自太阳。风能和水力也都是间接来自太阳能。

②太阳的巨大能量是太阳的核心发生**热核聚变**（氢变为氦的热核聚变）反应产生的，巨大的能量辐射向太阳周围。对于身处地球上的人们来说，太阳就是整个银河星系中的一盏明灯，映射出灿烂的光芒给世界以温暖，给人类以生命。

③太阳表面虽看起来十分平静，实则无时无刻不在发生着剧烈的活动，并将来自核心的巨大能量以电磁波和粒子流的形式向宇宙辐射出去，其中约有22亿分之一的能量到达地球，除反射、散射等之外，投射到地面的辐射能量高达1.8×10^{18}kWh，是全球能耗总和的数万倍。

④ 太阳能是可再生能源、清洁能源、绿色能源，拥有无穷无尽的能量为世界所共享。当然，如果说得更加具体一些，根据恒星演化理论，太阳也是有穷尽的时候，不过那也是约100亿年以后的情形了，那时候太阳将渐渐熄灭，最终变成一颗不发光也不发热的冰冷的黑矮星。相对人类百万年的历史来说，也就是“无穷无尽”了。

2.6.2 光伏发电原理

导电性能弱至强，半导体料位中央。①
本征掺杂大影响，形成PN两式样。②
PN结处有内场，电子空穴集中央。③
半导体料捕阳光，光生伏打建电场。④
抵消内场促流向，光伏组件获能量。⑤

解析：

光伏发电原理

①**导体**即导电能力较强的物体，如银、铜、铝等；**绝缘体**即导电能力弱或基本不导电的物体，如橡胶、陶瓷等；导电性能介于这两者之间的物体，称为**半导体**，最早出现也最为常见的是硅材料，现陆续出现的有以砷化镓、碲化镉等为材料的半导体器件。

②半导体除了导电能力不同于导体与绝缘体外，还具有两大显著的特点：

（1）半导体的**电阻率**（衡量导电能力的主要参数）受杂质含量的影响极大，即在本征半导体（**本征半导体**指的是完全纯净且结构完整的半导体晶体）中掺入微量的杂质，就会使半导体的导电性能发生改变。根据掺入杂质的性质不同，杂质半导体又分为**空穴**（P）半导体和**电子**（N）半导体。

（2）电阻率受光或热的影响较大，根据这一特点可制成各种需要的器件。

③N型半导体材料带有大量的电子，P型则带有大量的空穴，当这两种材料结合在一起时，由于扩散、漂移等作用，会使两者相交处形成一个极薄的空间电荷区，此处N型中较多的电子流向了P型一侧，而P型中较多的空穴则流向了N型一侧，构成了一个相对稳定的结构，也称为**PN结**，并在结的两侧形成内电场，又称**势垒电场**。

④捕获太阳能的光伏器件可以由多种半导体材料制成，它们利用**光伏效应**（也称为**光生**

伏打效应：光照使不均匀半导体或半导体与金属结合的不同部位之间产生电位差的现象。1839 年由法国物理学家贝克勒尔（Becquerel）首次发现，1954 年，美国科学家皮尔松（Pearson）等在美国贝尔实验室首次制成了实用的单晶硅太阳电池）促进材料中电子的流向来产生电能。

⑤当太阳光照射 PN 结时，电子吸收光能，在内电场的作用下，光生电子被驱向 N 型区，光生空穴被驱向 P 型区，从而在 PN 结周围形成了与势垒电场相反的光生电场。光生电场的一部分抵消势垒电场，其余部分使 P 型区带正电、N 型区带负电，即形成**光生伏打电动势**。一旦接上负载，即产生电流，这样，光伏电池将吸收的光能转化为了电能。硅太阳能电池示意如图 2-25 所示。

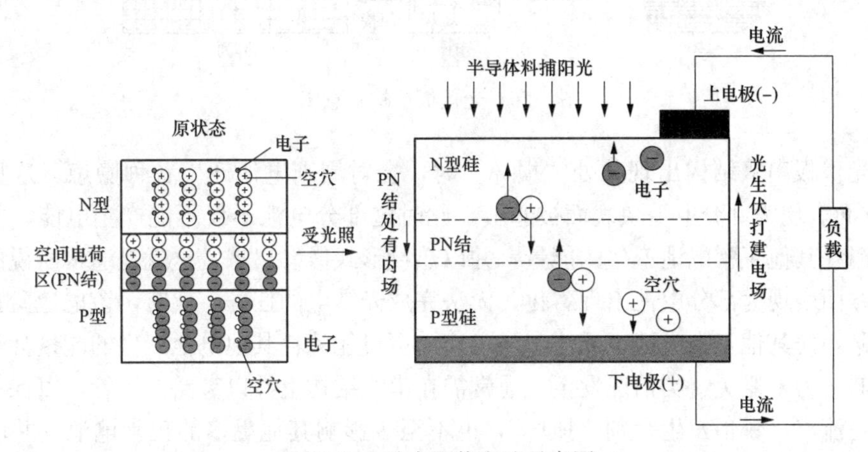

图 2-25　硅太阳能电池示意图

2.6.3 光伏阵列

光伏电池光转电，多个单体并或串。①
形成组件小单元，单元方阵光伏板。②
串路损坏大隐患，旁路并联二极管。③
提升效率减光反，金字塔形表绒面。④
绒面织构较敏感，碰撞腐蚀怕污染。⑤
金属工艺减极宽，激光刻槽之埋栅。⑥
光伏阵列光转电，最大功率跟踪点。⑦
跟踪响应莫迟缓，智能算法快收敛。⑧

解析：

光伏阵列

①光伏电池将太阳能转化为电能。单个光伏电池通常十分小，输出电压只有 600mV 左右。为了提高光伏电池的输出功率，通常将多个单体以一定的串、并联方式相互连接起来，以达到期望的电压输出。

②串、并接起来的光伏电池形成一个不大的**单元组件**，将这些组件串联或是并联起来就

会形成较大的**单元方阵**（一般以串居多，从电路理论知识可以知道，两个电源并联的前提是两个电源电压相等，这就对单体光伏电池的制造工艺要求更高），即**光伏板**，从而可以有较高的输出功率。通常使用 36 个系列单体电池组成一个组件，以保证在阴雨天也能获得 12V 以上的电压。光伏板结构示意如图 2-26 所示。

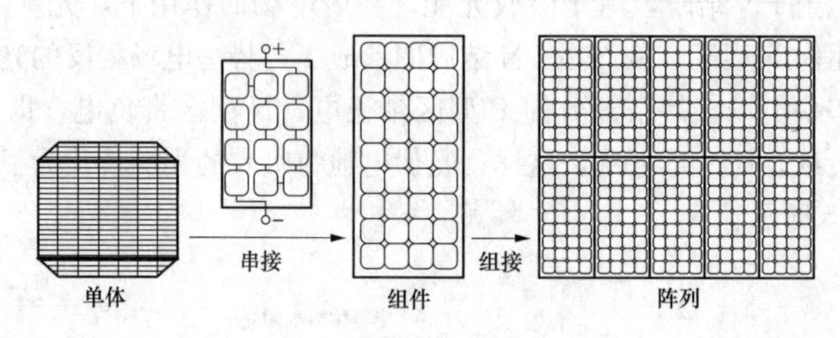

图 2-26　光伏板结构示意图

③当光伏板串级结构出现某处“损坏”时，会对周围电池产生各种隐患。这里的“损坏”，一方面表现为部分电池块表面被遮蔽，此时这部分电池不仅不能产生电能，它们还会充当负载消耗其他正常电池产生的能量，并以热量形式散发出来，这就是通常所说的**热斑效应**；另一方面表现为部分电池出现劣化，无法完成光转电的任务，此时，该电池所在支路可能出现断路，使其他正常电池也无法参与工作，更可能消耗其他电池产生的能量甚至产生毁灭性的影响。为了避免这类情况发生，通常需在串级结构上并以旁路二极管，以保证电流只从电池支路流出，哪怕发生个别“损坏”，也不至于影响其他更多的正常电池。并联旁路二极管如图 2-27 所示。

④为了提高硅表面吸收光照的能力，即需要有效地减少光照的反射，除了在表面采用特殊的吸光膜之外，还需要对表面进行绒面织构化处理。也就是说，光伏板表面并不是平滑如镜的，而是采用金字塔式凹凸状的绒面，这样可以增加光反射次数，从而吸收更多光能，如图 2-28 所示。

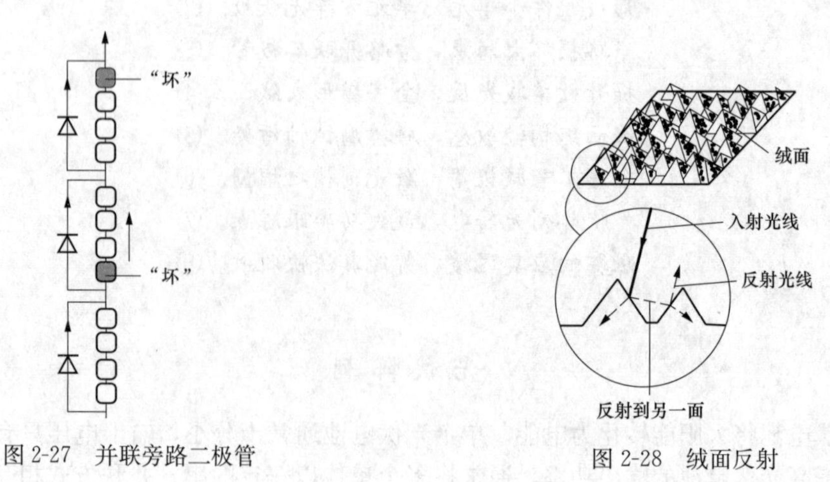

图 2-27　并联旁路二极管

图 2-28　绒面反射

⑤因为太阳能板的特殊工艺，致使其整体结构比较脆弱，特别是表面的碰撞、腐蚀性溶

剂的冲洗以及面板的严重污染，这些都会很大程度上影响面板的性能。当然，现代太阳能板件表面通常都覆有一层透光能力极好的特制玻璃，以避免上述危害。

⑥理想电极应该是具有较小的表面覆盖率且不影响其他部分。现代光伏领域出现了一种激光刻槽埋栅电极的工艺，这种工艺一方面很大程度上减小了电极表面覆盖宽度，降低遮盖损失；另一方面通过增加槽的深度增加了金属的横截面积，能够更好地吸收载流子。激光刻槽埋栅结构如图2-29所示，在工程实际中已经得到了广泛的应用。

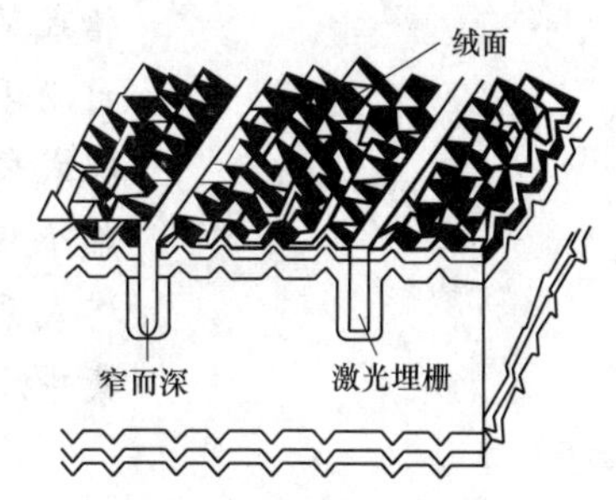

图2-29　激光刻槽埋栅

⑦光伏面板在转换电能过程中，其 *I-U* 特性受辐照和温度等诸多条件影响，使得 *I-U* 曲线具有高度的非线性。为了更好地控制电流与电压，通过现代算法 MPPT 技术来确保跟踪系统的最大功率点，以保证光伏电池实时工作在当前环境条件下的最优点处。具体实现是：每隔一定时间让联网逆变器的直流工作电压变动一次，测定此时太阳能电池方阵输出功率，并同上一次进行比较，使联网逆变器的直流电压始终沿功率变大的方向变化。

⑧随着各种智能算法的优化，跟踪响应进一步得到改善，各种智能算法也相继应用到光伏功率跟踪上，算法收敛性越来越好，控制精度也越来越高，这直接使得光伏系统的响应更快、效率更高。

2.6.4　太阳能热发电原理

太阳能热发电法，相似火电热转电。①
聚光技术重点抓，加热工质高温压。②
多类方法皆较佳，聚焦槽碟与高塔。③
聚光倍率再增大，容量可达万千瓦。④

解析：

太阳能热发电原理

①太阳能发电的另一途径是将太阳辐射能转换成热能，再按相似火电的发电原理将热能转化成电能，其根本区别在于热源的不同，即太阳能热发电法的热源为太阳能。

②**太阳能热发电**，是利用聚光集热器把太阳光聚集起来，将工质加热到数百摄氏度的高温，然后经过热交换器产生高温高压的过热蒸汽，驱动汽轮机旋转，再带动发电机发电。同样，后述过程已经较为成熟，因此，聚光技术成为了太阳能热利用的核心技术。

③聚光形式多种多样，目前研究较为多的有三大类，分别是槽式聚焦系统、碟式系统和塔式系统。近年来，又设计了菲涅尔反射系统，这种系统一方面有更高的聚光比，另一方面反射系统全部采用平面系统，更易加工。

④各种聚光系统的聚光倍率在不断提高，现代太阳热发电站往往采用大面积布置，装机较大的可达数十万千瓦，如美国的 Ivanpah 电站，装机容量为 392MW。

2.6.5 聚光形式概况

槽式聚焦属中温，分散布置串并成，①
自动跟踪全日程，加热工质驱汽轮。②
碟式聚焦抛物面，斯特林机来发电，③
单个装置可运行，未来商化好前景。④
塔式系统属高温，四周装设定日镜，⑤
集中反射至塔顶，聚光倍率获提升。⑥

解析：

聚光形式概况

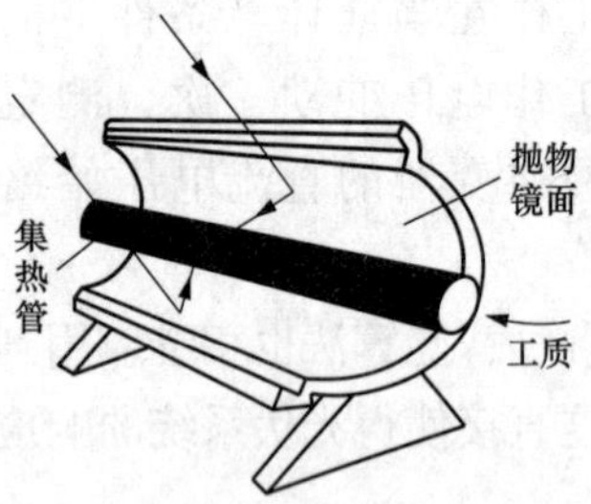

①**槽式线聚焦系统**利用槽形抛物面反射镜将太阳光聚焦到集热器，对传热工质进行加热，如图 2-30 所示。这种装置通常分散布置，以大面积串、并组合的方式形成一个整体，其加热工质一般不超过 400℃，属于中温系统。

图 2-30 槽形抛物面反射示意图

②槽形抛物面反光装置能自动跟踪太阳以获得最大的太阳热能，以带动更高能量的蒸汽驱动汽轮机旋转。自跟踪系统通常分为两类：一类为程序控制类，即按太阳每日运行规律进行预先设定的角度动作；另一类为通过采光装置确定光照最强方向，再对系统角度进行调整。槽形抛物面聚光系统整体示意如图 2-31 所示。

③**碟式发电系统**也称为盘式系统。采用盘状抛物面镜聚光集热器，外形似大型抛物面雷达天线，如图 2-32 所示。说得确切些，这是一种点聚光装置，即光能可全部聚焦到一个点，因此可产生非常高的温度。

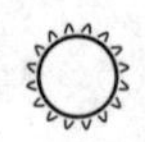

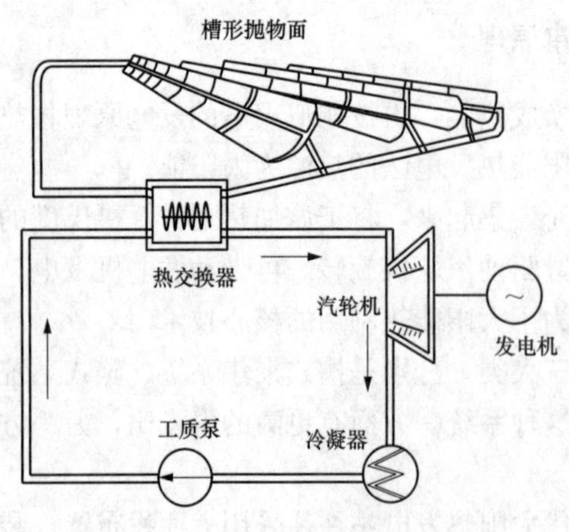

图 2-31 槽式抛物面聚光系统整体示意图

图 2-32 碟式发电系统实物图

现代，与前面有所不同的是，这种结构往往不是采用常规发电机，而是采用**斯特林发动机**，这是一种直接利用热能驱动活塞运动，活塞带动圆盘转动进而发电的装置，于1816年由苏格兰人罗伯特·斯特林所发明，它通过气缸内工作介质（氢气或氦气）经过冷却、压缩、吸热、膨胀为一个周期的循环来输出动力，因此又被称为**热气机**。斯特林发动机原理如图2-33所示，它通常分为热端和冷端，两端的相反过程组成了一个完整的循环过程。碟式系统因常使用斯特林发动机作为源动力，也称为**斯特林系统**。

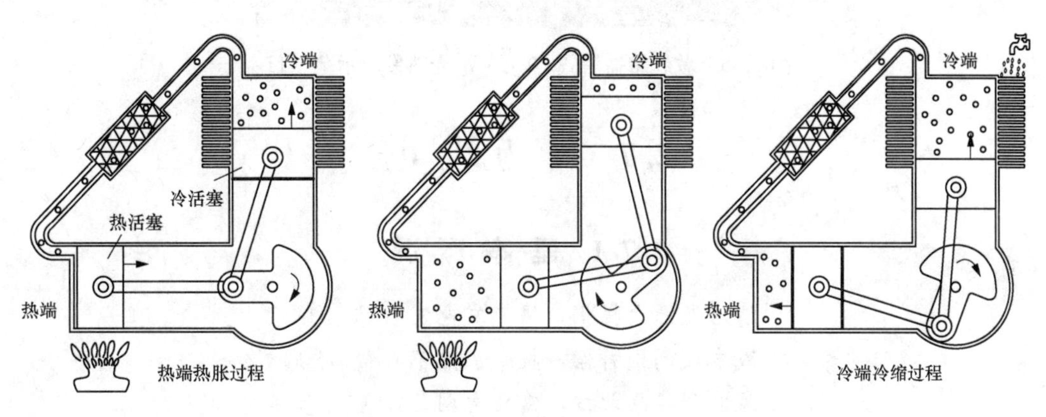

图2-33　斯特林发动机原理

④碟式系统可以独立运行，适宜作为边远地区的小型电源使用。当然，碟式系统也可以分散布置形成中型系统，此种结构相对复杂一些，大规模装设成本较高，但具有很好的商业前景。

⑤塔式系统一般是在空旷的平地上建立高塔，高塔顶上安装接收器。以高塔为中心，在周围地面上布置大量的太阳反射镜群（可自动跟踪太阳，亦称**定日镜**），其简要工作原理如图2-34所示。

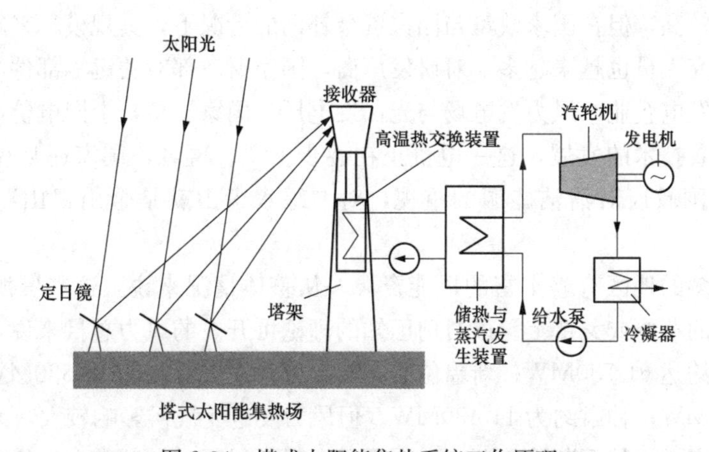

图2-34　塔式太阳能集热系统工作原理

⑥定日镜群把阳光积聚到接收器上，接收器的聚光倍率可超过1000倍，加热工质到几百上千摄氏度，再驱动汽轮机。这种方式通常用于建设大型电站，如欧洲的PS20电站，美

国的太阳能热电站 Ivanpah，我国敦煌的熔盐塔式 10 万 kW 光热发电示范项目（见图 2-35）。

图 2-35　敦煌熔盐塔式 10 万 kW 光热发电示范项目

2.7　风力发电

2.7.1　基本概况

清洁能源大提倡，风光发电发展忙。①
成本较高国补偿，技术成熟不再帮。②
风能富集在北方，需要电网备容量。③
常与其他互补装，最为常见风配光，④
抽水蓄能配风场，自然环境看地况。⑤
海上发展渐启航，更大容量更宽广。⑥

解析：

基本概况

①②风力发电是可再生能源、清洁能源、绿色能源，其发展得到了国家的大力支持。虽然目前发电成本较高，但在国家政策与国家资金补助的情况下，其规模越来越大，技术越来越成熟，相关研究人员也越来越多。对研发厂商，国家财政部对关键零部件与大型机组都给予相关补贴；对发电企业，风力发电场与光伏发电厂受国家支持，上网电价往往较水电、火电高，但是，随着技术的发展，这一电价正在逐步下调；再者，国家还从税收方面予以优惠。这体现了我国政府对清洁能源的重视，对“绿水青山就是金山银山”的深刻体会与践行。

③我国相当多的地区有着丰富的风能资源，从整体情况来说，这些资源主要分布在西北、华北和东北的草原或戈壁上。以目前已知的理论可开发的风力总量来说，内蒙古位居榜首，可开发资源约达 61 780MW；新疆位居其次，可开发资源约达 34 330MW；再者为黑龙江，约有 17 230MW；甘肃约为 11 430MW。但风力发电受气候影响较大，无风或风力不足时不能发电，是完全性的间断性电源。一方面风电厂可以通过加装蓄电池组的措施，来维持输出电能的基本稳定；另一方面，电网更需要提供充足的备用容量，确保大型风电场失电后能迅速得到响应，以维持整个系统的稳定。

④风力发电还可以采用与其他能源互补配合发电（当然，蓄电池组仍需要），最为常见

的就是**风光互补电站**。这两种发电形式相结合，可使相关配套的设施产生双倍效能，空间布置的互补结构可节约土地资源，间歇性的互补能提高供电的可靠性等。

⑤风力发电场还可以与抽水蓄能电站、燃料电池等相配合，一方面克服间断性的缺点，另一方面增加设备利用效能。这些配合只有在当地环境条件允许的情况才能得以利用。

⑥海上风力资源丰富，不占用土地资源，可允许机组更加大型化，也越来越受到重视。目前绝大多数装机出现在欧洲，装机容量正在不断地扩大。再者，海上风电对环境影响小，不造成视觉干扰，将可能成为未来风电发展的一片广阔的新天地。2011 年 12 月 28 日，国电龙源江苏如东 15 万 kW 海上示范风电场一期工程投产发电，标志着我国最大的海上风电发展启航。

2.7.2　风能转化理论

风能能量三要素，流速面积与密度，①
牛顿定律易推出，风速大小其中主。②
贝茨理论再建树，理想效率尽禀赋，③
无限叶片无轮毂，零点五九极值数。④

解析：

风力转化理论

①风是流动着的空气，它是由太阳能间接转化成的一种主要以空气动能形式存在的资源，是极其普遍的一种自然现象。它所蕴含的能量与空气的密度、流过的截面积和流动的速度有关。

②风电机组将风的动能转化为旋转形式的机械能进而转化为电能，因此对风能的利用主要是风的动能。风所具有的能量通过牛顿第二定律可以算出单位时间内通过风轮的功率 P 为

$$P=E/t=\frac{1}{2}\rho S v^3$$

式中：E 为气体的动能；v 为风速，m/s；ρ 为空气密度，kg/m^3；S 为空气流过的截面积，m^2。

从公式中可以看出，通过风轮功率的大小除了与空气密度和风轮的扫风面积直接相关外，空气流速更是占有举足轻重的影响。

③风力发电机不可能将流过风轮的全部动能转化为机械能。1926 年，德国物理学家贝茨（Betz，1885～1968 年）建立了著名的**贝茨理论**，阐述了在各种假想的理想条件下，风能转化效率可能达到的极限数值。

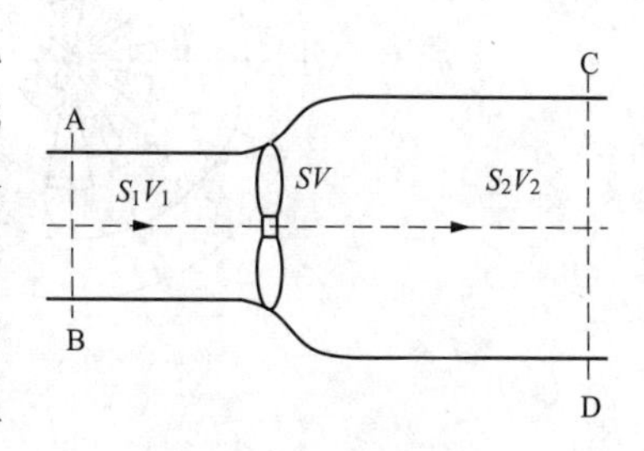

图 2-36　假想风轮模型

④假想风轮模型如图 2-36 所示。假想限定风是气流均匀、不可压缩的定常流体，风能通过叶片时没有摩擦阻力，风轮具有无限多的叶片且没有轮毂，即是完全理想的

风轮。在该理想条件下，可以得到风轮上游截面积 S_1 与速度 v_1 的乘积与风轮面积 S 与流经风轮的风速 v 的乘积相等，并等于经过风轮后面积增大、流速减小后对应两者的乘积，即

$$S_1v_1=Sv=S_2v_2$$

经过一系列的推算后，最终得出最大可能的转化效率 $\eta_{max}=\frac{16}{27}\approx 0.593$，这就是著名的**贝茨极限**。

2.7.3 大型风力机结构与参数

自然环境多风口，风电选址玫瑰图。①
利用风能几参数，方向叶片与流速。②
风轮多用水平轴，上下风向风飙拂。③
细长叶片高强度，三支平衡成主流。④
切入启动最低速，切出停转超速度。⑤
速度过高伤机组，减少迎风变桨距。⑥
变速齿轮升转速，三级传动带转轴。⑦
笼型电机主结构，异步发电频无忧。⑧
并网冲击大电流，降压软启加电阻。⑨
吸收无功属滞后，补偿装置随即投。⑩
偏航系统再辅助，伺服变向据尾流。⑪

解析：

大型风力机结构与参数

①自然环境下，风能是一种可持续的大自然能源，分布广泛。某些地区的平均年风量较其他地区大出很多，称之为风口。风力发电厂的选址一般位于风口区域或是存在较大发电潜力的地区。进行电厂具体前期细节设计规划时，绘制**风力玫瑰图**（包括风频、平均风速、风向等各项数据）是风力资源评估过程中必不可少的步骤，如图 2-37 所示。

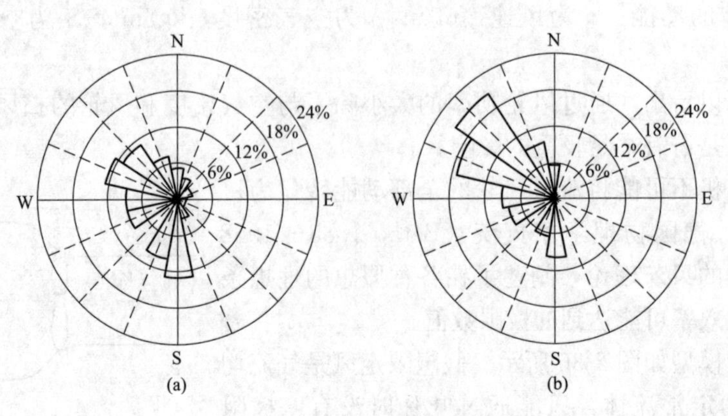

图 2-37 风力玫瑰图
(a) 风向；(b) 风能

②为了有效地捕获风能，需要考虑以下几个关键参数：叶片结构、风能方向、风速大小。叶片越长，同等条件下扫风面积越大，捕获的风力就越多；风力的方向与叶轮的方向正好相对时，风力机可以获得更好的功率；风速越高，对应的风功率也就越高（风功率随平均风速的立方变化）。

③风力机的风轮也称为低速转子，其旋转轴承通常为水平，即与有效风能平行。水平轴风电机组按照有效风能相对机身与叶片的吹拂方向又可以分为上风向机组和下风向机组，如图 2-38 所示。垂直轴风力机最为常见的有 S 型和 H 型，S 型如图 2-39 所示，其相对应用较少。

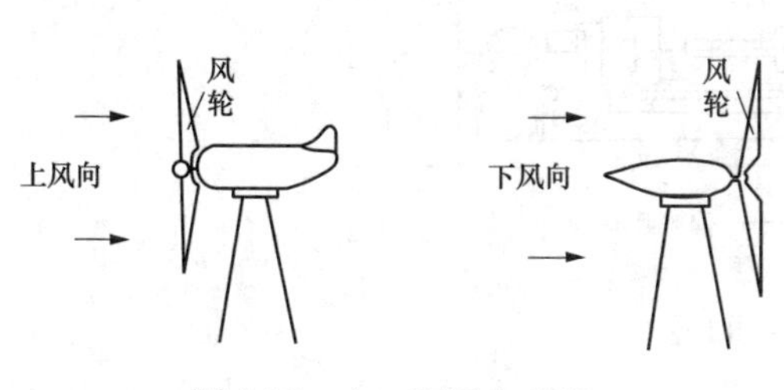

图 2-38　上、下风向机组

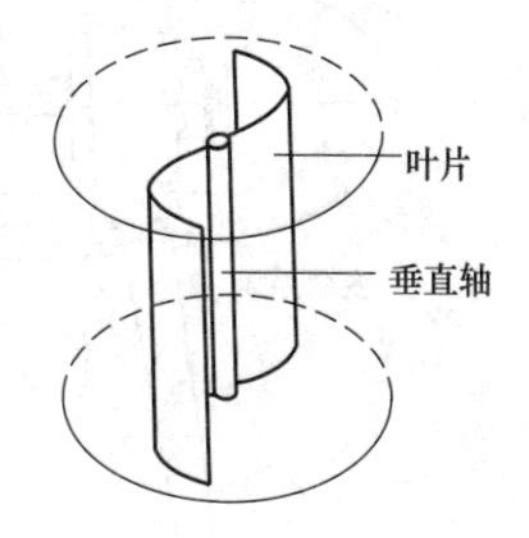

图 2-39　垂直轴 S 型风机

④叶片是风电机组最关键的部件。随着风电机组容量逐步增大，加细加长叶片已经成为风电技术的一大发展趋势，材料的高强度更加受到重视。而叶片数量，对大型风电机组而言，从 1 叶片到 3 叶片都有应用，它们各有优势，但应用最为广泛的是 3 叶片机组，如图 2-40 所示。3 叶片机组轮毂设计简单，运行稳定性好。单叶片或两叶片虽然节省材料，但动载荷较大，在振动问题上需采取额外措施。

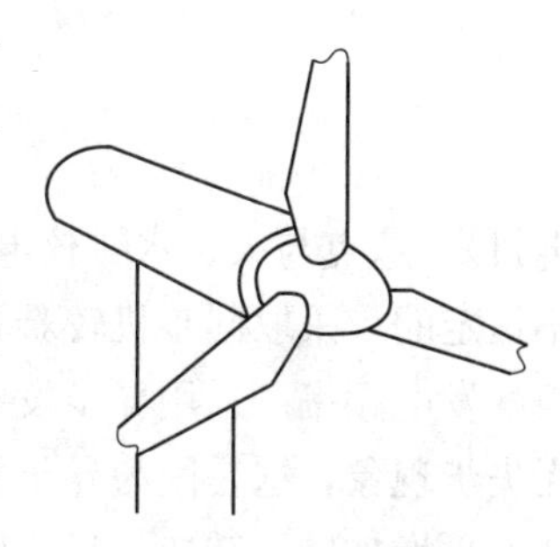

图 2-40　三叶片机组

⑤风力发电机设计中，功率曲线是表征风力发电机特性的重要曲线，其显示风力发电机在不同风速下的具体输出功率。切入风速与切出风速是功率曲线中两个重要概念：**切入风速**表示启动风力发电机所需要的最低风速，小型风力发电机通常为 3m/s，更大一些的风力发电机则需要 5～6m/s。**切出风速**表示在过大风速下风力机应该停止转动的速度点，否则，超出安全风速可能导致不可预期的后果。

⑥在风速达到切出速度之后，为了保护风力发电机免受损害，应当通过设定桨距角改变风力机叶片的迎风面，从而使风力机停止转动。**变桨系统**安装在轮毂内，对叶片角度进行控制，一般能实现对叶片 0°～90°的调节，其精细化调整不仅能使机组转速稳定，更能在台风等危害出现时，即时变桨避风，延长机组使用寿命。

⑦由于风轮叶片的旋转速度并不高，通常将与风轮主轴相连的输入轴称为低速轴，使用低速轴直接拖动发电机是不理想的（低速直驱型没有齿轮箱，但发电机尺寸十分庞大，吊装以及制造都有一定的困难），因而中间需配备升速变速箱，以高转速轴承拖动发电机发电。常见的兆瓦级变速箱一般采用三级变速。风力发电机基本结构如图 2-41 所示。

⑧风电机组中的发电机通常采用异步发电机（如笼型异步发电机，也有少量采用同步发

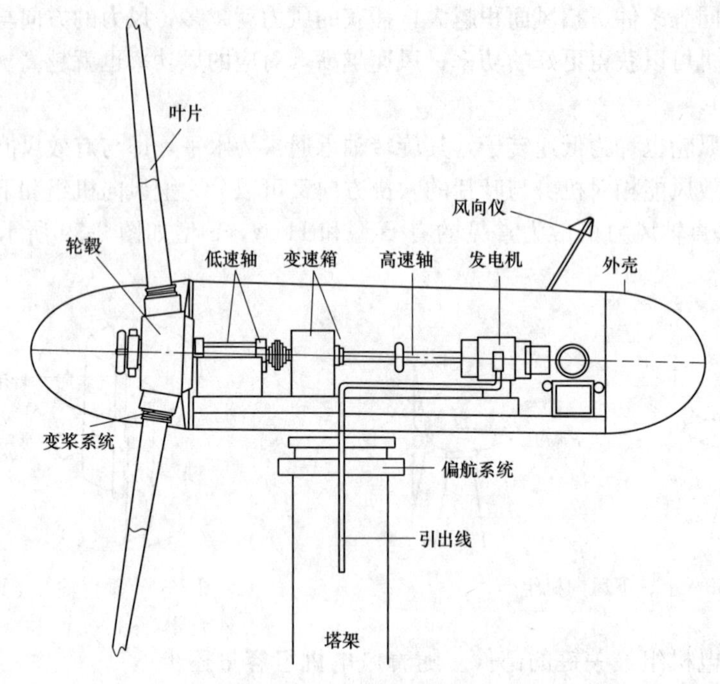

图 2-41　风力发电机基本结构

电机），这点与火、水、核电站通常采用同步发电机有重大区别。这是因为自然风能往往是不恒定的，采取同步机较难将机组的转速维持在同步的恒定转速下不变，而转速直接影响机组的发电频率。采用异步发电机不仅结构简单、尺寸小，更是在并网时不需要同步装置，也无失步现象，这是因为异步发电机的并网是先将定子接入电网，使发电机频率与电网频率一致，再增加转子转速，只要转子转速大于同步转速即对外供电。

⑨采用异步发电机的好处众多，但也有其缺点。首先，异步发电机在并网瞬间存在很大的冲击电流，因而需要采取特殊的启动方法。常规使用的有降压启动、加装软启动限流和转子加电阻启动，这些方法都可以将冲击电流限制在允许范围内，避免对电网造成危害。

⑩再者，异步发电机定子励磁建立磁场时，需要从电网中吸收滞后的无功功率来建立磁场和满足漏磁需要。此过程如不采取措施，将会从电网吸收大量无功电流从而增加电网无功功率负担，降低功率因数。因而，并网运行的异步发电机必须进行无功功率补偿，以改善电网电能的质量和输电效率。

⑪**偏航系统**是风力发电机组特有的偏航伺服系统。它主要有两大功能：一是使风电机组叶轮跟踪变化的风向；二是固定机舱并自动解除机舱内电缆的缠绕。大型风力发电机组一般采用主动偏航系统（小型一般采用被动偏航系统），这种方式多在机舱尾装有风向仪，根据风向仪检测的风向调整风轮角度，主动迎合或规避风能。

2.8 地热能发电

2.8.1 基本概况

绿色环保地热能，地球深处热储存。①
熔融岩浆近表层，驱涌蒸汽往上升。②
世界资源不均衡，我国分布已探明，③
多数热能埋藏深，高温热田西南境。④
西藏当雄羊八井，国内典范仍运行。⑤
云南腾冲热气腾，蒸汽奇观天上横。⑥
台湾大屯沸泉喷，地震虽繁资源盛。⑦
其他多处中低温，温泉旅游促养身。⑧

解析：

基本概况

①**地热能**是一种新型能源，同时也是一种绿色环保、清洁、可再生的能源，它的能量主要来自地球深处放射性元素的衰变。衰变致使地球内部成为一个高温高压的世界，其内部温度可达7000℃，蕴藏着无比巨大的热能。

②来自地球深处的熔融岩浆侵入到地壳后，由于地下水的深处循环，把热量从地下深处带至地球近表层，有些地方甚至传递到地面上来，热能就会随自然涌出的热蒸汽升向空中。

③在全球范围内，地热资源分布不均衡，这主要与地球板块的运动有关。一般习惯把陆地上的地热区域划分为正常地热区与异常地热区。在异常地热区，地热能一般埋藏在地壳的较浅处，有的甚至露出地表；而在正常地热区，地热能一般埋藏在地球较深处。

④我国地热勘探资料显示，我国地热资源丰富，西部地区、云南地区地热较为集中，以中低温地热田为主，高温热田（这里主要指的是浅层高温，中深层高温颇为丰富，但目前开发利用还有一定的技术限制）主要存在于几个地带（西藏、云南、台湾）。

⑤西藏当雄羊八井地热是我国最为典型的代表，其1977年第一台利用地热的机组投运，开创我国地热发电先河，并积累了大量地热发电经验，且为西藏电力、经济发展作出了不可磨灭的贡献。该地热电站经过多次改建、扩建，至今仍是我国最大的地热电站。西藏当雄除了羊八井外，羊易地热田也有较高的温度，已逐步开发利用。

⑥云南腾冲是我国著名的地热景点，地热资源十分丰富。明代地理学家徐霞客考察热海之后写道："遥望峡中蒸腾之气，东西数处，郁然勃发，如浓烟卷雾。"该地热带与西藏地热带同属于**藏滇地热带**，是我国大陆上地热资源潜力最大的地热带之一。它西起西藏阿里地区，东至怒江、澜沧江，弧形向南转入云南腾冲、雅鲁藏布江，另包括喜马拉雅山脉以北等。

⑦台湾大屯地区也属地热带，其地壳运动活跃，地震活动频繁，高温地热资源丰富，有大量热泉、沸泉、喷气孔等，已发现多处有温度在100℃以上的热田。

⑧我国其他地区的地热资源主要为中低温地热资源，目前技术开发发电较为困难，一般开发为温泉洗浴、医疗保健、旅游等。

2.8.2 发电技术

地热资源实丰富，开发发电探技术。①
两类原理要清楚，相似火电循环图。②
地热蒸汽似锅炉，净化分离直驱入。③
地下热水高温度，先经降压蒸汽浮，④
再经凝汽多做功，总称闪蒸快过渡。⑤
双循环法双回路，低沸工质烷氯氟，⑥
热能转换效率高，工质易燃且有毒。⑦

解析：

发电技术

①地热资源储存量十分巨大，其总储存量高达地球煤炭资源的上亿倍，但现今由于技术原因还无法将这些能源全部用于发电，目前主要利用的是高温地热田。按热田的性质，可以分为地热蒸汽发电和地下热水发电两大类；按利用的方式，可分为直接驱动和间接驱动两大类。下面主要按利用方式讲述。

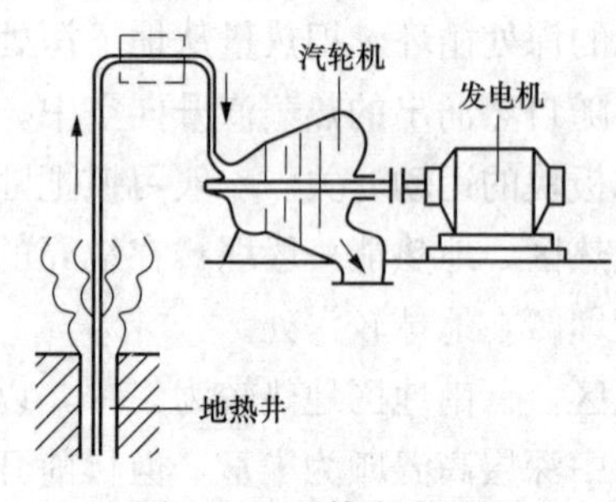

图 2-42 地热发电原理

②这两种发电的方式与火力发电十分相似，同样是靠汽轮机将热能转化成机械能，进而转化为电能输出，如图 2-42 所示。有所不同的是，**地热蒸汽**一般可以直接用于驱动汽轮机做功，而**地下热水**则采取其他方式来改变水的状态或传递热能。

③对于地热蒸汽的利用，通常采用直接驱动方式，即将自然蒸汽净化分离后，直接送入汽轮机中做功。这种方式简便，但对热田要求高。

④对于地下热水的利用，既可以采用直接驱动的方式，也可以采用间接驱动的方式。直接驱动方式是直接利用热水所产生的蒸汽进入汽轮机做功。热水变为蒸汽十分简单：水的沸点与空气压力的大小有关，气压越低水的沸点就越低，只需在盛有热水的封闭的容器中抽气降压，热水会自然变成蒸汽向上升腾。

⑤使热水快速变为蒸汽的方法称为**闪蒸法**，也称**扩容法**，是目前地热发电最常用的一种方法。地热闪蒸发电系统如图 2-43 所示，利用闪蒸出来的蒸汽驱动汽轮机做功。汽轮机一般分为背压式汽轮机和凝汽式汽轮机，为了提高地热电站机组出力和发电效率，通常采用的是凝汽式汽轮机。在凝汽系统中，蒸汽在汽轮机中能膨胀到很低的压力，即可做出更多的功，做功后的蒸汽在循环水的冷却下凝结成水。

⑥⑦间接驱动法即**双循环法**，也称为**中间介质法**。地热双循环发电系统分为地热水回路和中间工质回路两个独立回路，如图 2-44 所示。其最大特点是，利用中间工质回路中低沸点的液体（如正丁烷、氯乙烷、氟利昂等）在地下热水的加热下汽化，再进入汽轮机做功，

从而带动发电机。这种方式下，地热水并没有直接参与对汽轮机的做功。这种方式对中低温热能的转换效率较高，设备尺寸小，不存在汽轮机结垢、腐蚀等问题，但低沸点工质价格偏高，来源欠广，更有部分工质易燃、易爆、有毒等。

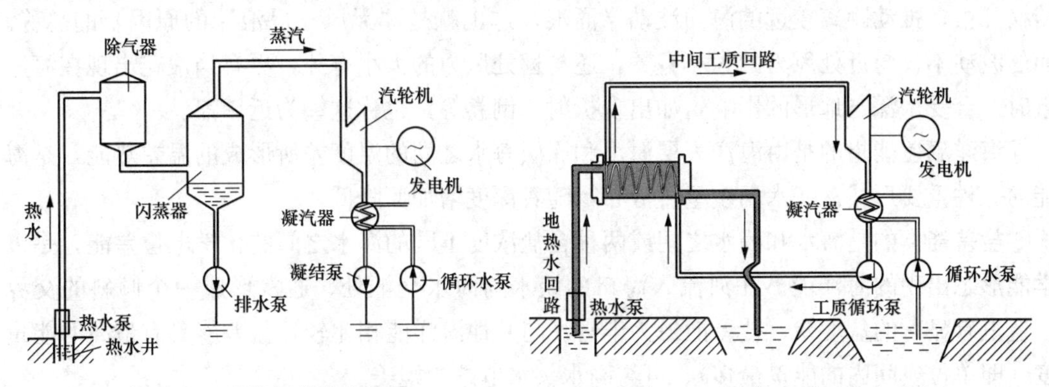

图 2-43　地热闪蒸发电系统　　　　图 2-44　地热双循环发电系统

总之，地热能有巨大的发电潜力，随着科技的进步，地热开发空间将越来越大。

2.9　海洋能发电

2.9.1　海洋能概况

海洋能量可细分，动势热力化学能。①
海水涨落潮汐能，潮流进退或降升。②
海底水流海流能，海峡海湾流速增。③
风波涌浪波浪能，远近风力与水深。④
表里不一温差能，千米之下骤降温。⑤
盐度迥异盐差能，入海口处尤为盛。⑥

解析：

海洋能概况

①地球表面的总面积约 5.1 亿 km^2，其中海洋的面积约为 3.6 亿 km^2，占地球表面总面积的 71%，最大深度 11 034m。浩瀚无垠的海洋蕴藏着大量能量等待开发利用。

海洋水体中蕴藏的能量数额巨大，并且是可再生资源。通常，根据其所表现的物理性能的不同，可以分为潮汐能、海流能、波浪能、温差能及盐差能等。当这些能量应用于发电时，潮汐能和波浪能主要是利用动能和势能，海流能主要用的是动能，温差能则是利用的热力能，盐差能用的是化学能。

②**潮汐能**是海水涨落及潮水流动所产生的动能与势能的统称。更为具体一些，潮汐现象在水平方向上表现为潮流的进退，在垂直方向则表现为潮位的升降。

③**海流能**指的是海水流动的动能，主要是海底水道和海峡中较为稳定的流动，以及由于

潮汐导致的海水大面积有规律的流动。海水水流在狭窄的海峡或海湾里有较高的速度，例如我国杭州湾海潮流速达 20～22km/h。

④**波浪能**指的是在风的直接吹拂作用下产生的水面波动（风浪）与它在此区域向其他区域传播开去，推动距离较远的海面波动（涌浪，这也就是“无风三尺浪”的原因）的总称。水面的波动不仅与近处风力的大小有关，还与远处风力的大小有关，更有当浪花出现在海岸附近时，会受水深与地形的影响，如出现折射、倒卷等，也称这些为近岸浪。

⑤**海洋温差能**指的是由海洋表层海水和深层海水之间的温度差所形成的温差热能，是海洋能的一种重要形式。海水温度垂直分布，随着深度增加而降低。

⑥**盐差能**指的是海水和淡水之间或两种含盐浓度不同的海水之间的化学电位差能，是以化学能形态出现的海洋能。在河流入海口的淡水与海水交汇处，通常形成一个倾斜的交界面，这里有显著的盐度差，盐差能最为丰富。与其他海洋能相比较，盐差能具有最高的能量密度（即单位空间内的能量最多），可与高水头水电站相媲美。

2.9.2 潮汐发电

万有引力致潮汐，潮汐能量可采集。①
海湾道口筑栅栏，单库单向结构简。②
潮涨充满潮汐湖，潮落排水入海库。③
单库双向略微繁，涨潮落潮皆发电。④
潮汐发电可预见，自然周期易推算。⑤
周期分为全日半，输送电能有间断。⑥
不耗燃料无污染，投资较大施工难。⑦
我国江厦成典范，浙江温岭乐清湾。⑧

解析：

潮汐发电

①月球、太阳和地球之间的相互引力导致了海洋水平面规律性上升和下降，这种现象被称之为**潮汐**，如图 2-45 所示。月球与地球之间的距离较小，月球产生的潮汐力是太阳的 2 倍多。公元 900 年左右人们就已经开始利用潮汐能来完成各种研磨工作。直到 1967 年，世界上出现了第一个潮汐发电站。

②**潮汐电站**一般是在海洋海湾通道入口或是大陆与岛屿之间修建潮汐栅栏，即堤坝，形成与海洋隔开的水库，并在堤坝中央或是旁边建造水力发电厂房。根据建库结构和对潮水的利用可分为单库单向潮汐电站、单库双向潮汐电站和双库连续潮汐电站（此种结构复杂，实际应用较少，本文不加论述），其中单库单向潮汐电站结构简单，应用也较多。

③对于**单库单向潮汐电站**，较为常见的是利用落潮发电。涨潮时，潮汐水流通过拦水堤坝进水口充入潮汐湖，落潮时，潮汐水流通过潮汐机组发电进而排出潮汐湖水，如图 2-46 所示。利用涨潮也可发电，但对库容要求更高一些。

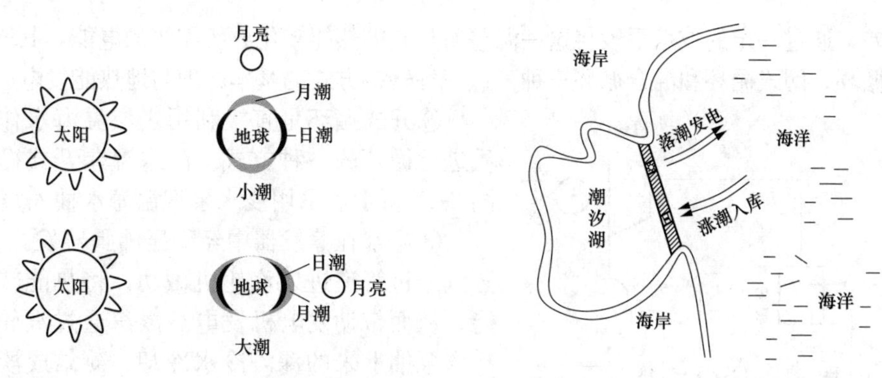

图 2-45　万有引力形成潮汐示意图　　　图 2-46　单库单向潮汐示意图

④**单库双向潮汐电站**，在涨潮进水和落潮放水时都能发电。通常采用的是双向贯流式机组，水轮机过流量大，效率高。但双向机组结构相对复杂，设备制造和操作技术要求更高一些，一般在大中型电站中采用。也可采用单向机组，从水工建筑上使涨潮和落潮都按同一方向进入和流出水轮机。

⑤潮汐周期具有规律性，因此潮汐发电时间可以预见。一般两个大潮（月球与太阳引力相助）或小潮（月球与太阳引力相消）的周期为 14 天左右，通过现代科学技术手段足以预算。

⑥潮汐现象由多方面因素引起，因地区不同而有所差别，一般潮汐可以分为**全日潮**（潮汐每日一次，周期 24h50min），或是**半日潮**（潮汐每半日一次，周期 12h25min），以及介于两者之间的**混合潮**。总之，由于潮汐特有的间断性，使潮汐发电具有一定的可预见性。

⑦潮汐电站不消耗燃料，运行费用低，不排放有害物质，不污染环境。并且，由于沿海而建，通常离用电负荷中心也较近。潮汐电站建设时受水头和地形限制，堤坝较长，机组较多，因此投资较大，施工难度较高。

⑧我国最大的潮汐电站是江厦潮汐电站，坐落于浙江省温岭市乐清湾中，于 1980 年首台机组投产运行，是我国潮汐电站的典范。电站为单库双向运行方式，采用双向贯流灯泡式机组，总装机容量 3.9MW。目前世界上最大的潮汐发电站为韩国的始话（Sihwa）电站，共 10 台单向灯泡式机组，总装机容量达 254MW。

2.9.3　温差发电

温差发电四类别，前三原理似地热。①
开式循环较直接，浅泵抽上温水液，②
降压蒸发驱机械，深泵冷水主冷却，③
效率较低大体壳，产生淡水为特色。④
闭式循环为间接，低沸工质混合液，⑤
效率较高适工业，广泛应用较便捷。⑥
混合循环两连接，较为烦琐优中择。⑦
最新一种多假设，直接产电赛贝克。⑧

解析：

温差发电

①海洋温差发电指的是基于海洋热能转换的热动力发电技术。它的实质是海水吸收太阳能

产生温差，通过一定的技术手段将这一温差所具有的热能转化成所需要的电能，其转换方式分为开式循环、闭式循环和混合循环三种，这三种转换方式的基本原理与地热能发电原理相当。

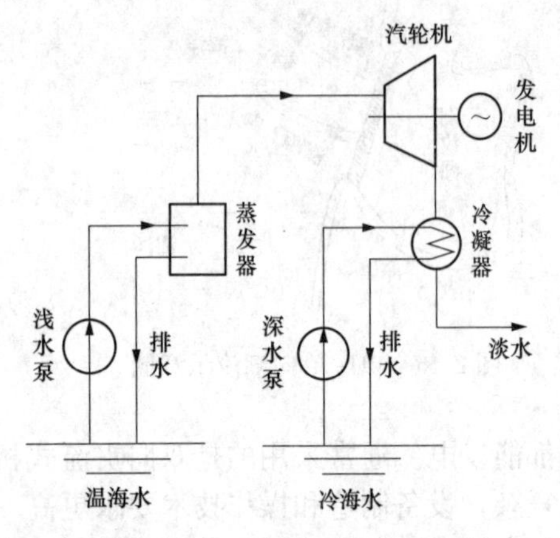

图 2-47　海水温差开式循环系统

②**开式循环**是直接利用表层温海水作为工作介质进行循环的一种方式。海水温差开式循环系统如图 2-47 所示，采用浅水泵把温海水抽入蒸发器中。

③温水在蒸发器中经降压沸腾蒸发，变为蒸汽，蒸汽经过管道进入汽轮机做功，将热能转化为机械能，从而带动发电机发电。蒸汽通过汽轮机后，经冷水泵抽上来的深海冷水冷却，凝结成淡化水后排出。此种方法利用的是相对环境，如果没有冷海水作为低温的冷却环境，蒸汽进入汽轮机后将无法膨胀做功，也无法转化成汽轮机的机械能。

④开式循环在发电的同时，还可以获得大量的淡水。虽然这种方式效率往往较低，机械设备庞大，但能产生淡水，这也成为这种方式的一大特色。

⑤**闭式循环**是间接利用表层温海水的一种方式，它把抽入的表层温海水的热量传递给低沸点的工质，工质吸收热量后转变成工质气体，膨胀做功，工质回路是一个闭式的回路，因此而称之为闭式循环。海水温差闭式循环系统如图 2-48 所示。

⑥闭式循环方式克服了开式循环中最致命的弱点，可使蒸汽压力提高数倍，发电装置体积小，效率高，可以达到工业发电规模。闭式循环一经提出，即得到广泛认可和重视，已成为目前海水温差发电的主要形式。

⑦混合发电可以认为是将上述两种系统串接起来，形成一种综合两系统优点的发电方式，即既可产生淡水，发电效率又得到提升。当然，这种方式设备众多，投资也大幅增加。

⑧最近，有人提出直接利用海水温差发电的设想。直接发电法是基于德国化学家赛贝克（Seebeck）的发现：当把两种不同的金属导体接成闭合回路，并置之于不同环境中，则闭合回路中会有电流产生，这一现象称为**赛贝克效应**，如图 2-49 所示。这种方式真正实现商化发电还有技术上的困难。

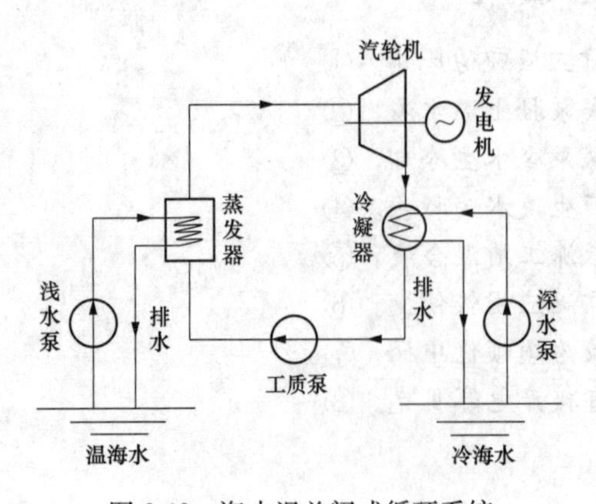

图 2-48　海水温差闭式循环系统

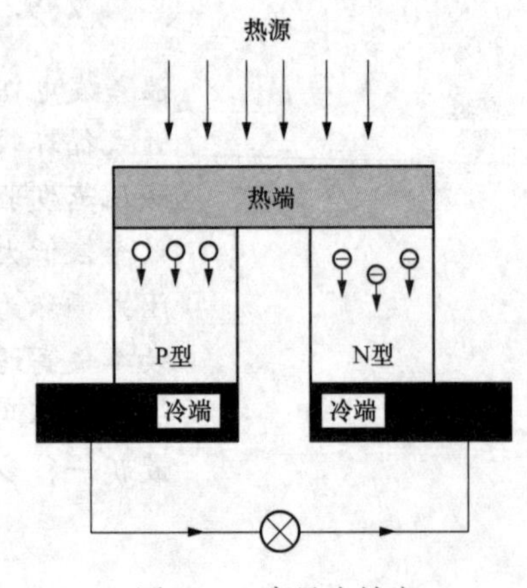

图 2-49　赛贝克效应

2.10　生物质发电

2.10.1　生物质能概况

生物质能极丰富，光合作用能量储。①
储于动植微生物，用之不竭燃料库。②
常规转化气液固，提升效率漫长路。③

解析：

生物质能概况

①②地球上的生物质种类和蕴藏量极其丰富，据估算，全世界的生物质能源是其他能源总和的10～20倍，但目前只有1%～3%为人们开发利用。生物质能是太阳能经转化，以化学能形式储存在生物质中，并以生物质为载体的能量。载体包括所有的动植物和微生物。这些动植物和微生物直接或间接地通过光合作用将太阳能固定成化学形式。从广义上讲，生物质能是太阳能的衍生，无污染，无公害。

直接或间接的绿色植物的光合作用不中止，生物质能就不会枯竭，只要人类能加以高效利用，这将成为人类取之不尽的摇钱树，也可比作用之不竭的燃料库，生而可用，用之又生。最为传统的以燃烧木材作为热源即是生物质能的利用。

③目前技术条件下，常将生物质能转化为常规的固态、液态和气态燃料，再利用这些燃料作为动力，驱动内燃机、汽轮机等进行发电。当前，与此相关的转化技术还不完全成熟，转化效率还有待提高，想要把世间多种多样的生物质能加以利用，还有十分漫长的路要走。

2.10.2　石油植物培育

高效转化太阳能，石油植物为总称。①
形成烃类主成分，提炼加工燃料成。②
新陈代谢之过程，光合碳循卡尔文。③
黑槐糖槭续随子，蓝藻油楠三角戟。④

解析：

石油植物培育

①②自从人类发现某些植物的特殊之处后，科学家们又相继发现了更多不同类型的植物，并培育出了“石油草”，为人类开辟出了一片通过光合作用产生能源的新天地。这类绿色植物能迅速地把太阳能转变为烃类，而烃类是石油的主要成分，因此把这种能够产出“石油”的植物称为**“石油植物”**，对这类有机体进行加工转化即可更为高效地得到所需要的类似石油等矿物质燃料。

③这一转化过程无疑是植物新陈代谢的一个过程，其机理由美国化学家卡尔文（Melvin Ellis Calvin，1911～1997年）发现，并据此发现了光合作用中碳固定的途径——C3，他因

此而获得诺贝尔奖，并将他的发现命名为**卡尔文循环**，也称**光合碳循环**。

④目前，全球已经发现有上千种可生产“绿色石油”的植物。美国能源部建立了以黑槐、糖槭树、桉树等组成的能源试验林场，用以提取液体燃料。此外，还有如三叶橡胶树、银合欢树、油楠、续随子、蓝藻和三角戟科植物等，都是较为理想的“石油植物”。

2.10.3 生物质能转化技术

生物质能取材广，农林动植垃圾场。①
初步转化零排放，多类方法大概讲。②
厌氧消化代谢仓，自产沼气早开创。③
水解糖化液体酿，乙醇汽油替代王。④
高温裂解流化床，木煤气体堪比矿。⑤
间接液化合成厂，甲醇氢气燃料坊。⑥
堆肥发酵填埋场，垃圾产气集管网。⑦
高温燃烧占地降，兼顾发电较理想。⑧

解析：

生物质能转化技术

①作为能源的生物质能种类繁多，包括农业废弃物类（如秸秆、果壳、玉米芯）、林业生物质类（如薪柴、树皮、落叶、木屑）、动物粪便类（如牲畜、家禽、人的粪便）、水生植物及能源植物类（如藻类、海草、石油植物），以及生活垃圾场等。根据这些能源来源的不同特点和属性，所使用的技术远比利用化石燃料复杂、多样得多，除了常规的直接燃烧外，还有许多独特的技术。

②生物质能在使用过程中不产生任何污染，几乎没有 SO_2 产生，所产生的 CO_2 气体与植物生长过程中吸收的 CO_2 在数量上保持平衡，真正实现 CO_2 的零排放。下面列举了几类最为常见的将生物质能转化为燃料的方法。

③**沼气**：沼气是有机物质在厌氧条件下，经过微生物的发酵作用而生成的一种可燃气体。这种气体最先在沼泽中发现，所以称为沼气。沼气的发酵又称为厌氧消化，其实质是多类微生物在厌氧条件下分解代谢形成甲烷（CH_4，占比 50%～80%）、二氧化碳（CO_2，占比 20%～40%）、氢气（H_2，极少量）等混合气体。沼气的利用在我国已有相当长的历史，19 世纪末广东沿海就出现了适合农村应用的简易沼气发酵池，并一直发展至今，人们已经开始步入沼气热电联产技术阶段。

④**乙醇**：乙醇俗称酒精，是一种绿色“石油燃料”。科学研究表明，在乙醇燃料中加入10%的汽油，其燃烧生成的一氧化碳可大大减少，因此乙醇被广泛作为汽油和柴油的替代品出现在现代新能源汽车上。这种以一定比例混合成的燃料通常被称为乙醇汽油，获得各国相关领域的青睐。乙醇的常规生产方法分为化学合成法和生物转化法，其中生物转化法又以水解发酵法和糖化发酵法使用最多。淀粉类原料通常是经糖化和微生物发酵得到乙醇醪液，再提取为乙醇；纤维素类原料通常是经水解得到葡萄糖，再经发酵提取为乙醇。这两类过程所需要的皆是高效的菌种和酶。

⑤**木煤气**：生物质在完全无氧或是只提供少量氧气的条件下进行热裂解，即在高温条件下经过炭化、干馏热解、氧化还原等过程后，生物质会分解为气体、液体和固体碳，这一过程所对应的反应器主要是流化床以及其衍生设备（如携带床、真空移动床、旋转锥等）。可燃气体的主要成分有 CO、H_2、CH_4、C_nH_m 等以及部分不可燃气体。不同生物质资源气化产生的混合气体含量有所差异，但总体与煤、石油经过汽化后产生的可燃混合气体的组成大致相当，为了加以区别，俗称之为木煤气。

⑥**甲醇**：甲醇（CH_3OH）是由植物纤维素转化而来的性能十分理想的液体燃料。生物质的液化可分为直接液化和间接液化两种。直接液化是指把生物质置入高压设备中，添以适宜的催化剂，在一定的工艺条件下反应制成液化油，同时也可以获取少量的甲醇、乙醇等化工产品。间接液化是以生物质为液体，先经汽化分离出气体（主要是 CO 和 H_2），再经过费托合成技术合成（费托合成技术由德国学者 Franz Fischer 和 Hans Tropsch 于 1923 年发明）得到甲醇或醚类。

⑦城市生活垃圾的处理是一个系统性工程，目前最常采用的方法是通过转运与填埋，将这些垃圾以特定的方式进行处理，使其变为二次能源。**堆肥发酵法**就是处理城市生活垃圾的技术之一，它利用自然界广泛分布的好氧、厌氧微生物的新陈代谢作用，自然对垃圾进行降解，当填埋场内的氧气耗尽之后，厌氧菌即开始活动分解产生酸和甲烷。此方法与沼气的生产原理基本相同，只需要事先对垃圾填埋场进行管网布置与密封处理即可。

⑧对垃圾的处理中，**高温燃烧发电**也是较常见的一种方法，相比填埋发酵产气法，这种方式选址灵活、占地面积小、处理量大又快速，且经过充分燃烧后的垃圾最终能转化成为无害、稳定的灰渣，受到各地政府青睐。目前世界上很多发达国家也采用这种方式对垃圾进行处理，真正实现变废为宝。

注：生物质能发电技术是利用生物质及其加工转化成的固体、液体、气体为燃料的热力发电技术，其原动机主要为燃气轮机、斯特林发动机等，这些原动机的技术已经较为成熟，性能提升空间有限，但是目前对生物质的转化技术还有很大的提升空间。以生物质能为原料的发电设备的装机容量一般较小。生物质能一般采取就地发电的方式，无需外运燃料，因地制宜，十分适合居住分散、用电负荷不大的家牧业区及山区，且清洁卫生，有利于环境保护。

2.11　燃料电池发电

2.11.1　燃料电池概况

燃料电池不燃烧，化学反应电传导。①
能量转换效率高，洁净可靠噪声小。②
生物气体多能造，主要过程氢氧耗。③
航空航天常用到，车船机站渐入脚。④

解析：

燃料电池概况

①**燃料电池**是一种直接将储存在燃料和氧化剂中的化学能高效地转化为电能的发电装

置，这种装置的最大特点是反应过程不涉及燃烧，基本属于纯化学过程产生电能。提到燃料电池，最应该且重点了解的是氢能，氢能是21世纪除电能以外最具希望且与燃料电池直接相关的二次能源。

②燃料电池不涉及燃烧，因此不受卡诺循环的限制，能量转换效率高达60%～80%，实际使用效率是普通内燃机的2～3倍（一般内燃机皆是通过燃烧将化学能转化为动能或热能，再将动能或热能转化为机械能，最终才转化为电能，中间各环节不可避免出现能量损耗），并且，燃料电池排气干净、噪声小、可靠性高，是一种十分理想的发电方式。

③燃料电池的历史可以追溯到英国科学家威廉·格罗夫电解水而分解成氢气和氧气的实验，后来他又证实这一过程的可逆性，即现代燃料电池的基本原理。目前，燃料电池所使用的原材料已经不只限于氢气，由生物质转化而来的多种气体均可用于制造燃料电池，不过产生电的实质过程还是氢与氧的结合过程。

④氢能的能量密度极高，是普通汽油的3倍，也就是说获得同样的动力，1/3重量的氢就可达到。因而早在20世纪60年代，氢就已经作为航天动力燃料，但由于这种技术成本较高，一直无法推广到商业，随着现代多方面技术的发展，以氢能作为主要燃料的燃料电池迅速跟进，各国已经相继研究出了燃料电池汽车、燃料电池船舶、燃料电池手机及燃料电池发电站等。

2.11.2 燃料电池发电原理

电池构成及原理，简以氢氧来分析。①
两极内侧催化剂，中间传导电解质。②
阳极细孔注氢气，氢经催化先电离。③
分离反应燃料极，离子电子定向移。④
阴极常规通空气，氢氧结合空气极。⑤
连续反应流电极，外部负载获电力。⑥

解析：

燃料电池发电原理

①燃料电池的构成与原理如图2-50所示，首先氢气放出电子，具有正电荷，在一定的条件下氧气从氢气中得到电子，具有负电荷，两者相结合成为中性的水。在氢气与氧气进行化学反应过程中，必然发生电子的移动，只要把电子的移动集中起来，加到外部连接的负载上，负载上即可获得电能。

②燃料电池的本体由多个主要部分组成，具体包括两外侧的阳极和阴极、这两极周围的多孔催化剂以及两极之间的传导电解质。外部负载连于阳极和阴极之间，阴极和阳极总称为**电极**。

③电极通常由金属或碳等制成，为了能通过电极向电池内部提供氢与氧，电极周围有相当多的小细孔。首先从阳极中流入氢气，氢气与阳极周围的金属催化剂相接触，迅速分离成氢离子（H^+）与电子（e^-）。其阳极处对应的反应式为：

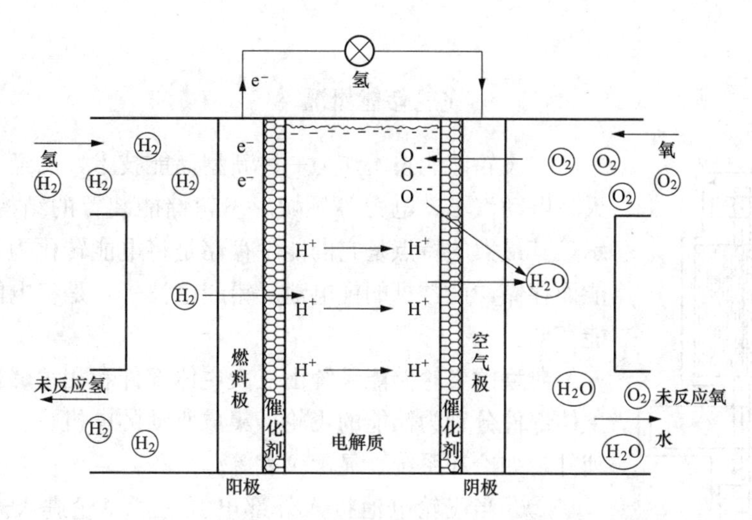

图 2-50　燃料电池构成与原理图

$$H_2 \rightarrow 2H^+ + 2e^-$$

④氢发生分离反应的阳极也被称为**燃料极**，这是从输入燃料的角度来说的。氢离子大量汇聚并透过电解质（电解质通常是碱性液体、酸、熔融碳酸盐以及锆等，这些物质多半为液体，现也出现了部分固体介质。这些介质都是良好的**离子导体**，它们通过离子的定向移动进行导电，然而它们却不是电子的良好导体，而与外部负载相连的金属导体却是电子的良好导体）向阴极定向移动，而电子则沿着外部金属导体向阴极定向移动。如果把电解质比作河流，外部负载部分比作岸上，则可通过一句简单俗语进行记忆：电子不下水，离子不上岸。

⑤阴极一般情况下通入空气，因此也被称为**空气极**。透过电解质游离过来的氢离子在阴极催化剂的作用下，再结合通过负载移动过来的电子与氧气，生成水，因此水可以说是燃料电池的唯一排放物。空气极处产生的化学反应如下：

$$2H^+ + 2e^- + \frac{1}{2}O_2 \rightarrow H_2O$$

⑥只要不断地向燃料电池两极输送燃料与氧气，燃料电池就可连续不断地向外部负载提供电能，达到供电要求。

注：电解质在整个过程中起着至关重要的作用：一方面，它将两个电极隔开，避免燃料直接发生反应；另一方面，它传导离子，阻碍电子，使这两者都沿着预期的通路进行定向移动。

2.12　储 能 与 发 电

2.12.1　飞轮储能概况

飞轮转动电能储，三大主件再配辅。①
充电模式提转速，电机带动轮加速。②
满充即达额定速，持续旋转不停步。③
放电模式减速度，动能转成电输出。④

解析：

飞轮储能概况

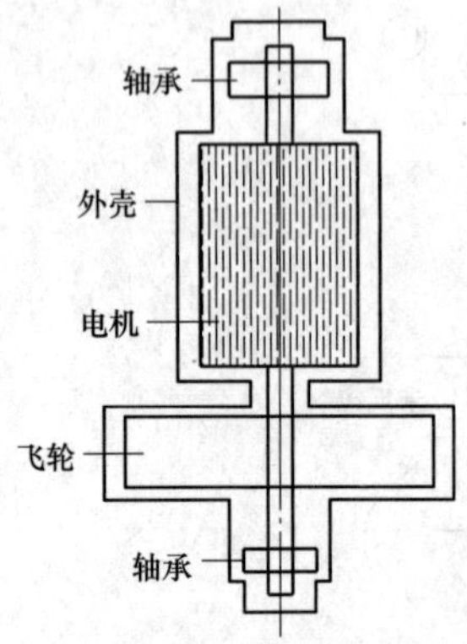

①飞轮储能技术作为一种新型储能技术，已经应用到航空航天、电动汽车、电力等领域。飞轮储能装置的结构如图 2-51 所示，其最大的特点是它的能量存储是将电能转化为飞轮的旋转动能而存储，而常见的锂电池、铅酸电池等，是将电能转化为化学能存储。

图 2-51　飞轮储能装置结构

典型的飞轮储能系统由三大主体部件和相关辅件组成。三大主体部件分别为储能的飞轮、集成驱动的电机、支承轴承；另有辅件，如冷却系统、显示仪表等。

②③当飞轮电池接入外部电源时，飞轮进入充电模式，从外部吸收能量，电机作为电动机开始带动飞轮旋转，旋转速度逐步得到提升，直至达到额定转速，此时即表示飞轮电池能量已经充满，电机控制器自动与外界电源断开，飞轮持续以高速旋转，相当于处于旋转备用态的空载发电机，随时准备投入系统输出电能。正是因为其能快速投入系统的特性，早期在 UPS（即不间断电源，各大重要场合皆配有此类设备，它通常是在市电失去以后，通过逆变器，将储于蓄电池的直流电逆变成交流电，以保证重要场所不中断电能）上展开应用。

④当飞轮电池外接负载时，电机工作于发电机状态，由高速旋转的飞轮提供源动力，飞轮电池向外输出电能，与此同时，飞轮的高速动能慢慢降低，即转速逐步下降，直至下降到最低转速，此时飞轮可供发电的动能已基本完成向电能的全额转化，电机控制器控制电机停止放电。

2.12.2　飞轮储能发展

飞轮储能大进步，源于三项新技术。①
真空仓体磁悬浮，轴系损耗短时忽。②
碳素纤维高强度，允许飞轮超高速。③
电力电子灵活助，机电一体新维度。④

解析：

飞轮储能发展

①早在 20 世纪 50 年代就有人提出飞轮储能概念，但当时的科学技术水平还不高，无法将这种储能装置应用于实际。近年来，随着与飞轮储能技术密切相关的三项技术取得突破性发展，飞轮储能技术开始成为人们研究的热门技术。新技术飞轮装置如图 2-52 所示。

②如今磁悬浮技术突飞猛进，通过磁悬浮配合真空仓体技术，可把飞轮在轴系上摩擦的损耗降低到所期望的限度。这就使得高速旋转的飞轮在充满电能后不再像过去一样必须马上

使用，而是静置较长一段时间仍不会损耗多少能量，实现能量较为长期的存储。

③高强度碳素纤维和玻璃纤维的出现，允许飞轮边缘以超高速度旋转而不致断裂。目前我国相关实验室研制出的飞轮转速可达60 000r/min，大大增加了单位质量的动能储量（飞轮储存的能量与飞轮的转动惯量成正比，与飞轮旋转速度的平方成正比）。完成充电后，足以提供较长时间的电能，应用于电动汽车、船舶等不再只是梦想。

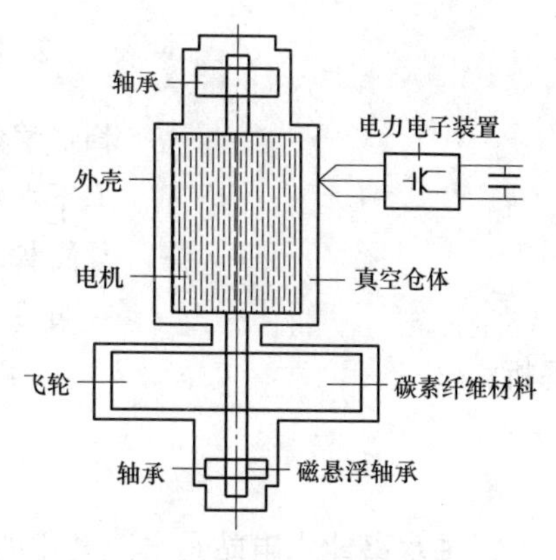

图 2-52　新技术飞轮装置

④现代电力电子技术的发展给飞轮电机与系统之间的能量交换提供了灵活的桥梁。通过调频、整流或恒压等变换手段，不仅使得输出电能质量满足负荷供电要求，而且也使得系统更加灵活、易于控制。

2.12.3　飞轮储能特点

储能技术逐发展，飞轮优势渐明显。①
充电时间大缩短，效率极限九成半。②
环境温度不敏感，绿色电池无污染。③
控制充放不再难，寿命可达二十年。④

解析：

飞轮储能特点

①随着储能技术的迅速发展，飞轮储能系统已经成为电池行业一支新生力量，并在很多方面有着取代常规化学电池的迹象。与常规化学电池相比较，飞轮电池的优势主要表现在几个方面。

②同容量的飞轮电池充电时间更短，一般几分钟内就可以将电池充满，而常规化学电池通常需几个小时。

飞轮电池的储能密度大，瞬时功率大，甚至比汽油还高，因而在短时间内可以输出更大的能量。不仅如此，它的能量转换效率也极高，甚至可以达到95%的转化率，而普通化学电池的转换效率不足75%。

③化学电池在高温或低温时性能会急剧下降，而飞轮电池则不然。再者，化学电池在报废后若得不到妥善处理将会对环境造成极大的危害，而回收成本也较高。飞轮电池则是一种绿色电池，它不会对环境产生任何影响。

④化学电池一般不能深度放电，也不易过度充电，否则其寿命会急剧下降。而飞轮电池因有电力电子技术协助，非常容易防止过充、过放电（实际上是限制转子的最高转速与最低转速）。并且，即使产生了深度放电，其性能也完全不受影响。因而，飞轮电池的寿命主要取决于其电力电子器件的寿命，一般可达到20年。

2.12.4　抽水蓄能电站

抽水蓄能发电站，削峰填谷平曲线。①
上下水库坝修建，储存释放较频繁。②
蓄能机组似两栖，兼具水泵水轮机。③
双向运行高效率，混流联合离心力。④

解析：

抽水蓄能电站

①**抽水蓄能水电站**是水能利用的另一种形式，它以水体作为能量储存和释放的介质，对电网电能起到重新分配和调节的作用。抽水蓄能电站布置如图 2-53 所示，其功能是根据有功日负荷曲线（如图 2-54 所示），在用电低谷时从电网吸收电能，将下游水库的水体抽到上游水库，而在用电高峰时，将上游水库存储的水体作为冲击水轮机的动力，将水的势能转化为发电机输出的电能输送至电网，达到调节电网有功平衡的目的。

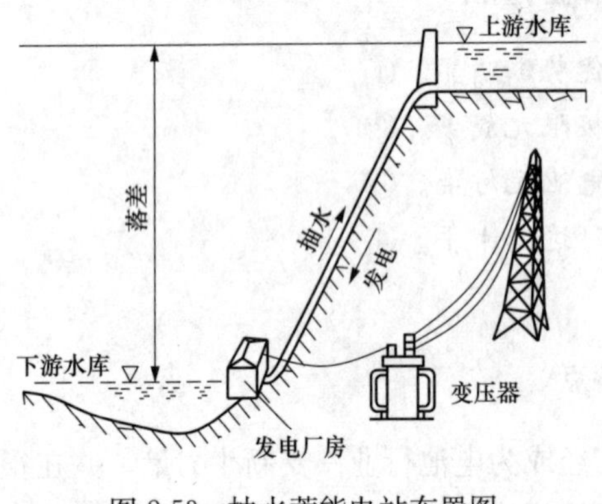

图 2-53　抽水蓄能电站布置图

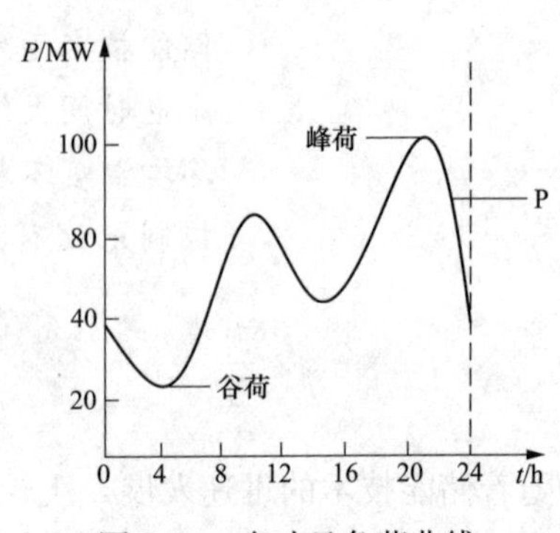

图 2-54　有功日负荷曲线

②抽水蓄能电站均有两个水库，即上游水库和下游水库。下游水库可能是下一级电站的上游水库，或其利用下游水库而在高地或山间筑上游水库。由于负荷曲线是实时变化的，因此抽水蓄能电站储存（抽水）与释放（发电）能量也较为频繁，以对电网进行实时调节。

③抽水蓄能电站中广泛应用的是**水泵水轮机**，其既可作为水泵从下游水库向上抽水，也可以作为水轮机利用上游水库水流向下的势能来发电。

④常规水泵和水轮机虽然理论上都能双向运行，但因为设计结构并没有考虑双向运行，一般只能作为其中一种使用，即使可以双向运行，效率也会极低。抽水蓄能电站中广泛采用的混流式可逆水泵水轮机结合了混流机组与离心泵的优点，双向运行效率较高。

第3章 输配林网　迹遍闾巷

把高压电流在能量损失较小的情况下通过普通电线输送到迄今连想也不敢想的远距离，并在那一端加以利用……这一发现使工业几乎彻底摆脱地方条件规定的一切界限，并且使极其遥远的水力的应用成为可能，如果在最初它只是对城市有利，那么，到最后它终将成为消除城乡对立的最强有力的杠杆。

——恩格斯

3.1 输 配 电 线 路

3.1.1 输配线路概况

输配系统运能司，形成通道处处至。①
输似动脉通肢体，配遍村户如毛细。②

解析：

输配线路概况

①输配电系统是输电和配电系统的合称。发电厂发出的交流电先经升压变压器进行升压，**输电系统**负责将交流高压电能远距离输送至用电负荷集中的区域并经降压变压器降压，**配电系统**负责将这些电能直接输送到工厂或用户配电房，最后经配电站将电能分至用户。由输电系统和配电系统组成的网络遍及各处，它们就是电能输送和分配的通道，是电能从发电厂奔向用户端的理想高速公路与乡间小路，承担着向所有需求电能的地方运送合格品质电能的任务。

②输电与配电的关系还可以这样理解：输电系统好比人体四通八达的主动脉，遍及肢体，在心脏（好比变电站）的驱动作用下，它不停地将血液输送至身体各部，并有较大的输送容量，一旦堵塞或破裂将对身体造成较大的危害；配电系统好比人体无处不在的毛细血管，它从动脉中获得血液，并直接与组织进行物质交换，它的容量较小，单一堵塞或破裂只会影响极小部分区域，而对人体整体机能不会产生重大影响。

电力系统依靠发电厂和输配电系统不间断的工作维持用户对电能的需求，就像人体血液循环一样不能停止。

3.1.2 输配电线路分类

输配结构两经典，架空线路与电缆。①
架空形式结构简，建设周期大缩短，②
检修维护较为便，远距输电最广泛。③
电缆线路工艺繁，多在地下海底建，④
一旦故障处理难，城市配电较美观。⑤
另有一种绝缘线，安全性能介中间。⑥

解析：

输配电线路分类

①输配电线路是电网的重要组成部分，使发电厂和用电设备或多个电网之间形成通路，犹如各地之间的公路交通一样，四通八达，不遗漏每一个村庄。

输配电线路按结构特点，可以分为架空线路和电缆线路，两种形式各有优缺点和相应的应用场合。

②③**架空线路**主要指架空裸线，是架设在地面之上，采用绝缘子将输电导线固定在直立于地面的杆塔上以传输电能的输配电线路。这种线路结构简单、施工简便、建设费用低、施工周期短、检修维护方便，因此应用十分广泛。

④⑤**电缆线路**一般是将电缆埋于地下 0.7m 以下的大地中或敷设于电缆沟中的输配电线路。这种线路供电可靠性高，不占地面空间，节约钢材、水泥等，但其电缆沟道开挖量大，工程造价高，且电缆本身价格也高，接头等施工工艺繁杂，故障难于发现且不易处理。这种线路通常用于城市配电线路或跨海输送线路，因埋于地下视觉不可见，对提升城市的整洁度和美观度效果十分明显。

⑥早期的架空线路皆是裸导线，这种线路不仅成本低廉，而且可以较为容易地发现和处理故障，现今高压远距离输电仍然为这种方式。但随着电网的发展，城市配电线路中出现了架空绝缘线，这种线路可以避免沿线周围树枝或它物造成的短路故障，它的成本介于地下电缆和架空裸线之间，它是在导线外围均匀而密封地包裹一层不导电的材料，从而提高线路可靠性，属于城市过渡产物。

3.1.3　架空输电线路组成

输电线路七大件，服务导线以传电。①
基础形式可多变，杆塔荷重向地传，②
电杆拉线和底盘，铁塔混凝来浇灌。③
杆塔作为支撑件，支持导线保安全，④
承力支持导地线，直线杆塔架中间，⑤
猫头酒杯门型杆，V型干状也常见。⑥
导线形式有区别，绞线扩径各优点，⑦
常用钢芯铝绞线，抗拉降垂价低廉。⑧
绝缘子串主绝缘，支持悬挂带电线，⑨
针悬棒复瓷横担，悬垂耐张可多联。⑩
金具悬挂定拉线，线夹接续保护连。⑪
避雷线自塔顶延，避免导线遭雷电，⑫
常用钢芯铝绞线，复合线内藏光纤。⑬
接地装置泄雷电，地下塔上两相连，⑭
接地体极引下线，雷击电流导地面。⑮

解析：

架空输电线路组成

①架空输电线路主要由七大部件组成，分别是基础、杆塔、导线、绝缘子、架空避雷线以及接地装置，如图 3-1 所示。这些部件是设计、施工、安装、维护等的主要对象，它们都是为使导线能安全高效地传输电能而服务的。

②③**基础**是指杆塔腿以下的部分结构，起稳定杆塔、将各种荷重传递到大地的作用。杆塔基础的形式多种多样，主要分为电杆基础和铁塔基础两大类。

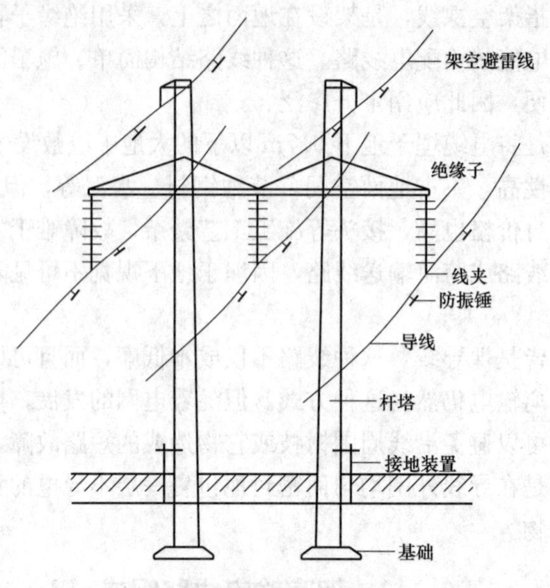

图 3-1　架空输电线路组成

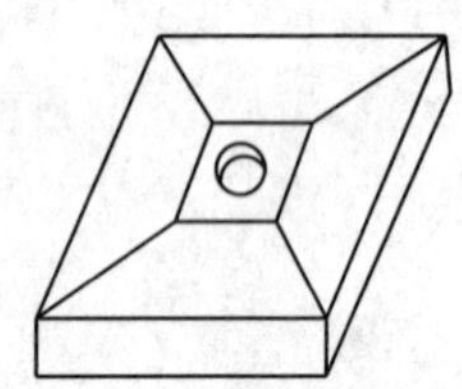
图 3-2　电杆底盘基础

电杆基础一般又可分为拉线基础和底盘基础。拉线基础起稳定电杆和平衡导线张力的作用。底盘基础为电杆本体基础，其一般为钢筋混凝土预制构件，底盘较大时则可现场浇筑，如图 3-2 所示。

铁塔基础类型较多，以钢筋混凝土基础最为常见。根据地形和土质不同，通常还有岩石基础、灌注桩基础、桩台式基础、金属基础等。

④～⑥**杆塔**是用来支持导线和避雷线及其附件的支撑物，以保证导线与导线、导线与地面或交叉跨越物等有足够安全距离。

杆塔按作用受力可以分为承力杆塔和直线杆塔两大类，如图 3-3 所示。

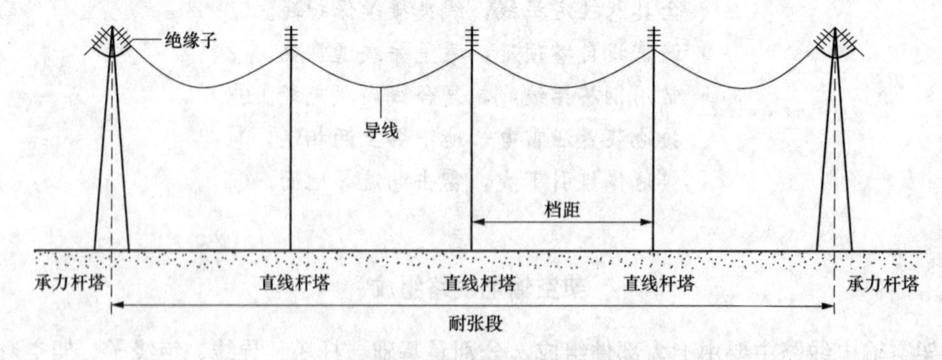

图 3-3　承力杆塔与直线杆塔

承力杆塔以锚固的方式支持导、地线（即避雷线），除支承导、地线的重力和风力外，还承受导、地线的张力（此类杆塔上的绝缘子串方向与导线方向一致）。承力杆塔还可以细分为一般耐张杆塔、转角杆塔、终端杆塔、分歧杆塔、耐张换位杆塔、耐张跨越杆塔等。

直线杆塔以悬挂的方式（此类绝缘子串方向与导线垂直）支持导、地线，支承导、地线的重力及作用于它们上面的风力，但不承受导、地线张力。直线杆塔架设在线路中间，因此也称为中间杆塔，电网架构中，直线杆塔占 80%以上。

杆塔通常分为混凝土电杆和铁塔。高压输电通常采用铁塔，铁塔还可按结构形状进行分类，主要分为猫头型塔、酒杯型塔、门型塔以及 V 型塔、干状塔等，如图 3-4 所示。

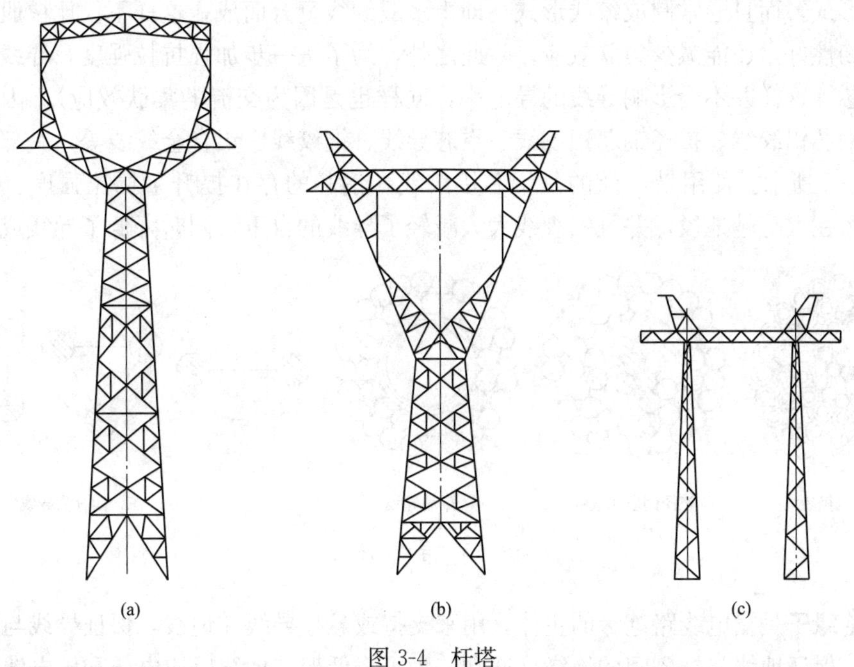

图 3-4　杆塔

(a) 猫头型；(b) 酒杯型；(c) 门型

猫头型塔：因塔型似猫头而得名，其塔顶一般架设两根架空地线，三相导线呈等腰三角形布置。它作为 220kV 及以上电压等级输电线路的常用塔型，有良好的施工运行经验，节省线路走廊，其经济指标较酒杯型塔稍差。

酒杯型塔：因塔型似酒杯而得名，其塔顶同样架设两根架空地线，三相导线排列在一个水平面上。它也是 220kV 及以上电压等级输电线路的常用塔型，有良好的施工运行经验，特别适用于重冰区或多雷区。

门型塔：因塔型似“门”字而得名，其是采用两个柱体来支持导线及架空地线的杆塔，常用于双架空地线及导线呈水平排列的情况。门型塔一般用于 220kV 及以上电压等级的输电线路，可采用打拉线来提高杆塔的稳定性，柱体有时还带一定坡度。这种杆塔适用性比较强，带拉线时更具有很好的经济指标。

拉线 V 型塔：门型塔的特例，常用于 500kV 的输电线路，在 220kV 输电线路中也有少量使用。它具有施工方便、耗钢量低于其他拉线门型塔等优点。但它占地较大，使得在河网及耕地地区的使用受到一定限制。这种塔型在国外应用较多，常使用于人烟稀少的地域，便于利用直升机吊运和安装。

干状塔：其形状有如“干”字，或衍生为“羊”字，其塔上架设两根架空地线，三相导线基本上呈等腰三角形布置。这种塔型受力清晰直接，有较好的经济指标，在我国通常是220kV及以上电压等级输电线路的常规型塔，主要用作耐张及转角塔，在直流输电中常见。

⑦⑧**导线**是架空输电线路的主体，担负着传导电能、输送电能的作用，它通过绝缘子串长期悬挂在杆塔上，并且一般都采用裸导线。裸导线除了具有良好的导电性能和能承受一定的机械作用力外，还具有一定抗氧化、抗腐蚀能力，适应各地的自然环境。输电线路上的导线有多种形式，而且通常制成绞线形式，即由多股细线复合而成，这样不仅比单股的机械强度高、柔韧性好，还能减少集肤效应。除此之外，为了进一步加强抗拉强度，导线的中心通常采用钢芯（这样并不会影响导线的导电率，同样也是因为交流的集肤效应）。因此，常见的导线有钢芯铝绞线、扩径钢芯铝绞线、空芯导线、铜绞线、铝合金绞线等，其部分导线的截面如图3-5所示。使用最广泛的是钢芯铝绞线，钢芯的存在提升了抗拉强度、减小了弧垂，可以用在大跨越地段，并且铝绞线大大减轻了导线的自重，同时降低了导线成本。

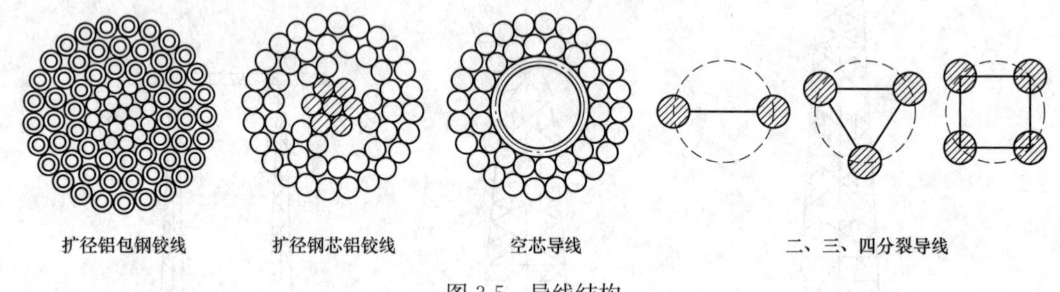

图3-5　导线结构

⑨⑩**绝缘子**是输电线路绝缘的主体，用来支持或悬挂导线和地线，保证导线与杆塔间不发生闪络，保证地线与杆塔间的绝缘（通常，为了降低架空地线感应电压和输电线路上的电能损耗，架空地线通常并不在每基杆塔处都接地，而是在线路某基杆塔处单点接地）。绝缘子长期承受导线的垂直荷重或张力，且长期暴露在自然环境中，需经受雨雪风霜及气温突变等的严峻考验，因此绝缘子必须具有足够的电气绝缘强度和机械强度。

输电线路的绝缘子根据结构或形态分为针式、悬式、棒式、复合式绝缘子和瓷横担等种类，它们所应用的电压等级和场合有所不同，具体形状如图3-6所示。

瓷横担的两端为金属，中间为瓷质，既起绝缘子的绝缘作用，又起横担的支持作用，在110kV及以下电压等级使用较多，制造工艺简单、安装维护方便。

绝缘子在使用时，通常是根据电压等级将若干只绝缘子串联起来使用，根据其受力特点，又可以分为悬垂绝缘子串和耐张绝缘子串等。悬垂绝缘子串正常情况下处于垂直状态，主要承受自重和导线重力，通常使用在直线杆塔上；耐张绝缘子串正常情况下处于水平状态，主要承受导线不平衡张力和自重，通常强度比悬垂串要大，一般使用在转角、终端杆塔上，它往往伴随着输电线路上的跳线出现，其与跳线的连接方式如图3-7所示。为了保证绝缘子串满足机械强度要求，可采用双联或多联串。

⑪**金具**是输电线路所有金属部件的总称，在架空线路上用于悬挂、固定、保护、接续架空线或绝缘子以及在接线杆塔结构上用于连接拉线的金属器件。金具大概可以分为以下五

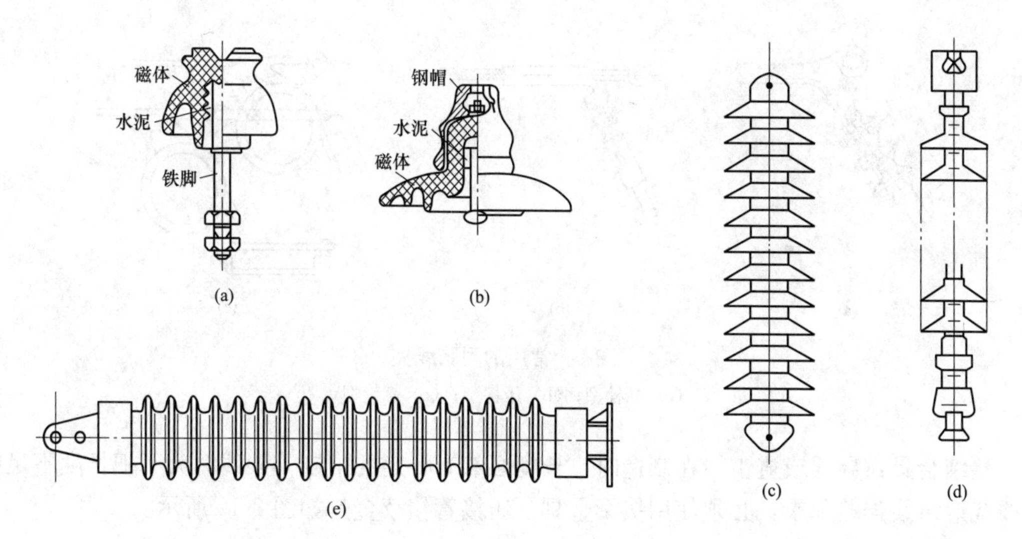

图 3-6　绝缘子形式

(a) 针式；(b) 悬式；(c) 棒式；(d) 复合式；(e) 瓷横担

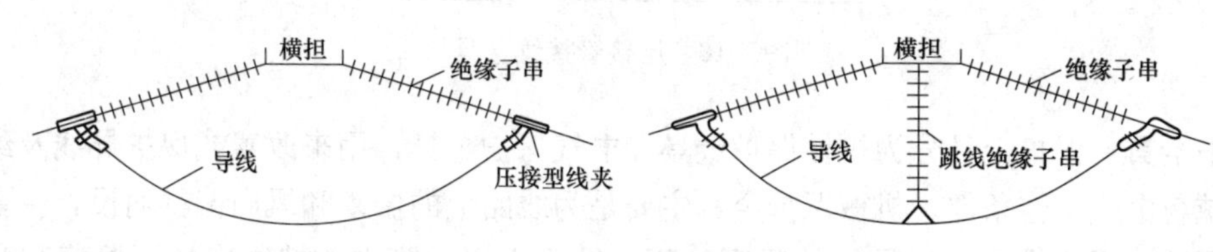

图 3-7　跳线与耐张绝缘子串的常见连接方式

大类。

拉线金具：拉线金具包括从杆塔顶端引至地面拉线盘之间的所有零件，可用作连接、固定、调整和保护拉线。

线夹金具：线夹金具又分为悬垂线夹和耐张线夹两大类。悬垂线夹主要用于将导线固定在直线杆塔的绝缘子串上或将避雷线悬挂在直线杆塔上，也可以用于在换位塔上支持换位导线以及耐张转角路线的固定。常见的悬垂线夹如图 3-8 所示。耐张线夹主要用于承力杆塔上，起固定导线或避雷线的作用，如图 3-9 所示。

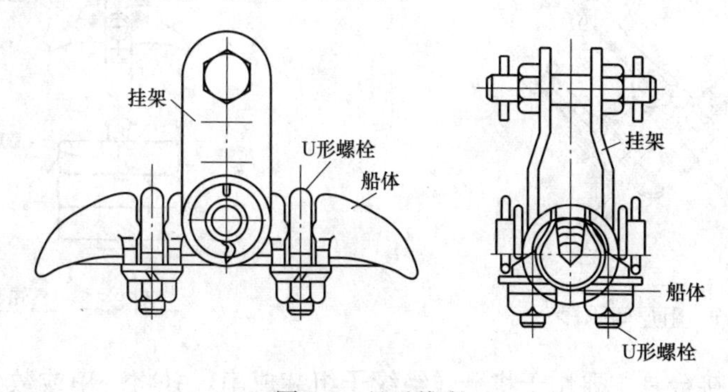

图 3-8　悬垂线夹

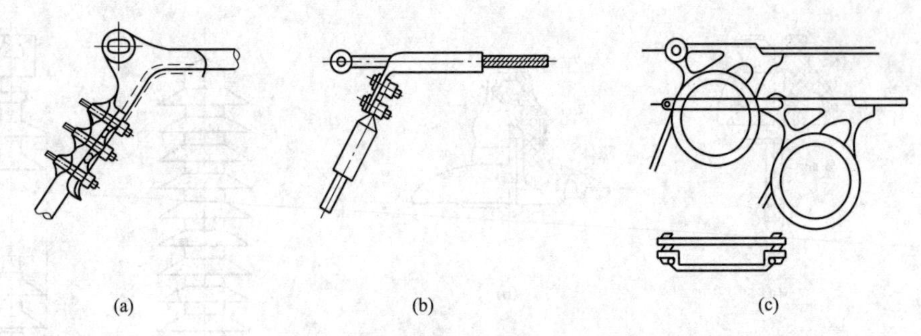

图 3-9　常用的耐张线夹

（a）螺栓型；（b）压接型；（c）螺旋型

接续金具：导线或避雷线在制造时，长度必然有一定的限制，架线时为了把长度不足的导线或避雷线连接起来，必须使用接续金具。压接管接续金具如图 3-10 所示。

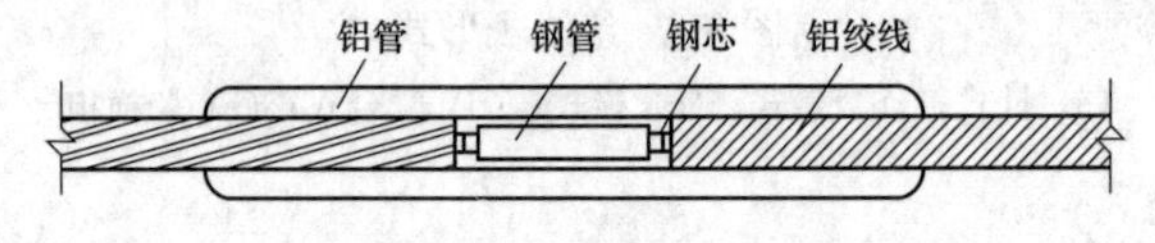

图 3-10　压接管接续金具

保护金具：保护金具分为机械保护金具和电气保护金具，用来改善或保护导线及绝缘子串的机械与电气工作条件。机械保护金具主要是为线路上的振动和风向偏移而设，主要包括**阻尼间隔棒**（用于维持分裂导线的间距，防止导线之间的鞭击，抑制次档距振荡和微风振动）、**悬重锤**（挂于悬垂线夹之下，用于增大垂向荷载，减小悬垂串的偏摆，防止悬垂串上扬）、**防振锤**（用于抑制架空输电线路上的微风振动，保护线夹出口处的架空线不疲劳破坏）等，如图 3-11～图 3-13 所示。电气保护金具主要是从电晕和沿面闪络的角度对绝缘子金具进行保护的金具，主要包括保护环（均压环、屏蔽环、均压屏蔽环等）和招弧角，如图 3-14 所示。

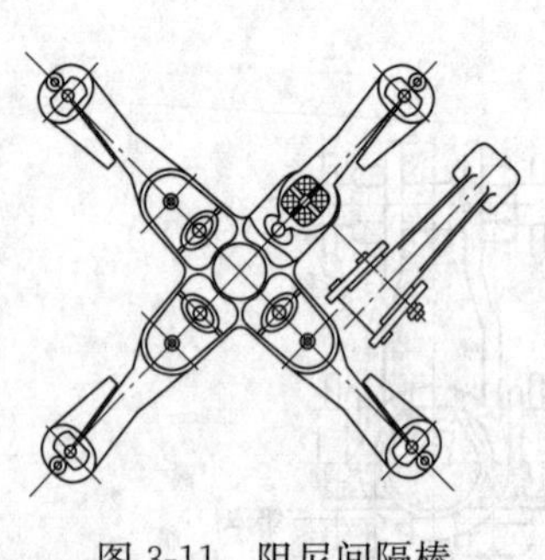

图 3-11　阻尼间隔棒

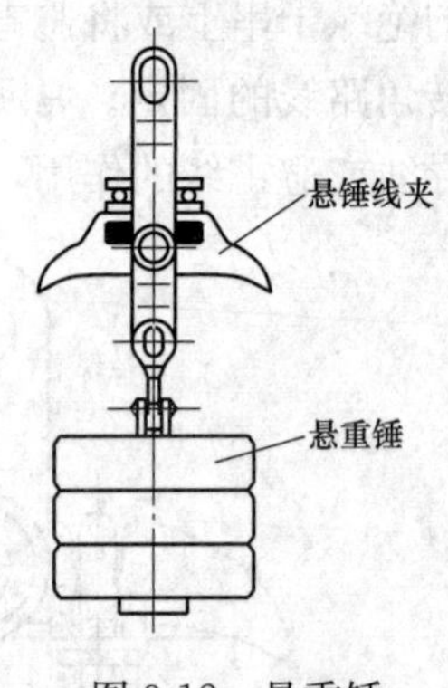

图 3-12　悬重锤

连接金具：连接金具主要用于将悬式绝缘子组装成串，并将一串或数串绝缘子串连接、悬挂在杆塔横担上。

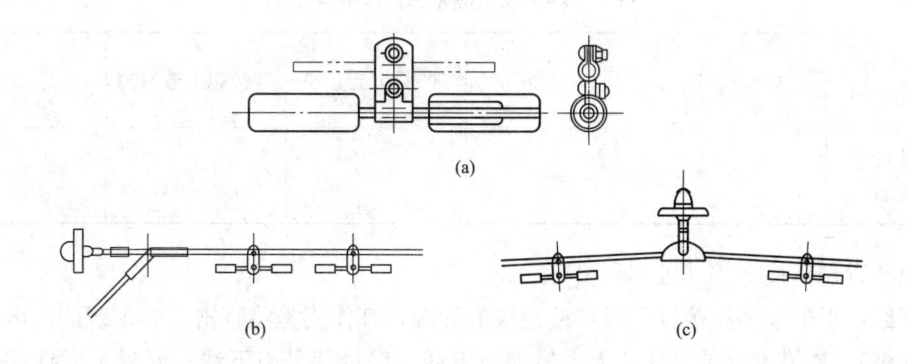

图 3-13　防振锤

(a) 防振锤；(b) 耐张杆塔上防振锤的安装；(c) 直线杆塔上防振锤的安装

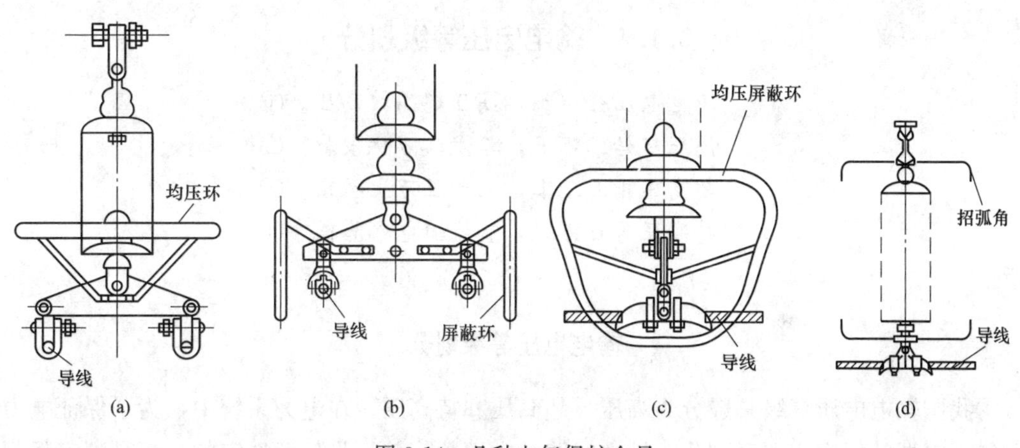

图 3-14　几种电气保护金具

(a) ～ (c) 保护环；(d) 招弧角

⑫⑬**架空避雷线**又称为**架空地线**，悬挂于导线上方，其主要功能是防止导线遭受雷击。架空线路是否架设避雷线，应根据线路电压等级、负荷性质和系统运行方式，并结合当地已有线路的运行经验、地形地貌以及地区雷电活动情况共同来决定。架空避雷线常采用钢芯铝绞线、铝包钢绞线等良导体。当前，架空避雷线内部装设通信用光纤的形式得到了广泛的应用，一般称其为光纤复合避雷线，既是避雷线又是通信干线，这类线简称为 OPGW。OPGW 的通信功能主要用作传递调度之间电话信息、继电保护信息、电视图像信息等，其基本结构如图 3-15 所示。

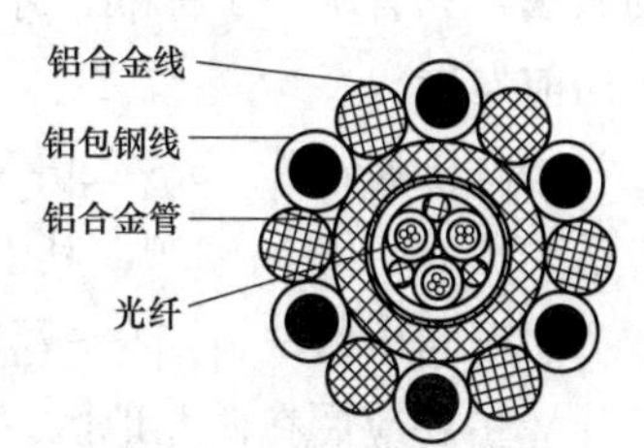

图 3-15　OPGW 基本结构

⑭⑮**接地装置**的作用是将雷电流导泄入大地，保证线路具有一定的耐雷水平，其性能需要根据当地土壤电阻率进行设计，以满足相关规程规定的接地电阻值要求。对土壤电阻率较低的地区，如杆塔的自然接地电阻不大于表 3-1 所列数值，可不装人工接地体。

表 3-1　　有地线杆塔的工频接地电阻允许值

土壤电阻率（Ω·m）	100 及以下	100 以上至 500	500 以上至 1000	1000 以上至 2000	2000 以上
工频接地电阻（Ω）	10	15	20	25	30

接地装置包括接地体（极）和引下线。

引下线：引下线是连接避雷线与接地极的导线，其作用是将直击于避雷线的雷电流引至接地体（极）。铁塔本身是导体，无需另加引下线，塔身即是引下线；混凝土电杆需要用圆钢或钢绞线敷设引下线。

接地体（极）：指埋置于土壤中并与杆塔的引下线相连接的金属装置，其作用是将从引下线泄下的雷电流消散于大地。

3.1.4　输电电压等级划分

输电电压分得细，高压超高特高压。①
高压起始三万五，二十二万犹隶属。②
超高压指三三零，七十五万上至顶。③
特高压为百万级，直流输电略降低。④

解析：

输电电压等级划分

①我国输电电压等级一般分为高压、超高压和特高压。在电力系统中，为了保证电力设备和使用电器的标准化和系列化，输电线路的电压数值并不是任意选定的，而是国家强制规定了系列数值以供选择。这就类似《礼记·中庸》中所主张的“车同轨，书同文，行同伦”的做法，只有统一了标准，才能避免众多不必要的麻烦和浪费，相关产业和文化才便于进一步向前发展。

②高压通常指 35～220kV 的电压（220kV 即是 22 万 V，工程上通常以万伏为单位），包括 35、60、110、220，其中 60kV 只在东北电网存在。

③超高压通常指 330～750kV 的电压，包括：330kV、500kV、750kV，其中 330kV 和 750kV 主要应用在西北地区。

④特高压通常指交流 1000kV 及以上的电压，直流±800kV 及以上的电压。

注：1. 35kV 以下的电压等级还有 220/380V 和 1、3、6、10kV，这些电压等级通常为配电线路。配电线路中，高、低压的定义与输电线路不同，配电中的低压为 1kV 以下的线路，1～10kV 线路统称为高压配电线路。

2. 电压等级的统一是在新中国成立之后逐步完成的。在此之前，输电电压等级繁多，级差偏小，通常采用的等级为 22、33、44、66、77kV 等电压等级，如：1921 年建成的北京西郊石景山电厂至市区的 33kV 线路；1924 年建成的奉天（今沈阳）至辽阳的 44kV 线路等。

3.1.5 高等级交流电压输电优势

输电等级逐上扬，众多优势粗解详。①
远距输电损耗降，适应发展扩容量。②
缩减线路之走廊，利用效率成倍涨。③
保证区域大联网，东西南北电共享。④

解析：

高等级交流电压输电优势

①输电技术的发展除了达到更加安全稳定的目的外，还需要努力减少线路损失。减少线路损失有两种方法，一种是增加导线的截面积，另一种是提高输电电压。两种方法都是在经济合理的前提下使用，其中第一种方法在采用扩径、分裂等导线后，提升空间较为有限；而第二种方法随着科技的发展还在逐渐产生新的突破，而且电压等级的提高除了降低线损外，还带来了一些其他优势。

②提升电压等级可以满足远距离输电和大容量输电的需要。这是因为：

(1) 远距离输电线路的输电能力与输电电压平方成正比，与线路阻抗成反比；

(2) 输电线路输送的功率与输电电压和电流的乘积成正比。必须依地势来建设的大型水电站，由于往往远离负荷中心，采用高等级的电压输送电能，可以减少输电损失。火力发电站，其距离负荷中心虽然一般并不远，但其输送容量大，同样需要提高电压，以减少输送过程中的电能损失。

③提升电压等级可解决线路走廊利用率过低的问题。输电线路建设中的走廊问题是比较突出的，提高输电电压可使单位走廊宽度输送容量显著增加。例如，1000kV 输电线路的走廊宽度接近 500kV 线路走廊宽度的 2 倍，但输送能力却是 500kV 线路的 5 倍。对于输送相同功率来说，前者的走廊宽度约为后者的 40%左右。

④提高电压等级还可以保证全国各区域进行大联网。电网的扩大和联合是电力工业取得显著经济效益的必要途径。将各个区域的电网联合起来形成一个整体的大电网，主要优势体现在以下几个方面：

(1) 可以解决部分区域电能过剩而其他区域电能不足的最根本问题，通过联合调度，可以使电能的输送和分配达到最合理的状态，并实现“西电东送、南北互供”的优良格局。

(2) 更经济合理地开发一次能源，优化电能资源配置，实现水、火电资源的优势互补。

(3) 能使电网更加坚强、稳定，只有形成了坚强稳定的大电网，电力上的各种扰动才能得到有效应对，电能质量才能得到更好保证。

(4) 降低互联电网总的高峰用电负荷，提高发电机组的利用率，减少总的装机容量。

(5) 检修和紧急事故备用实现互助支援，减少备用发电机容量。

3.1.6 直流输电结构

高压直流之输电，晶闸管阀核心件。①
通常应用点对点，先经交流升压变，②
再经整流换流站，直流远传受电端。③
传输初用单极线，负极与地成回环。④
随后可把双极建，独立运行承载半。⑤
再经逆变换流站，换成交流使用便。⑥
另有一种无连线，背靠背式换流站。⑦

解析：

直流输电结构

①1882 年爱迪生倾资完成了有史以来第一条直流远距离输电试验，此后直流迅速发展，但由于当时采用直流发电机串联组成高压直流电源，受端电动机同样采用串联方式运行，可靠性差，而且面临高压大容量直流发电机换向困难等诸多问题。1892 年，在“电流之战”争论上交流大获全胜，直流输电黯然淡出，直到 20 世纪中叶，因海底输电需求以及晶闸管整流元件的出现，让科学家们重新注意到直流输电技术，高压直流输电自此进入高速发展阶段。尤其是加拿大 1972 年建成世界上首座晶闸管换流站（依尔河换流站）以来，电力电子技术突飞猛进，晶闸管等主要器件造价日益低廉、性能成倍上涨，直流输电已成为焦点。

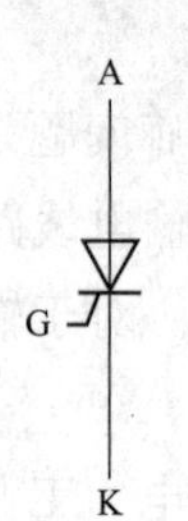

图 3-16 晶闸管符号

晶闸管阀是直流输电系统中为实现交流电与直流电相互转化的核心器件，也称为**可控硅器件或换流阀**。晶闸管符号如图 3-16 所示，主电流从阳极（A）流到阴极（K）。在断开状态，晶闸管能阻断正向电流而不导通。当晶闸管处于正向闭锁时，可以通过门极（G）施加瞬时的或持续的电流脉冲，触发晶闸管导通。

②目前的直流系统通常为点对点系统，或称之为两端直流系统，即只有一个送端和受端。两端直流系统又可以分为单极系统（正极或负极）、双极系统（正负两极）、同极系统（常为两负极）和背靠背直流系统（无直流输电线路）四种类型，而交流系统往往是多个送端对应多个受端。直流输电系统示意如图 3-17 所示。

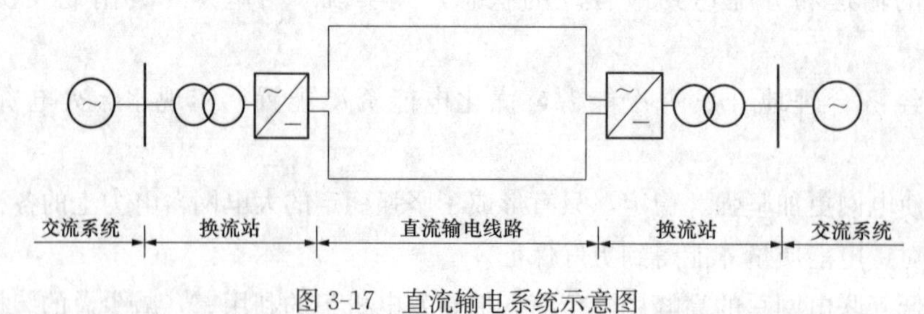

图 3-17 直流输电系统示意图

③直流输电整体结构：发电厂发出的交流电经过升压后，在换流站内，经由换流阀将交流电能转变成直流电能，即整流成为直流电，再通过直流输电线路输送到受电端。

④**单极高压直流输电线路**（HVDC）的基本结构如图3-18所示。出于对造价和建设周期考虑，单极高压直流输电线路通常采用一根负极性的导线（可以减小由电晕引起的无线电干扰），而由大地或海水提供回路，海底电缆尤其如此，如瑞典—丹麦的康梯—斯堪工程。采用单极高压直流输电线路也是建立双极系统的第一步，分步建设并不影响其运行。但采用单极运行时，地下或海水中长期有大的直流电流流过，大地电流所经之处，将引起埋设于地下或放置在地面的管道、金属设施发生电化学腐蚀等问题（依据此种现象，设计出了具有腐蚀防护功能的阴极保护与阳极保护）。当大地电阻率过高或不允许对地下（水下）金属结构产生干扰时，可用金属回路代替大地作为回路，形成金属性回路的导体处于低电压。

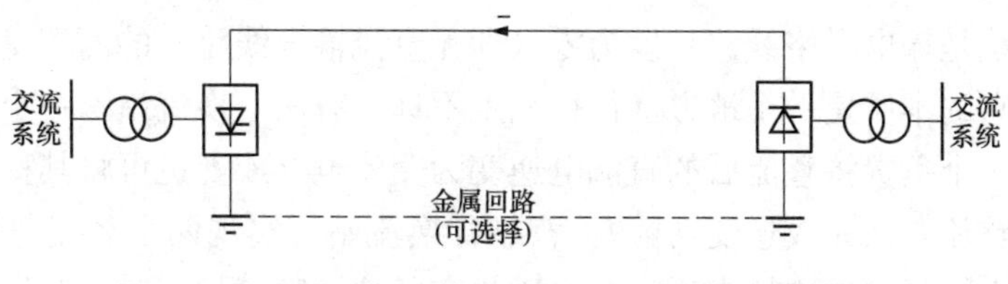

图3-18　单极HVDC联络线

⑤**双极高压直流输电线路**（HVDC）的基本结构如图3-19所示，它由两根输电线组成，一正一负，每端有两个电压为额定电压的换流器串联在直流侧，两个换流器中间的连接点接地。正常时，两极电流相等，无接地电流或仅有少量的不平衡电流流过。两极可独立运行。若因一条线路故障而导致一极隔离，另一极可通过大地运行，能承担一半的额定负荷，或利用换流器及线路的过载能力，承担更多的负荷。运行时间的长短由接地极决定。此种方式运行灵活，可靠性高，大多数直流输电工程都采用此接线方式。

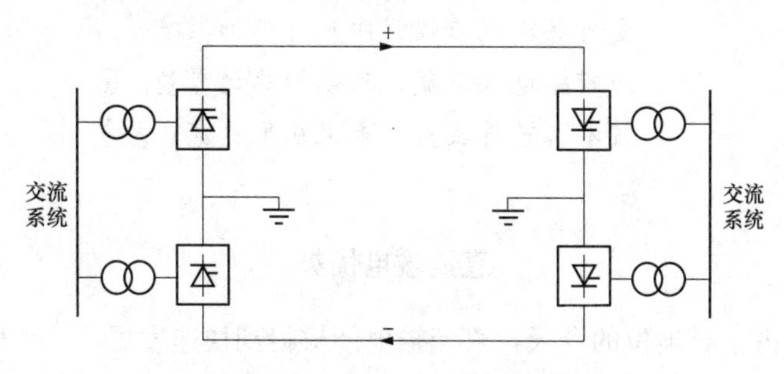

图3-19　双极HVDC联络线

当接地电流不可接受时，或接地电阻高而接地电极不可行时，通常可采用第三根导线作为金属性中性点，即输电线路变为三根导线。在一极退出运行或双极运行失去平衡时，可以用中性点导线充当回路。第三根导线的绝缘要求低，如果完全绝缘，则可以作为一条备用线路，此种接法的线路通常称为同极联络结构，两导线的极性通常为负极。同极HVDC联络线如图3-20所示。

⑥到达受电端后，再经由换流站内换流阀的逆变作用，将直流电变换成交流电，以方便

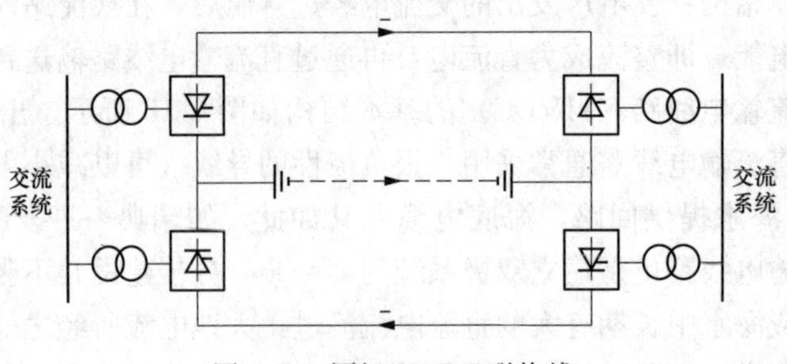

图 3-20　同极 HVDC 联络线

受端用户使用。整个过程中，送电端换流站运行在整流状态，称为**整流器**；受端运行在逆变状态，称为**逆变器**。

⑦背靠背系统是输电联络线路长度为零（即无直流输电线路）的两端直流输电系统，即**背靠背换流站**。它的本质是一个地方（往往相距不远）有两个换流站，一个负责将交流电整流成直流电，另一个负责将整流后的直流电逆变为交流电（或者也可将其称为一个站，即在一个站内既完成整流，又完成逆变功能）。背靠背换流站可实现两个交流电网非周期与不同频率的联网，对不同频率的连接来说，其本质是**变频站**。频率相同时，背靠背换流站可以解决相位不同的问题。

3.1.7　直流输电优势

直流输电渐启航，主要优势大略讲。①
跨越海峡连电网，无需串并之补偿。②
更适远距大容量，节约导线省走廊。③
两个交流互联网，相角频率可两样。④
交直并列调节强，阻尼作用抑振荡。⑤
城市输电地下藏，限制短路之容量。⑥
技术工艺再改良，未来应用更宽广。⑦

解析：

直流输电优势

①在交流输电占主导地位的今天，直流输电能够得到快速发展，这说明它具有交流输电无法匹及的优势，如直流输电系统稳定，功率调节快速可靠，可以限制短路电流，线路造价低、损耗小等。高压直流输电的优势和具体应用如下。

②跨越海峡联系两个电网的海底电缆。由于高压交流电缆线路存在**电容充电电流**（交流线路的极性变化为 100 次/s，使得大地对线路的极性变化也为 100 次/s，每一次变化都是一个充放电的过程，连续起来就是流动的电容电流）的影响，输电距离和输送功率受到一定的限制（电缆输电距地面更近，电容电流比架空线路大得多），因此，对长距离大容量的交流电缆，必须加装并联电抗器，从而会使投资增加。而直流电缆没有电容电流（在直流电源中，线路对地永远只有固定不变极性的电容存在，当线路是负极时，大地就是正极，所以不

会产生电容性充电电流）的影响，因而无需并联电抗补偿。由于线路中电流是恒值，没有电感电流，因而也不需要串联电容补偿。在输送同等功率时，直流电缆线路建设投资要比交流电缆小得多，电能损失也更低，使用寿命更长，因此跨越海峡通常使用直流电缆线路。高压直流输电虽没有电容电流的影响，但其具有离子流效应，在设计时需要考虑。

③比同等级的高压交流更适合远距离、大容量输电。与三相交流输电相比，直流输电节省导线，铁塔结构简单、线路走廊宽度小，因此当输电距离达到一定长度时，直流线路造价的降低，可以抵偿两端换流站的造价（当前换流站的造价仍然较高），此时的距离称为交直流等价距离，超过这一距离，采用直流输电将更加经济，如图 3-21 所示。随着直流技术的发展，这一造价距离在不断缩短，线路越长，输送容量越大，直流输电经济性就越显著。

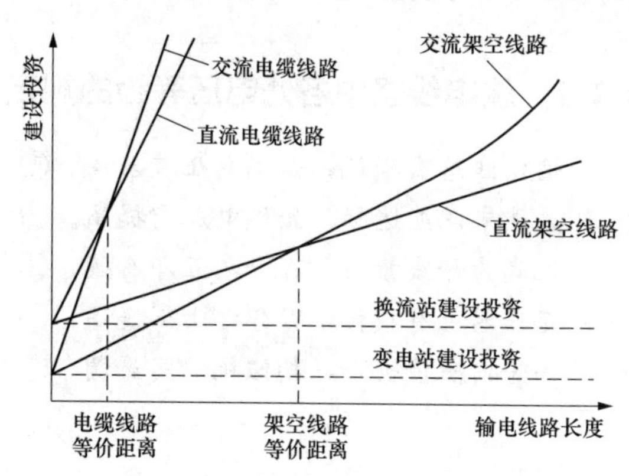

图 3-21　直流输电与交流输电的等价距离

④可实现两个交流电网非周期或不同频率的联网。交流电网的并联运行是有条件的，除了电压幅值和相序一致外，相位与频率也需要相同。由于电网的联网往往是两个已经在运的网络并联，它们的电压相位通常不一样，如果使用交流联网，则需要分段进行停电并网操作，不仅会有短暂的停电，对电网也有一定的冲击（主要是因为电网负荷中异步电动机占很大比例，而异步电动机的启动电流往往较大，同一时间内过多的异步电动机同时启动需要电网有足够的备用容量，否则可能引起电网崩溃）。若两个交流电网之间采用直流连接，则不会出现停电问题。因为直流并不存在相位问题，则既可以交换功率、互为备用，又能实现两端非同期运行。我国区域间联网多为此类情况。

对于频率问题，直流优势更加突出。世界上电压频率主要有两种：50Hz 和 60Hz。美洲大部分使用 60Hz，其他国家多为 50Hz，日本则是两种频率皆有，不同频率的电力互相联网，交流无法做到，直流则可以解决这一问题。

⑤直流还可以与交流并列输电。交直流并列输电有利于功率调节和保持稳定运行。因为直流输电采用的是现代电力电子技术，具有十分快速的反应能力，通过快速功率调节，可对交流电网振荡起到阻尼作用，提高交流线路输送容量。例如美国太平洋直流联络线与两回 500kV 交流线路并列输电，提高输送容量约 20%。

⑥直流输电还可用于大城市地下输电。大城市负荷集中，建筑群立，架空线路不仅影响市容，更占用有限的地面空间，因此可采用高压直流输电。直流输电不仅没有如交流电的充电电容电流问题，还可以利用“定电流控制”快速限制短路电流在额定电流值之内，即使在

暂态过程中也不超过两倍额定值。这种“隔离作用”使两网都不会增加短路容量，从而可有效避免需要更换更大容量的开关设备。如英国金斯纳思电厂使用±266kV直流电缆送电至伦敦。

⑦当前直流输电技术已经较为成熟，直流输电技术的进一步发展需要电力电子元器件的相关性能有所突破，除了晶闸管器件的制造工艺和结构改进外，滤波器以及直流断路器等也需要进一步研究与改良。总之，直流输电技术还有较大的发展空间。目前，一些工业发达国家正在进一步开展更高等级特高压直流输电的试验研究。

3.2 输配电领域常见概念

3.2.1 输电线路中各处电压等级的规定

输电线路有损耗，始端电压较末高。①
为使末端能达标，始端电压需提高。②
机端为始线损校，百分之五即有效。③
变压器上有损耗，百分之十得提高，④
如若内阻值较小，相似机端同等调。⑤

解析：

输电线路中各处电压等级的规定

①电力输电线路上存在一定的功率损耗，因此一般线路的首端电压高于末端电压（长线路或特高压线路，因容升效应常常会出现相反的现象）。

②电力线路的末端往往是连接着用电设备或中间设备，这些设备正常工作所需的电压（即设备的额定电压）与国家规定的网络额定电压一致，如10、110、220kV等。为了使线路末端电压达到规定的额定电压，必须要提高线路的首端电压，具体规定及原因如下：

③发电机的额定电压比网络额定电压高5%。用电设备一般允许其实际工作电压偏离额定电压±5%，电力线路从首端到末端电压损耗一般为网络额定电压的10%，故通常让线路首端电压比网络额定电压高5%，以使线路末端电压比网络额定电压最多低5%。发电机总是接在电力网的首端，因此其额定电压要比网络额定电压高5%。

④⑤以变压器为首端的输电线路二次侧电压一般需要比网络额定电压高10%，只有内阻抗小于7.5%的小型变压器和二次侧直接与用电设备相连的变压器，才可比网络额定电压高5%。这是由于变压器二次绕组的额定电压定义为空载时的电压，而变压器满载时其自身内部阻抗上约有5%的电压损耗，为了使变压器在额定负荷下工作时二次侧的电压比网络额定电压高5%，要求变压器二次侧绕组额定电压应比网络额定电压高出10%。

另一方面还需注意，由于变压器具有发电机和用电设备的两重性——其一次侧从电网接受电能，相当于用电设备；二次侧供出电能，相当于发电机。既然其一次侧相当于用电设备，那么一次绕组的额定电压同样是与网络额定电压相等（对于直接与发电机相连的变压器，其额定电压应等于发电机的额定电压）。

根据上述分析，可以明确我国国家标准规定的电力系统额定电压见表 3-2。

表 3-2　　**电力系统的额定电压**　　kV

国家标准规定的额定线电压（用电设备或线路）	交流发电机额定线电压	变压器额定线电压	
		一次绕组	二次绕组
3	3.15*	3 或 3.15	3.15 或 3.3
6	6.3	6 或 6.3	6.3 或 6.6
10	10.5	10 或 10.5	10.5 或 11
	13.8*	13.8	
	15.75*	15.75	
	18*	18	
35		35	38.5
110		110	121
220		220	242
330		330	363
500		500	550
750		750	825

*　发电机专用。

以图 3-22 为例，对各处电压等级进行一一说明。

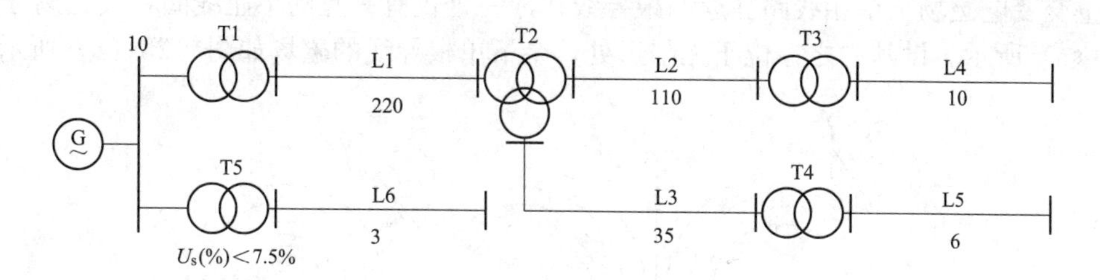

图 3-22　电力系统接线例图

根据原则，可以求得图 3-32 各点处的额定电压等级如下：

发电机 G 的额定电压为 10.5kV；

变压器 T1：低压侧额定电压为 10.5kV，高压侧额定电压为 242kV；

变压器 T2：高压侧额定电压为 220kV，中压侧额定电压为 121kV，低压侧额定电压为 38.5kV；

变压器 T3：高压侧额定电压为 110kV，低压侧额定电压为 11kV；

变压器 T4：高压侧额定电压为 35kV，低压侧额定电压为 6.6kV；

变压器 T5：高压侧额定电压为 10.5kV，低压侧额定电压为 3.15kV。

3.2.2 输电线路的参数

输电线路四参数，阻抗导纳皆引入。①
简化分析等线路，通常认为均分布。②
直接损耗是电阻，材料截面与长度。③
磁场效应称电抗，分裂导线对称布。④
分析电晕用电导，泄漏损耗小可忽。⑤
电场分布定电纳，导纳参数之虚部。⑥

解析：

输电线路的参数

①②输电线路有电阻、电抗、电导、电纳四个参数。为了方便分析，输电线路的这些参数通常可认为是沿线路全长均匀分布的，即单位长度上的参数为电阻 r_0、电抗 x_0、电导 g_0、电纳 b_0。

③**电阻**：电阻是输电线路上直接产生有功损耗和热效应的参数。它的大小与线路的长度、导线的材料以及导线的截面积相关。导线的直流电阻可按下式计算（交流电路中，因受集肤效应和邻近效应的影响，交流电阻比直流电阻略大）

$$R=\rho\frac{l}{S}$$

式中：R 为导线的直流电阻，Ω；ρ 为导线材料的电阻率，$\Omega\cdot mm^2/km$；l 为导线长度，km；S 为导线截流部分的标称截面积，mm^2。

④**电抗**：输电线路上的电抗由相应的电感产生，当交流电通过导线时，在导线中及周围空间产生交变电磁场。单相线路往返两根导线构成一个仅有一匝的单匝线圈，其磁场分布如图 3-23（a）所示。设其中之一位于无限远处，余下单根导线的磁场如图 3-23（b）所示。

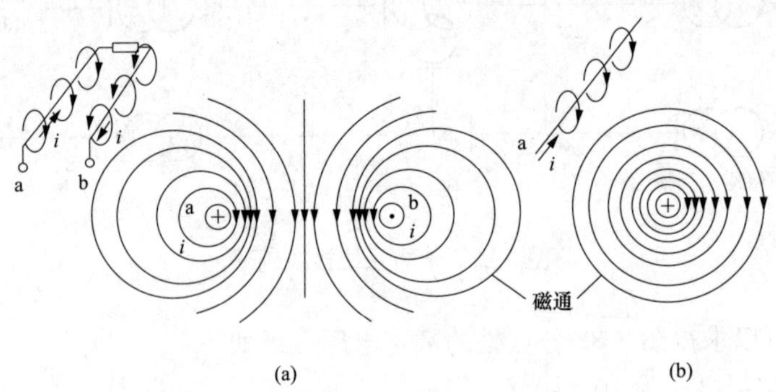

图 3-23 单相线路和单根导线的磁场分布
（a）单相线路；（b）单根导线

当三相线路对称排列，或不对称排列经整循环换位后，每相导线单位长度电抗的计算如下

$$x_0=0.144\,5\lg\frac{D_{eq}}{r}+0.015\,7\mu \quad \Omega/km$$

式中：r 为导线半径，mm；μ 为导线材料的相对导磁系数，铜和铝的为1，钢大于1；D_{eq} 为三相导线间的几何均距。

当三相导线间的距离分别为 D_{ab} 、D_{bc} 、D_{ca} 时，则有

$$D_{eq}=\sqrt[3]{D_{ab}D_{bc}D_{ca}}$$

若三相导线在杆塔上布置成等边三角形时，则 $D_{eq}=D$（D 即为三角形的边长）；若布置成水平排列，则 $D_{eq}=1.26D$（D 为两导线间的距离）。

对于高压及超高压远距离输电线路，为了减小线路的电晕损耗及线路电抗，常采用分裂导线，以达到增加输电线路的输送能力的目的。n 分裂导线电抗的计算为

$$x_0=0.1445\lg\frac{D_{eq}}{r}+\frac{0.0157}{n}\mu \quad \Omega/\text{km}$$

⑤**电导**：架空输电线路的电导是反映泄漏电流和电晕所引起的有功损耗的一种参数。线路的绝缘通常良好，泄漏损耗较小而可以忽略，因此架空线路的电导主要取决于电晕引起的有功损耗。（注意，此电导与电路学中的电导有一定区别，电路学中定义的是纯电阻电路，其电导 $G=\frac{1}{R}$，这样可以方便引入电压方程。）

当运行电压超过电晕临界电压时，即产生电晕。若三相线路单位长度的电晕损耗为 ΔP_g（单位为 MW/km），线路线电压为 U（单位为 kV），则每相等值电导为

$$g_0=\frac{\Delta P_g}{U^2} \quad \text{S/km}$$

⑥**电纳**：线路的电纳值与导线之间、导线与大地之间的电容相关，并取决于导线周围的电场分布，与导线是否导磁无关。

单相线路的电场分布如图 3-24（a）所示。图中，电场线从带有正电荷的 a 线指向带有负电荷的 b 线。设 b 线位于无限远处，余下单根导线 a 线的电场如图 3-24（b）所示。由图可见，这时电荷所产生的电场线均匀分布、垂直于导线表面的射线，而等电位面则是一系列与导线同心的圆柱面。

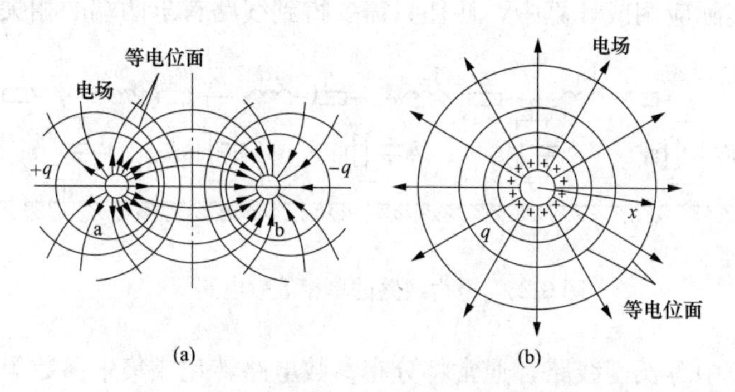

图 3-24 单相线路和单根导线的电场分布

（a）单相线路；（b）单根导线

三相电路对称排列或虽不对称排列，但经整循环换位后，每相导线单位长度电纳计算如下

$$b_0 = \frac{7.58}{\lg \frac{D_{eq}}{r_{eq}}} \times 10^{-6} \quad \text{S/km}$$

注：以上解析为各个参数所对应的物理意义以及其参数计算方法。在电力系统的其他相关计算中，往往是用到阻抗这一概念，它是电阻和电抗的总和，其表示为 $Z = R + jX$ ，其中 R 即为电阻，X 即为电抗，而 j 表示虚部，即数学上的 i。导纳定义为阻抗的倒数，是电导和电纳的统称，表示为 $Y = 1/Z = G + jB$ ，Y 为导纳，G 为电导，B 为电纳，电纳是导纳的虚数部分。

3.2.3 输电线路等效电路

线路分析较复杂，等效表示才为佳。①
阻抗导纳皆画出，长线短线各表述。②
中短线路简化处，集中参数计分布。③
长度不过百千米，单计阻抗电纳忽。④
延至三百中长度，常用 Π 型等电路。⑤
三百之外长线路，微分原理曲函数。⑥
实际计算可推估，修正系数以帮助。⑦

解析：

输电线路等效电路

①电力系统正常运行状态基本上是三相对称的，从电路理论可知，一般的分析只需要分析其中一相即可。再者，为了能够以数学方式来定性化分析电路，往往是将其进行等效，以等效的电路来表示这一陌生的系统。

②所谓的等效，就是将每千米甚至每一个微元的电阻、电抗、电导、电纳都一一画于图上，这样得来的等效电路较为精确，一般称为**均匀分布参数**等效电路，如图 3-25 所示。但这也是较为复杂的，利用它几乎可以计算出线路上任何一点的电压或电流参量，但这样也是不必要的，因为在实际应用或计算中，往往只需要得到线路首末两端的相关参量即可。

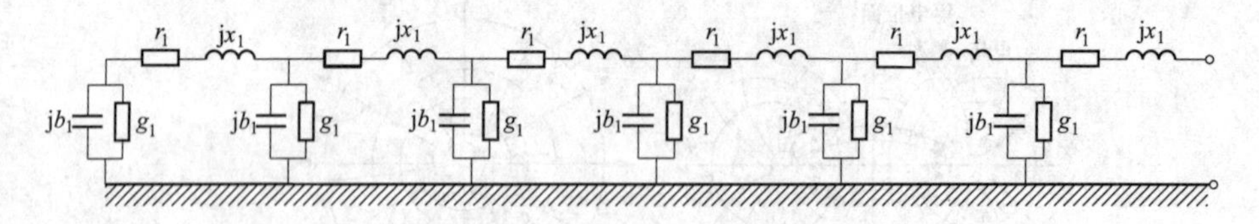

图 3-25 电力线路的单相等效电路

③对于短线路、中等长度线路，通常将分布参数电路转化成集中参数等效电路，以简化计算。所谓**集中参数**，即将一整段线路或需要分析的某一区域电路作为一个整体，以一个或少数几个 R 、X 、G 、B 来等效表示。

若以 $r_0(\Omega)$ 、$x_0(\Omega)$ 、$g_0(S)$ 、$b_0(S)$ 分别表示每千米线路的电阻、电抗、电导、电纳，则线路长度为 l(km) 时，有

$$\begin{cases}R=r_0l & X=x_0l\\G=g_0l & B=b_0l\end{cases}$$

这种转化对长线路不精确。

④线路长度不超过 100km 的架空线路，通常称为短线路。当线路电压不高时，这种线路电纳的影响一般不大，可忽略。其等效电路如图 3-26 所示。

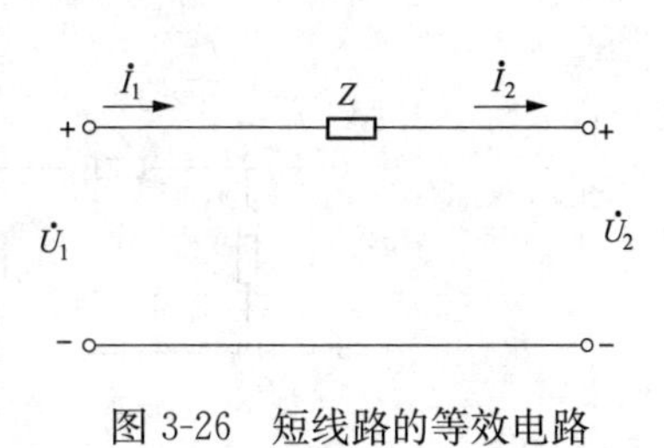

图 3-26　短线路的等效电路

⑤长度在 100～300km 之间的架空线路和长度小于 100km 的电缆线路，称为中等长度线路。这种线路有 **Π 型等效电路**和 **T 型等效电路**，具体如图 3-27 所示。T 型等效电路比 Π 型等值电路节点数多，因此为了简化计算，最常使用的是 Π 型等效电路。

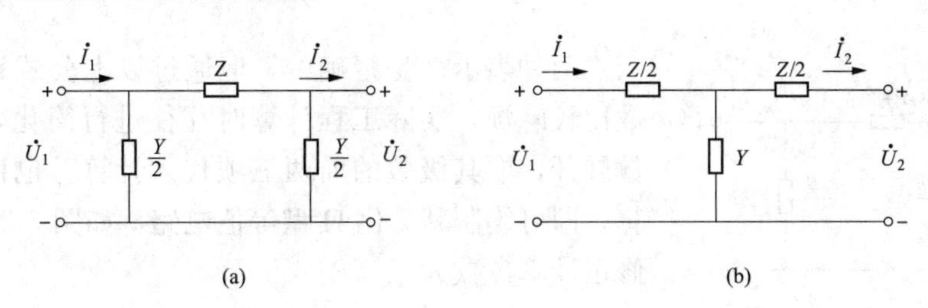

图 3-27　中等长度线路的等效电路

(a) Π 型；(b) T 型

⑥长线路指的是长度超过 300km 的架空线路或长度超过 100km 的电缆线路。这种线路属于远距离输电线路，沿线路均匀分布的阻抗、电容、电纳、漏导等参数不能再看成集中参数。在具有分布参数的交流电路中，电压和电流既与时间有关，也与线路的距离有关。远距离输电线路的基本方程为

$$\begin{cases}\dot{U}=\text{ch}\gamma x\,\dot{U}_2+z_c\text{sh}\gamma x\,\dot{I}_2\\\dot{I}=\dfrac{\text{sh}\gamma x}{z_c}\dot{U}_2+\text{ch}\gamma x\,\dot{I}_2\end{cases}$$

式中：$\dot{U}$ 、$\dot{I}$ 为远距离输电线路中距末端 x 点的相电压、线电流；$\dot{U}_2$ 、$\dot{I}_2$ 为远距离输电线路末端的相电压、线电流；x 为从起点至线路末端的距离；γ 为线路的传播系数；z_c 为线路特性阻抗，也称之为波阻抗。

⑦以上公式是输电线路首、末端电压与电流的精确关系，与它所对应的 Π 型等效电路和 T 型等效电路如图 3-28 所示，其中仍大多采用 Π 型等效，通过相应的计算可以得出 Π 型等效电路中的参数为

$$\begin{cases}Z'=z_c\text{sh}\gamma l\\Y'=\dfrac{2(\text{ch}\gamma l-1)}{z_c\text{sh}\gamma l}\end{cases}$$

T 型等效电路中的参数为

$$\begin{cases} Z' = z_c \dfrac{2(\text{ch}\gamma l - 1)}{\text{sh}\gamma l} \\ Y' = \dfrac{1}{z_c}\text{sh}\gamma l \end{cases}$$

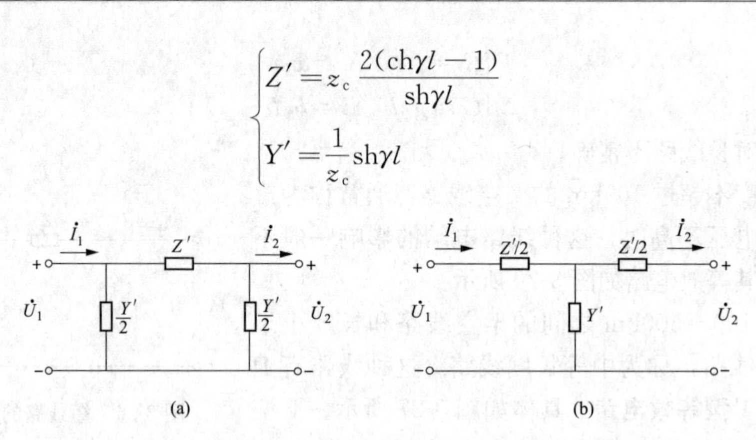

图 3-28 长线路的等效电路

(a) Π 型；(b) T 型

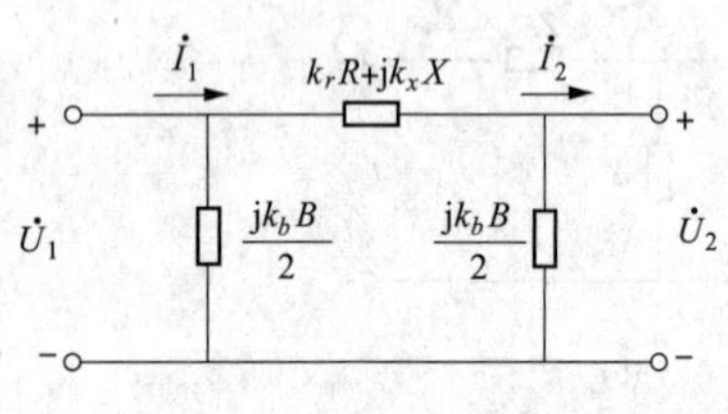

图 3-29 长线路的简化等效电路

两种表示都是精确的，但通过以上公式计算系统参数比较麻烦，实际工程计算时往往进行简化，将双曲函数展开，取其级数的前两三项代入计算，也称为修正计算，即可绘制其简化 Π 型等值电路，如图 3-29 所示，其修正计算参数为

$$\begin{cases} Z' \approx k_r R + \text{j}\, k_x X \\ Y' \approx \text{j}\, k_b B \end{cases}$$

式中，k_r 、k_x 、k_b 称为修正系数，其值分别为

$$\begin{cases} k_r = 1 - \dfrac{1}{3} x_0 b_0 l^2 \\ k_x = 1 - \dfrac{1}{6}\left(x_0 b_0 - r_0^2 \dfrac{b_0}{x_0}\right) l^2 \\ k_b = 1 + \dfrac{1}{12} x_0 b_0 l^2 \end{cases}$$

注：修正计算适合工程上的长线路，如果线路太长或需要精确计算时，仍需以未加修正的双曲形式公式计算。再者，Π 型等效电路和 T 型等效电路都是近似的等效电路，相互之间并不等效，因此不能用三角形-星形变换公式相互变换。

3.2.4 电压降落、损耗、偏移

线路输送电功率，电压发生微变化。①
电压降落相量差，首等末压纵横加。②
电压损耗代数差，幅值相减较简化。③
电压偏移为偏差，超差额定百分法。④

解析：

电压降落、损耗、偏移

①从电路学中知道，输电线路上输送电功率时，实际上是将线路首端的电流和电压量输

送至线路末端，因为电流首末两端是相等的，而输电线路上存在一定的损耗，致使线路首末两端的电压会发生一定的变化，其示意如图 3-30 所示。

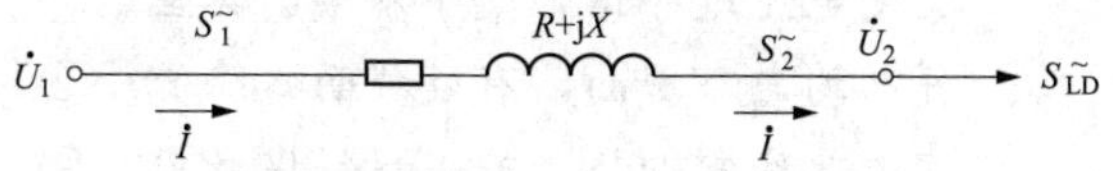

图 3-30　网络元件的等效电路

②**电压降落**：网络元件首末端电压的相量差。由图 3-30 可得

$$\dot{U}_1 - \dot{U}_2 = (R + \mathrm{j}X)\,\dot{I}$$

当网络元件末端 $\dot{U}_2$、P_2、Q_2 已知时，以 $\dot{U}_2$ 为参考相量，即 $\dot{U}_2 = U_2\angle 0°$，通过 $\dot{I}$ 的共轭代换，可得出首端电压 $\dot{U}_1$ 为

$$\dot{U}_1 = U_2 + \frac{P_2R + Q_2X}{U_2} + \mathrm{j}\,\frac{P_2X - Q_2R}{U_2} = U_2 + \Delta U_2 + \mathrm{j}\delta U_2$$

式中：ΔU_2 和 $\mathrm{j}U_2$ 分别为电压降落的纵分量和横分量，δ 为首末端电压的相位差。

电压降相量图如图 3-31 所示，图中 $\overline{AB}$ 就是电压降相量 $(R + \mathrm{j}X)\,\dot{I}$，电压降相量的两个分量分别为 $\overline{AC}$ 和 $\overline{CB}$，其大小为 $AC = \Delta U_2$，$CB = \delta U_2$。

③电压损耗：电力网两点电压的代数差，用 ΔU 表示。电压损耗即

$$\Delta U = U_1 - U_2$$

如图 3-32 所示，当两电压相量夹角 δ 较小时，$AC \approx AD$，可以近似认为电压损耗等于电压降落的纵分量。

④**电压偏移**：电力网中，某点的实际电压同网络该处的额定电压之差，通常用电压百分比进行表示，即超过或不足额定电压部分所占的百分比。电压偏移计算为

$$电压偏移(\%) = \frac{U - U_\mathrm{N}}{U_\mathrm{N}} \times 100\%$$

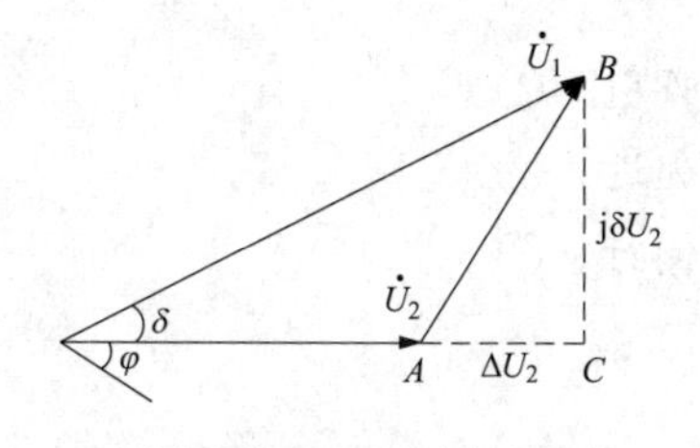

图 3-31　电压降相量图

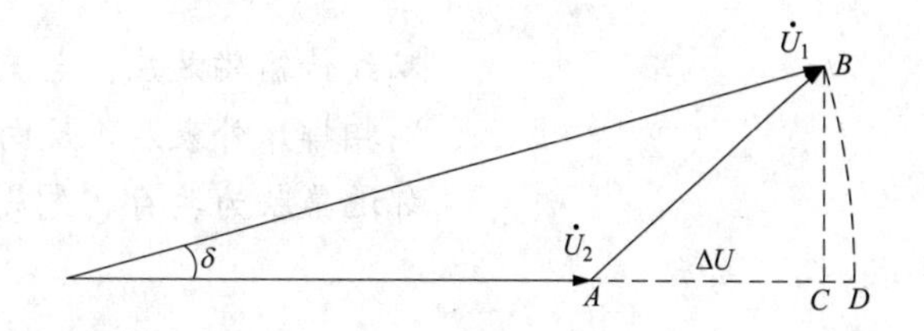

图 3-32　电损耗示意图

在讨论电力网的电压水平时，电压损耗和电压偏移都是经常谈及的概念。为了便于比较线路首末两端电压偏差的大小，常采用电压损耗百分数表示，即电压损耗与相应线路的额定电压相比的百分数。在电力系统设计时，一条线路的电压损耗百分数在线路通过最大负荷时一般不超过 10%。电压偏移直接反映供电电压质量。

3.2.5 集肤效应

交变电流过导体，集于表层圆环里。①
并非均匀布截面，有效截面略降低。②
实心导线空心替，节省材料提效率。③
多股铝线绞芯织，钢芯承载机械力。④

解析：

集肤效应

①**集肤效应**又称为**趋肤效应**，是指交变电流通过导体时，电流主要集中在导体表面（形象的说法为导体的“皮肤”）一层薄圆环内流过。集肤效应的强弱与所通电流频率相关，频率越高，集肤效应越显著。

GB/T 2900.1—2008《电工术语 基本术语》中这样描述趋肤效应：由于导体中交流电流的作用，靠近导体表面处的电流密度大于导体内部电流密度的现象。

注：1. 随着电流频率的提高，趋肤效应使导体的电阻增大、电感减小。
2. 在更一般的情况下，任何随时间变化的电流都产生趋肤效应。

②交变电流通过导体时，电流并非均匀分布在导体整个截面上，而是越靠近导体表面，电流密度越大。这种现象就会使得实心导线的有效传输截面积变小。

③因为存在集肤效应（还有电晕、感抗等因素），所以为了充分有效地节约资源、降低成本、提高输电线的利用率，通常将输电线由原来的实心导线换成空心导线、扩径导线等。

④同时，还充分利用铝（铜线价格较贵，而铝线便宜，但铝线的机械强度差）与钢的优点，将多股铝线以绞型方式绕钢线编织成输电线，钢线在其中心承载主要的机械力，而外层的铝线在导电方面得到充分利用，这种导线被称为**钢芯铝绞线**。

除了在输电线路上可有效利用集肤效应外，其他地方也有它的身影：在改善异步电动机的启动性能时，可以利用集肤效应制造出启动性能优越的深槽式异步电动机和双笼型异步电动机。

3.2.6 邻近效应

双线传输磁效应，电流排斥或吸引。①
同相排斥外表层，反向相吸彼邻近。②
邻近集肤为共存，先集表层再侧行。③

解析：

邻近效应

①**邻近效应**是指双线传输的两相近导体中，两交流电流相互排斥或吸引的现象。

②当两导线载有方向相同的交变电流时，由于存在邻近效应，会使电流不再对称地分布在导体中，而是比较集中在两导体相对的外侧，形成这种分布的原因可以从电磁场的观点来理解。电源能量主要通过两线之间的空间以电磁波的形式传送给负载，而导线内部的电流密度分布与空间的电磁波分布密切相关，两线中间磁场相反而抵消或减小（安培定则），因此

相对外侧处电磁波能量密度大，传入导线的功率大，故电流密度也较大。如果两导线载有相反方向的交变电流，则情况相反，两线相对内侧处的电流密度大。

③邻近效应与集肤效应是共存的。由于集肤效应的作用，单一导体内的电流首先向导体表层聚集，电流在表层圆环内大致均匀分布。当单线传输变为双线传输时，根据电流的方向不同，聚集在导体表层的电流会向与导体相邻近或相远离的一侧移动，即电流会集中于导体表面的某一侧流动，即双线传输的邻近效应。

3.2.7 电晕现象

架空线路磁场强，击穿空气之现象。①
局部放电泛蓝光，嗞嗞声响散臭氧。②
自持本质游离状，极不均匀之电场。③
增加网损寿命降，干扰通信大影响。④
多雨多雾多出现，想尽办法早避免。⑤
扩径分裂增断面，避免电晕损耗减。⑥

解析：

电晕现象

①**电晕现象**是指架空线路在带有高压的情况下，导线表面的电场强度超过周围空气的击穿强度而将空气击穿的一种现象。

②③被击穿后，空气处于游离状态并产生局部放电现象，同时在线路附近可以听到嗞嗞的声音，闻到臭氧气味，夜间还可以看到蓝色的晕光。电晕放电本质是极不均匀电场所特有的一种**自持放电**形式，与其他形式的放电有本质的区别。电晕放电的电流强度并不取决于电源电路中的电阻，而是取决于电极外气体空间的电导，即取决于外放电压的大小、电极形状、极间距离、气体的性质和密度等。

④电晕现象不仅会增加**网络损耗**（简而言之，电晕现象总是伴随着或强或弱的放电，放电必然引起损失，而对架空线路而言，有专门的参数来反映它，即电导，电导本是反映泄漏电流和电晕引起的有功损耗的一种参数，但由于线路绝缘通常良好，泄漏损耗可以忽略，因此架空线路的电导主要取决于电晕所引起的有功损耗）、产生影响人们生理和心理的噪声、干扰附近的无线电通信，而且还会使输电线表面产生**电化学腐蚀**（电晕放电过程中，除了产生具有强烈氧化作用的臭氧外，还会产生如NO、NO_2等成分，这些成分与空气中的水化合成硝酸类，是强烈的腐蚀剂）而降低输电线的寿命。

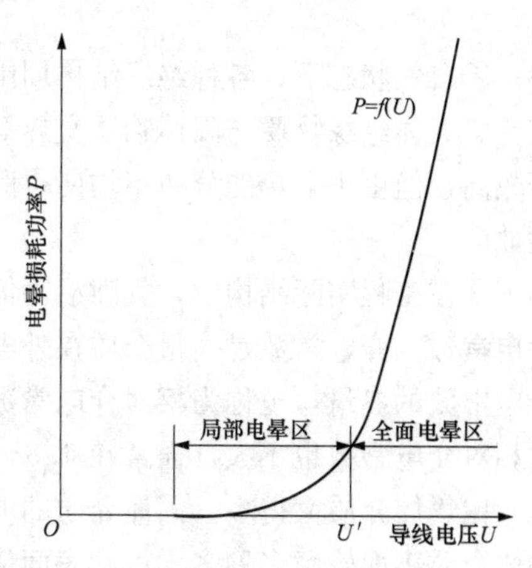

图 3-33　电晕损耗功率与导线电压的关系

输电线上的电晕损耗功率与导线电压U的关系如图3-33所示，其曲线可以分两个区域：当电压小于U'时，导线只存在局部电晕，功率损耗很小，且随电压的上升增长很慢；当电压大于U'时，导线上出现全面电晕，电晕功率损耗较大，且随着电压的升高增长迅速，在此区域内，电晕损耗功率大约与$(U-U')^2$成正比。U'称为全面电晕起始电压。

⑤电晕现象多在雨天、雾天出现。空气的干燥程度与密度大小关系到击穿电压的高低，通常将线路开始出现电晕的电压称为**临界电压**（临界电压与导线排列方式、导线半径、天气状况以及空气密度等皆有关系，在工程上有经验公式来表示）。若想避免输电线路在正常条件下产生电晕，就需要提高电晕临界电压值。

⑥超高压输电线路常采用分裂导线、扩径导线等来增大导线的横断面面积，从而避免在正常情况下产生电晕，减少输电线路电晕损耗。实际运行中，因为自然环境的变化，想要彻底避免电晕的发生几乎不可能，或者说，要做到任何情况下皆不发生电晕的代价太高。

注：1. 在输电方面，电晕现象虽存在诸多危害，但其也有可利用的一面，如电晕可削弱输电线上雷电冲击或操作冲击波的幅值和陡度。在工业方面更是可以利用其原理制造除尘器、产生臭氧消毒等。

2. 输电通常采用分裂导线、扩径导线等来增大导线横断面面积，不仅能减少电晕损耗，还能改善输电线路的**热极限**（能够满足长期发热要求的流经输电线路的长期工作电流或有功功率。通常，铜、铝导线的长期允许发热温度均为70℃，但铜导线在短路时最高允许温度为300℃，铝则为200℃）。

3.2.8 沿面放电概念

固液气体绝缘面，电场不匀易放电。①
固体介质难击穿，电场剧变交界面。②
放电之处必沿面，略举交界来分辨。③
绝缘子串挂导线，固体居于空气间。④
变压器用油绝缘，固体周围液浸满。⑤

解析：

沿面放电概念

①自然状态下，各种绝缘结构周围不可避免地与其他物质交界，如固体绝缘物质与空气交界、液体绝缘物质与固体物质交界等。一般情况下，阻电介质很难击穿，或者说其击穿电压较高，但由于电场的分布不均使得固、液、气的分界面处较为薄弱，击穿电压较低，易发生放电。

②在工程实际结构中，气隙沿固体介质表面放电的情况占绝大多数。这是因为固体介质**介电常数**（介电常数是衡量介质在外电场作用下极化程度的物理量，它通常是一个相对真空介电常数的参量，也称为**相对介电常数**。一切气体的相对介电常数都接近于1，而中性液体的相对介电常数也不大，通常在1.8～2.8。当然，这一数值也随电源频率、温度等发生变化）比气体介质大得多，固体介质的电导率也比正常状态下的气体介质的电导率大得多，而固体介质表面轮廓多种多样，其表面情况还可能多变，如干、湿、污等，所以固体介质的存在使气隙与固体交界面处的电场发生剧烈改变。此外，放电通道中的带电质点，不能像在自由空间中那样完全按电场力的方向加速运动，而是受固体介质表面的阻挡，只能大体上沿着固体介质表面运动，因而会发生**沿面放电**。

③放电通路往往沿着分界面逐渐发展，最终可能将两极击穿，即发展成为闪络。

④输电线路上的绝缘子串，不可避免地居于大气中间，大气与固体绝缘子之间的交界处即为较薄弱环节，易在此交界面处发生沿面放电。

⑤大型变压器一般采用绝缘油来绝缘，绕组间的固体绝缘以及金属壳体不可避免地与油交界，这些地方也成为较为薄弱的环节，易在此交界面处发生沿面放电。

3.2.9　绝缘子的沿面放电

沿面放电粗解析，电场分布大影响。①
实际结构两情况，极不均匀之电场。②
较强垂直之分量，套管绝缘典型状，③
外施电压初上扬，电晕放电浅蓝光，④
电压渐而续上扬，刷状放电细线光，⑤
电压进而再上扬，滑闪放电树枝状，⑥
细线转而较明亮，并有爆裂之声响，⑦
电压略微再上扬，沿面闪络即登堂。⑧
较弱垂直之分量，支柱绝缘典型状，⑨
不易滑闪难发展，易于控制易改良，⑩
均压屏蔽变形状，缓和局部高场强。⑪

解析：

绝缘子的沿面放电

①②沿面放电和固体介质的电场分布有很大的关系。绝缘子的沿面放电是一种气体放电现象，是由于介质分界面上的电压分布不均匀所致。以绝缘结构来分析，通常易发生沿面放电现象的形式具有强垂直分量和具有弱垂直分量两种，这两种情形都发生在极不均匀电场中。

③具有强垂直分量，即垂直于介质表面的电场强度分量比平行于介质表面的分量大得多，图 3-34 所示的套管绝缘子就属于此种情况。

④～⑦套管绝缘子结构中，介质表面各处的场强差别很大，其在工频电压作用下的放电过程如下：

（1）如图 3-35 所示，随着外施电压的增高，在法兰的边缘先出现浅蓝色的电晕放电。

（2）然后随着电压进一步升高，放电形成平行向前伸展的许多细光线，称作**刷状放电**。刷状放电的长度随着电压的升高而增长。

（3）当电压继续升高到某一临界值时，其中某些细线长度迅速增长，并转变为较明亮的浅紫色的树枝状火花。此种放电很不稳定，迅速改变放电路径，并有爆裂声响，这种放电现象称为**滑闪放电**。出现滑闪放电的条件是，电场必须有足够的垂直分量和水平分量，此外电压必须是交变的。在直流电压作用下不会出现滑闪放电现象。

⑧滑闪放电的火花长度随外施电压的升高而迅速增长，因而出现滑闪后，电压只需要略微增加，放电火花就能延伸到另一极，形成闪络。

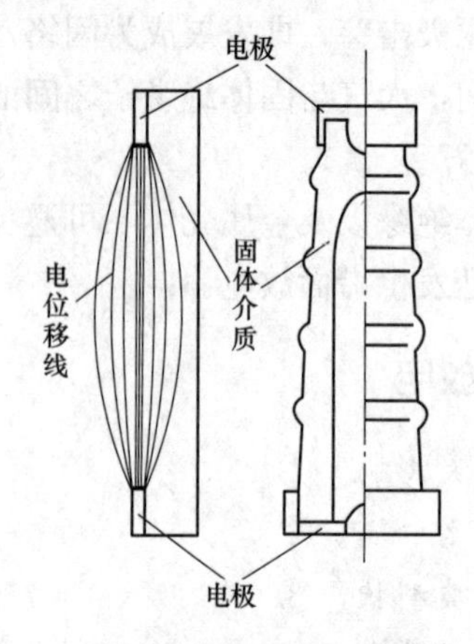

图 3-34 套管绝缘子在电场中的形式

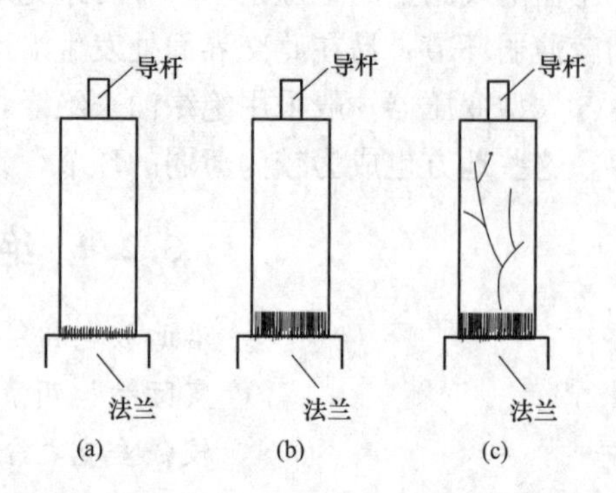

图 3-35 工频电压作用下沿面放电过程发展示意图
(a) 电晕放电；(b) 刷状放电；(c) 滑闪放电

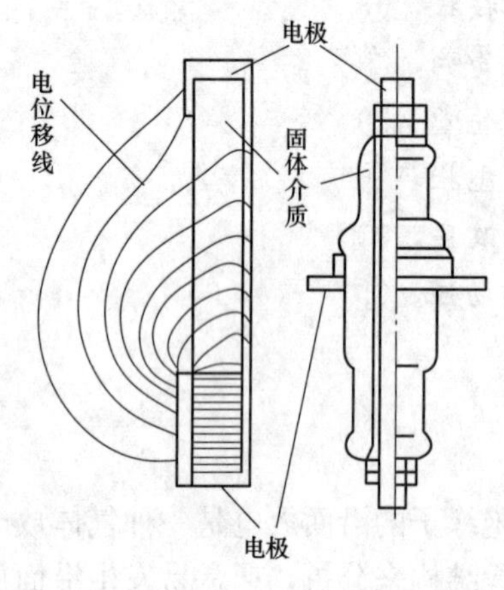

图 3-36 支柱绝缘子在电场中的形式

⑨具有弱垂直分量，即平行于介质表面的电场强度分量比垂直于介质表面的分量大，图 3-36 所示的支柱绝缘子就属于此种情况。

⑩⑪支柱绝缘子电场本身已极不均匀，介质表面电荷的堆积也不会再造成电场更大的改变。另外，电场的垂直分量小，沿面电容电流也小，没有明显的滑闪放电。因而在这种情况下，沿面放电电压比同电极结构下纯空气间隙放电电压降低不多，提高放电电压的途径相对较为容易，一般可通过安装均压屏蔽环等改变电极形状，以缓和局部高场强，使整体电场分布均匀。

3.2.10 输电线路污秽闪络现象

沿面放电逐发展，两极介质终贯穿。①
贯穿之处续放电，过热损坏表绝缘。②
最为常见是污闪，大雾毛雨易出现，③
等值盐密测污秽，爬电比距重要参。④
具体原因看微观，积污受潮再烘干，⑤
电压持续临界点，电弧燃烧和发展。⑥
直流低于工频闪，离子迁移速度慢。⑦
湿度增大凝露现，电压降低还分散。⑧

解析：

输电线路污秽闪络现象

①沿面放电发展成电极间贯穿性的击穿称为闪络。输电线上绝缘子的放电是最常见的一

种气体的沿面放电现象。

②发生闪络后，两电极形成持续放电通道，通道中的火花或电弧使绝缘子表面发生碳化，绝缘性能遭到破坏，对输电线路造成严重的危害。此种情况下的气隙击穿沿着固体介质表面进行，且此沿面闪络电压显著低于纯气隙的击穿电压，这主要是因为固体介质表面有一定程度的粗糙性，会吸附一些水分，并含有一些污垢等，使固体介质表面薄层气体产生一定的不均匀电场，对沿面放电产生有利条件。

③电力系统大量运行经验表明，输电线路最容易引起闪络的情况是绝缘子表面的污秽增加，也称之为**污闪**。对污闪来说，最严重的大气条件是大雾和毛毛雨。污秽对固体介质沿面闪络电压的影响极大，以盘形悬式绝缘子为例，一片普通型盘形悬式绝缘子的干闪电压约为75kV，雨闪电压约为45kV，但在潮湿脏污条件下的污闪电压可能不到10kV。绝缘子污染及湿润是在较大范围内发生的情况，不是个别绝缘子的问题，因而污闪事故波及面大，往往会造成长时间、大面积停电，其对电力系统安全运行构成严重威胁，必须给予高度重视。

④反映绝缘子表面污秽程度的特征参数一般采用**等值附盐密度**，其意义是每平方厘米绝缘子表面上附着污秽所具有的导电性与相等值的NaCl毫克数。具体说来是用300mL蒸馏水，洗下并溶解一片绝缘子表面的污秽，在另一杯300mL蒸馏水中逐渐放入NaCl，直至两杯水中的电导率相等，则用放入的NaCl的量除以绝缘子表面积，所得结果称为该绝缘子的等值附盐密度（equivalent salt deposit density，ESDD），简称等值盐密，单位为mg/cm^2。当然，这是一种较理想的表示方法，与实际情况并不完全相同，因为自然污秽种类和形式太过复杂，往往是无法精确表示的，为此，除了等值附盐密度参数外，通常还使用其他参数（如污层电导率、灰密）等来配合衡量。

反映绝缘子串污闪的另一重要参数是**爬电比距**，其定义为绝缘子的爬电距离与该绝缘子上承载的最高工作电压（有效值）之比。简单说来，就是沿面放电通道的长度与发生闪络的电压之比。显而易见，通道越长，发生闪络的电压越高（这也是绝缘子通常做成盘状而非柱状的一个重要原因）。

⑤污秽绝缘子在大雾毛雨时更易发生闪络，具体原因要从微观角度进行分析：污秽绝缘子受潮后，在污秽层中的可溶性物质便逐渐溶解于水，成为电解质，在绝缘子表面形成一层薄薄的导电液膜，绝缘子泄漏电流剧增，使表面部分区域逐渐被烘干，烘干区的形成使该区表面电阻率增大，迫使电流转移到两侧的湿膜上去，两侧的湿膜又很快被烘干，再度迫使电流发生转移，如此恶性地不断发展下去，使得局部场强激增，发生局部沿面放电。局部沿面放电具有不稳定性，通常也称为**闪烁放电**，电弧再次促使烘干区扩径，最终形成闪络，其发展过程示意如图3-37所示。

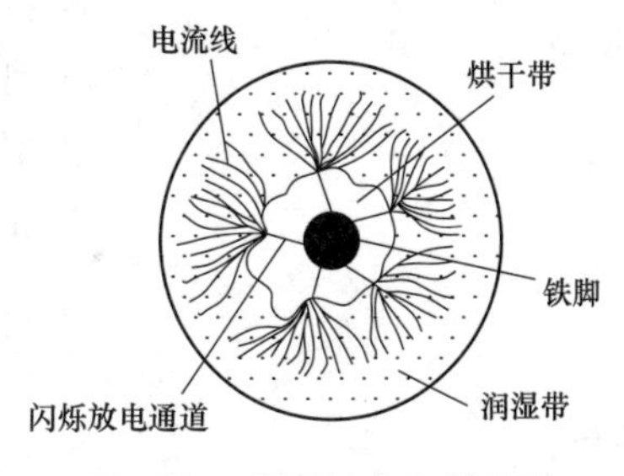

图3-37　盘形悬式绝缘子湿污闪发展过程示意图

湿污闪发展的简要过程为：积污→受潮→形成烘干区→局部电弧出现和发展→烘干区得到扩径→闪络。

也就是说，如果污秽严重或绝缘子爬距较小，在积污烘干的过程中闪烁放电电流较大，放电通道将成黄红色编织带状且较粗，通道中的温度可能增加到热电离的程度，成为具有下降伏安特性的放电。此时，维持放电通道所需的场强变小，分担到闪烁放电通道上的电压足以维持很长的局部电弧而不会熄灭，最后发展到整个绝缘子的沿面闪络。

⑥从以上分析中，可以明确看出污闪的发展过程是局部电弧燃烧和发展的过程，需要较长时间才能发展成为闪络，因此在实验室进行人工污秽试验时，不能采用常规高压试验中的升压法来确定污闪电压或污秽耐受电压，而是必须采用恒定加压法来加以确定。**恒定加压法**是指对绝缘子施加一定数值的电压，在施加电压的同时使绝缘子受潮，电压维持不变，直至闪络。若经过一定时间不闪络，再逐级升高电压重复上述试验，直至测得临界闪络电压或耐受电压。

⑦发生闪络的电压与众多因素相关，如电压种类、气体条件、污秽程度等。其中，对不同种类电压而言，直流闪络电压比交流闪络电压更低一些。这主要是因为介质表面的电导属于离子电导，离子迁移的速度较慢，工频正半周时，正极附近表面的负离子迁移到正极而中和，留下的正离子还来不及迁移到负极，电源却已改变了极性，而直流极性不变、离子迁移过程持续进行，促使闪络电压比交流时低。

⑧气压、温度、湿度等不同气体条件对闪络电压皆有影响。对输电线路而言，空气湿度的影响相对较为明显，特别是当相对湿度增大到大于80%时，介质表面通常会出现凝露，此时闪络电压将很不稳定，且分散性很大，总体上将显著降低。

注：污秽绝缘子在毛毛雨时的工频闪络电压反比大雨时的闪络电压低，这是因为：一方面，大雨可以把一部分污秽冲走，并对绝缘子表面的导电膜有稀释作用；另一方面，大雨时，绝缘子表面很难形成烘干带，较难触发局部电弧。

3.2.11 提高沿面闪络电压的措施

闪络事件严避免，六种措施粗盘点。①
绝缘子串突棱缘，增加爬距形似盘。②
绝缘表面硅料填，憎水防污还简便。③
电极形状略改善，均分电位梯度减。④
层间加放金属板，多用出线之套管。⑤
强制电位均压环，串级高压试验变。⑥
附加金具枢纽点，屏蔽原理之扩展，⑦
分裂线上较常见，悬垂链上翘椭圆。⑧
各类措施综合用，设计控制早防范。⑨

解析：

提高沿面闪络电压的措施

①气隙中的沿面闪络，也就是沿面气隙的击穿，击穿电压比正常纯气隙击穿要小得多。为了严格控制这类闪络事件的发生，工程上往往采用多种方式提高沿面闪络电压，下面列举六种较常用的措施。

②第一种措施：广泛采用的是将绝缘子串的沿面做成具有突出的棱缘，外观看上去像圆

盘一样（如图 3-38 所示），能显著提高沿面闪络电压。这是因为这种结构成弯弯曲曲的弧线，一方面能够很大程度上增加爬电距离，并且在雨天还能保持一部分表面干燥；另一方面还能起阻碍放电发展的屏障作用。

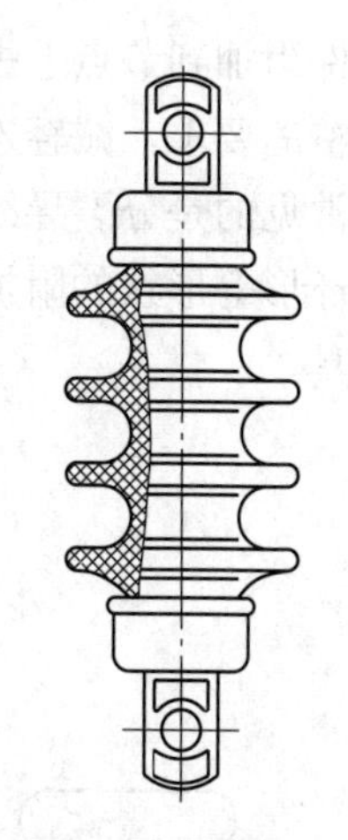

图 3-38 屏障在绝缘子中的应用

③第二种措施：工程上常将绝缘体外表面进行特殊处理，主要是喷涂或填充憎水性物质，如有机硅料、半导体釉料，以增加绝缘体表面抗湿、抗污能力，从而提高沿面放电电压。其中，采用高温硫化硅橡胶（HTV）制成的复合绝缘子伞裙，在电性能、机械性能、热性能、抗老化性能方面都具有突出的优点，在高压电力系统中得到广泛的应用。通过这种技术，大约可使雨闪电压提高 20%、雾闪电压提高 50%。

④第三种措施：线路绝缘子等处也常采用改变电极形状的方式，使固体介质表面的电位分布均匀化，即最大电位梯度减小，从而提高沿面闪络电压（此法的基本原理是棒-板特性），这种方式通常称为**屏蔽**。屏蔽又分为内屏蔽和外屏蔽两种，如图 3-39 所示。

⑤第四种措施：在交变电压工作的多层绝缘结构中，常在各层间加放金属极板（通常用铝箔或金属化纸做成），最为常见的就是变压器套管上的**围屏**（通常电缆终端盒、电压互感器等中也采用此法），如图 3-40 所示。适当地设计围屏的尺寸、位置和间距，即可以使绝缘子上承受的轴向场强大致相等，径向场强也能控制在可接受的范围内，从而提高两极间绝缘体的击穿电压。

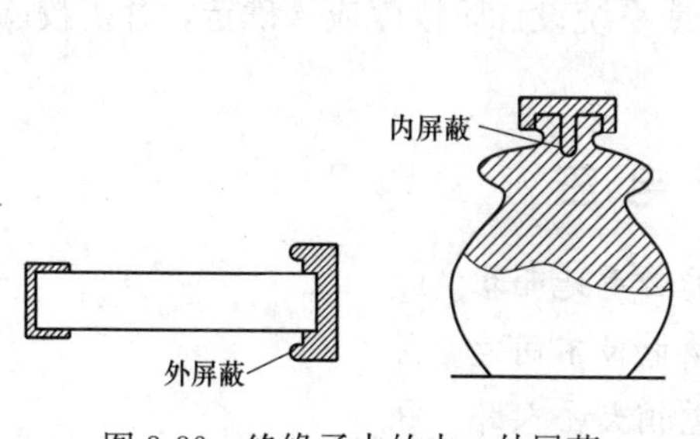

图 3-39 绝缘子中的内、外屏蔽

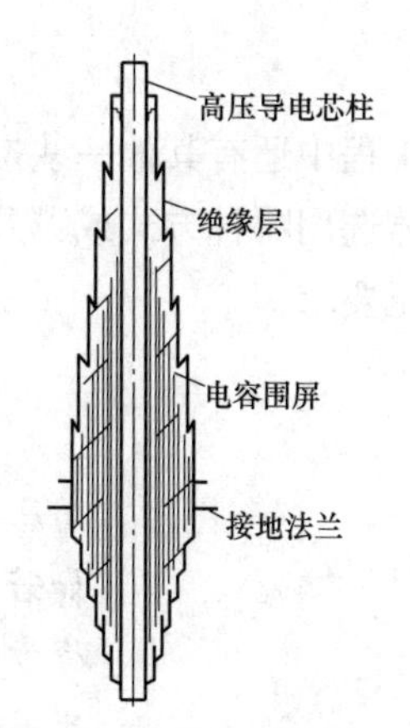

图 3-40 变压器出线套管（卸去外瓷套后）电容围屏芯柱示意图

⑥第五种措施：此种方法结构如图 3-41 所示，绝缘筒上装设若干个环形电极，这些环形电极分别接至分压器或电源的某些抽头而强制固定其电位。如果这些电位均匀分布，则沿绝缘筒的电位分布也就大体上均匀。在静电加速管、串级高压试验变压器等设备中常应用这种方法。

⑦⑧第六种措施：在多个电器元件连接的枢纽处，附加某种金具，可以简单而有效地改善该节点附近的电场。这种方法在原理上是前述屏蔽法的扩展，但由于它是作为一个独立的

元件附加到节点上去的，可以统一考虑和有效照顾到与该枢纽相连接的多个电气部件对电场调整的要求，减轻连接点多个电器各自对电场调整原有的负担，改善多方面的电气性能。较为常见的是分裂导线悬垂链上安装的椭圆环形保护金具（如图 3-42 所示）以及其他圆形、8 字环形等形状的附加金具。图 3-43 所示的我国 500kV 线路四分裂导线双串耐张链端的附加金具。

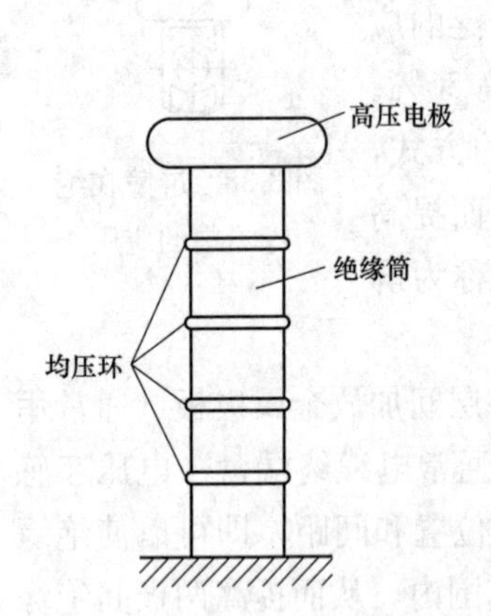

图 3-41　强制固定绝缘表

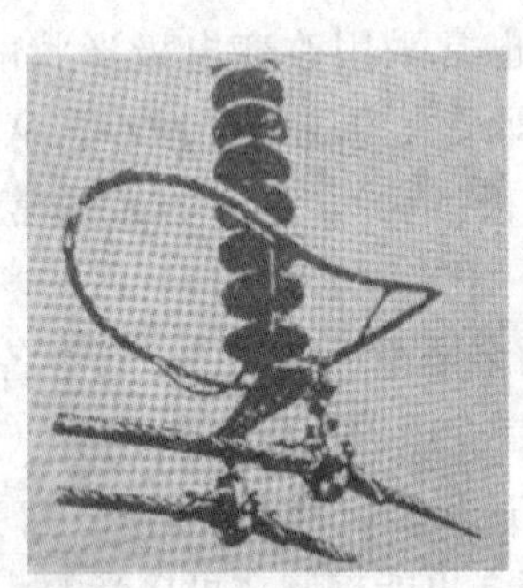
图 3-42　椭圆环形保护金具

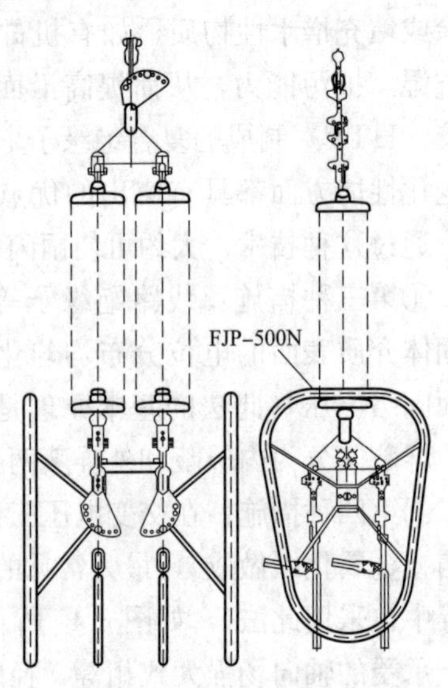

图 3-43　500kV、四分裂导线双耐张链端的附加金具

⑨实际工程中还有其他一些措施，上面选列的是几种最为常见的措施，这些措施也可综合使用。具体选用哪种方式或哪几种方式，在线路或系统设计阶段就应该确定，并需校验其是否满足电压要求。

3.2.12 跨步电压

高压导线若断落，可能带电地面扩。①
如若行人误走过，右脚电位不同左。②
跨步越大越是错，压差稍大击人卧。③
此类情况如何躲？发现接地远绕过。④
身处范围何避祸？碎步退后单腿跃。⑤

解析：

跨步电压

①运行中的高压导线如果因事故断落于地面时，由于大地具有一定的电阻率，电流经地表向大地流入电流并以电流场的形式向四周扩散而形成跨步电压，示意如图 3-44 所示。

②③当人步入带电区域时，人脚相当于同时接触了大地与带电导线，参考零电位点（真

图 3-44　跨步电压示意图

正的地）在离接地点无穷远处，而接地点的电压最高，人两只脚所经的位置将会处于不同电动势下，迈出的步子越大，两脚间的电势差就越大，给人造成的危害就会更大。接触跨步电压时，故障电流会流经身体，使双脚抽筋、身体发麻等，直至将人击倒于地，故障电流一旦流经身体重要器官，可能直接危及生命。

④此情况下躲过危险方式为：首先，在行进中，如果发现前方有断落的高压导线而无法确定其是否带电时，应立即主动避开此段区域，绕道而行，不可盲目走过。

⑤如果发现自己已经步入带电高压导线断落接地危险区域，此时应保持清醒，不要慌张，立即双脚并立或单腿向外区域跳跃而行（即使双脚处于等电位），也可采取小碎步向后而退（减小电势差）。切忌大步或盲目接近接地点处。

注：在雷雨天，不要走进高压电杆、铁塔、避雷针的接地导线周围 20m 内。当遇到高压线断落时，周围 10m 之内禁止人员进入；若已经在 10m 范围之内，应单足或并足跳出危险区。

3.2.13　绝缘子片数的确定方法

绝缘子串片数选，同时满足多类参。①
工频电压不污闪，操作过压不湿闪，②
耐雷水平复校验，一定裕度才安全。③
污秽等级相关联，海拔过高另计算。④

解析：

绝缘子片数的确定方法

①确定绝缘子片数时，首先应根据线路绝缘子串需承受的机械负荷和工作环境条件、电网运行要求，选定绝缘子型号，然后确定对应的绝缘子片数。

②③所选定的绝缘子串片数需满足以下三个基本要求：

（1）在工频运行电压下不发生污闪。

(2) 在操作过电压下不发生湿闪。

(3) 具有一定的雷电冲击耐受强度，保证线路耐雷水平满足要求。

具体步骤是先由工频运行电压，按绝缘子串应具有的统一爬电比距，初步确定绝缘子片数；然后，再按操作过电压及耐雷水平的要求，进行验算和调整。

④根据相关运行经验和理论分析，按工频运行电压选用的绝缘子片数 n_1 满足下式

$$n_1 \geqslant \frac{\lambda U_{pm}}{L_0}$$

式中：λ 为线路必须具有的最小爬电比距值，可根据线路所属地区的污秽等级（我国相关标准中划分有 5 个污秽等级）和海拔在相关标准中获得；L_0 为单片绝缘子的几何爬电距离，mm；U_{pm} 为作用在绝缘子串上的最高运行相电压有效值，kV。

3.2.14 绝缘子片数简易计算

绝缘子片简易算，算法起始十一万。①

打头乘六加一片，唯有五百两片减。②

一六得六加一片，恰为 7 片十一万。③

二六十二加一片，恰为 13 廿二万。④

三六十八加一片，恰为 19 卅三万。⑤

五六三十减两片，28 片五十万。⑥

七六卌二加一片，43 片七十五万。⑦

解析：

绝缘子片数简易计算

①实际工程设计或施工中，根据线路电压等级大概确定每处绝缘子串需要的片数是每一位工程人员应该掌握的技能；同样，对于已经建设好的输电线路工程，在不知道其具体所属电压等级的时候，通过数其悬挂导线的绝缘子片数也能够大致反推算出输电线路电压等级。

海拔 1000m 及以下的轻污秽区，绝缘子型号为 XP-70（或 X-4.5）的各电压等级悬垂绝缘子串应有绝缘子片数见表 3-3。对于较为特殊的线路，若采用 XP-160、XP-300 等高吨位型号的绝缘子，其所需绝缘子片数需稍作调整。

表 3-3 各级电压线路悬垂绝缘子串应有绝缘子片数

线路标称电压（kV）	35	66	110	220	330	500	750
XP-70 或 X-4.5 绝缘子片数	3	5	7	13	19	28	43

②～⑦表 3-3 中的数据实质上都是根据公式进行计算推导出来的，当然，还进行了微小的校正。为了方便记忆，从 11 万 V（110kV）起，可以采用以 6 为基数，以对应电压等级开头的数字为乘数，相乘的结果再加 1 即为对应电压所需要使用的绝缘子片数；其中只有 500kV 稍为特殊，其相乘的结果需要减 2 片。计算如下：

110kV： 1×6＋1＝7(片)
220kV： 2×6＋1＝13(片)
330kV： 3×6＋1＝19(片)
500kV： 5×6－2＝28(片)
750kV： 7×6＋1＝43(片)

注：一般来说，高压输电线路耐张杆绝缘子串的绝缘子片数要比直线杆多一片。

3.2.15 配电系统的接地形式

低压运行之方式，本质三相四线制。①
ABC相三相线，中性点处为N线。②
另有保护PE线，设备外壳与地连。③

解析：

配电系统的接地形式

①我国的220/380V低压配电系统，广泛采用中性点直接接地运行方式，其本质为三相四线制接法，其他接法即为它的变形形式。其接线形式中，除了三相A、B、C外（A、B、C三相标准颜色分别为黄色、绿色、红色；可通过谐音“王力宏”记忆），还有引出中性线（N线，淡蓝色）、保护线（PE线，黄绿相间色）或保护中性线（PEN）。

②**中性线**是电气上与中性点连接并能用于配电的导体。其功能是：

（1）连接额定电压为系统相电压的单相用电设备；

（2）传导三相系统中的不平衡电流和单相电流；

（3）减小负荷中性点的电位偏移。

③**保护线（PE线）**是以安全为目的而设置的导体，是保障人身安全、防止触电事故的接地线，同时因为它的单独设立，也使得剩余电流动作保护可以更好地保证系统的安全性。系统中所有电气设备的外露可导电部分（指正常情况下不带电但故障情况下可能带电的易被人身触及的导电部分，如金属外壳、金属框架等）通过PE线接地，可在设备发生接地故障时减少触电危险。

3.2.16 配电系统接地形式分类

配电接地三形式，N与PE何布置？①
TN系统直接地，又分三类粗解析。②
TN-C表四线制，N与PE二合一。③
TN-S五线制，防磁抗扰大趋势。④
前部用C后S，兼具经济与防磁。⑤
TT系统直接地，亦为五线略差异，⑥
N与PE互独立，路灯采用此接地。⑦
IT系统非接地，为保安全设PE，⑧
单相故障之接地，仍能运行但警惕，⑨
不能停电为宗旨，地下矿井手术室。⑩

解析：

配电系统接地形式分类

①低压配电系统按接地形式可以分为 TN 系统、TT 系统和 IT 系统，它们的区分主要是 N 线与 PE 线的接地方式，其实质是根据三相四线制演变而来。

②**TN 系统**的电源中性点直接接地，所有设备的外露可导电部分均接在公共保护线（PE 线）或公共保护中性线（PEN 线）上。按照中性线与保护线的配置，TN 系统又可以分为 TN-C 系统、TN-S 系统和 TN-C-S 系统三种类型。

③**TN-C 系统**：该系统中的 N 线和 PE 线合并为一根 PEN 线［TN-C 中的 C 可理解为合一（combine)］，所有设备的外露可导部分均接在 PEN 线上，如图 3-45 所示。该系统将 N 线和 PE 线合二为一，节省了一根导线（或者称之为五线制中多用了一根导线），比较经济。但是在正常运行时，PEN 线中有工作电流通过，PEN 线上会产生压降，从而使所接电气设备外露可导电部分对地产生一定的电位差，对信息技术设备产生电磁干扰。该系统曾经应用广泛，随着现代工业相关要求的提高，特别是办公大楼等重要场所，已经不允采用此种接线方式。

④**TN-S 系统**：该系统的 N 线和 PE 线完全分开［TN-S 中的 S 可理解为分开（spare)］，所有设备的外露可导电部分均接在 PE 线上，如图 3-46 所示，通常称其为三相五线制接线。正常工作情况下，PE 线中没有电流通过，因此不会对信息技术设备产生电磁干扰。该系统广泛应用于信息安全领域或电磁干扰要求较高的场所，如重要办公楼、实验室等，特别是现阶段新建或改造的变电站、发电厂等重要场所的低压部分，无一例外地采用此种方式。TN-S 与 TN-C 相比，投资有所增加。

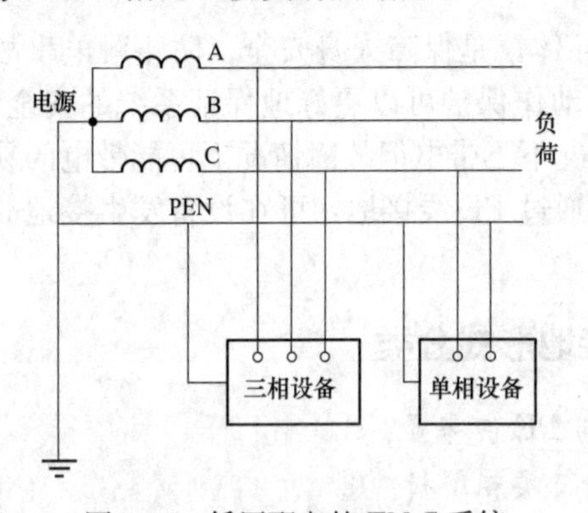

图 3-45　低压配电的 TN-C 系统

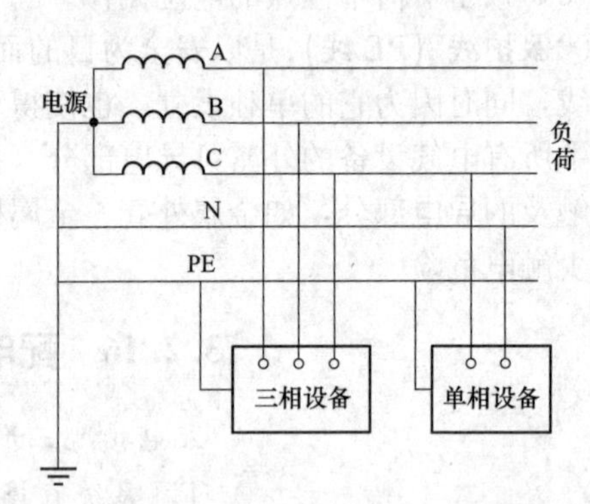

图 3-46　低压配电的 TN-S 系统

⑤**TN-C-S 系统**：该系统的前一部分为 TN-C 形式，后一部分为 TN-S 形式，如图 3-47 所示。该系统比较灵活，对安全和抗电磁干扰要求较高的场所采用 TN-S，而其他场所采用较经济的 TN-C 系统。PEN 自分开后，PE 线与 N 线不能再合并，否则将丧失分开后形成的 TN-S 系统的特点。TN-C-S 系统也常被称为**伪三相五线制系统**。

⑥⑦**TT 系统**：TT 系统的中性点也采用直接接地方式，系统中所有电气设备的外露可导电部分均各自经 PE 线单独接地，如图 3-48 所示。简言之，TT 系统的 PE 接地与电源的

中性点接地之间没有电气上的联系，它们所接的是独立的地，也是一种三相五线制的接线形式。这种接法的好处为：当电源侧或电气设备发生接地故障时，其故障电压不会像TN系统那样沿PE线或PEN线相互传导，即不会使一个设备发生的故障在另一个设备上体现出来。这种接地形式多用于无等电位联结的户外设备上，如路灯装置通常采用这种接地方式。

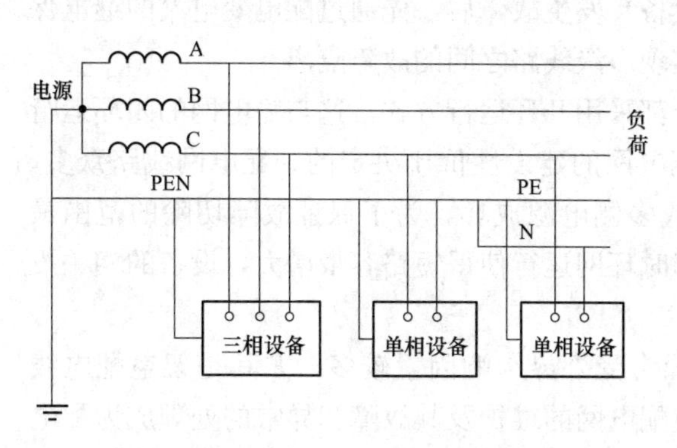

图3-47　低压配电的TN-C-S系统

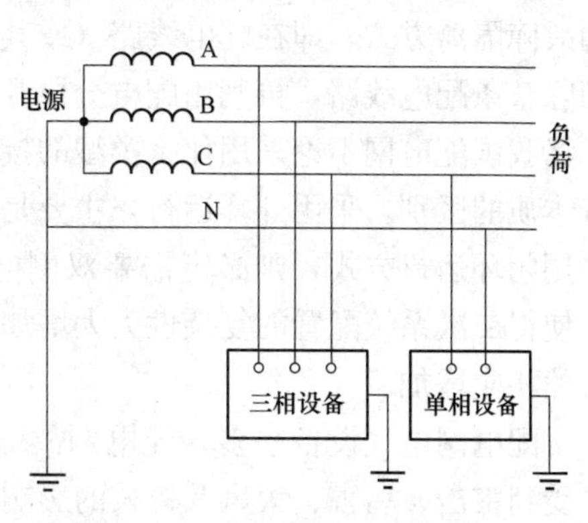

图3-48　低压配电的TT系统

⑧～⑩**IT系统**：IT系统电源中性点为非直接接地，即不接地或经约1000Ω阻抗接地，所有电气设备的外露可导电部分都各自经PE线单独接地，如图3-49所示。该系统中，各电气设备的PE线之间无电气联系，相互之间也不会发生电磁干扰。在发生单相接地故障时，三相用电设备及连接有额定电压为线电压的单相设备仍可继续运行，但一般需要通过绝缘监测装置发出报警信号，也就是说，这是一种“带病工作”系统，所以IT系统一般适用于特殊场合，特别是对供电可靠性要求较高、不能发生停电的场所，如矿山、井下、手术室等。

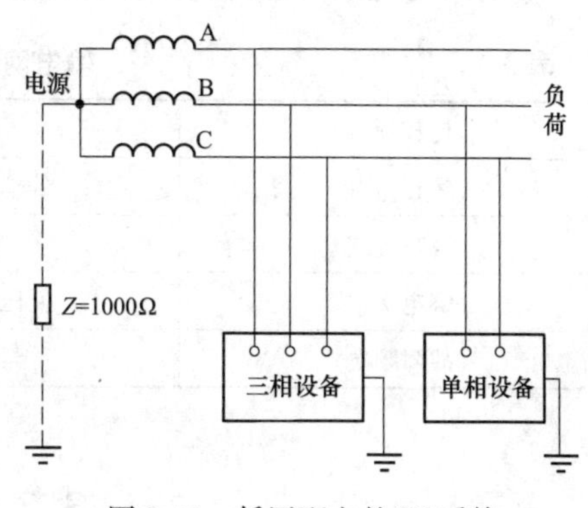

图3-49　低压配电的IT系统

3.2.17　配电网与输电网的不同

输配电网不同型，不同之处略点评。①
配网不具选择性，故障切除难就近。②
运行皆为开环形，减少投资慢改进。③
线路故障频繁性，维护处理经常性。④

解析：

配电网与输电网的不同

①配电网主要供给一个地区的用电，属于地方电力网。相对区域电力网来说，电压等级低一些，供电范围小一些，但敏锐地反映着用户在安全、优质、经济等方面的要求。特别是城市配电网，往往在一个较小的地理范围内集中了很多用户，因此配电网在设计、运行等方

面都具有不同于输电网的特点。

②在配电网中，一些农网配电线路较长，末端的短路电流与最大负荷电流接近，另一些城网配电线路非常短（最短可能只有几十米），多级线路之间最大短路电流接近，保护配置和上、下级配合困难，不能满足运行要求。因此，我国中低压配电网采用了与输电网完全不同的故障隔离方式，即在配电线路（或其他设备）发生故障后，先通过配电变电站的继电保护切除整条配电线路，再利用配电分段开关实现多级线路之间的故障隔离。

③我国配电网不论采用什么类型的接线，都采用开环运行方式。这与输电网的闭环运行有着本质的区别。采用开环运行，主要是由配电网的建设性价比决定的。配电网线路众多，若采用闭环运行方式，则必定需要双侧电源或多侧电源成环，为了保证故障切除的范围最小，使得二次系统配置的复杂性大大增加，同时环网运行使得短路容量增大，设备的相关投资必然相应增加。

④配电网电气设备众多，配电网故障和异常受外界影响因素较多，尤其是架空配电线路，受到雷击、鸟害、大风及树枝的影响，使配电网的维护及其故障和异常的处理成为配电运行管理中的经常性工作。

输电网与配电网运行特点比较见表 3-4。

表 3-4　　输电网与配电网运行特点比较

比较项目	配电网	输电网
运行重点	处理故障与异常	经济潮流、稳定运行
运行方式	开环运行	闭环运行
继电保护	中、低压配电网无选择性	有选择性
故障频次	频繁	很少

3.3 雷电概况

3.3.1 雷电放电概况

雷云电荷已测明，九成左右负极性。①
下行放电三过程，先导主放和余光。②
先导放电为导引，分级发展无预警，③
大量电荷渐聚凝，击穿空气前情形。④
主放电态迅反应，空中电闪与雷鸣，⑤
巨大电流难测定，破坏能力绝不轻。⑥
余光放电理相近，残余电荷迅放尽。⑦

解析：

雷电放电概况

①雷云放电包括雷云对大地、雷云对雷云和雷云内部放电，本节主要介绍雷云对大地的

放电，只有这一种放电可能引起电力系统事故。雷电的极性按照雷电流所流入大地的电荷的极性来决定，实际测量表明，约90%的雷电流为负极雷。

②雷对地放电（也称为下行雷或落地雷）可分为先导放电、主放电、余光放电三个主要阶段，并且往往具有多重性，即：一次雷电放电后并不就此结束，而是随后还有几个甚至十几个后续分量，每个后续分量也是由重新使雷电通道充电的先导阶段、使通道放电的主放电阶段和余光放电阶段组成。

③④**先导**过程延续约几毫秒，以分级发展的方式从雷云端延向大地，即先导放电并不是连续向下发展的，而是一段接着一段分级向下前进的，这是因为发展通道的头部必须积累足够的电荷，才能使它前面的空气游离。这一分级发展状态最终产生一条不可见、高电导、高温度、具有极高电位的先导通道，作为后续主放电的导引。

在先导发展过程中，先导通道中会留下大量与雷云同极性的电荷，大量的电荷聚积为主放电打下基础，一旦下引先导和大地短接，先导通道放电立即过渡到主放电过程，其示意如图3-50所示。

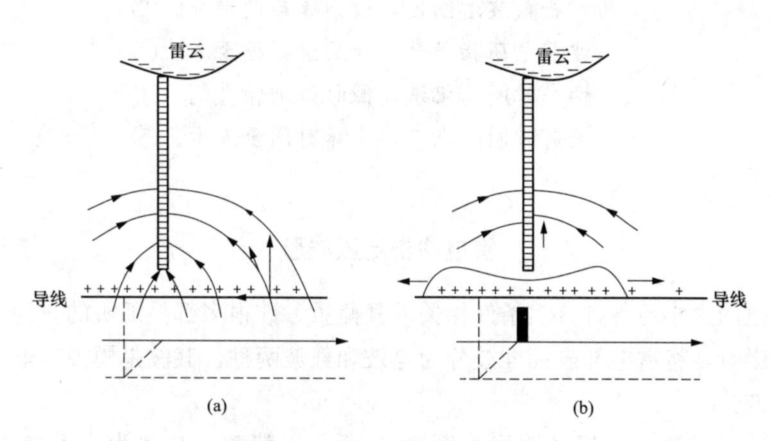

图3-50　雷电感应过电压的形成

（a）先导阶段；（b）主放电阶段

值得指出的是，先导放电初始阶段，其发展方向并不固定，但当它距地面一定高度时，其发展方向是有迹可循的。对正在向地面发展的先导通道而言，地面比较凸出的部位上将出现感应电荷，使局部电场增强，先导通道的发展将沿其头部至感应电荷集中点之间进行。也就是说，感应电荷的出现使先导通道的发展具有定向性，或者称为选择性。

⑤**主放电**阶段即看到的闪电过程。先导通道头部接近地面时，地面比较凸出的部位会产生一个上行先导，上行先导通道中的电荷与下行先导中的电荷为异极性。当上、下先导相遇时，便产生强烈的“中和”过程，并使通道耀眼般明亮，发出惊天的雷响，沿着雷电通道流过幅值很大（可达几百千安）、延续时间近百微秒的冲击电流。

雷电的下行先导发展时，雷云与大地（阴极与阳极）并没有真正导通，这一过程中电流很小（相对），所以并不明亮。当下行先导和上行先导相遇时，才会有大电流流通，产生强闪光，并且这一放电过程是由下向上发展的。

⑥主放电过程持续时间不长，为0.03～0.15s，中心电流极大，具体数值较难测定，但可以通过一定的方式获得大概数值，根据雷电流的数值等级即可估计雷电放电的破坏力大小。

⑦主放电到达云端时，主放电结束。云中的残余电荷经主放电通道下泄，这一过程称为**余光放电**阶段。此时的雷电流已经逐渐衰减，比主放电电流小得多，通道周围还可能发出微弱的光，直至通道中的残余电荷放尽或残余电荷过小不足以维持放电，整个过程延续约几毫秒。

注：雷电能造成众多危害，但有时也是可以利用的，如：利用雷电产生的巨大的冲击力可夯实松软的地基，为建筑工程节省开支；利用模拟雷击产生的负氧离子为病人治疗过敏性鼻炎、关节疼痛等病症；雷电还可以制造天然氮肥，通过雨水降入大地。

3.3.2 雷电冲击电压波形

雷电研究依波形，全波截波分两种。①
冲击截波看图定，波前峰后两部分。②
波前电压指数升，峰后衰减逐至零。③
两个时间需记清，微秒级别精量衡。④
波前时间一点二，半峰时间至五十。⑤

解析：

雷电冲击电压波形

①雷电放电的大小与各种自然条件相关，其衡量参数很多都是随机的。为了研究雷电压对电力设备的影响，将雷电冲击标准波分为**全波**和**截波**两种，截波是模拟雷电冲击波被某处放电而截断的波。

②③雷电冲击截波电压标准波形如图3-51所示，其整体趋势为先急速上升到峰值点M，然后逐渐下降至零。在图3-51中，取波峰值为1.0，在0.3、0.9和1.0峰值高度处画3条水平线与雷电冲击波形曲线分别交于A、B点和M点。连接A、B两点作一条直线并延长，与时间轴（横轴）相交于G点，与峰值水平切线相交于F点。通常从起点到沿近似直线达到峰值点段，即GP段，称为视在波前，将达到峰值以后的过程称为峰后衰减过程。根据这两部分趋势特点，将此种模拟波形也称之为非周期双指数衰减波。

④⑤雷电冲击电压波形有波前时间和半峰值时间两个重要时间参数，以微秒为单位，不满足这两个参数趋势的类似波形不能认为是雷电波。

（1）**波前时间**t_1=1.2μs（1±30%）。

（2）**半峰值时间**t_2即从起点到最大峰值衰减到50%时的时间（图3-51中未画出），t_2=50μs（1±20%）。

注：对于电力设备，截波的危害性比全波的危害性严重（因为截波的陡度更大），因而在对高压电气设备进行冲击试验时，更应该选用截波以考验电气设备绝缘性能。据相关资料显示，国内外在试验中损坏的变压器约有75%是在截波试验时发生的，这说明截波试验更能检验设备的好坏。

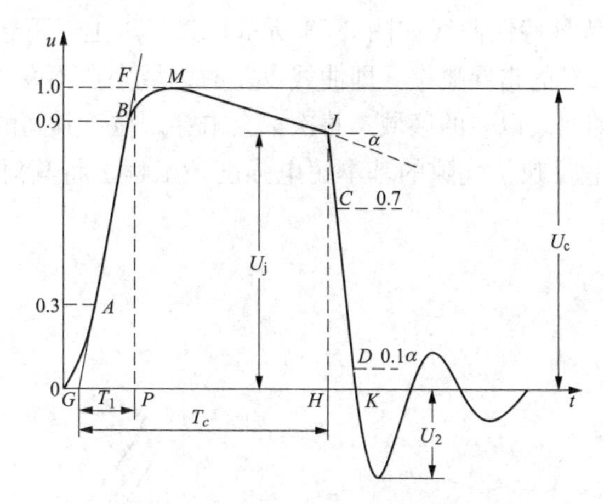

图 3-51　雷电冲击截波电压标准波形

3.3.3　伏秒特性曲线

伏秒特性表击穿，电压时间之曲线。①
求取曲线需试验，逐级升压至放电。②
放电时间有分散，通常采取概率算。③
N 个概率线变面，带状区域包络线。④

解析：

伏秒特性曲线

①工程上用气隙间出现的电压最大值和放电时间的关系来表示气隙在冲击电压下的击穿特性，称为气隙的**伏秒特性**。表示击穿电压和放电时间关系的电压-时间曲线称为**伏秒特性曲线**。气隙的击穿需要一定时间才能完成，对于冲击电压，气隙的击穿与该电压作用的时间有很大的关系。对于某一特定的电压波形，气隙的耐电性能并不能单一地用击穿电压来衡量，而是需用电压峰值和击穿时间这两者共同来表达，即气隙在该电压波形下的伏秒特性。

②求取伏秒特性通常要进行大量的试验，伏秒特性曲线如图 3-52 所示。对某一间隙施加冲击电压，保持其波形不变，逐渐升高冲击电压的峰值，得到该间隙的放电电压 u 与放电时间 t 的关系，则可画出伏秒特性。作图时需注意，电压较低时，击穿发生在波尾，在击穿前的瞬时，电压虽已从峰值下降到一定的数值，但该电压峰值仍然是气隙击穿过程中的主要因素，因此，应以该电压峰值为纵坐标，以击穿时刻为横坐标，得图中点“1”；同样，得点“2”和点“3”；电压再升高时，击穿可能正好发生在波峰，得点“4”；电压再升高，在尚未升到峰值时，气隙可能就已经被击穿，得点“5”。把这些点连成一条曲线，就是该气隙在该电压波形下的伏秒特性曲线。

③由于放电时间具有分散性，同一个间隙在同一幅值的标准冲击电压波的多次作用下，每次击穿所需的时间并不相同，即每一个电压下均可得到一系列的放电时间，因而这样得到的曲线往往是一组，而不是单一的一条。这些曲线通常用不同的击穿概率来表示。

④采用概率表示的伏秒特性曲线如图 3-53 所示，其是以上、下包络线为界的一个带状区域。其下包络线表示 0%的击穿概率，即曲线以左的区域完全不发生击穿。其上包络线表示 100%的击穿概率，即曲线以右的区域，每次都会击穿。位于其间的击穿概率为 50%的曲线在工程上较为常用，它反映了气隙的基本耐电强度，工程上将其对应的电压称为**50%击穿电压**。

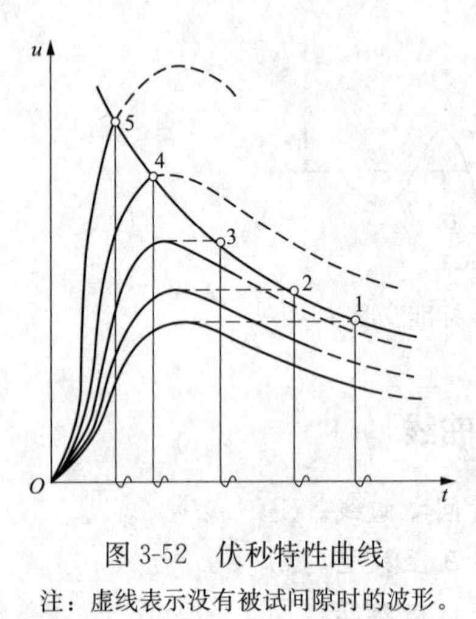

图 3-52　伏秒特性曲线

注：虚线表示没有被试间隙时的波形。

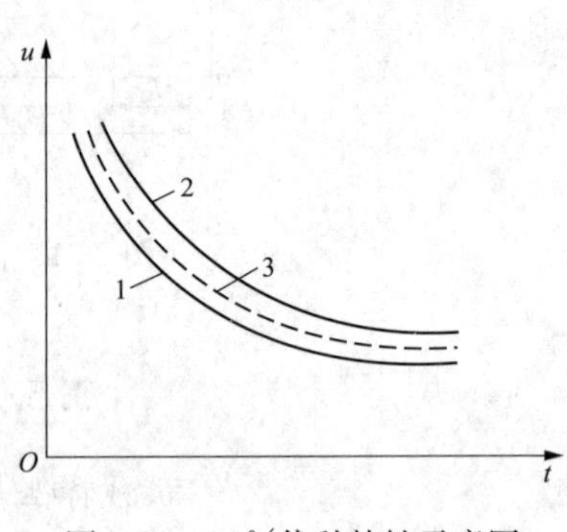

图 3-53　50%伏秒特性示意图

1—0%伏秒特性；2—100%伏秒特性；3—50%伏秒特性

注：伏秒特性的概念以及配合是以气隙进行说明的，但却具有通用性，即其同样也适用于液体介质、固体介质以及组合绝缘等场合。

3.3.4 绝 缘 配 合

防雷设计之实现，伏秒特性主依据。①
保护设备之绝缘，特性曲线较平坦，②
低于被保下包线，保证过压先击穿。③
被保曲线位上端，确保供电之安全。④

解析：

绝 缘 配 合

①伏秒特性是防雷设计中实现保护和被保护设备间绝缘配合的依据。

②～④如图 3-54 和图 3-55 所示，S_1 表示被保护设备绝缘的伏秒特性曲线，S_2 表示与其并联的保护设备绝缘的伏秒特性曲线。在图 3-54 中，S_2 总是低于 S_1，即 S_2 的上包线全部位于 S_1 下包线下方，显然在同一冲击电压作用下，保护设备总是先动作（即 S_2 先被击穿），从而限制了过电压的幅值而起到保护作用。在图 3-55 中，S_2 和 S_1 相交，当冲击电压峰值较低时，S_2 先被击穿，S_1 得到保护不被击穿，但当冲击电压峰值较高时，S_1 先被击穿而得不到 S_2 的保护。

通过图 3-54 和图 3-55 不难看出，为了使被保护设备得到可靠保护，保护设备绝缘的伏秒特性曲线的上包线必须始终低于被保护设备的伏秒特性曲线的下包线。同时，为了能得到较理想的绝缘配合，保护设备绝缘的伏秒特性曲线总希望平坦一些，分散性小一些，即保护设备应采用电场相对均匀的绝缘结构。

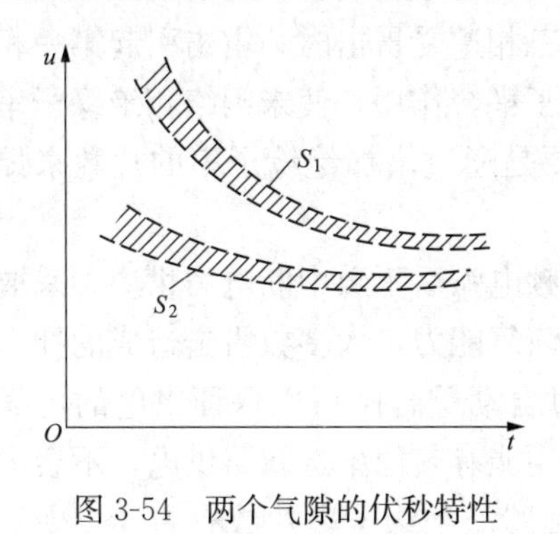

图 3-54　两个气隙的伏秒特性 S_2 低于 S_1 的情况

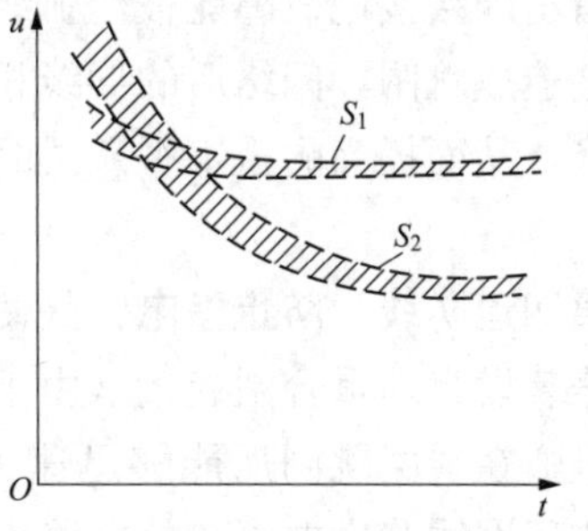

图 3-55　两个气隙的伏秒特性 S_2 与 S_1 相交叉的情况

3.4　输电线路防雷

3.4.1　架空输电线路防雷四道防线

输电防雷多防线，保证可靠把电传。①
防止直击一道线，避雷导线沿线牵。②
防止闪络二道线，避雷器件塔阻减。③
防止建弧三道线，加强绝缘消弧圈。④
防止停电四道线，自动重合环供电。⑤

解析：

架空输电线路防雷的四道防线

①输电线路是电力系统的大动脉，遍布的输电线路不可避免地会出现各种事故，其中最需要防范的就是雷击跳闸事故，因为雷电现象时有发生，且雷击事故又极其严重。为了保证输电线路在各地区可靠、稳定的供电，在技术经济合理情况下，输电线路上一般采取四道防线防止雷击危害。

②第一道防线为**防止直击雷害**：主要通过在高压、超高压、特高压输电线路上沿线架设避雷线。引导输电线路周围的雷电击于避雷线上（但也有一定的绕击率，即雷电绕过高处的避雷线而击于输电线路上）。避雷线经过特定杆塔与大地相连，一旦雷电接近输电线路区域，在避雷线的导引下，雷电流就可泄入大地，保证线路安全。

③第二道防线为**防止绝缘闪络**：是指输电线路受雷击后绝缘不发生闪络。采取的主要措施是降低杆塔的接地电阻（可以降低塔顶电位、提高耐雷水平，电位的降低更可以减小反击概率）、在导线下方架设耦合地线（降低杆塔接地电阻有困难时采用，其作用是增加对雷电流的分流作用）以及在雷电多发区域装设 ZnO 避雷器（雷电流入侵线路时，ZnO 避雷器可大大降低整条线路的雷击跳闸率）等。

④第三道防线称为**防止建弧**：是使输电线路发生绝缘闪络后不建立稳定的工频电弧，工频电弧建立不了，线路就不会跳闸。采取的主要措施是系统采用消弧线圈接地方式（绝大多数单相雷击闪络接地故障能被消弧线圈消除；两相或三相遭受雷击时，雷击引起第一相导线闪络不会造成跳闸，闪络后的导线相当于地线，增加了耦合作用，使未闪络相绝缘子串上的电压下降，从而提高耐雷水平）、加强系统绝缘（主要是通过增加绝缘子串的片数来提高防雷性能）等。

⑤第四道防线为**防止停电**：是使输电线路建立工频电弧后不致中断电力供应。采取的主要措施是装设自动重合闸装置（由于线路绝缘具有自恢复能力，大多数雷击造成的冲击闪络和工频电弧在线路跳闸后能够迅速去电离，所以通过自动重合闸可以保证供电的可靠性）、双回路或环网线路供电（某处线路因为雷击跳闸后，还能有其他备选线路供电，不会中断电力供应）、采用**不平衡绝缘**方式（不平衡绝缘是使两回路的绝缘子串片数有差异，受到雷击时，绝缘子串片数少的先跳闸，闪络后的导线相当于地线，增加了对另一回路导线的耦合作用，提高了另一回路的耐雷水平，使之不发生闪络，从而保证供电的不中断）等。

3.4.2 装设避雷针（线）情况

防雷设计据日暴，因地制宜方高效。①
分区规划讲门道，科学装配更可靠。②
避雷针线架设高，促使先导定向跑。③
定向范围需知晓，范围之内难击到。④

解析：

装设避雷针（线）情况

①电力系统的防雷设计应从当地雷电活动的具体情况出发，根据当地雷暴日统计数，因地制宜地采取合适的防护措施。**雷暴日**是该地区一年中有雷电的天数。与之相类似的还有**雷暴小时**，即是一年中有雷电的小时数。在一天或一个小时内只要听到雷声就算作一个雷暴日或一个雷暴小时。

②各地区所在的纬度、气候条件不同，雷暴日数也有很大差别。海南和雷州半岛的雷电活动最为频繁，年平均雷暴日数可达100～133；长江以南至北回归线的大部分地区为40～80；长江流域和华北某些地区为40；西北地区大多在20以下。通常把平均雷暴日超过90的地区称为**强雷区**，在40～90的为**多雷区**，等于或小于15的称为**少雷区**。鉴于各地区差异，在装设避雷设施时，根据当地的具体情况科学装配，才更为经济可靠。

③避雷针、线架设在高处，作用是吸引雷电击于自身，并将雷电流迅速泄入大地，以使其周围的物体得到保护。在雷电先导向下发展过程中，会逐渐接近地面，当雷电先导接近避雷针、线时，接地良好的避雷针、线顶端会因静电感应而积聚与先导通道中电荷极性相反的电荷，使其周围空间电场显著增强，先导通道离之越近，周围电场越强，从而逐渐影响先导头方向，使其向避雷针、线定向发展。

④避雷针、线的保护范围可以根据模拟试验与运行经验相结合来确定。

单支避雷针的保护范围形状像向内凹的帽子，如图3-56所示。设避雷针的高度为h，被保护物体的高度为h_x，则在h_x高度上避雷针保护范围的半径r_x计算如下：

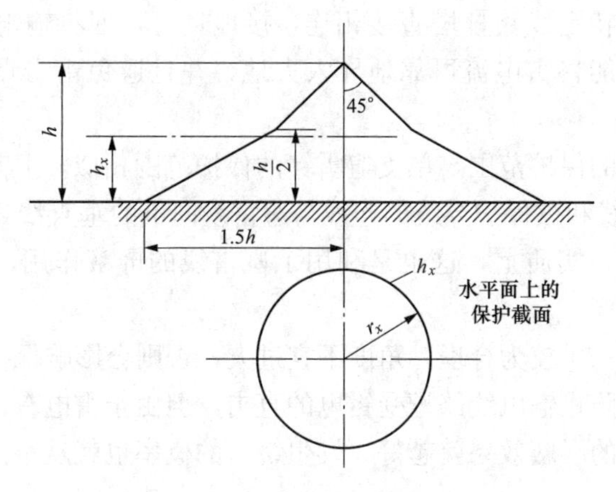

图 3-56　单支避雷针的保护范围

当$h_x \geqslant \frac{h}{2}$时

$$r_x = (h - h_x)p$$

当$h_x < \frac{h}{2}$时

$$r_x = (1.5h - 2h_x)p$$

式中：h为避雷针高度，m；h_x为被保护物体的高度，m；p为高度影响系数：

$h \leqslant 30$m 时 $p=1$，

30m$< h \leqslant 120$m 时 $p=\sqrt{\frac{30}{h}}$。

注 1：避雷针必须高于被保护物体。避雷针（高度一般为 20 ～ 30m）在雷云—大地大电场中的影响是有限的。雷云在高空随机漂移，先导放电的开始阶段随机地向地面的任意方向发展，只有当发展到距离地面某一高度H后，才会在一定范围内受到避雷针的影响而对避雷针放电。H称为定向高度，与避雷针的高度h有关，据模拟试验可得：当$h \leqslant 30$m 时，$H \approx 20h$；当$h > 30$m 时，$H \approx 600$m。

注 2：避雷针、线保护范围之内的设备并不是一定不会受到雷击，而是很难被雷击到。通常，雷电有一定的绕击概率，保护范围是指具有 0.1%左右雷击概率的空间范围。

3.4.3　架空避雷线的保护

架空地线别混淆，杆塔顶端架设高。①
杆塔接地需良好，引入雷电地下导。②
两侧范围保护角，角度小者效果好。③
二十三十之间校，保护夹角勿轻超。④
防止直击见真效，实际情况绕击少。⑤

解析：

架空避雷线的保护

①架空避雷线又称为架空地线，架设在输电线路杆塔顶端，根据电压等级、当地日暴情

况选择采用单根或多根。

②架空地线与某些特定线路杆塔直接相连，接地良好，即将输电线路杆塔作为导引下线，以保证遭受雷击后能将雷电流可靠地导入大地，并且避免雷击点电位突然升高而造成反击。

③避雷线在某一点的保护范围与单支避雷针的保护范围相似，但其范围要略小一些。习惯上用**保护角** α（避雷线和被保护导线的连线与避雷线向下的垂直线之间的夹角）的大小来衡量避雷线的保护程度，实质上，这也是利用了避雷线的屏蔽作用，一般说来，保护角越小，保护效果越好。

④保护角 α 为 20°～30°较为合理，角度不宜过大，否则会影响保护效果。

⑤避雷线可以有效防止输电线路遭受雷电的直击，但由于雷电有一定的绕击概率，保护角越小，避雷线对导线的屏蔽效果就越好，发生绕击的概率也就越小。这也是重要线路配置双避雷线的主要原因。

3.4.4 避雷线架设情况

避雷导线导雷电，低压并非全线牵。①
高压输电十一万，通常单线架全段，②
雷电活动若频繁，可以架设双地线。③
二十二万避雷电，宜采全段架双线。④
更高等级保安全，全线架设双地线，⑤
为使感应损耗减，直接接地唯中点。⑥
两线距离需推算，不超五倍导地间。⑦

解析：

避雷线架设情况

①架设避雷线是高压和超高压输电线路最基本、有效的防雷保护措施。一般说来，全面考虑线路的电压等级、重要程度、系统运行方式以及当地雷电活动情况等，并结合当地的运行经验，采用一种较为经济合理的避雷线架设方案，将雷击事故减小到可以接受的程度是设计线路防雷的基本任务。

GB/T 50064—2014《交流电气装置的过电压保护和绝缘配合设计规范》规定，35kV 及以下的线路，一方面因其绝缘水平较低，装设避雷线效果不大，所以一般不全线架设避雷线，而只是在变电站进出线侧架设 1～2km 的避雷线，以限制流进避雷器的雷电流和入侵波的陡度。另一方面，35kV 及以下的线路均属于中性点非有效接地系统，雷击故障后果不像有效接地系统那样严重，因而主要依靠消弧线圈和自动重合闸装置来进行防雷保护。另外，35kV 变电站开关场内不允许将避雷针装设在配电构架上，是因为绝缘或距离不够，一旦配电构架上有雷电流，则很可能会出现从构架对设备放电的情况，造成设备过电压，即所谓的反击过电压。

②③110kV 高压输电线路一般全线架设避雷线，在雷电活动特别强烈的地区，可架设双避雷线，其保护角一般取 20°～30°。在少雷区（雷暴日数小于 15）或运行经验表明雷电

活动轻微的地区，可以不沿全线架设避雷线，但应装设自动重合闸装置，且也需在变电站进出线侧架设1～2km的避雷线。

④220～330kV输电线路宜采用沿全线架设双避雷线的方式，以保护线路安全，其保护角一般取20°左右。

⑤对于500～750kV超高压线路，线路长、平均高度较高，同时其输送功率大，重要程度高，绝缘水平和耐雷水平要求也高。所以500～750kV线路应沿全线架设双避雷线，保护角取15°及以下（更好地降低绕击概率）。

⑥在超高压线路中，因存在两根避雷线，两根避雷线经过每基杆塔的接地电阻会形成多个闭合回路，再加上三相输电线路空间上并不完全对称，因而避雷线上就有工频感应电压产生，在回路中产生电流和有功损耗。例如，某400kV双回路输电线路，传输的总功率为1000MW，两条避雷线中的损耗为3.1MW，年损失电能高达1020万kWh。若只将避雷线全长的中点经杆塔直接接地，而在其余杆塔上经火花间隙接地，可避免可观的电能损失，同时也更有利于避雷线兼作高频通道。当线路正常运行时，避雷线是绝缘的；当线路空间出现雷云电场或雷击线路时，火花间隙击穿，避雷线自动变为多点接地状态。

⑦GB 50545—2010《110kV～750kV架空输电线路设计规范》中规定杆塔上两根避雷线间的距离，不应超过导线与避雷线间垂直距离的5倍。在一般档距的档距中央，导线与地线间的距离为

$$S \geqslant 0.012L + 1$$

式中：S为导线与地线之间的距离，m；L为档距，m。

3.5 避雷器

3.5.1 避雷器工作概况

保护装置避雷器，连接设备与大地。①
电压超过额定值，动作接地压降低。②
两类过压皆可抑，操作过压与雷击。③
基本原理为间隙，渐以无间隙型替。④

解析：

避雷器工作概况

①避雷针和避雷线在很大程度上可以防止电气设备遭受雷电直击，但不能防止沿线路侵入发电厂和变电站的雷电波（侵入波）对电气设备的危害。而变电站中各类电气设备的绝缘水平远低于同级线路的绝缘水平，因此，必须限制侵入波过电压的幅值，以保证设备安全。

避雷器是专门用来释放各类过电压能量的直接与电气设备相连接的特种保护装置。其一端与设备相连，另一端通过接地线连向大地，也称为与电气设备并联连接。

②避雷器的本质是一个放电器。正常工作电压下，避雷器处于高阻态，电流无法通过避雷器流向大地；当过电压超过某一设定数值时，避雷器即动作放电，将过电压幅值限制到低

于电气设备绝缘的耐压值，从而让设备得到保护。

③避雷器并非只能防止雷击过电压，而是广义的避雷，其对各类操作、感应等过电压都能起到保护作用。

④避雷器根据结构、材质等不同可以分为多种，如管型避雷器、阀型避雷器、金属氧化物避雷器等。总体上根据原理可以分为两大类：第一类为**有间隙的避雷器**，这一类是最基本的过电压保护原理，发展出了众多产品；第二类为**无间隙的避雷器**，这一类主要是以无间隙的氧化锌避雷器为代表，现已逐步引领电力系统避雷保护的发展方向。

3.5.2 保护间隙

保护间隙简原理，主辅结构小距离。①
过压击穿空气隙，形成通路导入地。②
设备接地压消失，工频续流暂难止。③
不利供电弧难熄，产生截波也不利。④
通常配合重合使，结构简单价格低。⑤

解析：

保护间隙

①保护间隙是原理最简单的过压保护装置，一般分为**主间隙**和**辅助间隙**，两者间隙距离都较小，结构如图 3-57（a）所示。主、辅间隙相串联，辅助间隙的存在是为了防止主间隙因间隙距离小可能被意外短路而引起误动作而设置的。

②一旦雷电波侵入，被保护设备发生过电压，过电压首先将保护间隙击穿，使过压部分与大地形成通路，由工频电压形成的工频电流流入大地，设备与大地形成等电位，从而保护设备。保护间隙与被保护设备连接如图 3-57（b）所示。

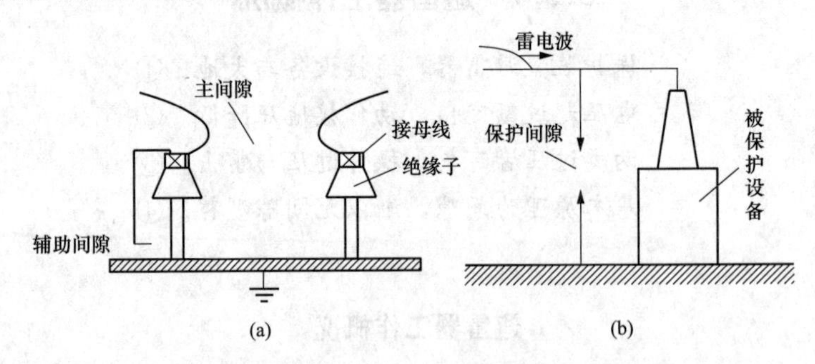

图 3-57　保护间隙
（a）保护间隙结构；（b）保护间隙与被保护设备连接

③此后即使雷电过电压瞬间消失，持续作用的工频电压仍会施加于已经形成的击穿通道中，促使工频电流继续流过间隙，这一现象称为**工频续流**。工频续流一般以电弧放电的形式存在。

④主间隙电极做成角形，是为了使工频续流电弧在自身电动力和上升气流作用下易于向上拉升而自行熄灭，但这种结构熄弧能力有限，一般很难在短时间内使电弧自熄，对可靠供

电仍会产生一定的影响。保护间隙除熄弧能力低外，其动作后还会产生截波，对设备的绝缘不利。

⑤保护间隙的结构简单、制造方便、价格低廉，在实际使用中，保护间隙通常与自动重合闸装置配合使用。（一般仅用于 3～10kV 配网中的一些不重要的场合以及变压器中性点处。）

3.5.3　阀型避雷器

阀型避雷结构多，基本原理大致同。①
间隙阀片基本件，密封内部组成串。②
电压幅值超门槛，串联间隙被击穿。③
冲击电流经阀片，保护设备电压限。④
工频续流能切断，切断之处过零点。⑤
绝缘恢复不重燃，不利截波亦不产。⑥
早期使用较广泛，旋转电机变电站。⑦
具体形式分两类，普通磁吹不再赘。⑧

解析：

阀型避雷器

①**阀型避雷器**的外观结构千变万化，但基本原理却大同小异。现以一种常规结构的阀型避雷器的原理示意图进行说明，如图 3-58 所示。

②阀型避雷器的基本元件为火花间隙和碳化硅（SiC 金刚砂）电阻阀片，为了避免受到外界因素的影响，它们被密封在瓷套内，示意结构如图 3-59 所示。其中火花间隙与电阻阀片串接，火花间隙通常采用若干个单元间隙相串联，这种结构使工频续流电弧分割成许多短弧，利用短电弧的自然熄弧能力使电弧熄灭，提高了避雷器间隙绝缘强度的恢复能力（高压断路器中使用的多断口、灭弧栅片等，也采用了此原理）。

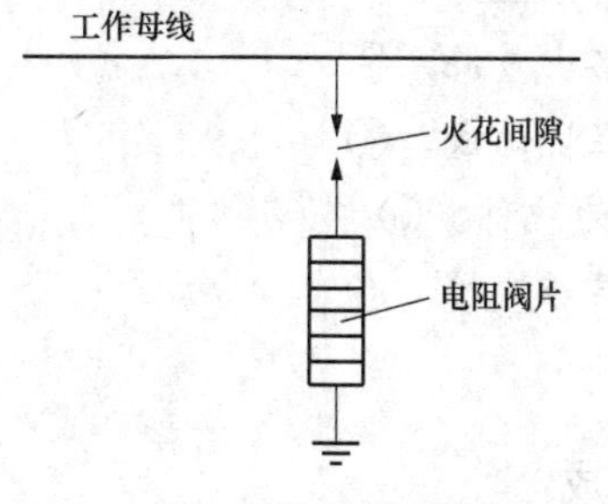

图 3-58　阀型避雷器原理示意图

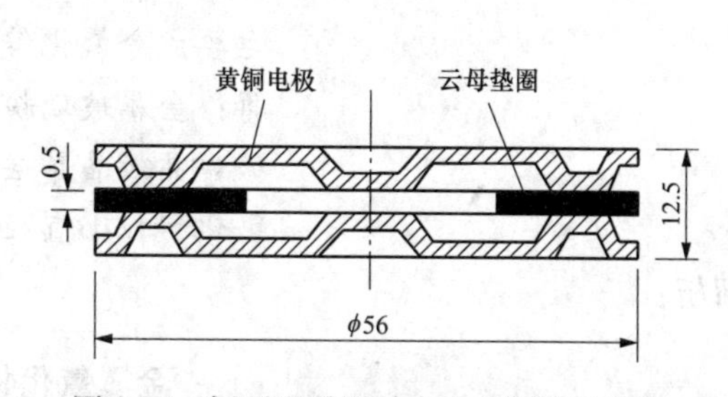

图 3-59　阀型避雷器单个火花间隙示意图

③电力系统正常运行时，间隙将电阻阀片与工作电压隔开，以免电阻阀片因长时间施以电压而烧坏。一旦系统中出现的过电压幅值超过间隙的击穿电压，串联间隙被击穿。间隙的冲击放电电压低于被保护设备绝缘的冲击耐压强度，这样，在设备绝缘未被破坏之前避雷器提前动作限制过电压。

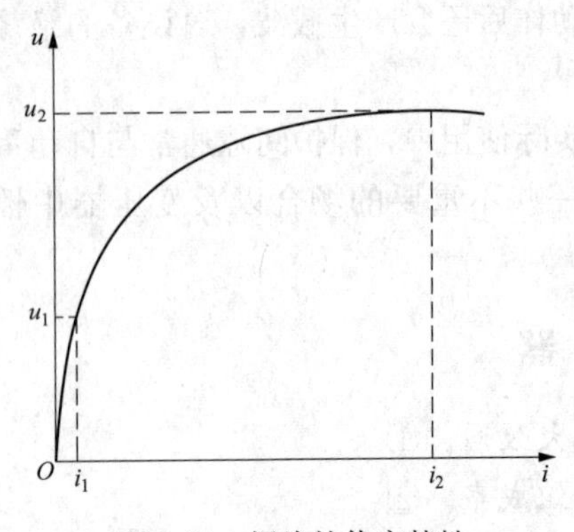

图 3-60　阀片的伏安特性
i_1—工频续流；i_2—雷电流；
u_1—工频电压；u_2—雷电压

④阀型避雷器阀片电阻采用非线性电阻，其伏安特性如图 3-60 所示，在雷电流或冲击电流的作用下，阀片电阻极小。因此，当间隙被击穿后，冲击电流经过电阻阀片流入大地，从而限制了冲击电流在阀片电阻上产生的电压降（即残压）的升高，使被保护设备上的过电压得到有效限制，保证设备安全。

⑤当过电压消失后，间隙在工作电压作用下产生工频续流，此电流欲继续流过避雷器，此时，作用在避雷器上的工频电压值相对较低，阀片电阻变得很大，从而限制工频续流，并使间隙能够在工频续流第一次经过零值时将其切断。

⑥工频续流被切断之后，间隙的绝缘强度能够耐受电网恢复电压的作用而不会发生重燃。并且，由于残压的存在，间隙被击穿后，不会产生对绝缘不利的截波。

⑦阀型避雷器在早期电力系统中应用十分广泛，常用在旋转电动机、配电系统以及电站中。

⑧阀型避雷器分为普通型和磁吹型两类：普通型分为配电型（FS 型）和电站型（FZ 型）两个系列；磁吹型分为旋转电机用 FCD 型系列和变电站用的 FCZ 系列。磁吹型避雷器比普通型具有更强的灭弧能力，利用流过避雷器自身的电流在磁吹线圈中形成电动力，迫使间隙中的电弧加快运动（旋转或拉长），使间隙的去游离作用增强，从而提高间隙的灭弧能力。

3.5.4　金属氧化物避雷器（MOA）

3.5.4.1　金属氧化物避雷器构成

七十年代初出现，迄今为止最广泛。①
氧化物质核心件，实质是为电阻片。②
主要成分氧化锌，铋锰钴铬少量混。③
再掺金属玻璃粉，施以高温烧结成。④
微观晶粒晶界层，MOR为统称。⑤
氧化锌粒小直径，氧化铋层非线性。⑥

解析：

金属氧化物避雷器构成

①20 世纪 70 年代初出现的**金属氧化物避雷器**（MOA），在电力系统中应用广泛，性能优良。

②金属氧化物避雷器的核心元件是**金属氧化物电阻片**（MOR），该电阻片具有优良的非线性特性，因此，这类避雷器得到了快速的发展。

③金属氧化物电阻片由多种物质混合而成，其主要成分是氧化锌（ZnO），约占 90%，

另含有少量的氧化铋（Bi_2O_3）、氧化锰（MnO_2）、氧化钴（Co_2O_3）、氧化铬（Cr_2O_3）等。

④在以上成分基础上再掺加少量的金属玻璃粉，经混料、造粒、成型，在1100～1200℃高温下烧结成电阻片，再经表面处理等工艺而最终制成，具有极优异的非线性伏安特性。

⑤金属氧化物电阻片的非线性特性与其微观结构密切相关，如图3-61所示。它主要是由氧化锌（ZnO）晶粒和包围它的晶界层组成，在晶界层中还零星分布着一些尖晶石。

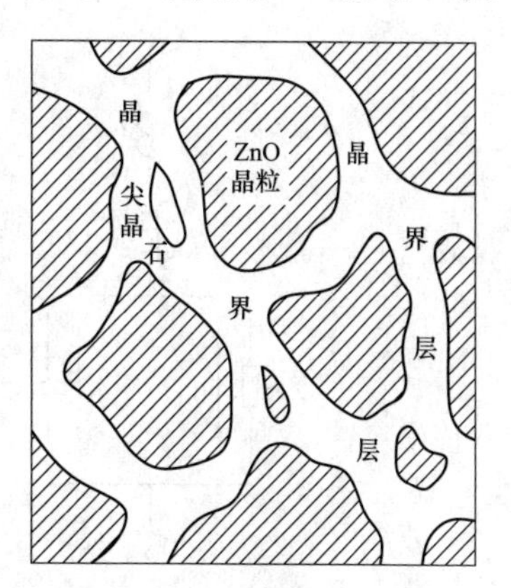

图3-61 氧化锌阀片微观结构示意图

⑥ZnO晶粒直径极小，平均为10μm。晶界层以氧化铋（Bi_2O_3）为主，这种物质具有极好的非线性特性：在低电场强度下，其电阻率为10^{10}～$10^{14}\Omega\cdot cm$，呈高阻状态；当电场强度增加至10^4～$10^5V/cm$时，其电阻率可降至$1\Omega\cdot cm$以下，并在电场强度降低时电阻率又恢复正常值。

3.5.4.2 无间隙金属氧化物避雷器（WGMOA）特性

MOR特性优，等值电路串兼并。①
R2等效晶粒电阻，R1与C非线性。②
伏安特性细划分，阻性分量波浪形。③
一区晶界高阻层，阻止电子往上升。④
二区性能较稳定，理想情况较接近。⑤
三区曲线上翘形，电流电压近线性。⑥

解析：

无间隙金属氧化物避雷器（WGMOA）特性

①由于MOR具有优异的U-I特性，在电力系统正常运行时，流过MOR的电流极小，为0.1～0.2mA，不会烧坏MOR，这一优良特性使得无间隙避雷器的构想得以实现。MOR的等效电路如图3-62所示，其整体上为串并结合结构。

②图3-62中，R_1和C分别为晶界层的非线性电阻和电容，L为MOR电流路径的电感，R_2为ZnO晶粒的电阻。

③从等效电路并联部分可以看出，流过MOR的电流由阻性电流I_r和容性电流I_c组成。其中阻性分量的U-I特性曲线被划分为三个区段，整体成单调上升波浪形，两端变化快，中间变化幅度小，具体如图3-63所示。

④图3-63中，Ⅰ区也称为**小电流区**。在该区段内，电压幅值较小，晶界层为高电阻层，阻止电子在ZnO晶粒间移动，即对外表现为高绝缘性。在这个区域内曲线比较陡峭，避雷器的正常持续运行电压U_c就工作在这个区，阀片电阻特别高，无异于一个绝缘体，通过避雷器的电流只有几十微安。正是因为这一区的存在，金属氧化物避雷器才可以不需要串联放电间隙而制成为无间隙、无续流的避雷器（前述的碳化硅阀片则必须采用火花间隙加以隔

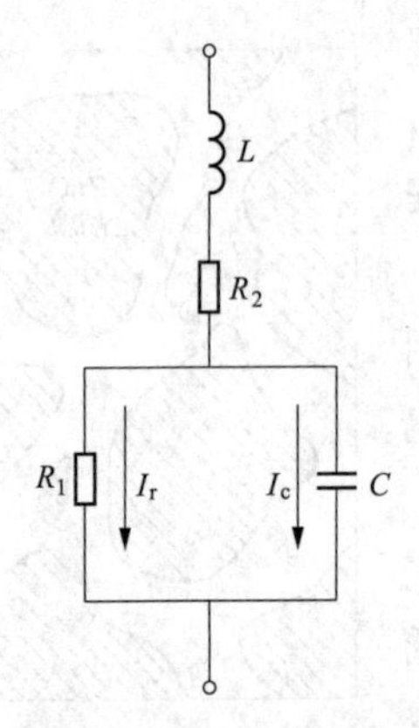

图 3-62 MOR 的等效电路

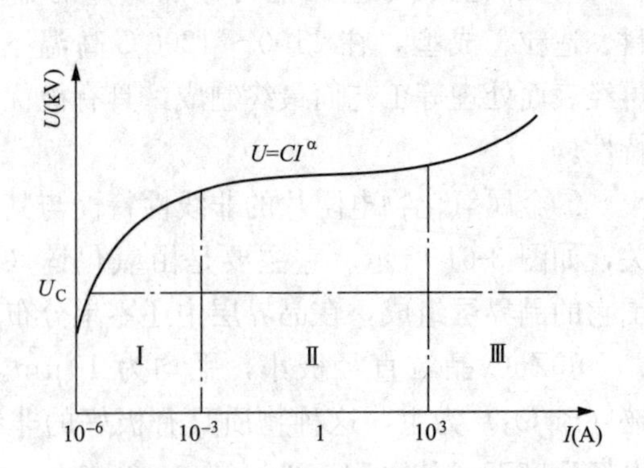

图 3-63 氧化锌阀片的非线性伏安特性

Ⅰ—小电流区；Ⅱ—非线性区；Ⅲ—饱和区

离，否则在正常工作电压下也会出现有幅值很大的电流流过阀片）。

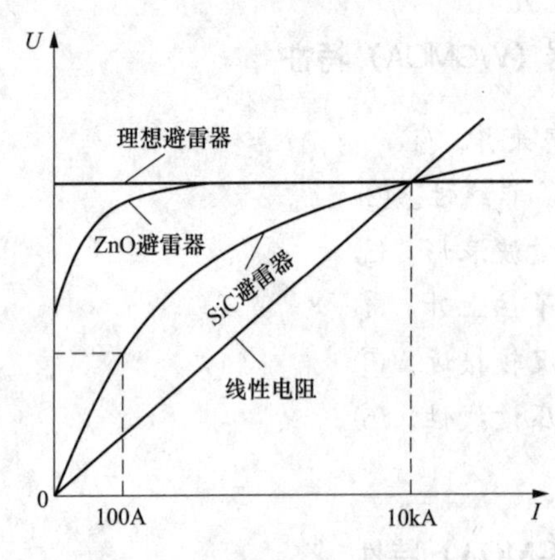

图 3-64 不同材料伏安特性对比

与 SiC 阀片相比，ZnO 阀片具有理想的非线性伏安特性，如图 3-64 所示。图中假定 ZnO、SiC 电阻阀片在 10kA 电流下的残压相同，那么在额定电压下，SiC 阀片中将流过 100A 左右的电流，而 ZnO 阀片中流过的电流仅为微安级。

⑤图 3-63 中，Ⅱ区也称为**非线性区**。该区段内 *U-I* 特性的非线性特性优异，是限制冲击电压升高的工作区，此区内虽然流过阀片电阻的电流增加很多，但阀片电阻上的电压变化不大。其 *U-I* 特性可用计算式 $U=CI^{\alpha}$ 来表示，其中非线性系数 α 与电流密度有关，一般在 0.01～0.04 范围内，与理想值 $\alpha=0$ 十分接近。并且在这一区段内，MOR 的性能基本不受温度的影响。

⑥图 3-63 中，Ⅲ区称为**大电流区**或**饱和区**。该区段内，特性曲线以较大斜率向上翘，非线性特性变差，相当于在高电压下 MOR 被可恢复式击穿，晶界层的作用很小，基本上只有 ZnO 晶粒的固有电阻起作用，电流与电压近似为线性关系，即电压越大，电流以线性比例增大。

3.5.4.3 无间隙金属氧化物避雷器性能评价

省去间隙性优良，再无续流工频量。①

污秽气压无影响，陡波响应显著降。②

过压全程吸能量，动作迅速恢复强。③

结构简单大容量，使用寿命也延长。④

解析：

无间隙金属氧化物避雷器性能评价

①WGMOA 省去了串联间隙，解决或改善了因串联间隙引起的一系列问题，最为直接表现即是消除了工频续流现象，使得其性能在大电流长时间重复冲击下的特性依然能保持稳定。

②WGMOA 也改善了如污秽、内部气压变化等使间隙放电电压不稳定的情况，使之易于设计制造出经济的耐污型和带电清洗型避雷器。其陡波响应特性也得到显著改善，特别适合伏秒特性十分平坦的SF_6组合电器或SF_6气体绝缘变电站的保护。

③WGMOA 在过电压的全过程中都流过电流，吸收过电压能量，抑制过电压的发展，且其放电过程基本没有时延（对于有间隙的保护，如 SiC，只在间隙击穿后才开始泄放过电压能量，有一定的放电延时），动作迅速，一旦电压在过电压等级以下，其又能快速得到恢复。

④MOR 单位面积通流容量要比 SiC 的大 4.0～4.5 倍，由于无间隙且通流量大，使 WGMOA 结构简单，体积小，质量轻，运行维护方便，使用寿命也得到延长。

注：WGMOA 具有一定的能量资源，在长期电压和多次内、外过电压作用下，其 MOR 会逐渐老化，不断消耗能量资源，当能量资源消耗殆尽时，就认为 WGMOA 服役期满，该退出运行了。但由于系统中不会经常出现过电压的情况，一般情况下这类避雷器使用寿命为 30 年，有少数可达 60 年。

第4章 变电升降 试验主场

希望你们年轻的一代，也能像蜡烛为人照明那样，有一分热，发一分光，忠诚而踏实地为人类伟大的事业贡献自己的力量。

——法拉第

4.1 变　压　器

4.1.1　变压器分类概况

变压器分四大类，电力变压夺首魁。①
升压降压电力变，不同匝数原副边。②
通常等匝隔离变，副边独立检修源。③
产生高压试验变，交直耐压绝缘验。④
二次采样仪用变，隔离高压分析便，⑤
电压电流互感器，就属仪用变压器。⑥
特殊用途变压器，种类虽多却好记。⑦
工业冶炼电炉变，二次电流数千安。⑧
电解金属整流变，二次电压非正弦。⑨
焊接使用电焊变，电流电压内弧线。⑩
绕组形式分三种，一单二双三绕组。⑪
单一绕组自耦变，原边副边同线圈。⑫
双绕组变最常见，进出引线分两端。⑬
三绕组变绕组三，三级电压三方连。⑭
冷却方式分类多，油浸充气和干式。⑮
器身浸油油浸式，加强绝缘冷却池。⑯
化学气体充气式，六氟化硫新材质。⑰
空气对流为干式，结构简单阻火势。⑱
高压电网三相制，三相变压人人知。⑲
三个单相成组式，铁芯相连称芯式。⑳
调压方式分两种，应用情况各异迥。㉑
有载调压虽复杂，无需停电变电压。㉒
无载调压简单化，停电调压显尴尬。㉓

解析：

变压器分类概况

①变压器是利用电磁感应原理，以交变磁场为媒介，把线圈从电源接收的某一种电压的交流电能转变成频率相同的另一种电压的交流电能，并供向负载的静止设备。其接收电能的一侧称为**一次侧**（旧称原边）；输出电能的一侧称之**二次侧**（旧称副边）。

由于变压器种类众多，一般可按用途、绕组形式、冷却方式等不同进行分类。

按照用途不同，变压器可以分为四大类：电力变压器、试验变压器、仪用变压器、特殊用途变压器。这四类中，电力变压器是最为普通且应用广泛的一种。

②**电力变压器**一般用于电力系统的升压或降压，它的一次侧和二次侧没有本质的区别，

只是一次侧、二次侧边的线圈匝数不相等，以此来升高或降低电压等级。

③**隔离变压器**也称为**安全变压器**，其一、二次侧绕组匝数之比通常为1∶1，它不承担变压任务，而是起隔离作用。隔离变压器的二次侧不接地，任一根导线与大地之间没有电位差，工作人员在任何情况下单触其中一根导线都不会形成电流回路而发生触电，使用相对安全（直流系统也是非接地系统，正常情况下单触正极或负极无危险，但这种安全也是相对的，同时接触直流电的正、负两个电极会发生危险），因而通常作为检修时的工作电源使用，也称为安全变压器。实质上，隔离变压器的采用是将原来的TN系统变为IT系统，这也是隔离变压器的应用之一。

④**试验变压器**一般用于产生试验用的高电压，对电气设备进行交、直流耐压试验，以检验电气设备的绝缘好坏。试验变压器在电气设备出厂试验以及检修公司对设备进行检修试验时经常用到，是必不可少的试验设备。

试验变压器一、二次绕组电压具有很大的变比，一次电压通常较低，二次电压可输出100～2000kV或更高的电压，容量可为500～2000kVA。其特点是容量不大，但电压很高。

⑤⑥**仪用变压器**主要用在二次采样上，是一次系统与二次系统相联系的一个重要中间环节，可以隔离一次侧的大电流、高电压，并将其转换成安全且方便分析的小电流、低电压。电力系统中，最为常见的电压互感器、电流互感器就属于仪用变压器。仪用变压器用于发电厂、变电站等与保护、测量、仪表等相关的地方，应用十分广泛。

⑦**特殊用途变压器**有很多种类，这是因为不同的应用场合对变压器容量、调节性能等要求不同。这些变压器的命名一般根据所承担的作用而来，比较好记忆。

⑧工业上使用的金属材料和化工原料都是用电炉冶炼出来的，与此类电炉相连接的变压器称为**电炉变压器**。电炉变压器容量大，结构复杂，技术要求较高，其二次侧电压低，一般从数十伏到数百伏（如冶炼钢铁的电炉变压器二次侧电压为110～250V。电石炉用变压器二次侧电压为90～150V，感应熔炼炉用变压器二次侧电压为400～1000V），并要求能在较大范围内调节；二次侧电流往往达数千安至数万安。此外，在钢铁冶炼中，熔化期需要的功率极大，从而要求变压器能在2h内有20%的过载能力。

⑨与电解金属整流设备相连接的变压器称为**整流变压器**。整流变压器在很多方面与电炉变压器类似，但其所独有的特点是二次电流不是正弦交流，而是接近于断续的矩形波。这是由于整流元件单向导通特性所致，这一特性使得其电流谐波量较大，变压器涡流损耗也较大，变压器利用率相对较低，相同条件下，与普通变压器相比，它的体积和质量大得多。工业上，为了提高整流变压器的效率，往往将其二次侧接成六相或者十二相的形式，这是在结构上与普通变压器最大的区别之处。

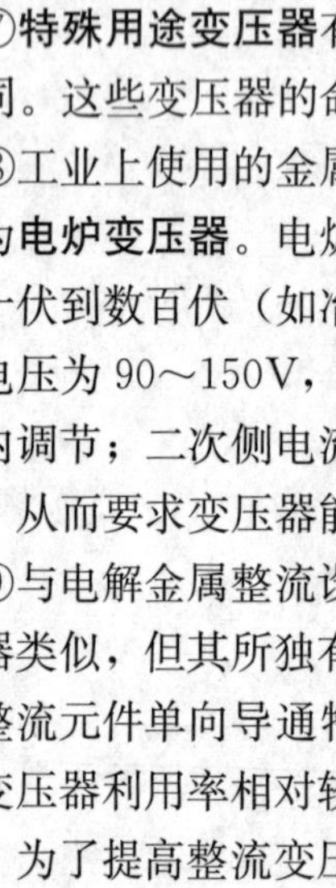

u_2 O i_2

图4-1 焊接变压器的外特性曲线

⑩为电焊设备提供电源的变压器称为**电焊变压器**。电焊变压器在生产上应用很广，它实质上是一个特殊的降压变压器。电焊变压器的特点是：焊接前，二次绕组要有足够的起弧电压（40～80V）；焊接时，随焊接电流的增大，二次电压又能迅速下降，即使二次侧短路（如焊条碰到工件时，二次侧电压为零），二次侧电流也不会太大。电焊变压器的外特性（即输出电压U_2与输出电流I_2之间的关系）曲线如图4-1

所示。另外在焊接回路中，必须有相当大的电抗（$\cos\varphi=0.4\sim0.5$），以便限制短路电流和稳定电弧，因此焊接变压器通常采用串接可变电抗器或加大变压器漏抗的方式增大电抗，如图 4-2 所示。

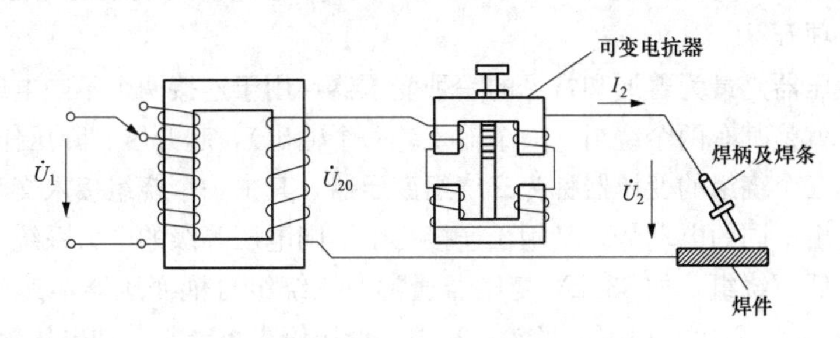

图 4-2　串接可变电抗器的焊接变压器

⑪按照绕组的形式不同，变压器可以分为三种，即单绕组变压器、双绕组变压器和三绕组变压器。

⑫单绕组的变压器称为**自耦变压器**，它的一次侧和二次侧处于同一绕组上，即自耦变压器一、二次侧有直接电的联系，它的低压绕组是高压绕组的一部分。在特殊用途变压器中，还有一类通常称为**调压器**，在各类大小型试验中使用广泛，它的本质就是一种自耦变压器。

把一台普通双绕组变压器的高压绕组和低压绕组串联连接起来，便成为自耦变压器。这时，双绕组变压器的低压绕组作为自耦变压器的公共绕组，为一、二次侧所共有，其高压绕组作为自耦变压器的串联绕组，串联绕组与公共绕组共同组成自耦变压器的高压绕组，如图 4-3 所示。也就是说，自耦变压器的低压绕组是高压绕组的一部分，它们之间除有磁的联系外，还有电的联系。

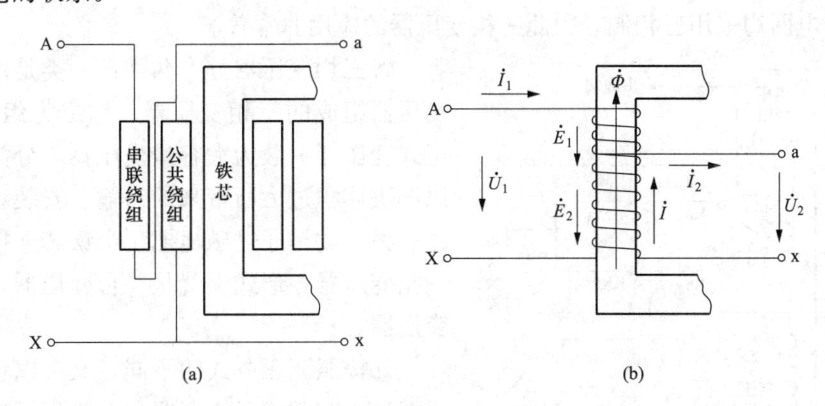

图 4-3　自耦变压器的结构和等效电路

(a) 结构；(b) 等效电路

自耦变压器公共绕组的容量 U_2I，一般称为**电磁容量**；自耦变压器一次电压与一次电流的乘积 U_1I_1，或者二次电压与二次电流的乘积 U_2I_2 称为自耦变压器的通过容量，即自耦变压器的**额定容量**。

当不考虑自耦变压器的损耗和励磁电流时，可认为一次侧的通过容量和二次侧的通过容量相等，即

$$U_1 I_1 = U_2 I_2 = U_2(I_1 + I) = U_2 I_1 + U_2 I$$

可以看出，自耦变压器的二次侧容量由两部分组成：一部分通过自耦变压器的串联绕组电路直接传输过来，即公式的前一项 $U_2 I_1$ ；另一部分通过公共绕组的电磁感应传输过来，即公式中的后一项 $U_2 I$ 。

⑬双绕组变压器是最为普通和常见的一种变压器，用于连接两个不同电压等级的电力系统。简而言之，就是其有两个绕组（一个输入、一个输出），起升压、降压作用。

⑭每一相有三个绕组的变压器称为**三绕组变压器**，其中一个绕组接入交流电后，另外两个绕组就会感应出不同的电动势，其用于连接三个不同电压等级的电力系统。三个绕组对应的即为高、中、低压绕组，如 330kV 变压器通常为三绕组自耦变压器，其三个绕组对应的电压等级通常为 330、220、10kV，当然，其中、低压侧也可能是其他电压等级，其中 10kV 通常作带站用变压器供站内设备使用，也可带部分出线。

⑮按冷却方式不同，变压器又可以分为多种，主要包括油浸式、充气式和干式。

⑯**油浸式变压器**的器身（绕组及铁芯）都安装在充满变压器油的油箱中，变压器油在变压器运行过程中起绝缘和冷却的作用。油浸式又可以细分为多种，如油浸风冷、油浸水冷、强迫油循环等。

⑰**充气式变压器**是用特殊的化学气体代替变压器油来进行散热和绝缘，其运用新型材料和工艺生产，使变压器体积和重量得到高度优化，特别是化学气体SF_6的使用，使这类变压器的安全性能大幅提升。

⑱**干式变压器**一般依靠空气对流进行冷却，其主要由硅钢片组成的铁芯和环氧树脂浇注的线圈组成，高、低压绕组之间放置绝缘筒增加电气绝缘，并由垫块支撑、约束线圈，具有结构简单、维护方便、防火、阻燃等特点。

⑲高压电网均采用三相制，因此三相变压器的应用非常普遍。

⑳三相变压器分为两类：一类是由三个单相变压器组成的三相变压器，称之为**组式变压器**，组式变压器一般为大容量变压器，分为三个单相以解决体积过大所带来的运输、安装难度大等问题；另一类是通过磁轭把三个铁芯连接起来构成三相变压器，形式上就是一台变压器，称为**芯式变压器**。

㉑按照调压方式的不同，又可以将变压器分为两种，有载调压变压器和无载调压变压器。

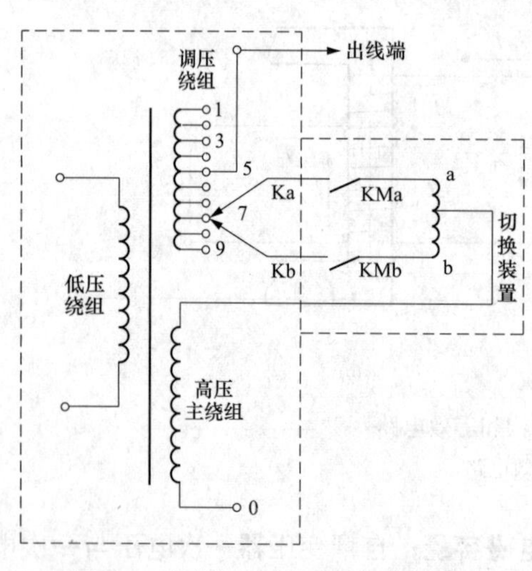

图 4-4 有载调压变压器的原理接线

㉒**有载调压变压器**结构上略复杂一些，需安装有载调压分接开关，其原理接线如图 4-4 所示，其可以在不停电的情况下调整变比的大小，调整电压的范围较大，在电力系统中应用十分广泛。例如：枢纽变电站通常需要使用有载调压变压器作为控制中枢点电压的手段；再如两个电力网间的联络变压器，如果负荷方向是变化的或负荷变化范围很大，也需要采用有载调压变压器。特别是在直接向用户供电的降压变站中，用户负荷变化可能大，需经常带电调整电

压，以保证用户电能质量而大量采用。此外，有载调压变压器的调节范围和调节速度皆比较快，不仅便于实现自动化，在调压上通常也能满足逆调压的调压要求。但是，因为调压分接开关的存在，使得此类变压器的稳定性能没有无载调压变压器好，且结构也更为复杂。

有载高压变压器装有特殊的切换装置，切换装置有 Ka 和 Kb 两个可动触头，改换分接头时，先将一个可动触头移动至选定的分接头上，然后再将另一个动触头移到该分接头上。为了防止可动触头在移动过程中产生电弧，使变压器油绝缘劣化（通常，有载调压的油箱与变压器本体的油箱是分开的，以保证互不影响），可动触头应与接触器 KMa 和 KMb 并联使用。调节分接头时，先切断 KMa，移动 Ka 到所选定的分接头上，然后再接通 KMa，接着切断 KMb，移动 Kb 到 Ka 所在的分接头上，再接通 KMb。为了限制两个可动触头处于不同分接头时产生的短路电流危害变压器，切换装置中还装有电抗器（图中未画出）。

㉓**无载调压变压器**结构上略简单一些，其只能在停电的情况下通过改变分接抽头来调整电压，调整的范围较小或者说是只能调整固定的几个电压。我国供配电系统中应用的 6～10kV 电力变压器通常为无载调压型（与其直接相连的上级变电站则通常为有载调压变压器），其高压绕组有 U_{1N}(±5%) 的分接头，并装有无载分接开关，如图 4-5 所示。如果设备端电压长期偏高，可将分接开关接至+5%的位置，以降低端电压；反之，如果设备端电压长期偏低，则可接至−5%的位置，以升高端电压。无载调压变压器的调整过程必须在停电状态下进行，故不能频繁操作。另外，与发电机直接相连的变压器通常也为无载调压变压器，因为发电机发出的电压等级是固定的，变压器分接头调整好一次即无需再改变。

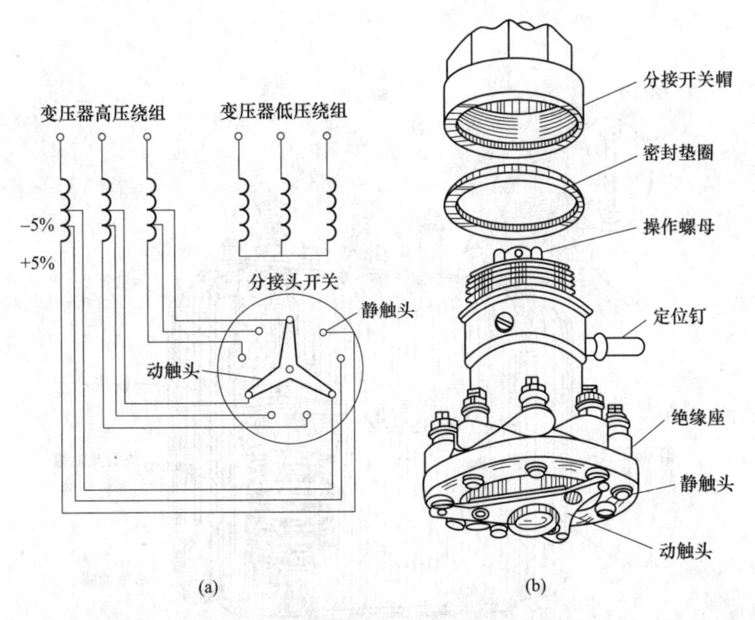

图 4-5　电力变压器的分接头和分接开关

（a）分接头的接线；（b）分接开关外形

注：特别注意，电力系统中使用的自耦变压器，一般情况下会有三个绕组，高压绕组与中压绕组同绕组，有直接电的联系，而高压绕组与低压绕组之间不同绕组，无直接电的联系。

4.1.2 变压器主要部件

主要部件及作用，一一简述能背诵。①
铁芯结构钢片铺，电磁转换磁通路。②
绕组材料皆铜铸，输入输出电回路。③
绝缘套管引线固，引出电气三绕组。④
油箱装油低黏度，绝缘散热至四周。⑤
冷却装置散热量，风水油冷把温降。⑥
油枕储油筒形状，保证油箱满油量。⑦
瓦斯继电检故障，保护章节再细讲。⑧

解析：

变压器主要部件

①各种类电力变压器中，油浸式变压器占绝大多数，特别是大型变压器，皆为油浸式。三相油浸式电力变压器及其重要部件如图 4-6 所示。铁芯和绕组都浸放在盛满变压器油的油箱之中，各绕组的端点通过绝缘套管引至油箱的顶部外壳上，方便与外线路连接。所有大型变压器的组成结构类似，掌握变压器的主要部件以及其作用是了解变压器各部分功能的基础内容。

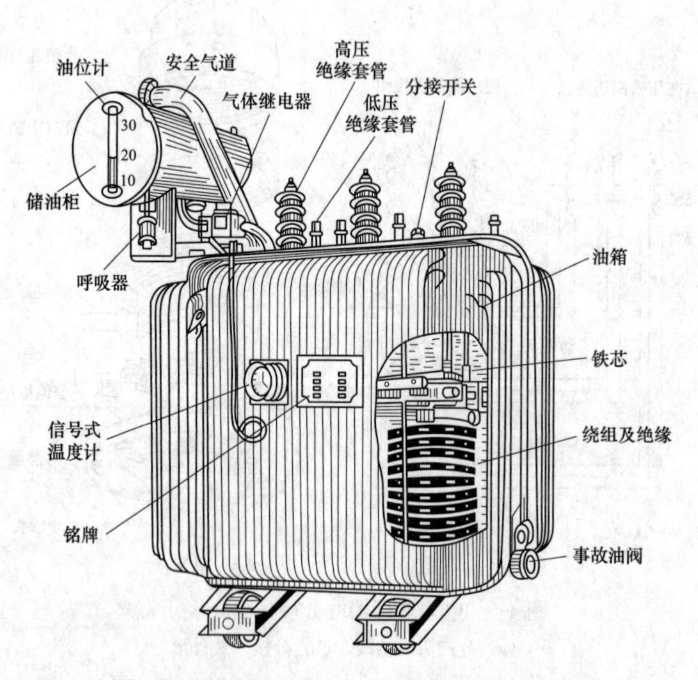

图 4-6 三相油浸式电力变压器及其主要部件

②变压器**铁芯**由薄的钢片叠（铺）成（可以减小变压器运行中的铁芯损耗。薄钢片工艺进行过多次技术革新，先后出现了热、冷轧硅钢片、高导磁硅钢片、微晶钢片等多种形式），

是变压器的磁通路，或者说是电磁转换的媒介。变压器是根据电磁感应原理制成的，铁芯磁阻很小，是很好的导磁材料，通过铁芯可以得到较强且集中的磁场。

铁芯结构可分为铁芯柱和铁轭两部分，如图 4-7 所示，C 为套线圈的部分，称为**铁芯柱**；Y 为用以闭合磁路的部分，称为**铁轭**。单相变压器有两个铁芯柱，三相变压器有三个铁芯柱。

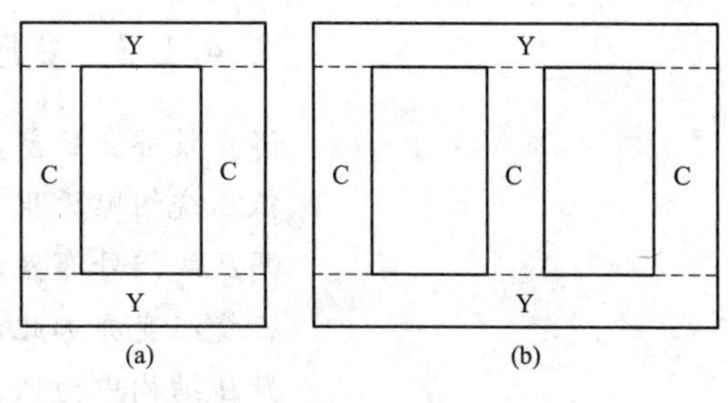

图 4-7　变压器的铁芯平面结构

（a）单相变压器；（b）三相变压器

C—铁芯柱；Y—铁轭

③变压器绕组几乎全是用铜制成的（一般称为高电导率铜）。绕组是变压器输入、输出电能的电气回路，因为其一次绕组与二次绕组匝数不同，因此可实现变压功能。

按照绕组在铁芯中的排列方式，又可将变压器分为铁芯式和铁壳式两种。应用于电力系统中的各种变压器都是铁芯式，而铁壳式通常应用于电压较低但电流很大的特殊工业场合，例如电炉变压器。

④变压器**绝缘套管**将油箱内部电气连接线固定，引出绕组的同时提供必要的绝缘。根据电压等级的不同，绝缘套管所采用的材质与结构方式也不尽相同。

⑤变压器**油箱**作为铁芯、绕组和介质液体的盛装容器，一方面起固定部件作用，另一方面就是装满变压器油，变压器油在运行的过程中既能起到绝缘的作用，又能起到冷却、散热的作用。同时，变压器油一般都应具有低黏度特性，以使油的对流更加明显。变压器油通过对流作用把热量传送到油箱表面，再由油箱表面散逸到四周，冷却效果更为理想。

⑥变压器的冷却装置有多种形式，目的都是对运行中的变压器进行散热降温，较为常见的方式有风冷、水冷、油冷（油冷一般有两种，强迫油循环冷却和油浸自冷）以及组合冷却等方式，组合冷却方式使用较多，如强迫油循环风冷、强迫油循环水冷。以较为常见的风冷为例，风冷即是在变压器油箱外围或散热片上装设冷却风扇，变压器油把内部热量传至油箱表面或散热片上，冷却风扇通过强迫空气对流加快油箱表面或散热片冷却。

⑦变压器**储油柜**（也称**油枕**）是储油装置，一般位于变压器顶部，成筒状，通过管道与变压器油箱连通。储油柜作用是调整油箱油面，并减小油与空气的接触面积，以降低油的氧化速度和浸入变压器油的水分。当变压器由于负荷增大、油温升高而使油箱内油膨胀时，过多的油就会倒流入储油柜。反之温度降低时，储油柜内的油会顺流入油箱，起到保证油箱内充满油的作用。

⑧变压器**气体继电器**是保护装置的检测元件，装设在变压器的储油枕和油箱之间的管道上。用于检测变压器内部故障时反带动的气流涌动与聚集（轻瓦斯）以及油流涌动（重瓦斯），以保证保护装置及时作出相应的响应，从而避免变压器因内部故障而造成重大事故。

4.1.3 变压器绕组排列

静止设备变压器，绕组排列非随意。①
低压绕组贴近里，靠近铁芯绝缘易。②
高压绕组外布置，抽头引线更合适。③
三绕组变亦如此，升压降压略差异。④
升压结构中为低，低向高中传送易。⑤
降压结构高中低，高传中压更有利。⑥

解析：

变压器绕组排列

①电力变压器是一种静止的电气设备，直观上，绕组的排列并无多大差异，但因考虑到现实中的各种情况，其绕组的排列方式也有一定的考虑，并非随意布置。

②一般情况下，变压器的低压绕组布置在高压绕组的里面，即低压线芯绕组靠近铁芯，这是因为变压器的铁芯是接地的，将低压绕组靠近铁芯，从绝缘角度容易做到。如果将高压绕组靠近铁芯，则由于高压绕组电压很高，要达到绝缘要求，就需要较多的绝缘材料和较大的绝缘距离。这样不但会增大绕组的体积，还会浪费绝缘材料。

③高压绕组一般布置在低压绕组的外面。除了上述原因外，这样布置还有利于电压抽头引出线，因为调节电压的抽头一般都是在高压侧绕组上的（高压侧电压高、电流小，在高压侧引出抽头则引线和分接开关都可以做得更小）。

④三绕组变压器的三个绕组排列方式也满足上述排列方式，但由于三绕组变压器中、低压绕组的绝缘都相对较为容易，从而出现了升压变压器和降压变压器的绕组排列略有差异，具体如图 4-8 所示。

⑤升压结构的低压绕组通常位于中层，与高、中压绕组均有紧密联系，有利于功率从低压侧向高、中压侧传送。

⑥降压结构的中压绕组位于中层，即按高、中、低压顺序排列，有利于功率从高压侧向中压侧传送。

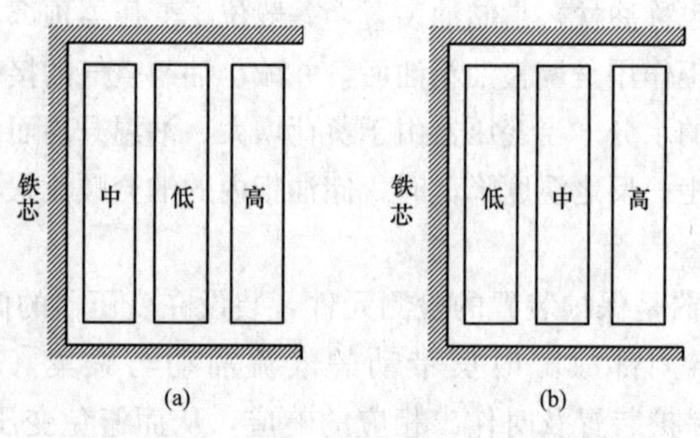

图 4-8 三绕组变压器的排列方式
(a) 升压结构；(b) 降压结构

4.1.4　变压器损耗和效率

变压器之功率差，铜铁损耗间接法。①
空载运行细考察，铁损为主铜损寡，②
铁损又分两枝丫，磁滞涡流固定瓦。③
磁滞损耗于磁化，磁畴相互之摩擦。④
涡流形成如卷闸，回环流动损耗加。⑤
负载运行损耗大，铁损较小忽略它。⑥
铜损可变随流加，电流平方计算它。⑦
效率何时为最大，铜损铁损相同瓦。⑧

解析：

变压器损耗和效率

①变压器是一种能量转换装置，在转换能量过程中必然同时产生损耗。其损耗又可以分为铁损（铁芯损耗）和铜损（铜损耗）两大类。

间接法是专用来计算变压器效率的一种方法，因效率是减去损耗功率之后的输出功率与输入变压器的功率之比，因而计算它的实质就是计算变压器的铁损和铜损，所以间接法又称之为**损耗分离法**。它的优点在于无需在变压器接入负载运行时计算，也无需运用等效电路计算，而是只需进行空载试验和短路试验测出空载损耗和额定电流时的短路损耗便可方便地计算出任意给定负载时的效率。

②空载运行是指变压器一个绕组接入电源，另一个绕组开路运行。此时变压器的空载电流全部用以励磁，故空载电流即是**励磁电流**，此电流用以建立交变磁场。与此同时，变压器内部也会产生损耗，称之为**空载损耗**，因此时二次侧无负载电流，一次侧所产生的铜损极小，铁损占主导地位。

③**铁损**是在导磁材料中引起的能量损耗，是铁芯损耗的简称。它又分为两部分：磁滞损耗和涡流损耗。

④**磁滞损耗**是导磁体反复被磁化，磁畴相互间不停摩擦导致分子运动所消耗的能量。如果将铁磁材料进行周期性磁化，外磁场增加的上升磁化曲线与相应外磁场减少的下降磁化曲线将不会重合，这种现象被称之为**磁滞现象**，其所对应的曲线称之为**磁滞回线**，如图4-9所示。磁滞回线所包含的面积表示单位体积导磁材料在磁化一周的进程中所消耗的能量。

⑤铁芯是导磁体，也是导电体，交变磁场在铁芯内产生自行闭合的感应电流，即为涡流，如图4-10所示。涡流在铁芯中产生的损耗，即**涡流损耗**。涡流损耗与电源频率、硅钢片的厚度等相关。频率越高，磁密度越大，感应电动势就越大，涡流损耗也就越大；硅钢片越厚，层间绝缘越少，回环流动越多，损耗越高。

对于一般硅钢片，磁化过程中的最大磁通密度 B_m 在 1.8T 以内，铁芯损耗之和可以近似表示为

$$p_{Fe}=k_{Fe}f^{1.3}B_m^2V$$

式中：k_{Fe} 为铁芯的损耗系数；f 为磁场交变频率；V 为导磁体的体积。

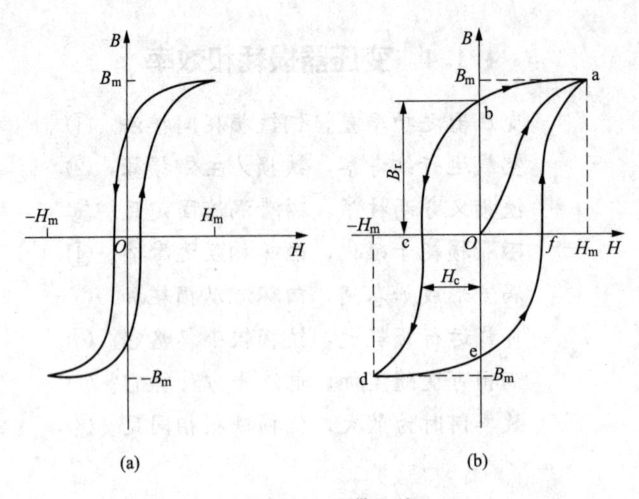

图 4-9 磁滞回线

（a）软磁材料；（b）硬磁材料

B—磁通密度；H—磁场强度；B_r—剩余磁通密度；H_c—矫顽磁力；f—磁场交变频率

由此可见，铁芯在交变磁通中会产生铁芯损耗，若频率固定，则铁芯中的损耗为固定数值，即**不变损耗**。

⑥⑦变压器负载运行是指一侧绕组接至电源、另一侧绕组接负载时的运行方式。此种情况下，变压器的电流可以分为励磁电流和负载电流两部分，相比而言，负载电流往往较励磁电流大得多，因而变压器的损耗主要是铜绕组上的损耗，而铁芯上的损耗相对小得多。此时，铜绕组上的损耗与一、二次侧电流的二次方成正比，即为**可变损耗**。

采用间接法计算时，通过短路试验（将变压器二次侧绕组短路，一次侧直接接至电源端）得出一个含有负载系数 β（β 为二次侧实际电流与额定电流的比值）的表达式，以表示任意负载时变压器的损耗量。

⑧变压器的运行效率不是常数，其与负载电流的大小以及负载的性质相关。当负载的功率因数保持不变时，效率 η 随负载电流系数 β 而变化的关系称为**效率曲线**，如图 4-11 所示。

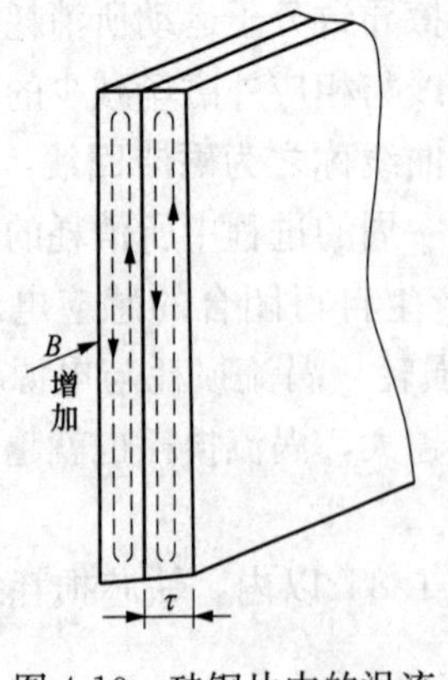

图 4-10 硅钢片中的涡流

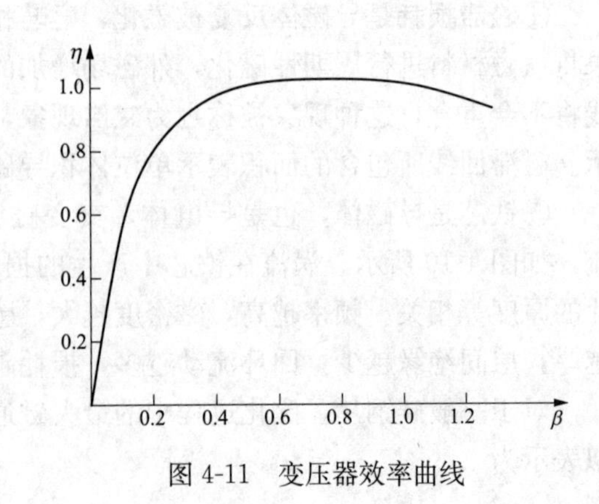

图 4-11 变压器效率曲线

通过相关计算和求导可得出极值条件，即当可变损耗（铜损）等于不变损耗（铁损）时变压器效率达到最大，此时的负载系数为0.5～0.6。

注：现代电磁炉就是利用涡流发热原理制成的。当普通的交流电流过灶台板下的线圈时，便会产生交变磁场。这一磁场的磁力线通过锅底时便会产生许许多多的涡流，即在烹调锅的内部因电磁感应作用而产生涡流，利用在导体内产生热量的这部分功率作为烹调用的能源。电磁炉通常将电源转化成高频方式工作，并且其要求锅的材质为铁或不锈钢，不能使用铜或铝，因为铜、铝的电阻太小，涡流损耗吸收的功率则小。

4.1.5　变压器等效电路及参数

三相电力变压器，阻抗导纳同等记。①
常用T型来等效，为便计算Γ型替。②
励磁支路向前移，两侧阻抗合并计。③
欲获四个参数值，短路空载各所试。④
短路试验小压试，控制电流额定值，⑤
短路损耗电压比，阻抗铜耗得表示。⑥
空载试验常压试，额定电压施一次，⑦
空载损耗电流比，导纳铁损固定值。⑧

解析：

变压器等效电路及参数

①～③三相变压器是对称电路，其等效电路及参数只用一相表示即可。双绕组变压器的等效电路通常采用T型电路来表示，如图4-12（a）所示，左侧部分表示变压器一次绕组的等效阻抗，右侧部分则表示变压器二次绕组的等效阻抗，中间的支路部分则表示励磁绕组的等效阻抗。这种表示方法是直观的，但在电力系统计算中，因为多了一个节点而使计算较为繁琐。通常，为了简化计算，常将励磁支路前移到电源侧，再将二次绕组的阻抗折算到一次侧并和一次绕组的阻抗合并，用等效总阻抗 $R_T+\mathrm{j}X_T$ 表示，这种电路称为**Γ型等效电路**，在绝大多数非特别细节计算中，精确度满足要求，如图4-12（b）所示。

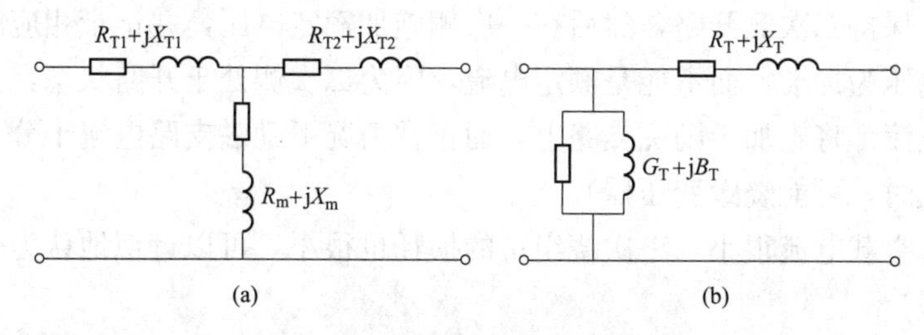

图4-12　变压器二次侧等效电路
（a）T型等效；（b）Γ型等效

④双绕组变压器的四个参数电阻 R_T、电抗 X_T、电导 G_T 和电纳 B_T 可以利用变压器短路试验的两个数据——短路损耗 ΔP_S、短路电压百分数 $U_S(\%)$ 和空载试验的两个数

据——空载损耗 ΔP_0、空载电流百分数 $I_0(\%)$ 进行求得。这两组试验的四个数据通常标注在变压器铭牌上。

⑤⑥**短路试验**：在做变压器短路试验时，将一侧绕组短接，在另一侧绕组上施加电压，使短路绕组的电流达到额定值。以图 4-12 中 Γ 型等效电路为例，首先将二次侧开路处短接，然后在一次侧施加一数值较小的电压，使回路电流达到额定值并记录相应的试验数据（此处必须是以额定电流为标准，而不能是额定电压，因为二次侧处于短接状态，一旦施加电压数值稍高，几乎全部电压将施加于电压等级较低的二次侧上，可能烧毁变压器）。

(1) **电阻**：此时，由于施加电压较小，相应的铁损较小，即励磁支路可被忽略，近似地认为短路损耗等于绕组损耗（铜耗），即 $\Delta P_S = 3R_T I_N^2$，于是

$$R_T = \frac{\Delta P_S}{3I_N^2}$$

在电力系统计算中，常用变压器三相额定容量 S_N 和额定电压 U_N 进行计算，因此上式可变为

$$R_T = \frac{\Delta P_S U_N^2}{S_N^2} \times 10^3 \quad (\Omega)$$

式中：ΔP_S 的单位为 kW，S_N 的单位为 kVA，U_N 的单位为 kV。

(2) **电抗**：在进行短路试验时，当变压器通过额定电流时可测得在阻抗上产生的电压降百分数。这是因为对大容量变压器而言，其绕组电阻比电抗小得多，可以认为通过额定电流时，变压器阻抗上的电压降产生于电抗上，即

$$U_S(\%) = \frac{\sqrt{3}\ I_N X_T}{U_N} \times 100\%$$

从而

$$X_T = \frac{U_S(\%)}{100} \times \frac{U_N}{\sqrt{3}\ I_N} = \frac{U_S(\%)\,U_N^2}{100\,S_N} \times 10^3 \quad (\Omega)$$

⑦⑧**空载试验**：在做变压器空载试验时，将变压器一侧绕组开路，在另一侧绕组加额定电压，此时变压器有功损耗即为空载损耗 ΔP_0，一次电流即为空载电流。以图 4-12 中 Γ 型等效电路为例，保持二次侧开路，然后在一次侧施加额定电压，并记录相应的试验数据（此处必须以额定电压为标准，而不能是额定电流，因为二次侧处于开路状态，一旦施加电流数值稍高，全部电流都将施加于励磁支路上，而正常情况下励磁支路电流十分小，过大电流施加在励磁支路上时，可能烧毁变压器）。

(3) **电导**：空载电流很小，一次绕组中的损耗也很小，可以近似地认为变压器的空载损耗等于铁损，即

$$\Delta P_0 = U_N^2 G_T$$

从而

$$G_T = \frac{\Delta P_0}{U_N^2} \times 10^{-3} \text{ (S)}$$

(4) **电纳**：变压器空载电流 I_0 包含有功分量和无功分量，由于有功分量相对很小，可

近似认为空载电流等于无功分量，即 $I_0 \approx I_b$，于是

$$I_0(\%)=\frac{I_0}{I_N}\times 100\% \approx \frac{I_b}{I_N}\times 100\% \approx \frac{U_N B_T}{\sqrt{3}\ I_N}\times 100\%$$

从而

$$B_T = I_0(\%)\times\frac{\sqrt{3}\ I_N}{U_N}=I_0(\%)\times\frac{S_N}{U_N^2}\times 10^{-3}$$

需要指出来的是，等效电路和参数计算都是进行归算后的结果，如果需要得到实际值，还需要经过变比进行换算。

注：对于三绕组变压器，其等效电路同样采取励磁支路前移的方式进行等效处理，其参数的计算原则与双绕组变压器的基本相同。略有差异的是，在计算电阻时，其短路试验是，在两两绕组间进行的，即依次让一个绕组开路，其余绕组按双绕组变压器进行。其等效电路如图 4-13 所示，不再详述。

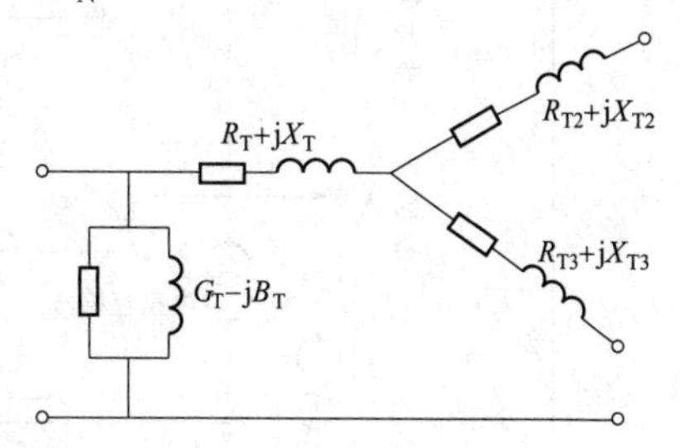

图 4-13　三绕组变压器的等效电路

4.2　互　感　器

4.2.1　互感器作用

电流电压互感器，一次信息传二次。①

变换电流高电压，保护计量标准化。②

正比缩小监测量，二次设备好用上。③

隔离电气高压侧，保障安全大职责。④

解析：

互感器作用

①**互感器**是一种特殊的变压器，包括电流互感器与电压互感器，是一次系统和二次系统之间的联络元件，可使二次系统正确反映一次系统的实时状态。

②③互感器将电力系统一次侧的大电流、高电压以正比缩小的形式转化成二次侧中的小电流（5A 或 1A）、低电压（100V 或 $100/\sqrt{3}$V），再通过二次回路分别向测量仪表和继电器的电压、电流线圈供电，并且使电力系统二次的计量和继电保护等装置得以标准化，也使二次设备的绝缘水平能按低电压设计，相关设备通用性增强，设备制造更易，成本更低。

④最重要的，互感器将一次侧高压设备与二次侧设备及系统在电气方面隔离，这种电气隔离可以在很大程度上保证二次侧设备和人身的安全，使二次回路接线与一次无关，在对设备进行检修、维护、更换时也不影响一次系统。电力一、二次系统划分如图 4-14 所示，可以清楚地看出电流互感器、电压互感器在电力系统中的作用。可以说，互感器就是二次系统与一次系统联系的桥梁，其一侧与电力系统的一次侧相连，另一侧与电力系统的二次侧相连。

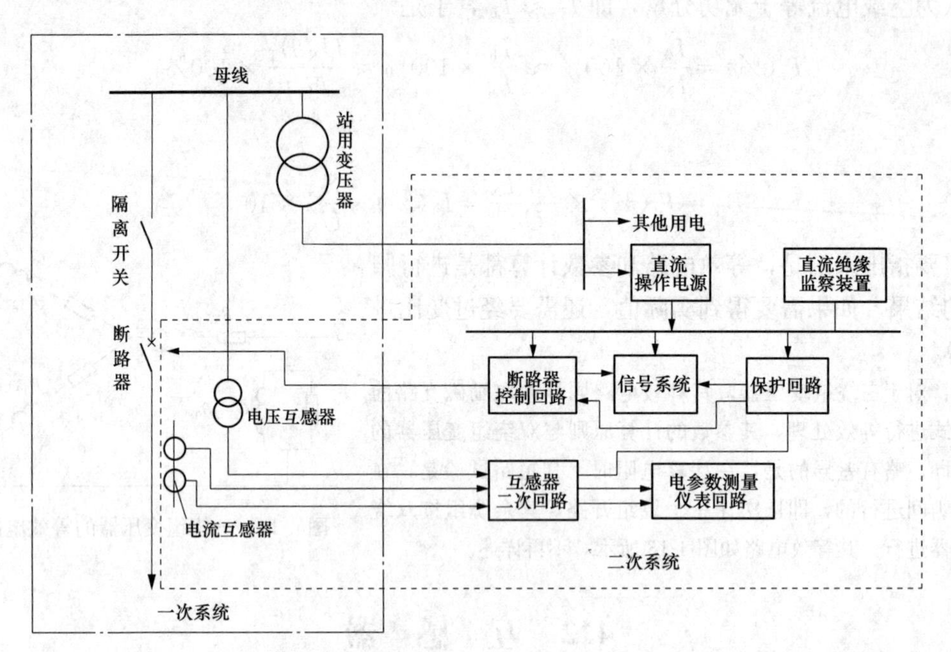

图 4-14 电力一、二次系统划分

4.2.2 互感器分类

电流电压互感器，通常分为三原理。①
传统电磁现电子，另有电容分压式。②
电磁原理电磁式，传统结构悠久史。③
电容分压电容式，高电压中常用此，④
二次绕组单设置，铁磁谐振受抑制。⑤
光电转换电子式，体小质轻无铁磁，⑥
电磁缺陷自消释，频宽抗扰显优势。⑦

解析：

互感器分类

①②根据工作原理，可将电流互感器（旧称 CT）和电压互感器（旧称 PT）分为三大类：电磁式互感器、电容式互感器（电容式通常为电压互感器）和电子式互感器。它们是现代技术与传统技术共同的结晶，随着电力的发展应运而生。

③根据电磁原理制造的**电磁式互感器**是最为传统的互感器，其工作原理与变压器相同，基本结构是铁芯和一次、二次绕组。其特点是容量很小且比较恒定，正常运行时接近于空载或短路状态。这种结构具有悠久的历史，通常电压等级为 220kV 及以下时采用电磁式电压互感器。

④⑤**电容式电压互感器**采用若干个电容器串联，利用电容器串联分压的原理（等同于电

阻串联分压），抽取某个电容器上的电压，或可再经变压器变压，以电容比换算出电压比，其常用于220kV及以上电压等级。电容分压原理如图4-15所示，没有连接电压表时，a、b两点间的电压为

$$U_{C_2}=\frac{C_1U_1}{C_1+C_2}=KU_1$$

式中：K 为分压比；U_1 为装置的相对地电压。

改变 C_1 和 C_2 的值，可得到不同的分压比。但当 C_2 两端接入负载后，由于 C_1 和 C_2 的内阻抗，会使得 U_{C_2} 小于电容分压值。因此在以此原理设计电压互感器时，需要在 C_2 两端串入电感 L 以补偿电容分压器的内阻抗，如图4-16所示，L 称为补偿电抗。实际上，由于电容器有损耗，电感 L 中也有电阻和铁芯损耗，负载下仍存在误差。为了进一步减少二次负载对误差的影响，将测量回路经电磁式电压互感器升压后再与分压器相接，如图4-16所示。补偿电容 C_k 可以补偿中间变压器TV的励磁电流和负载电流中的电感分量，提高负载功率因数，减小测量误差。当二次侧发生短路或断路冲击时，由于非线性电抗的饱和特性，可能引起次谐波铁磁谐振过电压，为此，在二次侧加入阻尼电阻 r_d，可以抑制铁磁谐振发生。

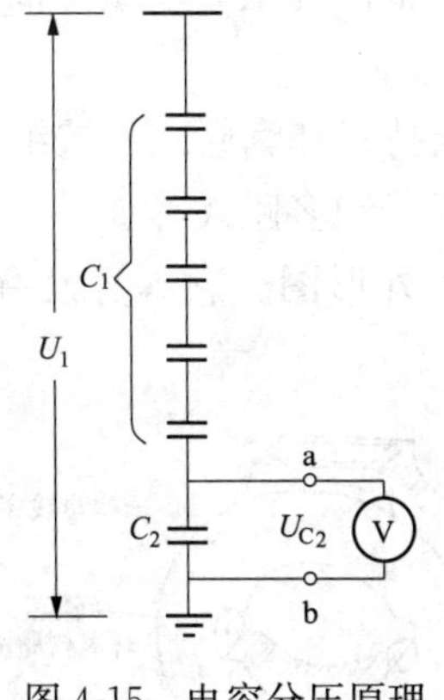

图4-15　电容分压原理

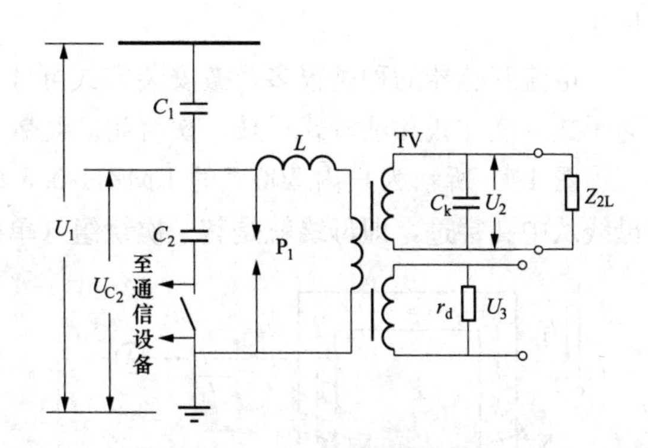

图4-16　电容式电压互感器的原理接线

⑥⑦**电子式电压互感器**根据光电转换原理制造，通常有光电式电流互感器（TAO）、光电式电压互感器（TVO）和组合式光电互感器（TOM）。其二次输出分为模拟量和数字量两类，其中模拟量的输出额定电压也以传统电磁式额定电压为标准。

电子式电压互感器具有传统互感器无可比拟的优势，主要如下：

（1）体积小、质量轻。

（2）无铁芯，不存在磁饱和和铁磁谐振问题。

（3）暂态响应范围大，频率响应宽。

（4）抗电磁干扰性能佳。

（5）无油化结构，绝缘可靠，价格低。

4.2.3 电流互感器简识

电流互感记清楚，简要特性粗概述。①
一次绕组串主路，负荷电流全流过。②
二次绕组多匝数，减小电流恒输出。③
至关重要防开路，三令五申莫疏忽。④
开路电压极恐怖，峰值可达万千伏。⑤
三种接法常为主，单相ＶＹ各用途。⑥
绕组极性有标注，从头进来从头出，⑦
接错保护误动作，电力系统大事故。⑧

解析：

电流互感器简识

①②电流互感器的一次绕组（原绕组，图 4-17 中的 N_1）串联于主电路中（即串于电力系统的一次回路中），系统的负荷电流将全部通过电流互感器的一次绕组。电流互感器一次侧匝数少，在其上的电压降小，尽管电流很大，绕组上的电能功率也不会太大，传递至二次侧的功率就不大，从而使得互感器的绝缘问题更易解决，且整体容量可以做得很小，以减小体积。

电流互感器的种类很多，按安装方式可分为穿墙式、支持式和套管式；按绝缘介质可分为干式、浇注式和油浸式；按一次绕组的匝数可以分为单匝式和多匝式等。

图 4-18 所示为户内 500V 的 LMZJ1-0.5 型电流互感器外形图。它本身没有一次绕组，母线从中孔穿过，即母线就是其一次绕组（单匝）。

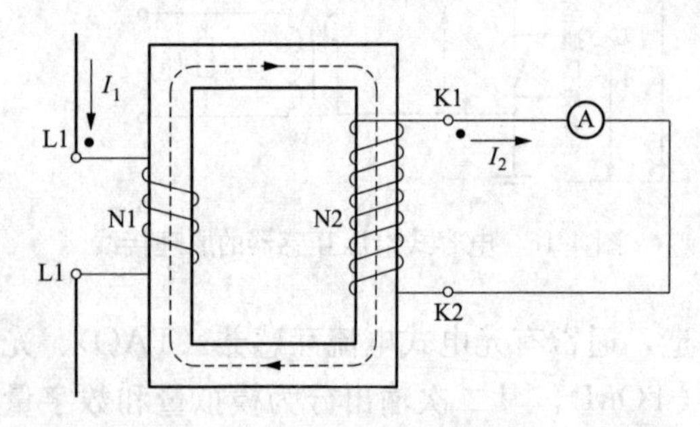

图 4-17　电流互感器接线图

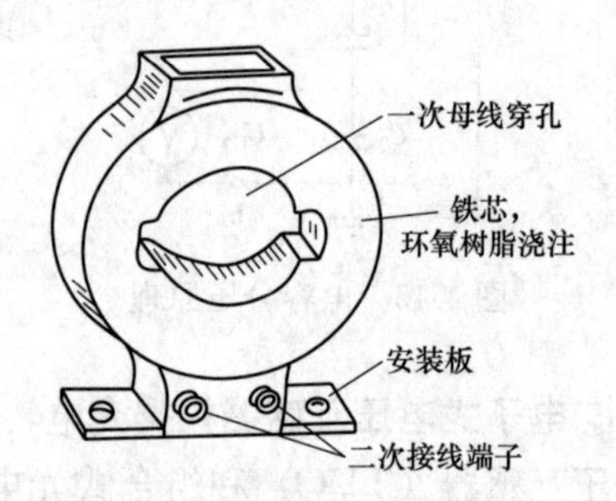

图 4-18　LMZJ1-0.5 型电流互感器

图 4-19 所示为 110kV 油浸正立式电流互感器外形图。

③电流互感器的二次绕组（副绕组，图 4-17 中的 N_2）有较多的匝数，因其本质就是特殊的变压器，所以其二次侧只有较小的电流通过，与测量仪表、继电器等的电流线圈串联。由于测量仪表和继电器等的电流线圈阻抗都很小，所以电流互感器的正常工作方式接近于短路状态，其工作状态近似恒流源。

正常运行时，电流互感器电流的大小不会因为二次负载的变化而变化（在正常允许值的范围内），而是随一次侧电流大小的变化而变化，即一次侧起主导作用（这一点与普通的电力变压器恰恰相反，普通的电力变压器是一次侧随二次侧的变化而变化，即二次侧电流起主导作用）。

电流互感器二次侧的额定电流一般为1A与5A，根据实际情况进行具体选择。

④⑤运行中，电流互感器二次侧禁止出现开路情况。一旦二次侧开路，励磁磁通势由正常时的很小值骤增，而二次绕组感应电动势与磁通变化率成正比，二次绕组磁通过零时会产生很高数值的尖顶波电动势，如图4-20所示，图中画出了二次开路后的磁通 Φ 及一次电流 i_1 。在磁通曲线 Φ 过零前后磁通 Φ 在短时间内从 $+\Phi_m$ 变为 $-\Phi_m$ ，使 $d\Phi/dt$ 值很大。由于二次绕组感应电动势 e_2 正比于磁通 Φ 的变化率 $d\Phi/dt$ ，因而在磁通急剧变化时，开路的二次绕组内将感应出很高的尖顶波电动势 e_2 ，其峰值可达万伏（为了方便理解，可以简单认为：电流互感器正常工作状态相当于短路状态，相当于一个恒流源，而其二次回路电阻很小，一旦发生开路运行，即相当于二次回路电阻变为空气间隙，巨大的电阻与恒定的电流形成上万伏的电压。当然，这样理解是存在一定问题的，因为实际情况是只在磁通过零点才会产生巨大的尖顶波电动势），严重危及绝缘，损坏设备并危及周围作业人员的人身安全。

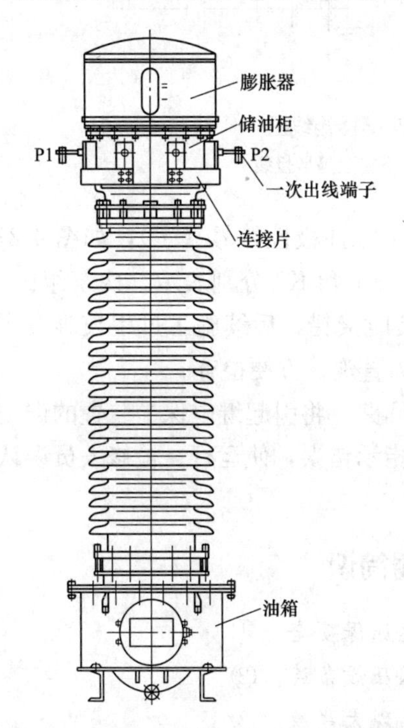

图4-19 110kV油浸正立式电流互感器

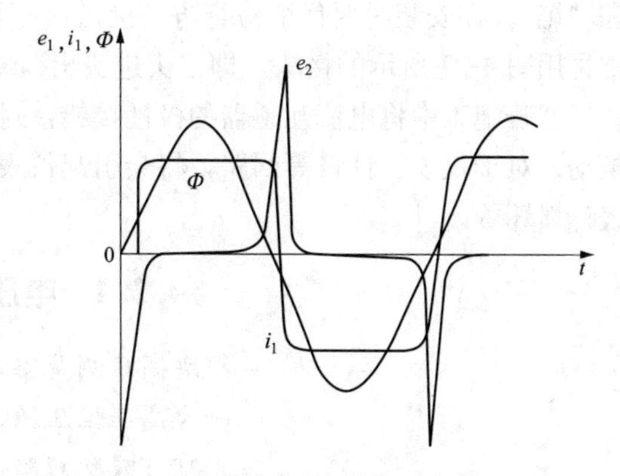

图4-20 电流互感器二次回路开路时磁通和二次电动势的波形

同时，电磁式电流互感器二次开路时磁路的严重饱和还会使铁芯严重发热，若不能及时发现和处理，会使电磁式电流互感器烧毁甚至引起火灾。所以运行中的电流互感器二次电路在进行检修或测试时不能出现开路现象。电磁式电流互感器的二次侧也不允许装接熔断器。在运行中需要断开仪表或继电器时，必须先将电流互感器的二次绕组短接，然后再断开该仪表或继电器，以防发生安全事故。

⑥电流互感器的接线方式有多种，如单相接线、两相不完全星形接线、三相完全星形接

线、零序接线等，不同的接线方式可以适应不同的应用场合以及测出不同的被测参量。图4-21所示为最常用的电气测量仪表与电流互感器的接线图。**单相接线**常用于测量对称三相负荷的一相电流；**星形接线**用于测量三相负荷电流，以监视每相负荷的不对称情况，其能反应任何形式的短路故障，在容量较大的发电机和变压器以及高电压等级上应用广泛；**不完全星形接线**也称为**两相V形接线**，其中一只电流表连接在回线中，回线电流等于A相与C相电流之和，即B相电流，用这种方法可以测得三相中任意一相电流，使用电流互感器仅为两台，大大节省了设备，但这种接线无法反应B相接地故障，通常用在三相三线制的中性点不接地系统中，用作相间保护和电流测量，而B相接地不动作。

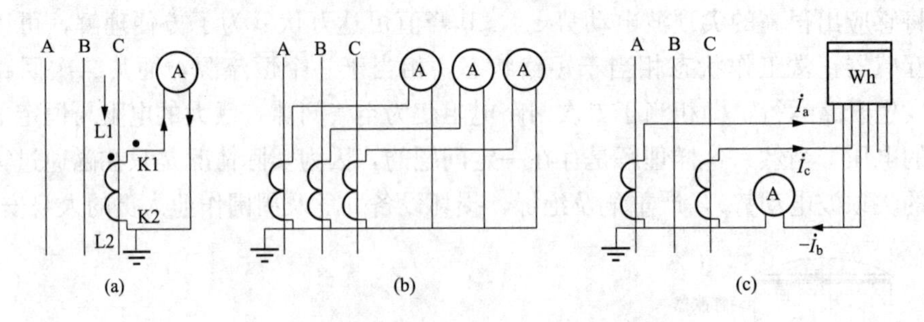

图4-21 常用测量仪表与电流互感器接线图

(a) 单相接线；(b) 星形接线；(c) 不完全星形接线

⑦一般在电流互感器的一、二次绕组引出线端子上标注极性符号（·），如图4-21（a）所示，L1和L2分别表示一次绕组的“头”和“尾”，K1和K2分别表示二次绕组的“头”和“尾”。在安装时要仔细检查防止接错，一旦在安装时接错，后续施工过程较难发现。通常采用图4-21所示的接法，即“头进头出”，这样较为直观、方便检查。

⑧若施工中将电流互感器的极性接错：对于保护回路，将引起继电保护装置的误动或是拒动；对于仪表、计量等回路，将会引起仪表、表计指示错误，使运行、检修人员误认为是表计损坏等。

4.2.4 电压互感器简识

解决高压测量难，降低电压保安全。①
一次高压恒压源，二次低压设备连。②
千叮万嘱防短路，一旦出现大事故。③
回路电流无可估，危害安全实难恕。④
防止绝缘被击穿，一次高压二次窜，⑤
一点接地不能断，人身设备皆安全。⑥

解析：

电压互感器简识

①电力系统高电压的测量比较困难，成本也十分高，并且十分不安全。电压互感器能把电力系统一次侧的高电压按一定的比例缩小，使二次侧能直接、准确地反映一次侧高压量的

变化，不仅能解决测量难的问题，还能保障人身设备安全。

图 4-22 所示为单相油浸式 JDJ-10 型电压互感器。电压互感器的器身固定在油箱上，且浸于油箱的油中。一、二次绕组的引出线通过固定在箱盖上的瓷套管引出。

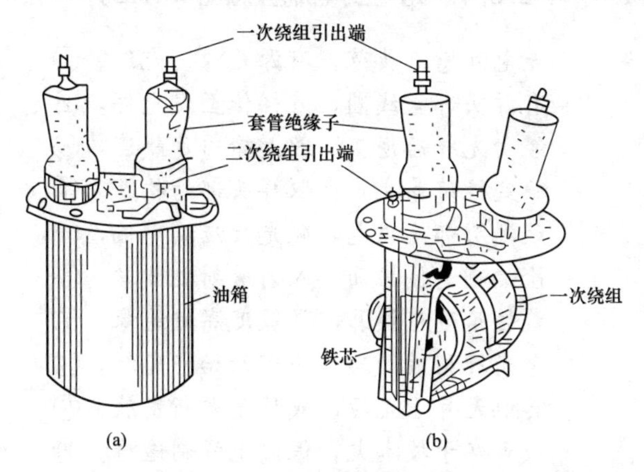

图 4-22　单相油浸式 JDJ-10 型电压互感器

(a) 外形；(b) 器身与箱盖的组装

②电力系统正常情况下，一次回路电压恒定，即为系统的额定电压，电压互感器的一次侧与电力系统的一次回路并联，二次绕组与测量仪表、继电保护及自动装置的电压线圈并联，具体接线如图 4-23 所示。电压互感器二次侧有统一的电压值：额定线电压为 100V，额定相电压为 $\frac{100}{\sqrt{3}}$V。部分互感器存在辅助绕组，辅助二次绕组串联连接，接成**开口三角形**，其绕组额定相电压有 100V 和 $\frac{100}{3}$V 两种，前者用于 110kV 及以上的直接接地系统中，后者用于 35kV 及以下中性点不直接接地的系统中，其目的均是使故障时开口三角的额定电压均为 100V。

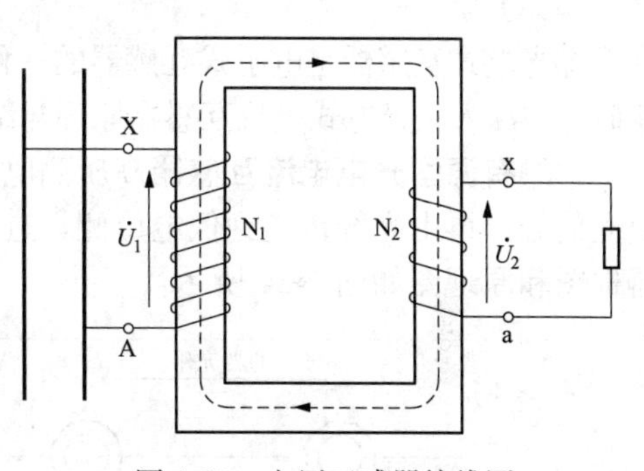

图 4-23　电压互感器接线图

③④电压互感器二次侧严禁出现短路（特别是检修试验时需特别注意），一旦出现将可能出现不可预见的事故。电压互感器正常运行时负载阻抗很大，相当于开路状态，负载电流很小，有利于二次设备获取电压信息。若二次侧出现短路，则相当于无穷大的电阻变为了接近 0，二次侧将出现突增电流，危害人身和设备安全。因此在电压互感器的实际使用中，常常需要在二次侧装设熔断器，一旦二次侧意外发生短路故障，巨大的电流将使熔断器快速熔断，电压互感器变为开路状态，不致烧毁或危及人身安全。

⑤电压互感器在实际使用过程中还有一点需要注意，即需要有防止绝缘击穿高压窜入二次的措施。如果电压互感器一、二次之间的绝缘被击穿，一次侧高压会窜入到二次侧绕组上，同样会对人身或设备带来安全危害。

⑥为了防止窜入二次侧的高压损坏二次设备、威胁人身安全，除了要求将电压互感器的外壳接地外，还必须将二次回路一点可靠接地。

4.2.5 电子式互感器

4.2.5.1 光电式电流互感器（TAO）

光电互感三典范，有源无源全光纤。①
有源头部空线圈，采样传至发光件，②
经由光纤后逆变，放大输出负载连，③
稳定性好易生产，取样头部结构繁。④
无源头部无供电，磁光效应测光偏，⑤
检偏测量偏振面，入射透射之旋转，⑥
旋转角度可换算，灵敏度高好绝缘。⑦
全光纤型最简单，头部开始即光纤，⑧
其他无异于无源，或称无源新发展，⑨
缺点在于技术欠，保偏光纤制造难。⑩

解析：

光电式电流互感器（TAO）

①光电式互感器是电子式互感器的一种，因光纤通信的迅猛发展而被广泛研究和应用。随着研究的深入，光电式电流互感器原理与结构普遍集中到有源型、无源型及全光纤型三类上。

②③**有源型光电电流互感器**高压侧电流信号通过采样线圈将电信号传递给发光元件而变成光信号，再由光纤传递到低电位侧，进行逆变换成电信号后放大输出。有源光电电流互感器框图和原理图如图 4-24 所示。

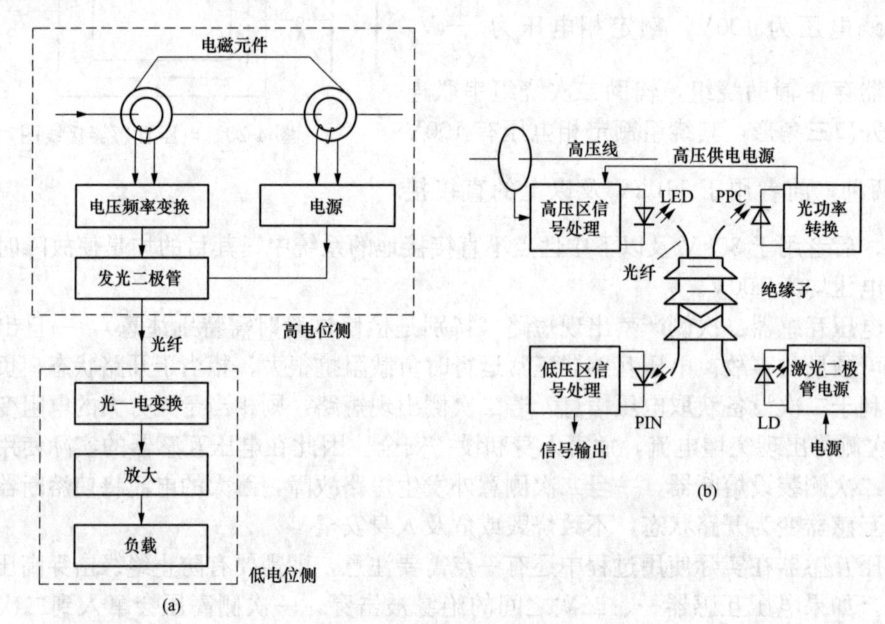

图 4-24 有源光电电流互感器框图和原理图
（a）方框图；（b）原理图

有源光电电流互感器的传感头不是光学元件，而是采用独立式空心线圈，即罗戈夫斯基线圈，如图4-25所示。空心线圈的二次绕组绕在非磁性骨架上，非磁性材料使这种传感器线性度极好，不会饱和，也无磁滞现象，具有良好的稳定性能和暂态响应。

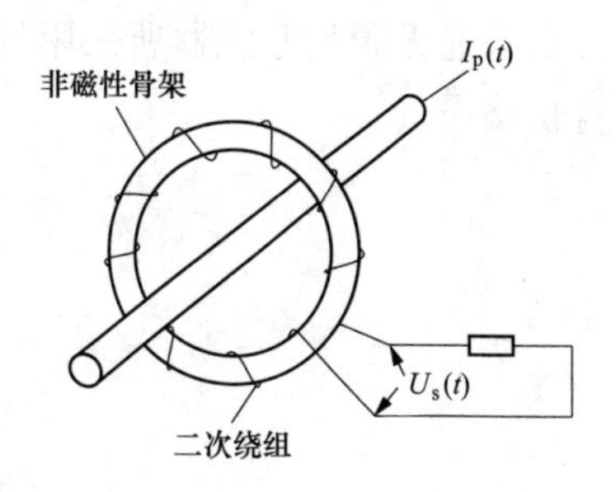

图4-25　独立式空心线圈

在图4-24（b）中，被测高压电流信号先经传感头（空心线圈）变换为适当的电信号，电信号经过高压区调制器进行信号处理后，驱动光源（发光二极管LED）发出携带信息的光信号，即在光源处实现电-光转换。光信号再通过传输媒介传到接收部分，在低压区的接收部分是信号解调电路，它先由光电探测器（PIN光电二极管）实现光电转换，把携带信息的光信号变为电信号，然后把光电探测器输出的信号经过前级放大后再进行解调，一路送入D/A转换器进行模拟信号的还原，另一路直接送入计算机或数字信号处理器件进行信号的处理与计算，并用软件方法对信号进行误差矫正。半导体激光二极管LD和光-电功率转换器PPC共同完成整个过程中的电源供给。

④有源型光电电流互感器是较早期的结构，其优点是结构简单，易于生产，且稳定性较好，在现代电子器件可靠性高、性能稳定的条件下易于实现高精度、大输出。其缺点是取样信号头部结构较为繁杂。

⑤⑥**无源型光电电流互感器**是传感头部位没有电源供电的光电电流测量装置，其多采用**法拉第磁光效应**为基本原理：当一束线偏振光通过置于磁场中的磁光材料时，线偏振光的偏振面就会线性地随着平行于光线方向的磁场大小发生旋转，如图4-26所示。实际广泛使用的为闭环式块状玻璃传感头，如图4-27所示。传感头中的敏感材料通常为重火石玻璃，是一种抗磁性物质，磁光特性好，且温度系数小。

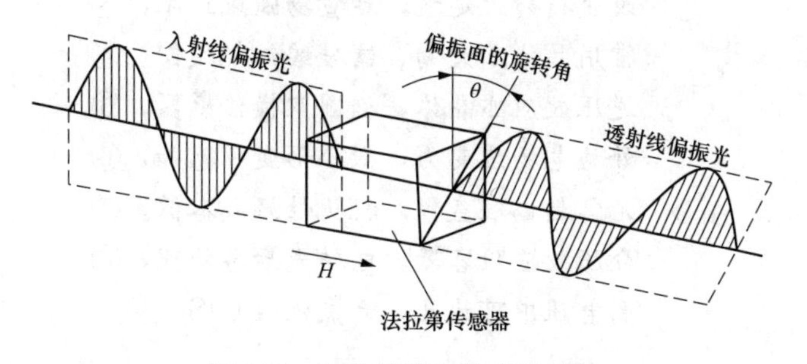

图4-26　法拉第磁光效应示意图

⑦图4-27中，LED发出的光经准直透镜和起偏器处理后，在重火石玻璃内绕载流导体一周，然后经检偏器和准直透镜送给光电探测器。利用检偏将偏转角θ的变化转换为光强的变化，由光强变化间接测量偏转角θ，从而间接得出导体中的电流值。

无源型光电电流互感器的特点是：整个系统的线性度比较好，灵敏度可以做得很高，绝缘性能好；但它也有一定的缺点，主要体现在精度和稳定性易受温度、振动的影响上。

⑧～⑩**全光纤型光电电流互感器**实际上也是无源型，只是它从传感头开始即由光纤本身制成，其余与无源型完全一样，其框图如图4-28所示。它的优点是传感头结构简单，比普通无源型易于制造，相关性能也更为优良。其缺点是互感器所使用的光纤是保偏光纤，比有

源和普通无源型互感器所采用的普通光纤特殊，要制造出具有高稳定性的保偏光纤很困难，且价格昂贵。

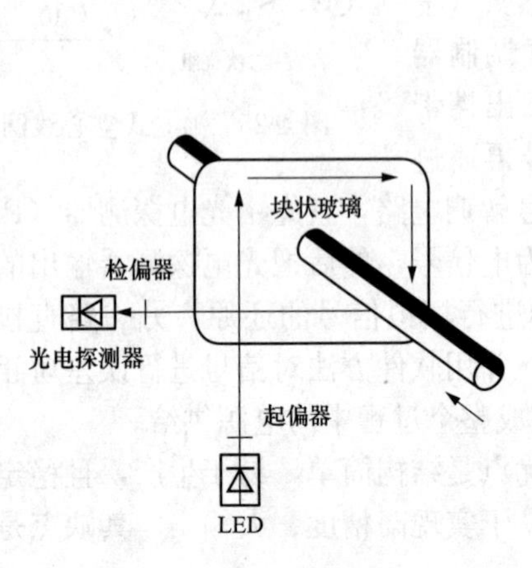

图 4-27　块状玻璃传感头

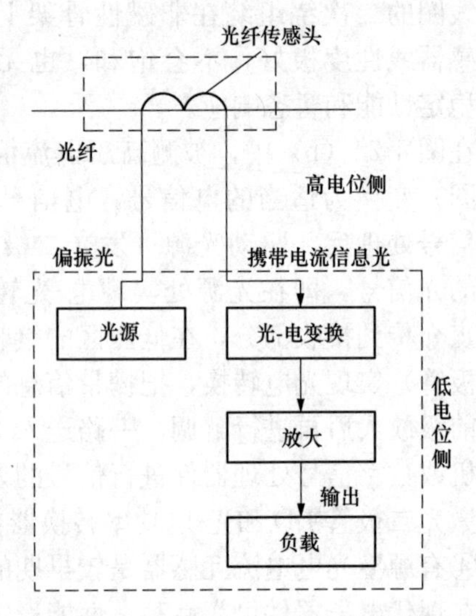

图 4-28　全光纤型光电电流互感器框图

4.2.5.2　光电式电压互感器（TVO）

光电压变三原理，电光逆压分压器。①
电光效应依晶体，普克尔斯传感器，②
改变折射致延迟，延量场强成正比，③
常用晶体三大例，锗硅酸铋铌酸锂。④
逆压效应亦晶体，椭圆双模传感器，⑤
外施电场应变力，微小形变可感知，⑥
无需起偏准直仪，抗扰性好成本低。⑦
分压效应阻容器，电转光后再处理，⑧
高电压中可为此，六氟化硫 GIS。⑨

解析：

光电式电压互感器（TVO）

①光电式电压互感器的基本原理主要分为基于电光效应、基于逆压电效应和基于分压器效应三种。

②采用**普克尔斯效应**（Pockls effect）原理的光电压传感器是应用较广泛的一种电压传感器。普克尔斯效应为电场对透明晶体影响的**电光效应**——某些透明的晶体在没有外电场作用时，各向同性；而在外加电场作用下，晶体变为各向异性的双轴晶体，从而导致其折射率发生改变。

③改变折射率将使某一方向入射晶体的偏振光产生的电光相位延迟，延迟量与外加电场强度成正比。

④常用于 TVO 的晶体有锗酸铋（$BiGe_3O_{12}$，简称 BGO)、硅酸铋（Bi_12SiO_{20}，简称 BSO）和铌酸锂（$LiNbO_{12}$，简称 LN)，这些晶体都是透光率高、无自然双折射和自然旋光性、不存在热电效应的电光晶体。

图 4-29 所示为 BGO 光纤电压传感头的工作原理和结构，传感头由起偏器、λ/4 波片、BGO 晶体、检偏器构成。

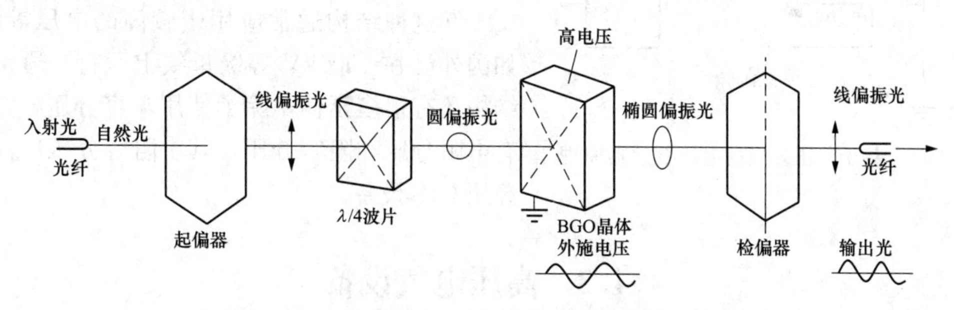

图 4-29 BGO 光纤电压传感头的工作原理和结构

光纤传输的自然光经透镜准直，使原本发散的光变为平行光，然后由起偏器变成线偏振光，再经 λ/4 波片将偏振光再变成圆偏振光。由于加在 BGO 晶体上的电压或电场的作用，这个圆偏振光又变成椭圆偏振光，经检偏器检偏后的光信号，其调制度相当于交流电压或电场。因而，加在 BGO 上的电信号就可以通过检测光信号来测量。

⑤当压电晶体受到外加电场作用时，晶体除了产生极化现象外，形状也会产生微小变化，即产生应变，这种现象称为**逆压电效应**。将逆压电效应引起的晶体形变转化为对光信号的调制，进而检测光信号的变化即可实现对电场（电压）的测量。逆压电效应电压互感器的结构原理如图 4-30 所示。其中传感器部分采用石英晶体作为敏感器件，晶体圆柱表面缠绕椭圆形双模光纤。

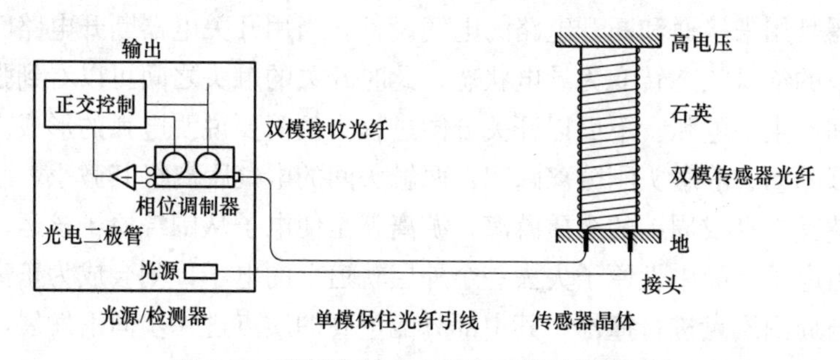

图 4-30 逆压电效应电压互感器的结构原理

⑥当交流电压施加在晶体上时，引起晶体形变，这种形变由椭圆形双模光纤感知，从而调制光纤中两个传导模式（LP_{01}和LP_{11}）间相位差，利用零差相位跟踪技术，测量相位调制量，即可得被测电压的大小和相位。

⑦与电光晶体比较而言，逆压电效应电压传感器的优点就是简洁。除了石英晶体外，其传感器是一种不需要类似准直仪、起偏器、波光等光学分离元件的全光纤传感器。此种全光纤传感器对环境噪声并不敏感，且不需要光纤耦合器件，因而结构相对简单，制造成本更低。

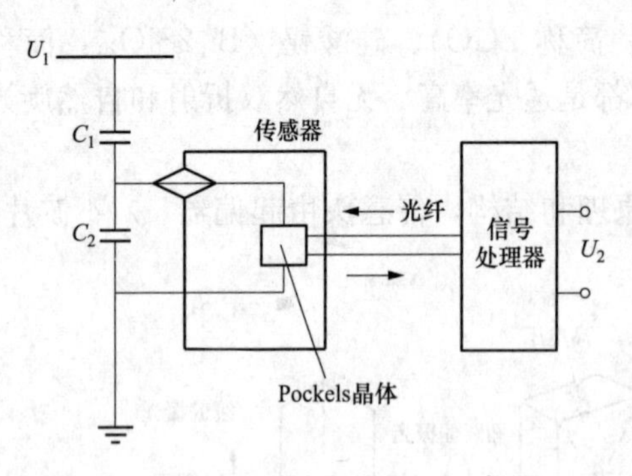

图 4-31　基于分压效应的电压互感器原理

⑧基于分压效应的电压互感器原理图如图 4-31 所示。母线电压经电容器 C_1 和 C_2 而取得分压，经传感器的普克尔斯晶体，把电信号转换为光信号，光信号由光纤传送到信号处理器，把信号再转换为电信号，输出电压。

⑨这种结构通常应用于较高的电压等级上，如国外已在 1000kV 等级母线上运行。通常这种结构还有很多延伸，除了使用电容分压，一般还有电阻分压和阻容分压，其中阻容分压广泛用于高压 GIS 设备。

4.3　高压电气设备

4.3.1　非真空下的电弧

电弧产生之原理，开关分闸引为例。①
动静触头初分离，距离极小质游离。②
游离发生释电子，自由电子再撞击。③
贯穿两极电弧起，绝缘间隙成导体。④
愈演愈烈如何避，除却游离促弧熄。⑤

解析：

非真空下的电弧

①**开关电器**是用来接通和断开电路的电气设备。当用开关电器断开电路时，开关触头间的气体会从原来的绝缘状态转变为导电状态，此时开关的触头之间可以看到强烈而刺眼的亮光，即触头之间产生了电弧。下面以开关分闸过程为例简要说明电弧的形成。

②开关电器的动、静触头刚分离瞬间，两触头间的电气距离极其微小，触头间存在足够大的外施电压使其本身或周围的介质游离，游离就是使电子从围绕原子核运动的轨道中解脱出来，成为自由电子。而中性原子失去一个外层轨道上的电子，则会成为正离子。这些游离的质点不停地与周围质点进行撞击，其中部分能量高的质点进一步向下发展，产生新的自由电子并在电场中加速积累动能，去碰撞另外的中性原子，产生新的游离。

③与此同时，外施电压仍不断地激发周围介质或触头本身向外释放电子，旧的游离犹未结束，新的游离再次开始，如雪崩似的，最终形成电弧。当电弧温度达到 3000℃及以上时，高温使弧道内的中性质点也以极高速度运动，在互相发生剧烈的碰撞下形成自由电子和正离子，气体发生**热游离**，使弧道热游离更为加剧。因此，电弧放电是一种自持气体放电。

④电弧的形成使得两触头间并未真正断开，即动、静触头之间的绝缘介质成为电的通路，只有电弧熄灭后，电路才真正断开。

⑤用来作为绝缘的介质在高电压下却成为电的通路，电弧会越来越强烈，因此需要消除

电弧。

消除的过程称之为**熄弧**，而对应的原理称为**去游离**。熄弧的方法众多，主要有加强介质强度（如采用油介质、SF_6 介质等）、采用吹弧方式（利用气体或油高速吹向电弧，大量带走带电粒子并冷却）、利用多断口分压特性（高压断路器断开时，往往采用两处或多处同时断开，以保证更好的灭弧）以及快速分闸等。

4.3.2　电弧的熄灭

电弧熄灭本质揭，除却游离之电荷。①
异号电荷互中和，弧区质点向外泄。②
要使电弧快熄灭，扩散复合需强烈。③
实际做法分多种，简述几种最常用，④
横向纵向气吹动，油吹效果也相同，⑤
另有磁吹加速动，灭弧栅片狭窄缝，⑥
六氟化硫与真空，多个断口综合用。⑦

解析：

电弧的熄灭

①电弧熄灭的本质就是除却游离的过程。游离产生时，也会存在去游离过程。只有去游离过程大于游离过程，电弧才会最终熄灭。反之，如果游离过程大于去游离过程，电弧将会进一步发展；两者维持平衡时，电弧则稳定燃烧。

②去游离过程主要包括复合过程和扩散过程。**复合**是指带正电的正离子与带负电的负离子相互结合，中和成不带电的中性粒子的过程。电场强度较低、电弧温度低或带电质点浓度大的区域更容易发生复合。**扩散**是指带电质点特别是自由电子，从电弧内部逸出到电弧周围的过程。扩散是由于带电质点不规则的热运动造成的，其通常与周围介质的温差和粒子浓度差相关。

③当上述两个过程或其中之一较为强烈时（外界电压降低或消失时，本质上也是去游离过程强于游离过程），才为电弧的熄灭提供可能性。

④～⑦交流开关电器的电弧能否迅速熄灭，取决于弧隙介质绝缘强度的恢复和弧隙恢复电压。目前开关电器采用的灭弧方法主要有以下几种：

（1）利用气体横向或纵向吹动电弧，也可采用混合吹动方式。**气体吹动灭弧**如图 4-32 所示，气体吹动可使电弧迅速冷却，减弱电弧的热游离过程。气体流速越大，冷却作用越好，特别是采用比较冷的和未游离的气体吹动电弧，灭弧效果更好。

（2）**油吹电弧**。高温电弧与绝缘油接触，能使绝缘油汽化成油蒸气或分解成其他种类的气体。当大量油蒸气和气体被绝缘油包围时，可形成几个或几十个大气压的高压力封闭气泡。油蒸气和气体一旦被释放成为气流去吹动电弧，可使电弧迅速冷却，从而熄灭电弧。

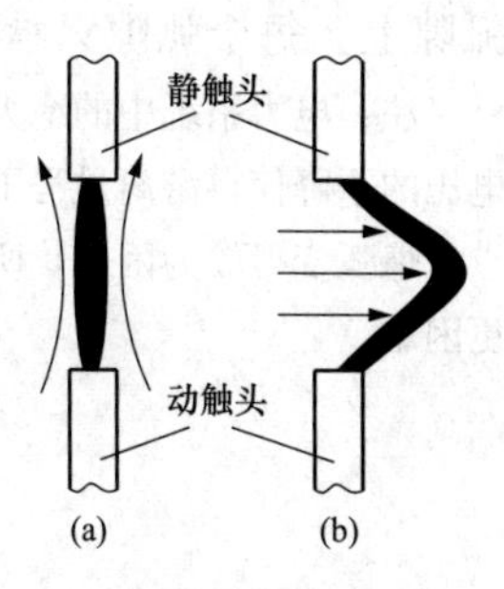

图 4-32　气体吹动灭弧
（a）纵吹；（b）横吹

（3）**电磁吹弧**。电弧在电磁力作用下产生运动的现象，叫电磁吹弧。它起着与气吹同样的作用，即采用同样原理但不同方式来达到同样熄弧的目的。这种灭弧方法在低压电器中应用十分广泛。

（4）**加快触头分开速度**，迅速拉长电弧。在交流电路中，每隔半个周期，电流经过一次零值，当经过零值的瞬间，电弧暂时熄灭，此时如果触头间距分开得比较大，电弧就不会重新点燃。因此，触头的分离速度越快，电弧熄灭得就越快。

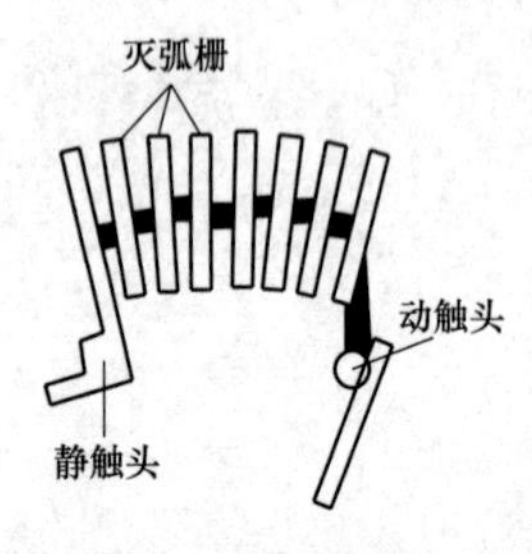

图 4-33 用金属片制成的灭弧栅

（5）利用**灭弧栅片分割电弧**。用金属片制成的灭弧栅如图 4-33 所示。灭弧栅片可将电弧分成几个串联的短电弧，当开关分开时，在静触头和动触头之间产生电弧，电弧受本身磁场的作用力而进入用金属片制成的灭弧栅内（电磁吹弧），从而被分成几个串联的短电弧。由于维持一个短电弧稳定燃烧需要 10～20V 以上的外加电压，如果灭弧栅内有足够的金属片将电弧分为若干个短电弧，以致外加电压不足以维持全部短电弧时，电弧即迅速熄灭。此种方式是电磁吹弧与灭弧栅的综合利用。

（6）使电弧在固体介质的狭缝中运动。此种灭弧方式又称为**狭缝灭弧**。由于电弧在介质的狭缝中运动，一方面因受到冷却而加强了去游离作用，另一方面电弧被拉长、弧径被压小、弧电阻增大、促使电弧熄灭。

（7）用**特殊介质灭弧**，如六氟化硫（SF_6）。SF_6 是一种绝缘强度很高的惰性气体，一些自由电子容易附着在该气体的分子上形成负离子而迅速复合，从而达到灭弧效果。

（8）**真空灭弧**。真空腔体中气体分子少，游离现象微弱，不易产生电弧，即使产生电弧也容易熄灭。

（9）采用**多断口灭弧**。在许多高压和超高压开关设备中，常将每相开关设备的主触头设计为几对触头串联，多断口串联灭弧如图 4-34 所示。图中所示为每相两对触头串联的情况，电流正常流向如箭头所示，从左侧第一对动、静触头流入，再经导电横担，从右侧动、静触头流出。开关分闸时，导电横担向下运动，横担带动动触头向下运动，两对触头断开，形成两段串联的电弧。当电弧自然熄灭后，恢复电压作用在两个串联的弧隙上，每个弧隙只承受一半恢复电压，如此更易熄弧。

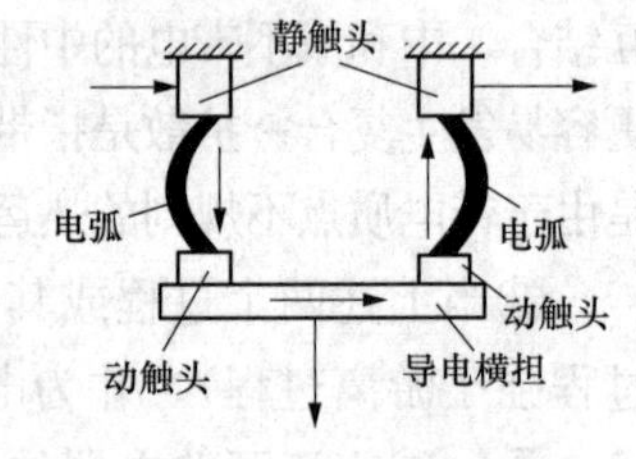

图 4-34 多断口串联灭弧

注：电力系统中的绝大部分电弧都是交流电弧，交流电弧的熄灭总是在电压自然过零点，因为此时外电压的下降使得游离过程下降，在此处熄弧所付出的代价最小。同电压等级下，直流电压不存在自然过零点，熄弧变得较为困难，所需要付出的代价更大，因此直流高压断路器比交流高压断路器要求更高、制造更困难。

4.3.3 SF_6气体简介

六氟化硫非毒气，无色无味不燃体。①

密度较大空气比，五倍数值属重气。②

耐电强度高等级，灭弧能力难代替。③

广泛用于断路器，组合电器全封闭。④
工程应用加压宜，绝缘强度正比例。⑤
混入四成之氮气，性能无碍价倍低。⑥
如何这般好特性？具体原因粗分析。⑦
虽然电子多撞击，动能不足难电离。⑧
硫氟原子强负性，趋于惰性极稳定。⑨
最后一点需注意，灭弧分解产毒气。⑩

解析：

SF_6 气 体 简 介

①②**六氟化硫**是一种无色、无味、无嗅、无毒的不燃气体。SF_6 的分子量是146，相同条件下，它的密度是空气的5倍，属于重气体。因为它的密度大，所以检测封闭空间 SF_6 气体是否发生泄漏的传感器需安装在空间靠下的位置。

③SF_6 为耐电强度等级较高的气体（并非最高，如 CCl_4 气体的耐电强度更高，但这种物质在常温下为液态，77℃左右才变为气态），并且还具有极强的灭弧性能。

④SF_6 大量生产的费用不算太高，经济性能较好。因此广泛应用于大容量高压断路器、高压充气套管、高压电容器等中。发电厂母线与变电站母线套管中以 SF_6 气体作为绝缘的全封闭组合电器（Gas Insulated Substation，GIS）得到快速发展。

⑤电力工程上常在需要绝缘的封闭空间内充入3～4个大气压的 SF_6 气体以保证对地绝缘。

提高压力对 SF_6 气体的绝缘性能有显著提高，二者之间成线性正比关系，如图4-35所示。

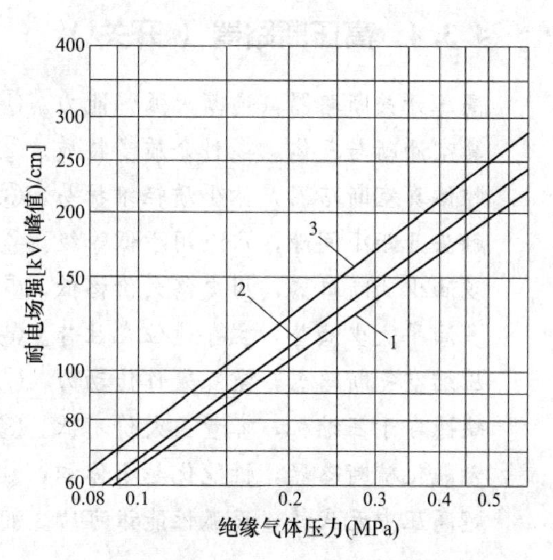

图4-35　标准条件下 SF_6 气体的工程耐电场强

1—负极性直流电压和50Hz交流电压；2—负极性操作冲击电压（250/2500μs）；3—负极性雷电冲击电压（1.2/50μs）

⑥当设备需气量很大时，SF_6 气体的费用不容忽视，因此提出与廉价的氮气混合的想法，经验证，SF_6 气体中混入40%的 N_2 时，其绝缘强度仍可以达到纯 SF_6 气体的92%；混入50%的 N_2 时，其绝缘强度仍可以达88%，因此适量混入 N_2 对 SF_6 气体的绝缘性能并无大的影响，却可以显著降低成本。SF_6/N_2 混合气体的相对耐电场强比如图4-36所示。

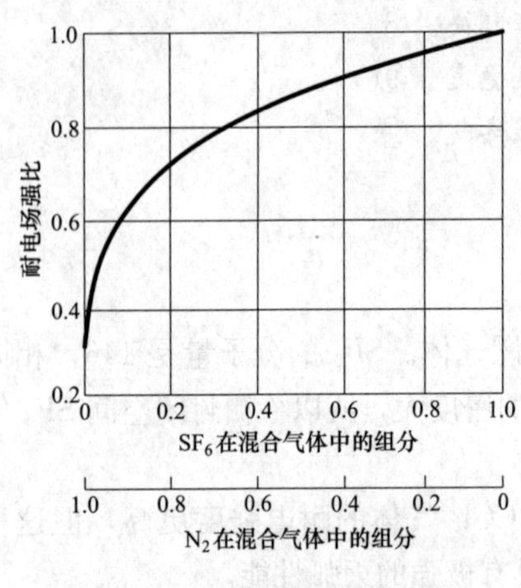

图4-36 SF_6/N_2 混合气体的相对耐电场强比

⑦～⑨SF_6 气体具有优良特性的原因如下：

(1) SF_6 气体密度大，电子在其中的平均自由行程小，不易积聚能量，虽然各电子之间会产生较多次数的撞击，但撞击动能不足，较难产生电离现象。当对其气体采取加压措施后，这一机理更加明显，从而使得其击穿场强很高。

(2) 硫原子和氟原子都具有极强的电负性，其相互之间的键合稳定性很高，在温度不太高的情况下，接近惰性气体的稳定性质。即使在电弧或局部放电的高温作用下，SF_6 气体会产生热离解，变成硫和氟原子，但硫和氟原子也会重新合成 SF_6 分子（只会有极其少量的分解或与杂质合成低氟化物）。

⑩需要注意：SF_6 气体本身为无色、无毒气体，但其在电弧作用下分解物中会有各种有毒的成分，如氟化氢（HF）、四氟化硫（SF_4）、十氟化二硫（S_2F_{10}）、氟化硫酰（SO_2F_2）等，这些物质皆可谓是剧毒物质，少量的吸入即可能危及生命，因此在进入发生 SF_6 气体泄漏的GIS室时，必须佩戴正压式呼吸器或防毒面具，以防中毒。

4.3.4 高压断路器（开关）

高压开关断路器，通断灭弧强能力。①
真空油断与气体，多种介质多特质。②
腔体真空断路器，体小质轻维护易，③
触头开距小间隙，广泛用于低等级。④
多油少油断路器，历史悠久价格低，⑤
多油早汰少油替，主导地位在往昔。⑥
压缩空气断路器，空气兼作传动力，⑦
缺憾在于压缩机，容量虽大价不低。⑧
六氟化硫断路器，性能优越小体积，⑨
超高压中无代替，灭弧性能谁可比。⑩

解析：

高压断路器（开关）

①**高压断路器**又称为**高压开关**或开关，不仅可以切断或闭合高压电路中的负荷电流，而

且当系统发生故障时，还可以通过继电保护装置的作用，切断过负荷电流和短路电流。高压断路器具有完善的灭弧结构和足够的断流能力，其典型结构如图 4-37 所示。

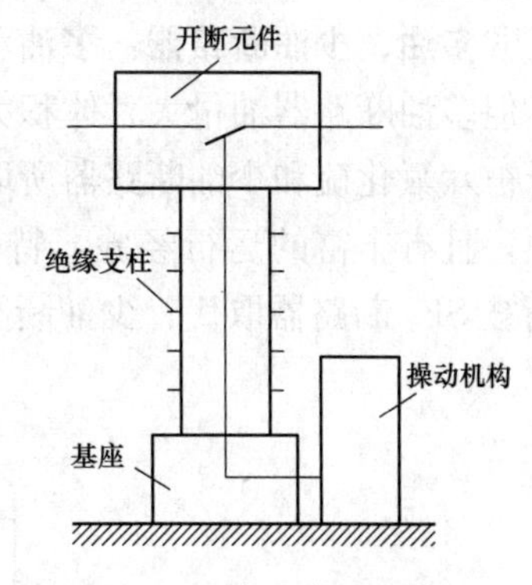

图 4-37　高压断路器典型结构示意图

②断路器灭弧装置与灭弧介质在很大程度上决定了断路器的工作性能。根据灭弧介质的不同，高压断路器主要分为真空断路器、油断路器（又分为多油和少油两类）、压缩空气断路器以及六氟化硫断路器，其各种类型断路器的特点见表 4-1。

表 4-1　　高压断路器分类与主要特点

类型	结构特点	技术特点	运行维护特点
多油断路器	以油作为灭弧介质和绝缘介质；结构简单，制造方便；体积大，用油多	额定电流较小；开断速度较慢；油多，有火灾危险	运行维护简单，运行可靠
少油断路器	油仅作为灭弧介质，油量少、结构简单、制造方便，可用于多种电压等级	开断电流大，全开时间短，可开断空载长线	运行经验丰富，易于维护，油易劣化
真空断路器	以真空作为绝缘和灭弧介质；体积小，质量轻；灭弧室工艺要求高	动作时间短	运行维护简单，可靠性高
空气断路器	以压缩空气作为灭弧介质及操作动力；结构复杂，工艺要求高	开断性能好、动作时间短；额定电流和开断电流可以做到很大	维护工作量小，需要压缩空气设备，噪声大
SF_6断路器	以SF_6作为灭弧介质；体积小、质量轻、工艺要求严格；断开开距小	额定电流和开断电流大；开断性能优异，适宜各种工况	运行稳定、可靠性高、维护量小

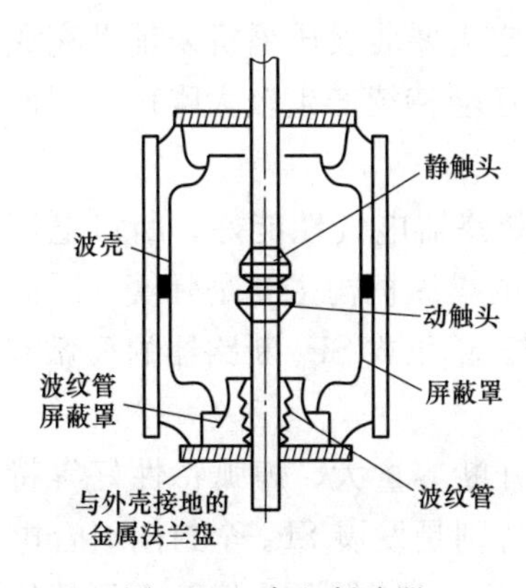

图 4-38　真空断路器灭弧室结构

③④**真空断路器**：真空断路器以真空作为绝缘和灭弧的介质，体积小、质量轻，可连续多次操作、开断性能好、动作时间短，维护简单方便，更为适合操作频繁的配电系统，在 35kV 及以下的系统中得到广泛应用，其灭弧室结构如图 4-38 所示。

真空具有很强的绝缘性，真空间隙在较小的断口（2～3mm）情况下，有着比高压空气和 SF_6 气体更高的绝缘性能，因此真空断路器触头开距一般不大。

值得注意的是，真空断路器中产生的电弧与空气中产生的电弧不同，空气中的电弧是气体游离发展而成的，而真空中的电弧是触头电极蒸发出来的金属蒸气形成的，因此真空断路器的触头往往需采用特殊材质，当前主要为铜铬合金。

⑤⑥**多油、少油断路器**：多油和少油断路器结构简单、工艺要求低，且具有悠久的应用历史。但多油断路器油量大、体积大，有一定的火灾危险，一般情况下已经不再采用，在众多场合被六氟化硫和少油断路器所取代。少油断路器用油量少，油箱结构坚固，体积小，运输方便，且有丰富的运行经验，特别是在220kV以下的系统中，曾占有一定的主导地位，但逐渐被SF_6断路器取代。少油断路器外形结构如图4-39所示。

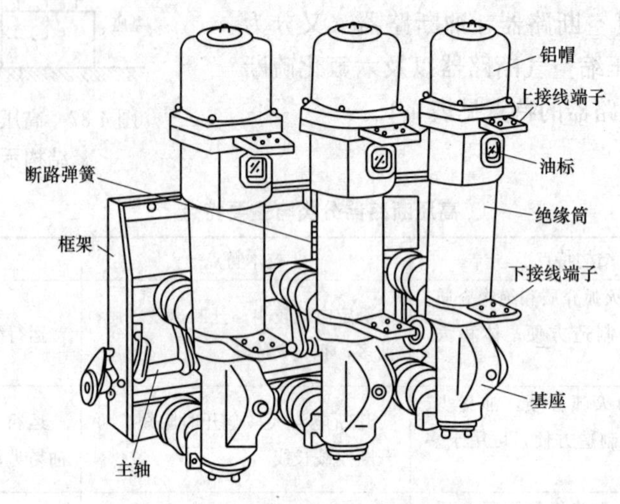

图4-39　少油断路器外形结构

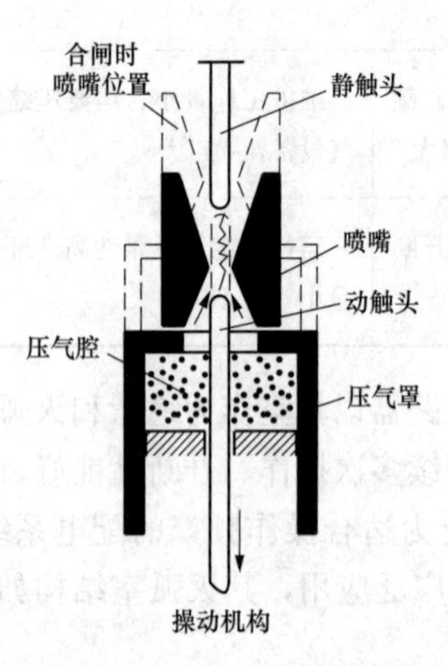

图4-40　单压式SF_6断路器的灭弧室工作原理图

⑦⑧**压缩空气断路器**：压缩空气断路器是利用预先储存的压缩空气进行灭弧。压缩空气不仅可作为灭弧和绝缘介质，而且还可作为传动的动力。新鲜的压缩空气除了能够带走弧隙中的热量，降低弧隙温度，还能够带走弧隙中的游离带电质点，使弧隙介质强度迅速恢复，因此空气断路器断流容量大，且快速自动重合闸时断流容量也不会降低。但是，压缩空气断路器它需要装设压缩机来辅助完成一系列操作，成本较高，且还会持续产生较大噪声，因而也已逐渐被SF_6断路器取代。

⑨⑩**SF_6断路器**：SF_6断路器电气性能好，断口电压可较高，运行安全稳定。它的操纵机构主要是弹簧，因而体积小，十分适合GIS系统。单压式SF_6断路器的灭弧室工作原理如图4-40所示。

在众多类别的断路器中，SF_6断路器具有灭弧能力强、开断容量大、熄弧特性好等特点，因而在超高压输电网的竞争中占据了绝对的领先位置。特别是发展SF_6全封闭组合电器（GIS）以来，凭借整体性能优越以及占地面积小的特点，SF_6断路器几乎成为无可替代的设备。SF_6断路器的价格较高，用于低压系统不太经济。

4.3.5 隔离开关

隔离开关称刀闸，检修设备隔电压。①
不带灭弧较廉价，带有负荷禁止拉。②
明显断点绝无诈，挂设地线瞅准它。③
配合开关可倒闸，改变接线无压差。④

解析：

隔离开关

①②**隔离开关**是高压系统中起隔离电压作用的一种开关设备，通常称为**刀闸**。隔离开关在结构上没有专门的灭弧装置，因此不能用来拉合负荷电流和短路电流。GN8-10 型隔离开关外形结构如图 4-41 所示。在正常分开位置时，隔离开关两端之间有符合安全要求的可见断点，检修维护工作人员可以通过观察它的开断状态来判定相关部位是否已经与电源隔开（断路器是全封闭的，只能通过外部指示装置来判定其所处状态，一旦指示装置故障，将使检修维护人员陷入被动局面）。隔离开关可以开合小电流电路，例如开合电压互感器、避雷器、无负荷母线、励磁电流不超过 2A 的无负荷变压器以及电容电流不超过 5A 的空载线路等，因为在这些情况下，电流很小，开关触头上不会发生很大的电弧。

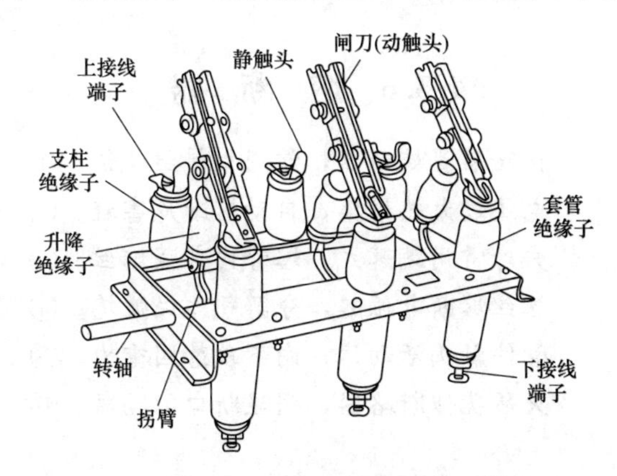

图 4-41　GN8-10 型隔离开关外形结构

③④隔离开关的另一作用是与断路器相配合，进行倒闸操作，以改变系统或线路的运行方式，并且其还能在单断双母线以及带有旁路母线的接线形式中通过等电位合闸改变运行方式。其操作过程中必须遵循“先通后断”原则，即在断开电源检修设备时，首先断路器分闸切除负荷电流，再拉开隔离开关以隔离电压，形成明显的开断点，以使工作人员能够确认电源已经断开，进而才可以进行验电、挂设地线操作，从而保证检修人员和设备的安全。而在接通电路供电时，需是先闭合隔离开关，再由断路器接通电路。

隔离开关的外形繁多，有水平开启的握手式，上下开启的剪刀式，传统结构的闸刀式等，图 4-42 所示为 GW6 系列单柱隔离开关的结构与传动原理图，其为对称剪刀式结构，分闸后形成垂直方向的绝缘断口，分、合闸状态清晰，十分利于巡视。GW6 系列隔离开关通常可作为母线隔离开关，适合电气设备上下布置的情形，具有占地面积小的优点。

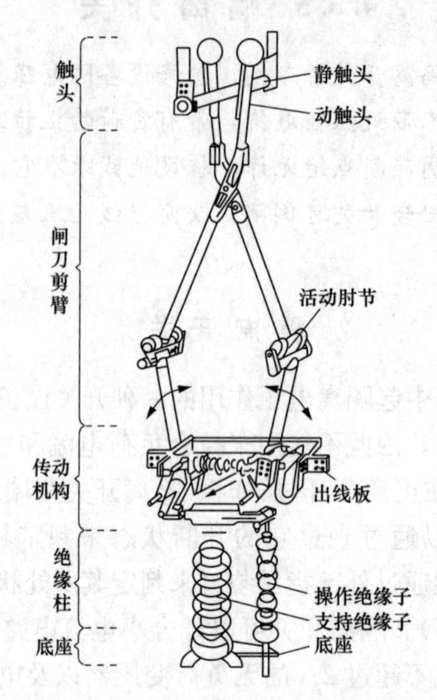

图 4-42　GW6 系列单柱隔离形状的结构与传动原理图（剪刀式）

4.3.6 熔　断　器

保险装置熔断器，常用材料铝铅锑。①
电流过大热聚集，自动熔断危害避。②
户外常用跌落式，熔管内部藏熔丝。③
熔丝熔断电弧起，分解气体促弧熄。④
管件触头活动体，向下跌落因重力。⑤
灭弧犹似断路器，明显断口似隔离。⑥

解析：

熔　断　器

①②**熔断器**是串接在电路中的一种结构简单、安装方便、价格低廉的保护电器，RN1（2）型熔断器外形如图 4-43 所示。RN 系列熔断器主要用于 3～35kV 电力系统短路保护和过载保护。RN1、RN5 型用于电力变压器和电力线路短路保护；RN2、RN6 型额定电流很小，专门用作电压互感器的短路保护。

当流过熔断器熔体或熔丝的电流超过一定数值时，熔体自身产生的热量就能自动地将熔体熔断，从而达到开断电路、保护电气设备的目的。熔体是熔断器的主要元件，通常由易熔金属材料铝、铅、锌、锡、锑、铜及其合金制成。家庭早期使用的熔丝即属于最简易的熔断器。

③**跌落式熔断器**属于户外熔断器，广泛应用于城乡电网的 10kV 线路上，以对线路或其

他电气设备的短路或过负荷进行保护。RW4 型高压跌落式熔断器的基本结构如图 4-44 所示，熔体装设在熔管内部，熔管在上静触头弹簧压力下保持在合闸位置。

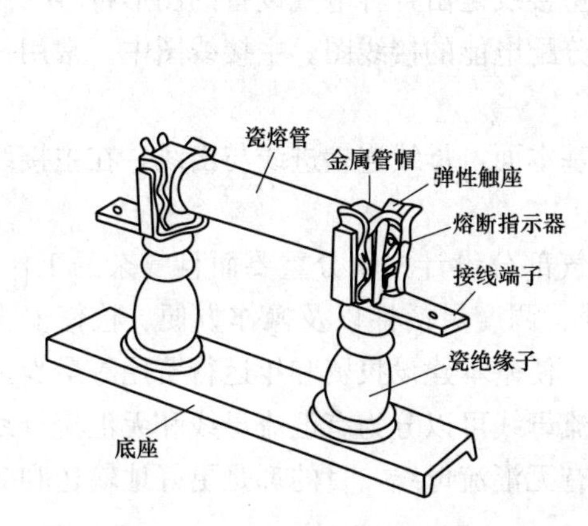

图 4-43　RN1（2）型熔断器外形

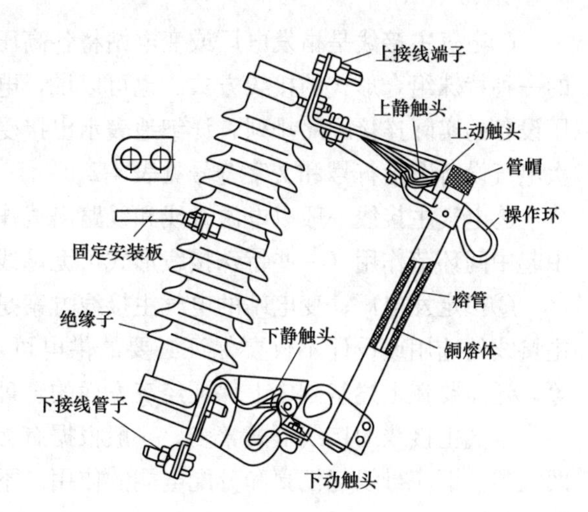

图 4-44　RW4 型高压跌落式熔断器

④熔管由产气管和保护管复合而成，保护管套在产气管的外面以增加熔管的机械强度。当熔体熔断产生电弧时，产气管在电弧高温作用下分解出大量气体向熔管两端喷出，对电弧起吹拂作用，使电弧在电流过零时熄灭。

⑤熔断器在熔体熔断、电弧熄灭后，上动触头处的活动关节不再与静触头保持接触，熔管在上、下触头接触压力推动下，加上熔管本身重量的作用，使熔管自动跌落，形成明显的隔离断口。

⑥跌落式开关熔管上端有操作环，配合绝缘操作杆可以进行拉合闸，开断的电流同样促使熔管产气进行气吹灭弧。从其拉合负荷电流并进行灭弧来看，它与断路器的功能十分相像；事故或人工拉开熔管后，形成明显的断点（方便工作人员一眼看出），起隔离电压作用，这一点又与隔离开关的功能十分类似。在过电流或过负荷时，它能自行熔断，对线路或设备进行保护，所起的作用又相当于高压系统继电保护装置和断路器共同配合的功能。

4.4　电 气 主 接 线

4.4.1　主 接 线 概 况

发电变电主接线，高压设备互相连，①
进出引线基本面，母线格局中间环，②
可靠灵活种类繁，汇聚分配电能传。③
有母接线可分段，运行情况多变换。④
无母接线小空间，狭窄地形犹推荐。⑤
电力员工初入站，重点研究主接线。⑥

解析：

主接线概况

①**电气主接线**是指发电厂或变电站将各高压设备相互连接起来，起输送和分配电能作用的一种特殊组合形式的接线方式。也可以说，电气主接线是由各种电气设备的图形符号按高压设备的实际连接顺序排列，详细地表示出接受和分配电能的接线图。主接线图中，常用一次电气设备图形符号和文字符号见表 4-2。

②电气主接线一般以电源进线和线路出线作为基本面，母线连接进线与出线，在主接线中起中间环节作用（一些特殊接线形式可无母线）。

③拟定发电厂、变电站的电气主接线方案是电气部分设计中十分重要而且复杂的工作。主接线的选用或设计不仅要保证必要的供电可靠性、调度灵活性以及操作方便、检修安全等，还需要在上述基础之上保证经济方面的合理性，使基本建设投资和年运行费用等最少。

电气主接线的接线形式繁多，一般根据有无汇流母线可以分为有汇流母线和无汇流母线两大类。汇流母线起汇聚和分配电能的作用。不管有无汇流母线，目的都是更好地输送和分配电能。

④**有汇流母线**电气主接线形式适用于电源、进出线回路较多的发电厂和变电站。其各种接线方式都可以进行分段，有更为灵活的变换形式，并且有利于改建和扩建，也可以切换成各种适应当前状态的特定运行方式，但整体架构保持不变。

表 4-2　常用一次电气设备的图形符号和文字符号

名称	图形符号	文字符号	名称	图形符号	文字符号
交流发电机		G	断路器		QF
双绕组变压器		T	隔离开关		QS
三绕组变压器		T	熔断器		FU
三绕组自耦变压器		T	避雷器		F
电动机		M	母线		W
电抗器		L	接地		E

⑤**无汇流母线**电气主接线形式适用于电源、进出线回路较少的发电厂和变电站。其一般对地形要求不高，占地面积小，比较适合在地形狭窄的地方或洞内布置，但不利于改建、扩建。

⑥电气主接线是了解发电厂和变电站基本架构的最为直接有效的图纸资料（现场设备），从事电力生产维护的人员均需重点研究主接线。

4.4.2 有汇流母线

4.4.2.1 单母线接线

单母接线较简单，单一母线进出连。①
母线故障全停电，加装旁路或分段。②
分段宜为二三段，常态可合亦可断。③
检修出线需停电，旁路母线隔刀连。④
常设专用旁路断，为省投资分段兼。⑤
此类单母之接线，中小发电变电站。⑥

解析：

单母接线

①**单母线接线**简单，如图4-45所示，其下侧进线为电源点，来自发电机或变压器，中间的母线W既可以保证电源并列运行，又能使任一条出线都可以从任一个电源获得电能。

每条回路中都装有断路器和隔离开关，断路器具有的专用灭弧装置，可以用来开断负荷电流和短路电流，其起接通或切断电流的作用。隔离开关则是保证与带电部分隔离，起隔离电压的作用。隔离开关的配置主要从安全角度考虑，其价格不高，往往是一台断路器的两侧各配备一个隔离开关。少数情况下，可只在一侧装设（如发电机回路中发电机与断路器之间的隔离开关可以省去），如图4-45中G1和G2上侧可以无隔离开关（因为发电机出口断路器检修必须在发电机停止工作情况下才能进行）。

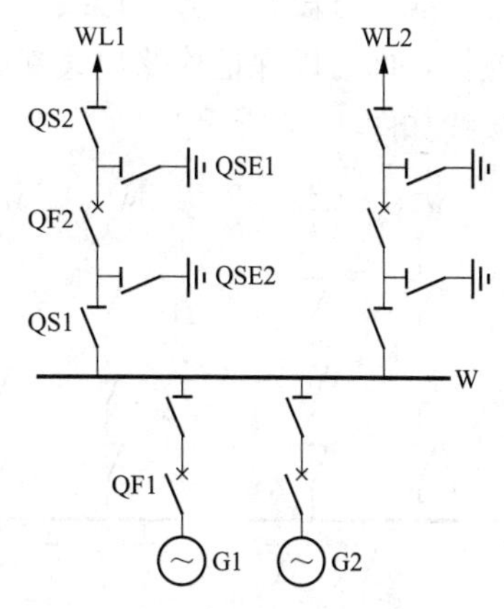

图4-45　单母线接线

QF1—发电机出口断路器；QF2—出线断路器；G1、G2—电源；QS1—母线隔离开关；W—母线；QS2—线路隔离开关；QSE1、QSE2—接地开关；WL1、WL2—出线（输电线路）

②单母线接线的优点是：接线简单，操作方便，设备少，经济性好，扩建也较为方便。但是其可靠性较差，一旦母线故障，所有的回路都将停止运行，造成全厂（站）停电，影响十分恶劣。为防止此种情况发生，通常采取对母线进行分段处理或加装旁路母线的措施来提高供电的可靠性。

③单母线分段接线如图4-46所示，单母线用分段断路器QFD进行分段，两个电源点分

别接于不同母线段WⅠ和WⅡ上，出线也根据回路数或容量合理分配在各段上。段数分得越多，故障时停电范围就越小，但使用的分段断路器数量也就越多（断路器十分昂贵），系统运行也会变得复杂，为此，通常以2～3段为宜。

图4-46所示接线有两种运行方式：**分段断路器** QFD（现电力生产中通常将其统称为**母联断路器**）合闸，联络两母线运行；QFD分闸，两母线独立运行。

分段断路器合闸方式通常运用于发电厂，此时母线联络可以保证该发电厂任何一台机组在运时，与两段母线所连接的出线皆有电能送出。且当任何一段母线故障时，继电保护装置首先将分段断路器跳开，使两段母线独立运行，随后，继电保护装置将与故障母线相连的电源、线路均断开，而非故障母线继续运行，停电范围缩小。

分段断路器分闸方式通常用于某些降压变电站，一方面为了限制短路电流和简化继电保护；另一方面此时的电源通常来源于两条不同的线路，由于线路与整个网络相连，除故障或计划检修外，停电可能极小。且由于两线路来自不同电源点，若采联络运行，往往会使系统有较大的环流，对电力设备不利。此时为了提高供电的可靠性，防止线路故障而使母线失电，通常在分段断路器QFD上装设备用电源自动投入装置，在任一分段电源断开时，将QFD自动接通，形成联络运行。

④**单母线分段接线**在一定程度上提高了供电的可靠性，但它仍然存在较为明显的缺点：当一段母线或电源进线高压设备故障或检修时，该段母线上的所有回路都要在检修期间停电。

单母线（分段）带旁路母线是专为检修出线断路器而设计的，旁路母线与出线通过隔离开关连接，即可以保证检修出线断路器时出线不中断供电，保障供电可靠性。单母线分段带旁路接线如图4-47所示。

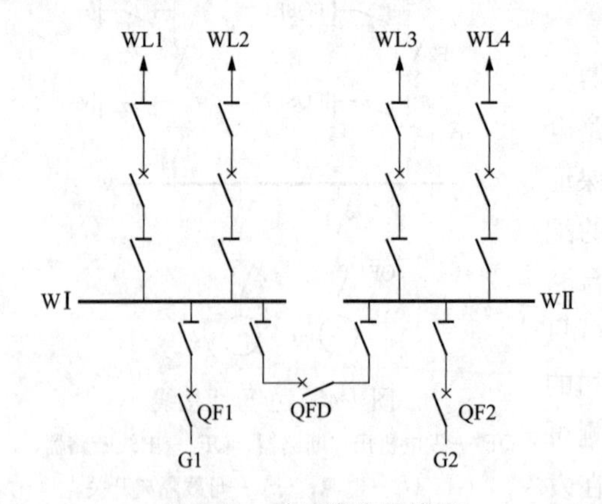

图4-46 单母线分段接线

WⅠ—Ⅰ段母线；WⅡ—Ⅱ段母线；QFD—分段断路器

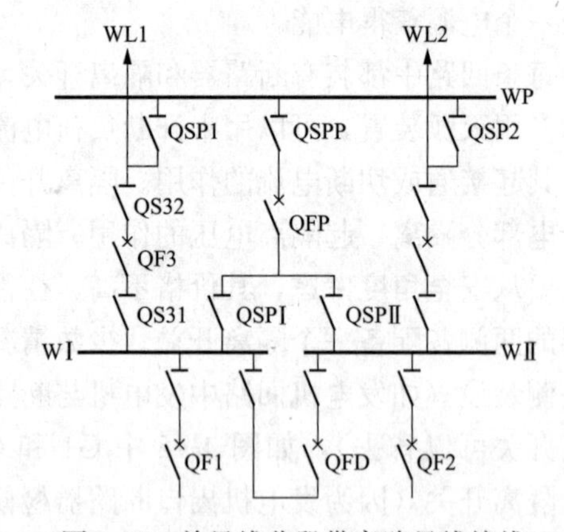

图4-47 单母线分段带旁路母线接线

WP—旁路母线；QFP—旁路断路器；QF3—出线断路器

正常工作时，旁路断路器QFP以及各出线回路上的旁路隔离开关都是断开的，旁路母线WP不带电。

当出线WL1的断路器QF3需要检修时，具体操作过程如下：

先合上QSPⅠ或QSPⅡ其中之一，接着合上QSPP，当两个隔离开关皆合闸成功后，再合上旁路断路器QFP，检查旁路母线WP是否完好。如果旁路母线有故障，QFP合上后会自动断开；如果旁路母线正常，QFP合上之后不跳开，此时旁路母线通过QFP通路进行充电，旁路母线与线路形成等电位，即可合上出线WL1旁路隔离开关QSP1（等电位合闸），然后断开出线WL1的断路器QF3，再断开其两侧的隔离开关QS32和QS31，由旁路断路器QFP代替出线断路器QF3工作。QF3便可进行检修，而出线WL1的供电不中断。

⑤单母线分段带有专用旁路母线接线可极大地提高线路供电可靠性，但这样的接线会增加一台旁路断路器的投资。在实际运用中，为了减少设备，节省投资，可以采用分段断路器兼作旁路母线断路器的接线方式，具体如图4-48所示。

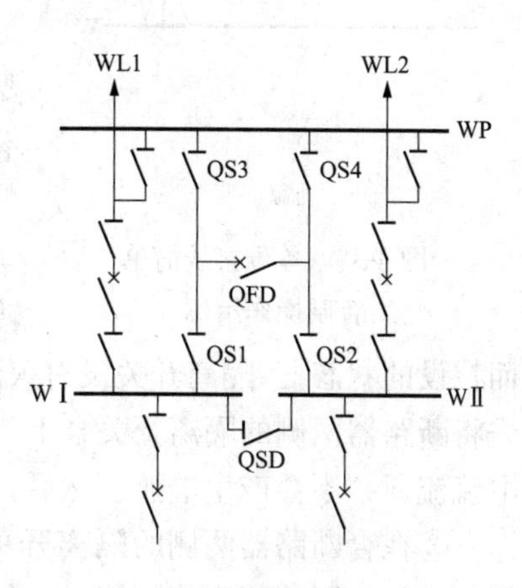

图4-48　分段断路器兼作旁路母线断路器的接线
QFD—旁路断路器

该接线方式在正常工作时按单母线分段运行，而旁路母线WP不带电，即分段断路器QFD的旁路母线侧的隔离开关QS3和QS4断开，工作母线侧的隔离开关QS1和QS2接通，分段断路器QFD断开。当WⅠ段母线上的出线断路器要检修时，为了使WⅠ、WⅡ段母线能够保持联系，先合上分段断路器QFD，再合上分段隔离开关QSD，然后断开断路器QFD和隔离开关QS2，再合上隔离开关QS4，然后合上QFD，完成对WP的充电，即可以合上待检修出线的旁路开关，最后断开要检修的出线断路器及其两侧的隔离开关，即可以对出线断路器进行检修。

分段带旁路母线接线中还有一种旁路断路器兼作分段断路器的接线方式，原理相当，不再介绍。

⑥单母线接线方式不论是否分段，当母线和母线隔离开关故障或检修时，连接在该段母线上的进出线在检修期间将长时间停电。因此通常只运用在中小型变电站或发电厂。

注：以上介绍的拉合断路器和隔离开关的操作过程是为电力系统中的倒闸操作，这一检修出线断路器QF的倒闸操作并不完美，也不详尽，只是在原理上符合操作逻辑。

4.4.2.2 倒闸操作

停电送电称倒闸，倒闸操作防弧拉。①
送电合闸先隔刀，有压无流无弧烧，②
隔刀顺序须知晓，重要设备一侧早。③
停电先分断路器，装置内部自灭弧，④
继而顺序须清楚，次要一侧先切除。⑤
如若倒闸为检修，地线挂接在最后。⑥
检修完毕复再投，相反操作乐无忧。⑦

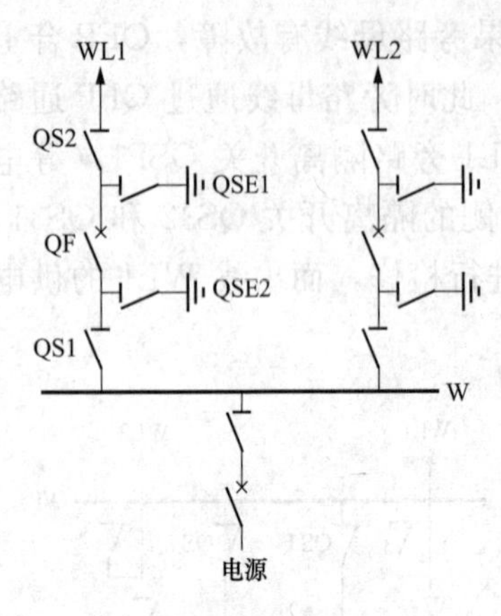

图 4-49 单母接线简单合闸操作示例

解析：

倒 闸 操 作

①电力系统的**倒闸操作**指的是电气设备从一种工作状态转换到另一种工作状态所进行的一系列操作，如将设备从运行状态转换为检修状态所要进行的断开断路器、拉开隔离开关、挂设地线等一系列的操作。倒闸操作是一项既复杂又重要的基本操作，下面以图 4-49 所示断路器和隔离开关的基本组合接线图为例，介绍出线 WL1 停送电操作。

②送电时，假设线路处于**冷备用状态**［此状态下断路器与其两侧的隔离开关（隔刀）均处于分闸。此状态一般作为转检修操作前的一个过渡状态或设备需要较长时间停止运行而拉设的状态］。隔离开关没有灭弧装置，不能带负荷进行倒闸，因此合闸操作时，首先应先将断路器两侧的隔离开关合上，此时断路器仍处于分闸状态，合上两侧的隔离开关并没有电流流通，不会产生电弧。然后，再将中间的断路器进行合闸操作，即可完成送电。

③在合断路器两侧的隔离开关时，要按一定的顺序进行。原则上要求靠近重要设备一侧（或称为影响面广的一侧）的隔离开关先合，而另一侧继之。这主要是因为虽然在合两侧隔离开关之前断路器处于分闸状态，且指示器也显示断路器分闸，但由于断路器的分合状态不明确可见，可能存在指示错误或分断得不彻底的情况。此时，首先操作合闸的隔离开关因有另一隔离开关的明显断点作为隔断，不会出现带负荷合隔离开关的情况；而后操作的隔离开关则会出现带负荷合隔离开关的情况，此隔离开关周围将产生巨大弧光而无法自动熄灭，可能烧毁周围设备的同时还会引起邻近的保护动作跳闸。因此，合闸操作时，重要设备一侧需要先合，而后再合另外一侧，即使出现这种事故，也能将损失降到最小。

那么，何为重要设备呢？与主接线相连的是发电机、变压器、母线和出线回路等，一般而言，因一条母线上可能连有多台发电机或出线，所以在同一厂站，母线相比其他设备更重要一些，即变电站或发电厂在合闸送电时要求先合母线侧隔离开关。但也有例外，如某些特别重要的国家军防或直供电线路，虽然其往往由多个电源点或变电站供电，但为了更加严格地保证这些线路中的任何一条出现问题而不使这些重要场所的供电处于被动状态，则会以线路或设备作为更加重要一侧。具体如何操作，可按上述分析定夺。

④⑤分闸时，因为断路器有灭弧装置，因而首先动作切除负荷或故障电流，此时线路将处于**热备用状态**（此状态下的送电，只需将断路器合闸即可）。若要使系统分闸得更加彻底或需要对断路器进行检修，则需要将其两侧的隔离开关也拉开，并挂设相应的地线。此时，操作顺序与合闸相反，需先拉开相对非重要一侧（通常是负荷侧）的隔离开关，而后拉开重要一侧（通常是母线侧）的隔离开关，以防止重要设备一侧发生可能的拉弧现象。当两侧隔离开关皆分开后，系统将处于冷备用状态。

⑥⑦系统进入冷备用状态后，如需要将断路器转为检修状态，则需要合上断路器两侧接地开关 QSE1、QSE2，对于部分可能没有设置接地开关的地方，则需要挂设地线，以进一步确保断路器与地等电位，即使出现在检修过程中误合两侧的隔离开关，接地线也能强行将

电流导入大地，而不致发生人身安全事故。检修结束以后，再按照与停电完全相反的顺序对各开关进行操作，最后完成送电任务。

4.4.2.3　双母线接线

双母接线多变化，稳定可靠投资大。①
单断双母非主流，灵活经济缺点著；②
出线开关若事故，必然停电慢恢复；③
倒母切换非断路，容易发生操作误；④
母联拒动于短路，全站停电大事故。⑤
优化结构大投入，增设分段或旁路。⑥
双断双母优点多，供电可靠运行活。⑦
性价比低限用处，双母事故停全部。⑧

解析：

双母接线

①**双母线接线**形式可以变化为多种方式：单断路器双母线接线、双断路器双母线接线、3/2 断路器双母线接线，以及双母线分段与双母线加装旁路等形式。这些方式一般投资较大，稳定性能也较高。

②**单断路器双母线接线**如图 4-50 所示，在这种接线方式中，有 WⅠ和 WⅡ两组母线，每个回路都通过一台断路器和两组隔离开关连接到两组母线上。为了避免单一母线故障而造成停电，正常时双母线的两组母线同时工作，还可通过母线联络断路器 QFC 联络运行。电源的负荷被适当地分配在两组母线上（出线隔离开关只合于一组母线，以更好地满足继电保护的要求）。单断路器双母接线，因其线相对灵活，投资也不算太高，可靠性因现代化全封闭组合电器而得到提升，近年来使用越来越多。但这种接线方式并不是双母线接线的主要方式，其存在以下主要缺点：

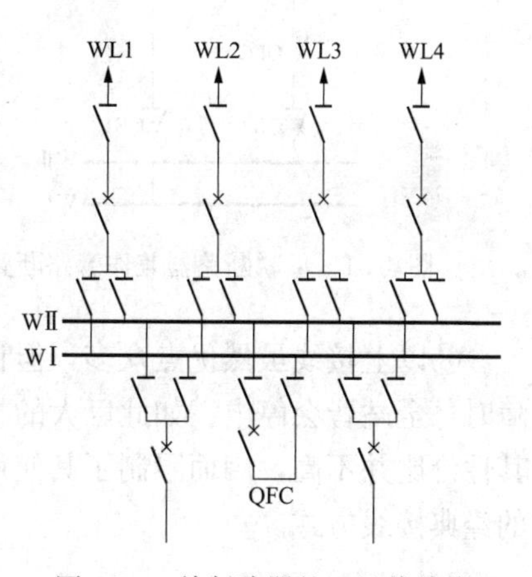

图 4-50　单断路器的双母线接线

③任何一条出线断路器需要检修或发生故障时，该回路必然停电，且需要较长时间恢复。

④当母线故障或检修时，需使用隔离开关进行切换操作，容易发生误操作现象。

⑤特别地，若一组母线发生短路故障而母联断路器拒动时，将造成双母线停运事故，导致全站停电，对电力系统将产生较大影响。

当然，有时为了系统的需要，母联断路器处于热备用状态，两组母线独立运行。此时，相当于分裂为两个发电厂或变电站各向系统送电。这种运行方式常用于系统最大运行方式时，以限制短路电流。

⑥想要克服单断路器双母线接线的部分缺点，对其结构进行优化，可采取增加断路器或

母线投入的方法，即将母线进行分段处理或加装旁路母线，以适应更加重要的发电厂和变电所对电气主接线可靠性的要求。

母联断路器兼作旁路断路器的双母线接线如图 4-51 所示。

出线断路器需要检修时的倒闸操作读者可以自行分析。

⑦**双断路器双母线接线**具有高度的供电可靠性和运行灵活性，具体接线如图 4-52 所示。每个回路内，进线（电源）和出线（负荷）都通过两台断路器与两组母线相连。正常运行时，母线、断路器及隔离开关全部投入运行。这种接线方式可以方便地分成两个相互独立的部分。任意一组母线或任何一台断路器或母线因检修或故障而退出运行时，都不会影响整个系统的供电，并且操作方便简单，继电保护易于实现、误操作的可能性小，但使用的断路器数量也多。

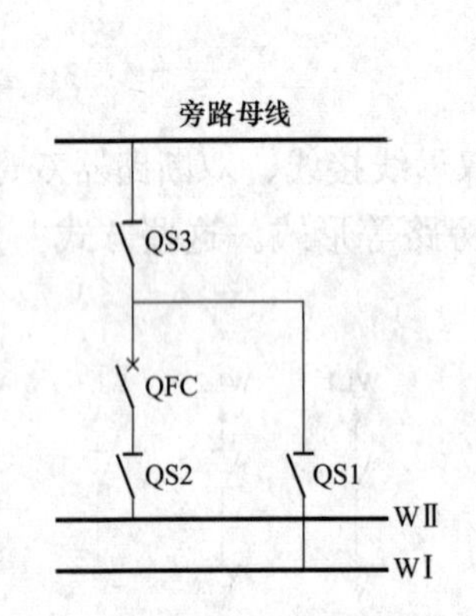

图 4-51 母联断路器兼作旁路断路器

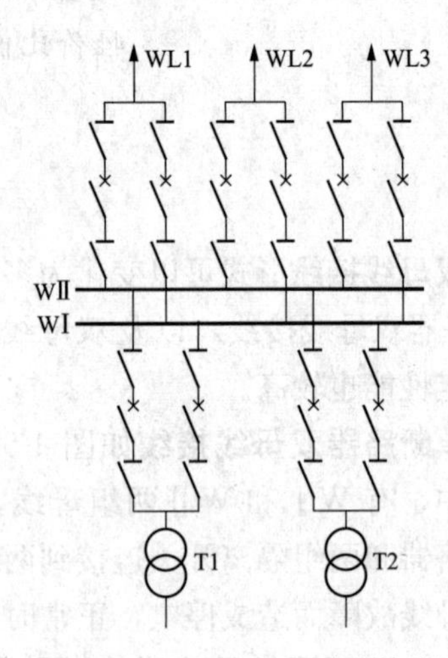

图 4-52 双断路器的双母接线

⑧以上接线虽然优点众多，但仍存在双重故障情况下全部停电的风险，如双母线全部故障时，全站皆会停电。如此巨大的投资与它所带来的供电可靠性的提高并不成正比，或者说其性价比并不高，因而限制了其使用范围。下面将介绍一种投资相对更低，但可靠性却更高的经典接线方式。

4.4.2.4 3/2 断路器接线

经典接线一台半，两个回路三开关。①
双母之间开关串，三个开关一回线。②
同名回路进出线，交替布置位置换。③
正常运行完全串，多个回路环供电。④
任一开关检修间，出线回路不停电。⑤
故障检修任母线，所有供电不中断。⑥
检修期间故障现，少量停电不瘫痪。⑦
极端故障双母线，部分供电仍不断。⑧

解析：

3/2 断路器接线

①**3/2 断路器**的双母线接线是大型厂站电气主接线中广泛采用的一种经典的接线形式，又称之为**一台半接线**。这种接线方式是两个回路共用三台断路器，相当于每个回路占有一台半（3/2 台）断路器。这种接线方式是在双断路器的双母线基础上改进而来的，不仅比双断路器的双母线接线减少了所用断路器的数量，而且有着毫不亚于甚至超过双母双断接线的可靠性。其接线形式如图 4-53 所示。

②3/2 断路器双母线接线每三个断路器为一组串接在两母线中间，称为一个回线。在一个开关串中，两个元件（进线、出线）各自经一台断路器接至不同母线，两回路之间的断路器 QF2 称为**联络断路器**。电力生产中，通常将联络断路器称为**中断路器**，其余断路器称为**边断路器**。

③一回线的三个断路器中两两之间连接一个负荷出线或是电源进线，为了保证系统的更加可靠性，通常在各回路中将进出线交替布置。如图 4-54 所示，这种交替布置系统构架相对复杂一些，占地面积也扩大一些，但它使系统更加可靠。

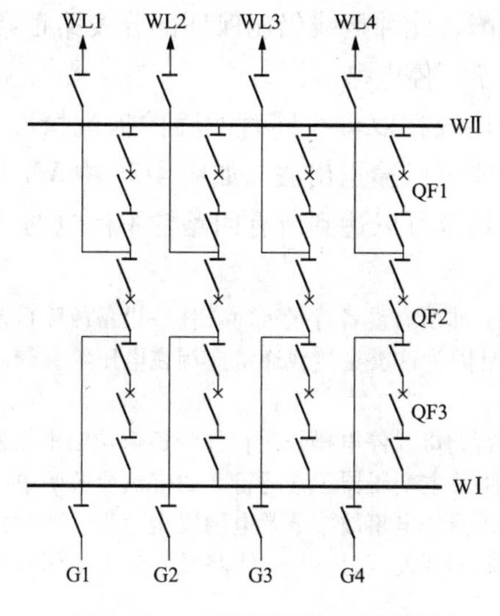

图 4-53　3/2 断路器双母线接线

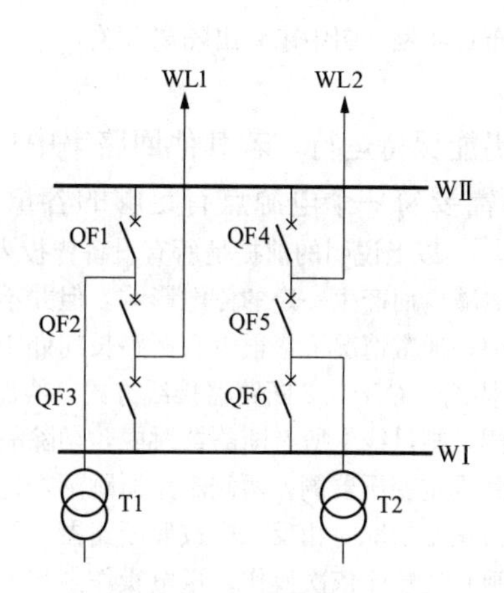

图 4-54　3/2 断路器交替接线配置方式（图中未画出隔离开关）

简要故障事例分析如下：

以 4-54 为例，在全部断路器投入运行时，首先，若变压器 T2 故障，继电保护启动 QF5 和 QF6 跳闸，此时若 QF6 发生拒动，会使母线 WⅠ与系统分离，即 QF3 跳开，但仍不影响 T1 向两条出线供电。

若联络断路器 QF2 在检修或停用，且联络断路器 QF5 发生异常跳闸或事故跳闸（出线 WL2 故障或进线 T2 回路故障），两个电源分别靠近不同母线，至少有一个电源组可向系统供电，不影响供电，如 T1 通过 QF1、QF4 向 WL2 供电，T2 通过 QF6、QF3 向 WL1 供电。若采用的是非交替接线，即变压器 T1、T2 靠近同一条母线，如 T1 与 WL1 位置互换，若同样发生上述故障，将造成切除两个电源系统全停。

④系统运行时，两组母线和同一串的3个断路器都投入工作，称为**完整串运行**（一串中有任何一个断路器退出运行或检修时，称为**不完全串运行**），形成多环路状供电，这种结构具有极高的可靠性，特别是当所有电源点和出线回路都投入运行时。

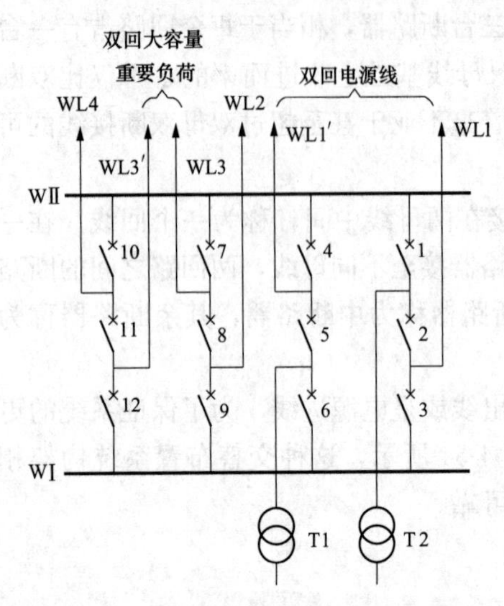

图4-55 3/2断路器的双母线接线交替布置实例（图中未画出隔离开关）

⑤以图4-55所示省去隔离开关的接线为例，从图中可以看出，当所有线路和电源全部投入运行时，12个断路器中任何一个断路器检修或不能正常工作皆不影响任何回路的供电，每条出线和电源进线皆可以从两个方向进行供电。

⑥任一条母线发生故障或检修期间，所有回路也不会停电。例如，WⅡ检修时，断路器1、4、7、10全部退出运行，但所有回路仍能通过WⅠ进行供电。

⑦出现双重故障时，如有一台断路器正处于检修期间母线发生故障，或一组母线检修期间另一组母线发生故障，此种接线仍能保证部分线路正常工作，而不致全厂停电瘫痪。

⑧此种接线在双母线同时故障的极端情况下，仍有部分电能可以输送出去，如图4-55中WL1和WL1′仍能保持运行。若其他回路串中也接有电源，甚至可以达到所有回路皆不停电的理想效果（需要每一个电源点有足够的容量）。

注：1. 以上说明的前提是所有设备皆投入正常运行状态。非所有设备皆投入时，任一设备故障可能会因回路数减少而产生一定的停电影响，但并不会太严重，而且因为这类主接线通常应用在电压等级较高的变电站中，通常情况下，很少有回路长期处于停运状态。

2. 特例。对于3/2断路器接线方式，线路或主变压器运行，母线停电操作时，如带负荷拉闸事故发生在母线侧，则母线上所有断路器跳闸，切除故障点，保证线路及主变压器正常运行。如带负荷拉闸事故发生在线路或主变压器侧，两侧断路器跳闸，造成线路或主变压器停电事故，危及电网安全运行。此时停电操作应与正常情况时相反，应按照断路器（开关）—母线侧隔离开关（刀闸）—线路或主变压器侧隔离开关（刀闸）的顺序依次操作。送电操作则与上述操作顺序相反。

3. 有汇流母线的接线形式还有变压器母线组接方式，是将双母双断路器接线与双母线3/2断路器接线相综合，具有多变换形式的一种接线方式。这种接线方式在国外应用较多，特别是超高压站里，采用变压器母线组接线方式相当早，这种接线方式可靠性高且经济性好。

4.4.3 无汇流母线

4.4.3.1 角形接线

角形接线成闭环，通常布置三五边。①
任一故障不停电，唯使整体成开环。②
开环运行优势减，继电保护整定难。③
整体形式难扩建，狭窄空间中小站。④

解析：

角形接线

①**角形接线**如图4-56所示。这种接线把各个断路器互相连接起来，形成闭合的单环形接线。每个回路（电源或线路）都经过两台断路器接入系统中，从而达到了双重连接的目的。角形接线方式自然形成单回闭环，这种接线方式的角边宜为3～5边，边数再增加会直接影响其可靠性。

②角形接线中任一台断路器或回路发生故障，会使整个系统由闭环状态变为开环运行，但并不中断供电。系统开环状态下的可靠性将大大降低，并且也会使电气元件选择较为困难。角形接线不存在汇流母线，在闭环接线中任一段上发生故障时，只跳开该段连接线两边的断路器，切除一个回路。

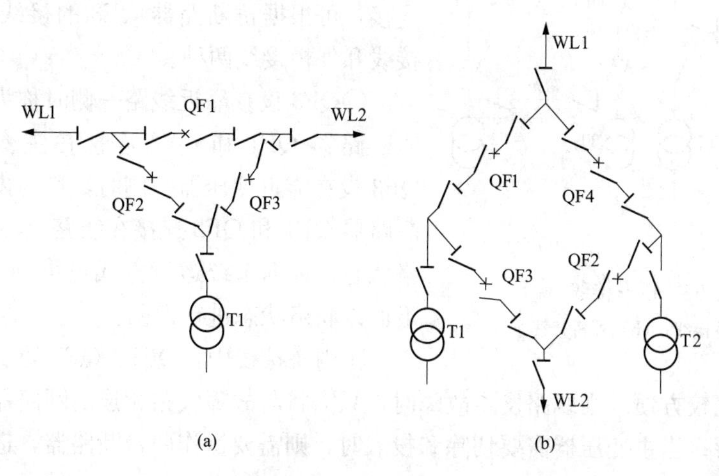

图4-56　角形接线
（a）三角形接线；（b）四角形接线

③在角形接线方式中，开环状态与闭环状态电流差别比较大，使继电保护变得较为复杂，定值的整定需综合多种情况来考虑。所以多角形接线的优点只有在闭环运行时才能充分发挥出来，为了减少开环运行的可能性，角边不宜过多。

④角形接线一般用于回路数较少且能一次建成而不需要再扩建的110kV及以上的场合。其接线无母线，配电装置占地面积小，多用于进出线数不超过6回、地形狭窄的中、小型水力发电站或变电站。

4.4.3.2　桥形接线

两条出线两主变，可以采用桥接线。①
桥形接线两方案，上下位置来判断。②
上为外桥靠出线，下为内桥近主变。③
内桥用于长接线，故障稍多切除便。④
外桥适用线路短，经常切换两主变。⑤

内外桥形优缺点，应用场合恰相反。⑥

辅桥两组隔刀串，俗称跨条轮流检。⑦

解析：

桥形接线

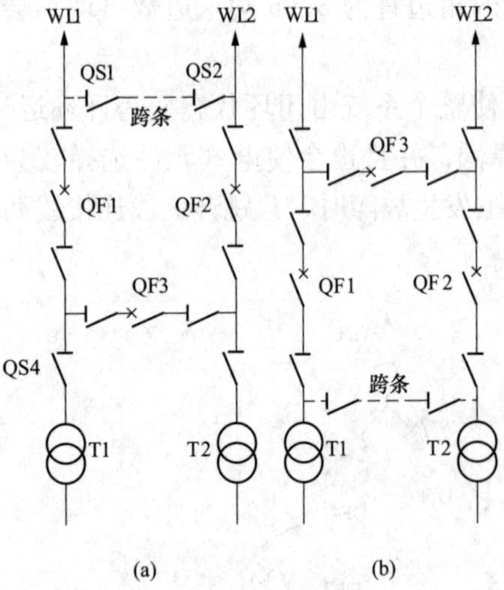

WL1 WL2 WL1 WL2 QS1 QS2 跨条 QF3 QF1 QF2 QF3 QF1 QF2 QS4 跨条 T1 T2 T1 T2 (a) (b)

图 4-57 桥形接线

(a) 内桥接线；(b) 外桥接线

①当只有两台变压器和两条线路时，可以采用桥形接线方式。**桥形接线**如图 4-57 所示，一般是 4 个回路用 3 台断路器，是所有接线中采用断路器最少的一种接线形式。但桥形接线相当于长期开环的四角形接线，其可靠性和灵活性相对较差一些。

②桥形接线中，两条进出线通过桥断路器进行连接，可根据桥断路器 QF3 的接线位置分为内桥接线和外桥接线两种。

③QF3 设在靠近线路一侧时称为**外桥接线**，此时断路器 QF1 和 QF2 连接在主变压器回路中；QF3 设在靠近变压器一侧时，称为**内桥接线**，此时断路器 QF1 和 QF2 连接在线路上。QF3 通常为联络状态，根据系统运行方式也可处于热备用状态，下面以联络状态进行说明。

④内桥接线中，QF1、QF2 处于线路侧，线路的投入与切除比较方便。当线路发生故障时，只需将与故障线路相连的断路器断开，并不影响其他回路运行；当主变压器需要切除和投入时，则需要操作两台断路器，造成一回线路的暂时停运。

例如，变压器 T1 停电操作步骤如下：

(1) 断开 QF1、QF3 及变压器 T1 的低压侧断路器（图中无画出）；

(2) 断开 QS4；

(3) 合上 QF1、QF3。

此操作中，出线 L1 会暂时停电，因此，内桥接线通常应用于输电线路较长、故障概率相对较大，而变压器又不需要经常切换的中小容量发电厂和变电站中。

⑤外桥接线中，两台断路器 QF1 和 QF2 连接在变压器回路，当变压器发生故障时，不会影响其他回路的运行，变压器的投入和切除也十分方便，不会影响线路工作。但当线路发生短路故障或进行正常投入与切除操作时，需要动作与之相连的两台断路器，并造成一台变压器的暂时停运。因此，外桥接线适用于线路长度较短，检修、操作及故障概率均较小，而变压器按照经济运行的要求需要经常进行切换的场合。

⑥内桥接线和外桥接线因为节省了断路器的数量，所以在应用时各有优缺点，且两者的特点恰好相反。

⑦为了克服桥形接线的缺点，可在内桥和外桥中分别附设一个正常时断开的带隔离开关的跨条，如图 4-57 中虚线部分所示，作为辅桥。这样，当出线断路器（或变压器侧断路器）

检修时，先将跨条上的隔离开关合闸，然后再断开要检修的断路器及两侧的隔离开关，以保证线路（或变压器）的连续运行。在跨条上通常设置两组隔离开关进行串联，以便于实现轮流检修跨条上的任何一组隔离开关。

需要注意的是，跨条虽然可以解决上述检修时的停电问题，但会给系统带来带负荷合隔离开关的潜在可能，需谨慎采用。如图 4-57 所示，内桥接线变压器 T1 检修时，首先合上 QS1、QS2，再断开断路器 QF1 和 QF3，出线 WL1 不致停电，但在操作跨条瞬间若发生 QF1 或 QF2 事故跳闸，则会发生带负荷合隔离开关的重大安全事故。

注：1. 桥形接线属于无汇流母线接线，在现场实际设备和工程绘图中往往会有类似母线的构件，如图 4-58 所示，其形式与单母线分段接线十分相似，评判其接线方式时，变压器侧与出线侧有无断路器是最有效的评判方法，而非母线。再者，需要看进出线回数，桥形接线为两进两出，而单母分段出线回数往往大于 2。

2. 在无汇流母线接线形式中，还有一种单元接线，是无汇流母线接线形式中最为简单的一种，它通常是把发电机、变压器或线路直接串联连接，其间除厂用电分支外，不再设母线之类的架构，此种接线在发电厂中应用较多。

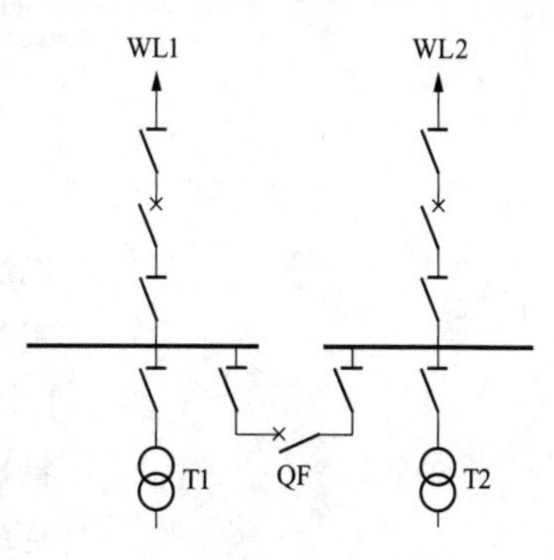

图 4-58　内桥接线

4.5　绝 缘 试 验

4.5.1　绝缘试验概况

绝缘性能较重要，两类试验可测定。①
检查试验多情形，电压较低前瞻性，②
多类方法多测定，整体缺陷能预警。③
耐压试验电压高，模仿冲击破坏性，④
试验结论最可信，集中缺陷反应灵。⑤

解析：

绝缘试验概况

①电力系统或设备中发生的大部分事故都与绝缘有关系。因此，设备绝缘性能是大部分设备必须检验的指标之一。绝缘试验是检验设备在长期额定电压作用下绝缘性能的可靠程度，以及即使在外界过电压作用下，也不致发生有害的放电，导致绝缘击穿的耐压能力。通常电气设备绝缘试验可以分为两大类：检查性试验和耐压试验。

②③**检查性试验**一般在较低的电压等级下进行，通常不会导致绝缘击穿破坏，也称为非破坏性试验，其试验结果具有一定的前瞻性，可以通过适当的方法对其发现的绝缘缺陷进行改善。检查性试验根据设备的性质、结构、材料以及使用场合的不同又分为多种方法，各种方法的有效性不尽相同，本质都是测定绝缘性能，并在一定程度上以非破坏的形式揭示设备绝缘方面的**整体缺陷**（或称分布缺陷），防患于未然。

④**耐压试验**是模仿设备在运行中可能受到的各种电压冲击，对设备施加与之等价的或更为严峻的电压，从而考验绝缘耐受能力是否达到标准。耐压试验所施加电压较高，有可能导致设备绝缘破坏，故也称为**破坏性试验**。

⑤耐压试验是对设备绝缘进行有效考验，其试验结论可靠性高，对设备绝缘的**集中缺陷**（或称局部缺陷）反应灵敏，但不能明显地揭示绝缘缺陷的性质和根源。

由此可见，这两类试验是相辅相成，并不能相互代替的。

4.5.2 检查性试验

4.5.2.1 绝缘电阻测定

绝缘性能防降低，测定电阻粗分析。①
测量表计简原理，三个端子 L E G。②
L 端子接导体，E 连外壳或接地。③
特别注意 G 端子，被试设备屏蔽极。④
绝缘电阻经验值，一个千伏一兆欧。⑤

解析：

绝缘电阻测定

①**绝缘电阻**是反映绝缘性能最基本的指标之一。为了防止设备因为绝缘性能降低而带来不必要的事故，一般通过测量设备的绝缘电阻进行粗略分析。测量绝缘电阻的工具为**绝缘电阻表**（也称**兆欧表**）手摇绝缘电阻表示意如图 4-59 所示。常用绝缘电阻表额定电压有 500、1000、2500、5000V 等诸多等级，额定电压较高的，绝缘电阻的可分辨量程也较高，可以对电压范围内的几乎所有设备进行绝缘电阻测量，应用十分广泛（使用手动绝缘电阻表时，手摇应匀速，转动速度约 120r/min）。

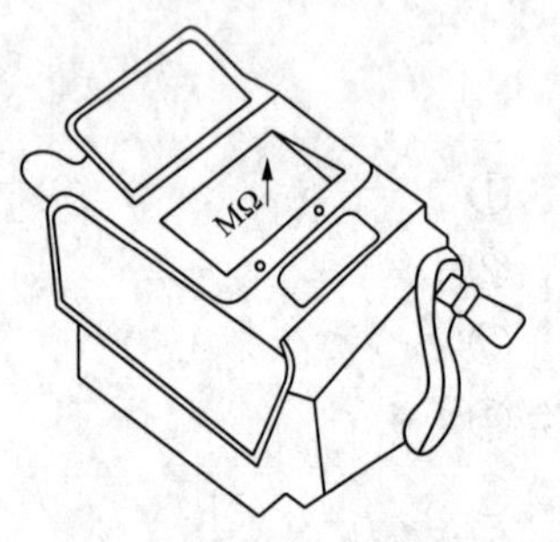

图 4-59 手摇绝缘电阻表

②手摇绝缘电阻表原理简单、体积小，简单，使用十分方便。其对外有 L、E 和 G 端子三个接线端子，使用前应明确这三个端子接线。

③④L 端子接被试品的高压导体，E 端子接被试品的外壳或地，G 端子接被试品的屏蔽环或别的屏蔽电极。测试时，G 端子所应该接的屏蔽电极有时不太明确，或被测设备根本就没有屏蔽极，此时应人为制造一个金属屏蔽环极接入 G 端子，具体方法参见图 4-60。被试品表面的泄漏电流会对测量的绝缘电阻产生影响，通过屏蔽环极则可以让设备表面的泄漏电流流回绝缘电阻表负极。

常见的电缆线路的绝缘电阻测量如图 4-61 所示，L 端子接线芯，E 端子接电缆外表皮，G 端子接电缆线路中间层的屏蔽网或线。

⑤绝缘电阻测试结果。可采用经验数值加以粗略判断，除特殊设备外，一般合格标准都满足电压每增加 1kV，绝缘电阻增加 1MΩ，即：电压等级为 1kV 的被试品，绝缘电阻应不

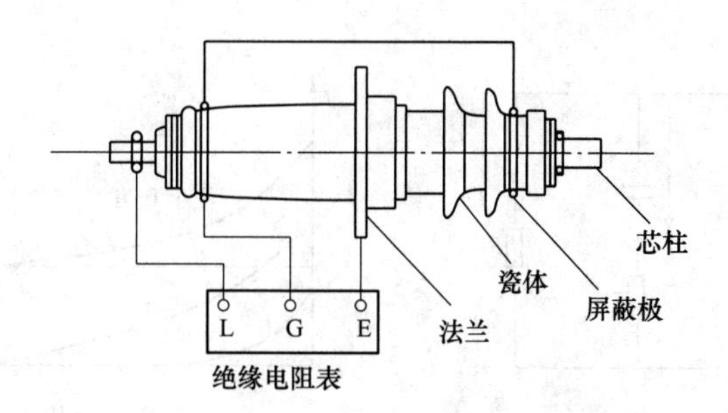

图 4-60 用绝缘电阻表测套管绝缘的接线图

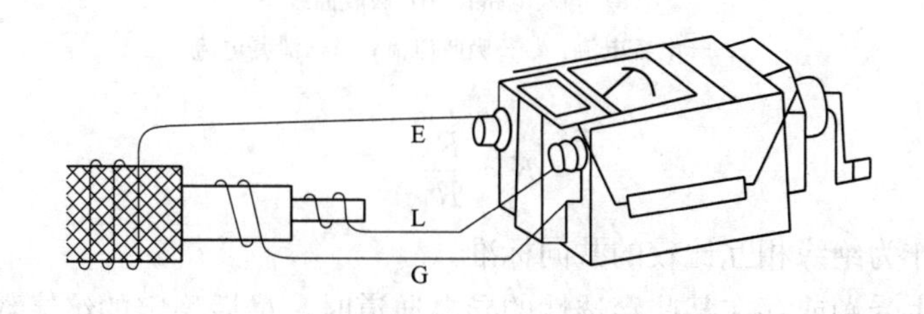

图 4-61 电缆线路的绝缘电阻测量

小于 1MΩ；电压等级为 6kV 的被试品，绝缘电阻应不小于 6MΩ；而对电压等级不足 1kV 的低压设备，其绝缘电阻一般应不小于 0.5MΩ。

4.5.2.2 吸收比测定

为使判据能统一，引入绝缘吸收比。①
吸收特性电介质，通电时间之关系。②
15 秒值为分母，60 秒值为分子，③
绝缘良好 1.3～1.5，绝缘受潮接近 1。④

解析：

吸收比测定

①由于上述摇表测量方法判据不能完全统一，为此引入**绝缘吸收比**这一参数，使判据统一成为可能。

②一般电介质（或者说绝缘介质）可以用图 4-62（a）所示的等效电路图来表示（许多电气设备的绝缘都是多层的，其等效电路可以用多个此种等效电路串联表示）。因为存在电容，当在被试品绝缘上施加直流电压后，电流表 PA 的读数变化如图 4-62（b）所示，开始时很大，之后逐渐减小并趋于稳定。当试品电容量较大时，这一逐渐减小的过程进行得很慢，甚至达数分钟或更长。这一过程被称为电介质的**吸收特性**，图 4-62（b）所示曲线也称吸收曲线。同一设备，其绝缘受潮或有缺陷时，电流也会发生改变，因此可以用绝缘电阻随时间而变化的关系来反映绝缘的状况。

③通常取时间为 15s 与 60s 时所测得的绝缘电阻值之比，作为吸收比 K，即

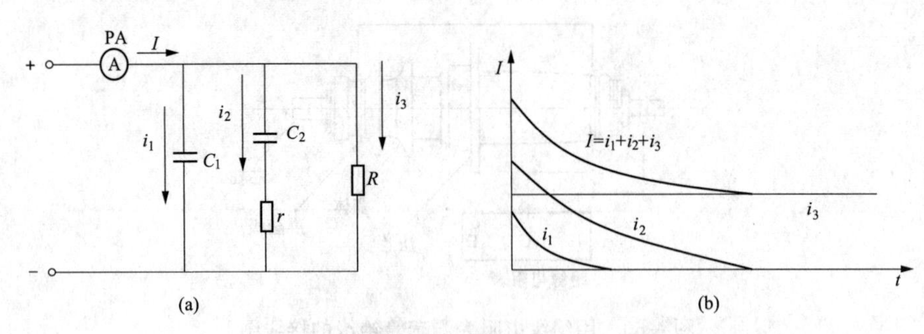

图 4-62 介质绝缘电阻等效电路图与吸收曲线

（a）等效电路；（b）吸收曲线

i_1—电容电流；i_2—吸收电流；i_3—泄漏电流

$$K=\frac{R_{60s}}{R_{15s}}$$

吸收比可以作为绝缘相互比较的共同标准。

④当绝缘发生受潮或存在某些穿透性的导电通道时，最后稳定的绝缘数值会很低，而且达到稳定的时间也会较短，此时的吸收比值接近 1.0，一般为 1.0～1.3。当绝缘良好时，刚加电时带有电容的支路会有小幅的充电过程，绝缘电阻相对小，而达到稳定后再无充电过程，因此吸收比较大，一般为 1.3～1.5。

注：对于某些容量较大的电气设备，其绝缘的极化和吸收过程很长，60s 的吸收时间不足以使设备达到稳定值。为此，还制定出了另一指标，称之为极化指数 P，其取绝缘体加压后 1min 和 10min 所测得的绝缘电阻值之比，即

$$P=\frac{R_{10min}}{R_{1min}}$$

如绝缘良好，一般此比值不小于 1.5～2.0。

4.5.2.3 介质损耗因数（tanδ）测定

介损因数需追踪，西林电桥最通用。①
交流电压两侧供，电压表计居桥中。②
电阻电容可调控，使桥平衡是为终。③
介损因数等电容，屏蔽干扰网系统。④
额定范围逐加压，测值不应大变化。⑤
检验缺陷功效佳，受潮分层与老化。⑥

解析：

介质损耗因数（tanδ）测定

①**介质损耗（介损）因数**（ tanδ ）是表征绝缘在交变电压作用下损耗大小的特征参数，它与绝缘体的形状和尺寸无关，是表征绝缘性能的基本指标之一。测量 tanδ 值的方法有很多，其中以电桥法准确度最高，电桥原理如图 4-63 所示。测量时，需要采取追踪法逐级加压测量多组数据，根据数据变化情况判定绝缘是否合格。

图 4-64（a）所示为电介质在具有稳定角频率的正弦交变电场下等效电路，其相比从实际物理概念得出的等效电路图［见图 4-62（a）］更加简化。电介质中电压 U 及电流 I 之间关系的相量如图 4-64（b）所示。

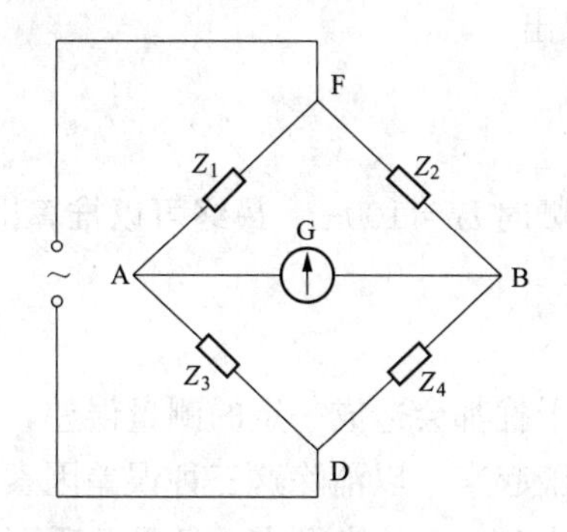

图 4-63　通用电桥测量原理示意图

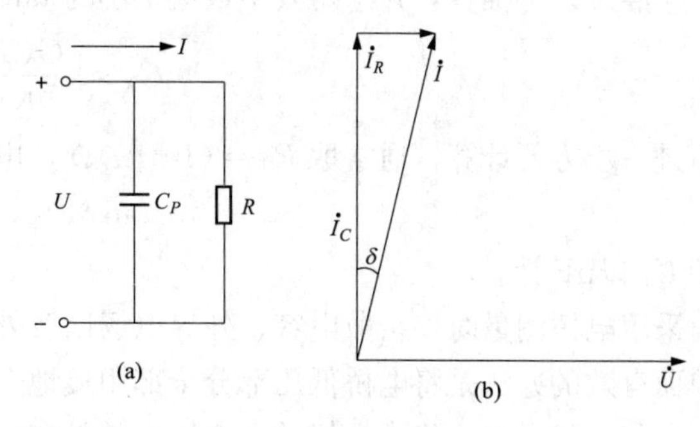

图 4-64　电介质等效

（a）正弦交变电场下电介质等效电路图；

（b）电介质中电压与电流相量示意图

在电压 $\dot{U}$ 作用下，通过介质的电流 $\dot{I}$ 包含与电压同相的有功分量 $\dot{I}_R$ 及超前 $\dot{U}$ 90°的无功分量 $\dot{I}_C$。此时介质中的功率损耗为

$$P = UI_R = UI_C\tan\delta$$

即

$$\tan\delta = \frac{I_R}{I_C} = \frac{1}{\omega CR}$$

式中的 δ 称为**介质损耗角**，其正切值 $\tan\delta$ 称为介质损耗因数，是反映绝缘特性的一个重要参数。测量 $\tan\delta$ 的值也是判断电气设备绝缘状态的一项灵敏有效的方法，它的数值能反映绝缘的整体劣化或受潮以及小电容试品中的严重局部缺陷，但对大型设备（如大容量变压器）绝缘中的局部缺陷（如变压器的套管）却不能灵敏发现。

②③**西林电桥**的原理图如 4-65 所示，C_X 为被试品等效的电容元件，从两侧的 D、F 点施加交流电压，其中 R_3 和 C_4 为可调控电阻和电容，通过调节 R_3 和 C_4 使电桥达到平衡，A、B 两点达到等电位，电压表显示数值为零，此时有

$$Z_{AF}Z_{BD} = Z_{BF}Z_{AD}$$

即

$$\frac{1}{G_X + j\omega C_X} \times \frac{1}{G_4 + j\omega C_4} = \frac{1}{j\omega C_N} \times \frac{1}{G_3}$$

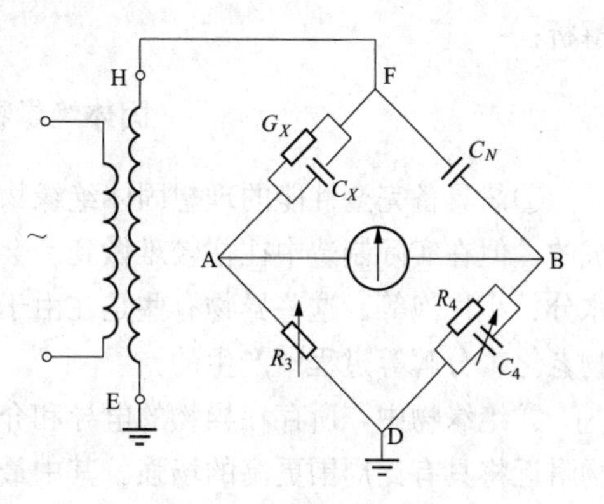

图 4-65　西林电桥基本原理电路图

将上式化简（等式两边实部和虚部应相等），可得

$$G_XG_4 - \omega^2 C_XC_4 = 0 \tag{1}$$

$$G_XC_4 + G_XC_4 = G_3C_N \tag{2}$$

由式（1）可得

$$\tan\delta_X=\frac{I_R}{I_C}=\frac{G_X}{\omega C_X}=\omega C_4 R_4$$

④经过以上推算，并忽略其中数值很小的 $\tan\delta$，可得出

$$C_X\approx\frac{C_N R_4}{R_3}$$

为了进一步方便计算，通常取 $R_4=(10^4/\pi)\Omega$，电源为工频时 $\omega=100\pi$，最终可以推算出

$$\tan\delta_x=C_4$$

式中 C_4 以μF 计。

采用电桥测量时，杂散电容、外界电场以及外界磁场干扰都会造成一定的测量误差，最简单而有效的办法是将电桥低压部分全部用接地金属网屏蔽起来，以消除这三种误差因素。

⑤⑥一般说来，绝缘良好的电介质在其额定电压范围内时，$\tan\delta$ 值很小，且是几乎不变的，随着电压的增加可能略有增加。但当绝缘中存在受潮、分层、脱壳、老化、劣化等缺陷时，$\tan\delta$ 值则会随着电压的增加发生明显的增大，特别是当电压增加到较高水平时，$\tan\delta$ 值变化更加显著，且当试验电压下降时，$\tan\delta-u$ 曲线还会出现回环现象。

注：绝缘电阻和吸收比的测量主要反映绝缘受潮、贯穿性导电通道等问题，并不能反映绝缘的老化、分层、存在气泡等。介质损耗因数同样能反映绝缘受潮、贯穿性导电通道等问题，而且对老化、分层、油劣化也较为灵敏，但它对测量个别局部的非贯穿性的绝缘缺陷效果不理想。

4.5.2.4 固体绝缘物局部放电试验概况

绝缘结构精细造，理想情况纯净料。①
实际制造难做到，不同程度显粗糙。②
主要考虑小气泡，介电常数太过小，③
外施电压若升高，放电发源在气泡。④
局部放电虽微小，局放试验可征兆。⑤

解析：

固体绝缘物局部放电试验概况

①②具备完全性能的理想固体绝缘物应是采用十分纯净材料并经过精细的制造工艺而制成的，但在实际制造中往往较难做到，会不同程度地包含一些分散性的异物，如各种杂质、水分、小气泡等。这些异物有些是在由于制造工艺原因产生的，有些则是在运行中由于绝缘物老化、分解等过程中产生的。

③绝缘物中，所存在异物的电导和介电常数不同于绝缘物，在外施电压作用下，这些异物附近将具有比周围更高的场强。其中最为明显的就是小气泡，因为气泡的介电常数比周围绝缘物的介电常数小得多，故在运行时施于气泡中的场强较大。

④气泡的电离场强比周围绝缘物的击穿场强低得多，一旦所施电压升高到某一程度，分散在绝缘物中的气泡就会成为**局部放电**的发源地。如果外施电压是交变的，则局部放电就会出现产生与熄灭交替的现象。

⑤局部放电分散地发生在绝缘物内部极其微小的空间里，几乎不影响当时整体绝缘物的击穿电压。但是局部放电时产生的电子、离子会往复冲击绝缘物，使绝缘物逐步分解、破坏，进一步加剧局部放电强度，如此日积月累的恶性循环终将导致绝缘物的严重安全隐患或直接被击穿。局部放电（partial discharge，PD）试验就专门针对此类问题的一种检验，该试验通过测定绝缘物在不同电压下局部放电强度及规律，来反映绝缘物内部情况。

4.5.2.5　绝缘油中溶解气体的色谱分析

绝缘油中溶气体，正常情况为空气。①
定期取样送分析，气相色谱净分离。②
潜伏故障有规律，缓慢发展产气体。③
所产气体分主次，观察发展之趋势。④
记录增长之速率，速率增加需注意。⑤
故障类型略举例，不同情况略差异。⑥
油温过高多乙烯，局部放电多氢气。⑦
判断推荐三比值，超值检修或停机。⑧

解析：

绝缘油中溶解气体的色谱分析

①变压器绝缘油中不可避免地会溶入空气，主要成分是氮气与氧气。设备运行过程中，绝缘油和有机材料会逐渐老化，绝缘油中也就可能存在微量或少量的 H_2、CO_2、CO 等气体，但其含量不会超过规定数值且变化趋势稳定。

②实际工作中，需定期从在运变压器中抽取少量绝缘油分析其中溶解气体成分。一般通过振荡仪将气体从油中脱出，再送入气相色谱仪中将不同的气体分离出来。

③根据变压器油中气体含量及随时间变化的规律，可以鉴别故障的性质、程度及其发展情况。当变压器内部存在局部过热、局部放电或某些潜在的微小故障时，将会使绝缘油或固体绝缘材料发生裂解，并产生大量的各种烃类气体和 H_2、CO 等气体。

④根据故障类型的不同，各种气体产生的速率不尽相同。一般将对判断故障有价值的气体称为**特征气体**，包括甲烷（CH_4）、乙烷（C_2H_6）、乙烯（C_2H_4）、乙炔（C_2H_2）、氢气（H_2）、一氧化碳（CO）等。每次试验时，需要判断特征气体的发展趋势，并记录存档。

⑤一旦发现某种特征气体增长速率过快，需引起足够的注意。产气速率包括绝对产气速率和相对产气速率。当产气速率达到注意值时，应加密检测周期，进行追踪分析，采取适当措施避免发展严重。总烃的相对产气速率大于 10%时，应引起注意。

⑥对于何种故障类型产生何种特征气体，通过分析特征气体的含量来判别故障类型是一种行之有效的方法，而且可以带电进行检测。但由于设备的结构、绝缘材料、保护绝缘油和运行条件等的差别，相类似的故障所产生的特征气体可能略有差别。

⑦油温过高时产生的主要气体是乙烯和乙烷，而油温略偏高时产生的主要气体是甲烷；局部放电、油中有火花时产生的主要气体是氢气和乙炔，同时也会产生部分甲烷和一氧化碳。当故障涉及固体绝缘材料时，会产生较多的 CO 和 CO_2。总之，不同故障类型产生的特

征气体有所区别，具体见表 4-3。

表 4-3　　不同故障类型产生的气体

故障类型	主要气体成分	次要气体成分
油过热	CH_4，C_2H_4	H_2，C_2H_6
油和纸过热	CH_4，C_2H_4，CO	H_2，C_2H_6，CO_2
油纸绝缘中局部放电	H_2，CH_4，CO	C_2H_2，C_2H_6，C_2H_4
油中火花放电	H_2，C_2H_2	
油中电弧	H_2，C_2H_2，C_2H_4	CH_4，C_2H_6
油和纸中电弧	H_2，C_2H_2，CO，C_2H_4	CO_2，C_2H_6，CH_4

⑧通过上述特征气体类型、含量和产生速率，可对设备中是否存在故障作初步判断。推荐采用三比值法作为判断变压器或电抗器等充油电气设备故障性质的主要方法，即取 H_2、CH_4、C_2H_2、C_2H_4 及 C_2H_6 这五种特征气体含量，分别计算出 C_2H_2/C_2H_4、CH_4/H_2、C_2H_4/C_2H_6 这三对比值，再将这三对比值按一定规则进行编码，再按一定规则来判断故障的性质。如比值为 0：1：0 时，则设备内部发生高温度、高含气量引起的油中低能量密度局部放电可能性高。特征气体参考值超过规程规定或经验参考值时，应即时停机（或停电）检修或联系厂家寻求解决方案。

注：1. 常用各种检查性试验特点见表 4-4。

表 4-4　　各种检查性试验方法的特点

序号	试验方法	能发现的缺陷
1	测量绝缘电阻及泄漏电流	贯穿性的受潮、脏污和导电通道
2	测量吸收比	大面积受潮、贯穿性的集中缺陷
3	介质损耗因数（$\tan\delta$）测定	绝缘普遍受潮和劣化
4	测量局部放电	有气体放电的局部缺陷
5	油的气相色谱分析	持续性的局部过热和局部放电

2. 现代电力变压器在线监测技术已较为成熟，大型变压器中一般都配有实时自动分析设备油中溶解气体含量的在线监测系统，对特征气体含量实时测量。运行中 330kV 及以上的变压器，其氢气、乙炔和总烃量含量不应超过 150、1、150μL/L；220kV 及以下的变压器，氢气、乙炔和总烃的含量不应超过 150、5、150μL/L。

4.5.3 耐压性试验

4.5.3.1 工频高压试验

4.5.3.1.1 工频高压的获得

耐压试验验绝缘，获得高压试验变。①

配合调压设备连，形成基本之接线，②

调压接于最首端，再经升压试验变，③
保护电阻设备前，防止过压伤绝缘，④
常用测量三方法，球隙峰值与静电。⑤

解析：

工频高压的获得

①高电压试验变压器的作用在于产生工频高电压，使之作用于被试电气设备的绝缘上，以考察被试电气设备在长时间的工作电压及瞬时的内过电压下是否也能正常工作。耐压试验的本质是考验设备绝缘在各种工况下和过电压侵袭下的性能，以提前发现设备潜在的绝缘缺陷或损伤，保证电力系统安全稳定运行。

工频试验变压器是高电压实验室与检修试验现场不可或缺的主要设备之一，由于它的电压值需要满足不同电压等级的耐压试验，甚至要达到操作冲击电压值的要求，故试验变压器的工频输出电压大大超过电力变压器的额定电压值，常达几百千伏或几千千伏。目前，我国和世界上多数工业发达国家都具有 2250kV 的试验变压器，个别国家试验变压器的电压已达到 3000kV。

②③图 4-66 所示是进行工频高压试验的基本接线图，其中最首端为调压器，与工频试验变压器相连，这两种设备组合在一起能产生不同数值的工频高压以满足试验的需要。

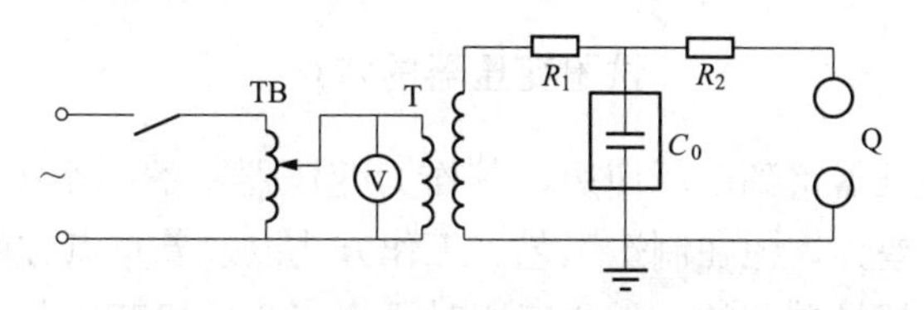

图 4-66　工频高电压试验的基本接线

TB—调压器；T—试验变压器；R_1—变压器保护电阻；
C_0—被试品；R_2—测量球隙保护电阻；Q—测量球隙

④图 4-66 中，电阻 R_1 称为保护电阻，它的作用是防止被试品放电时发生的电压截波对试验变压器绕组绝缘的损伤，特别是当被试品突然击穿时，高压侧突然短路会使工频试验变压器匝间或层间绝缘上产生过电压而伤害试验变压器。同时，它也起着抑制被试品闪络时所造成的恢复过电压作用。该保护电阻的数值不应太大或太小，一般可按将回路放电电流限制到工频试验变压器额定电流的 1～4 倍左右来选择，通常取 0.1Ω/V。保护电阻应有足够的热容量和足够的长度，以保证当被试品击穿时，不会发生沿面闪络。

⑤由于高压放电的分散性比较大，一般对测量精度要求不高。按现行的国家标准和国际标准（IEC）规定，无论是有效值或峰值，都只要求误差不超过±3%。通常电力部分测量交流高电压通过电压互感器和电压表来实现，但在超高压实验室很少采用这种方法，因为特制的超高压互感器比较笨重且价格昂贵。目前最常用的测量方法主要有测量球隙法、峰值电压表法以及静电电压表法。

测量球隙法：测量球隙是由一对直径相同的金属球构成。由气体放电的理论可知，当电压加于测量球隙时，周围将形成稍不均匀电场，其间空气的击穿电压取决于球隙间的距离。

测量球隙法即是利用这一原理来测量各种类型高电压，该方法被国际电工委员会（IEC）确认为标准测量装置。

峰值电压表法：峰值电压表的制成原理通常有两种：一种是利用整流电容电流测量交流高压；另一种是利用整流充电电压测量交流高压。其通常与分压器配合使用。

静电电压表法：静电电压表是根据两极间电场力的平均值来指示电压，因电场力的瞬时值与电压瞬时值的平方成比例，所以，静电电压表指示的是电压的有效值。通常，静电电压表法既能测量直流电压又能测量交流电压，且测量范围十分广，可用于各种高、低电压等级。

4.5.3.1.2　试验变压器的特点

广泛使用试验变，具体特点粗略谈。①
制成单相体积减，四处搬运较方便。②
绝缘良好裕度减，无需考虑过雷电。③
冷却系统也精简，持续工作时较短。④
电压若超一百万，多台设备相互串。⑤
串级结构有缺点，利用率低不过三。⑥

解析：

试验变压器的特点

①工频高压试验变压器得到广泛使用，其作为变压器中的一个类别，基本结构、原理、部件与普通变压器并无差异，但在制造工艺、工作方式以及着重点方面有其自身的特点。

②试验变压器一般都是单相的，需要三相时可将三个单相变压器组接成三相使用。试验变压器的工作场所不固定，一般需要四处搬运，做成单相则可以很大程度上减小体积，移动方便。

③试验变压器具有优良的绝缘性能，但是其绝缘裕度不大，相比工作在户外的电力变压器要小得多。这是因为试验人员一般不会在恶劣天气情况下做户外高压试验，这就使得试验变压器不会受到自然雷电与系统操作过电压的侵袭，故其绝缘裕度无需太大。

④相比电力变压器，试验变压器的冷却系统也得到精简。这是因为试验变压器通常为间歇工作方式，每次工作持续时间较短，不会产生过多的热量，所以不必加强冷却。如进行电气设备的耐压试验时，常常采用的是1min工频耐压。而电力变压器则几乎常年在额定电压下重载运行。

⑤单台试验变压器的额定电压一般不会超过1000kV，甚至也很少超过750kV，电压等级过高的单台试验变压器不仅在制造上不易，其体积和质量也将显著增加，运输更是尤为困难。当耐压试验需要获得更高等级的电压时，可采用将多台试验变压器相互串接的方式获得。

自耦式串级变压器是目前常用的串级方式，高一级的变压器的励磁电流由前面低一级的变压器来供给。图4-67所示是由3台变压器组成的串级装置，图中a为低压绕组，A为高压绕组，B为供给下一级励磁作用的串级励磁绕组，高压绕组中点P接壳。

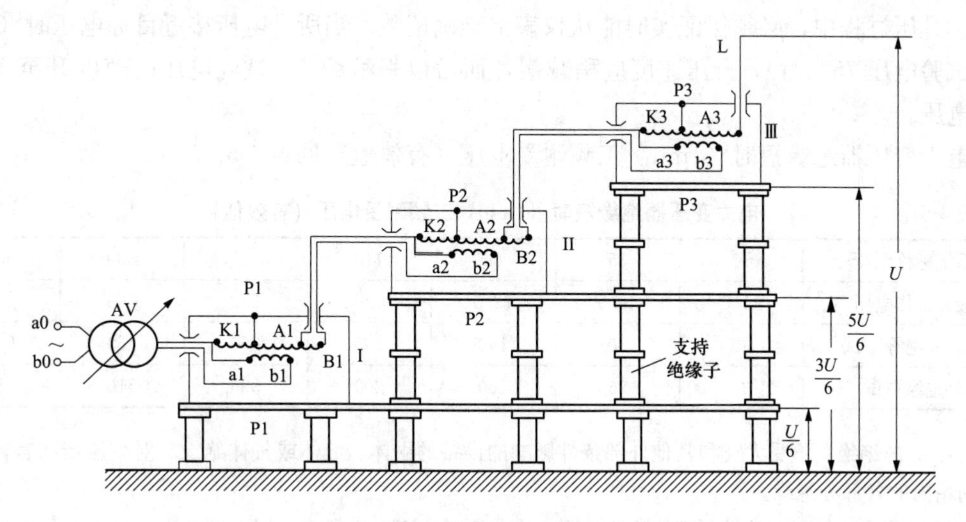

图 4-67 高压绕组中点接壳的串级变压器原理电路图

⑥串级结构中，变压器铁芯上需要配置励磁绕组、高压绕组和累积绕组，变压器的漏磁通将增加，而且整个串级结构的漏抗随级数的增加而急剧增加。因此，一般串级级数不宜超过三级。串级变压器容量总利用率可以用公式 $\eta=\frac{2}{n+1}$（其中 n 为串级数）计算，随着串级级数的增加，装置的利用率显著降低。

4.5.3.1.3 工频高压试验过程

高压试验讲步骤，加压之前互叮嘱。①
试验场地布围栏，防止他人误闯入。②
从零起步防事故，均匀升压略快速。③
实时观察表读数，接近目标稍减速。④
达到目标暂不动，保持电压一分钟。⑤
若无故障流程走，迅速降压再切除。⑥
加压结束仍禁入，接地放电莫轻忽。⑦

解析：

工频高压试验过程

①耐压试验电压等级高，对人身与设备都有一定的危险性，试验过程需按规范的步骤进行。试验接线完成后，加压之前，试验人员还需多次检验并强调注意事项，防止出现线路短接、高压触电等事故。

②在加压之前，试验场地需装设围栏，并悬挂“止步，高压危险”标示牌，并派专人监视，以防止在试验过程中无关人员闯入，造成人身安全事故。

③加压前，检查调压器是否在零位，在零位方可加压，以防止接线错误直接上压致设备损坏。加压时，应均匀且较为快速升压。

④升压过程中，必须保证实时能从仪表上准确读数。当所升电压接近目标电压时（一般达到试验电压75%时），升压速度应稍减缓，而后以每秒约2%试验电压的速度升至100%试验电压。

电力变压器绝缘短时（1min）工频耐受电压（有效值）见表4-5。

表4-5　电力变压器绝缘短时（1min）工频耐受电压（有效值）　kV

系统标称电压	10	35	66	110	220	330	500
最高工作电压	11.5	40.5	72.5	126	252	363	550
内、外绝缘干试	30	80	140	185	360	460	630
外绝缘湿试	35	85	160	200	395	510	680

注：1. **内绝缘**：不受大气和其他外部条件影响的设备的固体、液体或气体绝缘。对变压器而言，内绝缘是油箱内的各部分绝缘。

2. **外绝缘**：空气间隙及设备固体绝缘外露在大气中的表面，它承受作用电压并受大气和其他现场的外部条件，如污秽、湿度、虫害等的影响。对变压器而言，外绝缘是套管上部对地和彼此之间的绝缘。

⑤当达到试验电压后，应在试验电压下保持1min（特高压电力变压器，工频耐受电压时间为5min），以充分考验设备绝缘性能。但要注意不要超过此时间，因为试验电压一般比设备额定电压等级高得多，时间过长将会使设备发热严重，导致设备绝缘老化加速或损坏。

⑥如果持压过程中并没有发现设备异常，则在达到规定的时间后应快速降压至试验电压的1/3或更低，然后再切除电源。若试验中发现表针摆动或被试设备、试验设备发出异常响声、冒烟、冒火等，应立即降低电压，切断电源，然后在高压侧挂上接地线后，查明原因。

⑦加压结束后，切不可立即进入试验内圈，因为此时高压设备上还存在大量的残余电荷，这些高压残余电荷足以危及人身安全，必须对被试设备进行彻底接地放电后再进入（长线路或大容量设备需经较长时间多次放电才能放尽）。

注：在衡量电气设备绝缘强度时，最严格有效和最直接的方法是工频耐压试验。它不仅可以检验绝缘在工频交流工作电压下的性能，还可以用来等效检验绝缘对操作过电压和雷电过电压的耐受能力。工程上还常会进行直流耐压试验，其在很多时候只是工频耐压试验的替代试验，往往是在工频耐压试验不便于实施时采用。

4.5.3.2　冲击高压试验

冲击试验实放电，获取高压法经典。①
模拟雷电球隙串，多级串接好方案。②
G1之处把火点，1 2电位瞬突变。③
两倍高压G2端，气隙击穿再突变。④
三倍高压至G3，促使G3再击穿。⑤
如此循环成锁链，获得高压不再难。⑥
波前时间 $C_F R_F$ 控，波尾时间据 R_t 变。⑦

解析：

冲击高压试验

①额定电压超过 220kV 的设备必须做冲击高压试验。冲击电压较为特别，其波头快速上升，波尾则是缓慢下降，如雷电对设备进行放电，因而在试验中是必要的。有多种经典方法可以获得这种冲击高压，**球隙串法**便是其一。

②采用球隙串制成冲击电压发生器，通过发生器可以获得所需的类似雷电电压的冲击电压波形。

通过单级电路获得冲击电压比较困难，因而往往采用多级电路以特定的方式将电容器相互串接起来，再通过电容器的放电来获得很高的冲击电压，如图 4-68 所示。先由变压器 T 经整流元件 VD 和充电电阻 R_{ch} 使并联的各级主电容 $C_1 \sim C_3$（主电容一般采用内电感极小的脉冲电容器，大小一般为零点几微法）充电，达到稳态时，点 1、3、5 的对地电位为零，点 2、4、6 的对地电位为 $-U$。

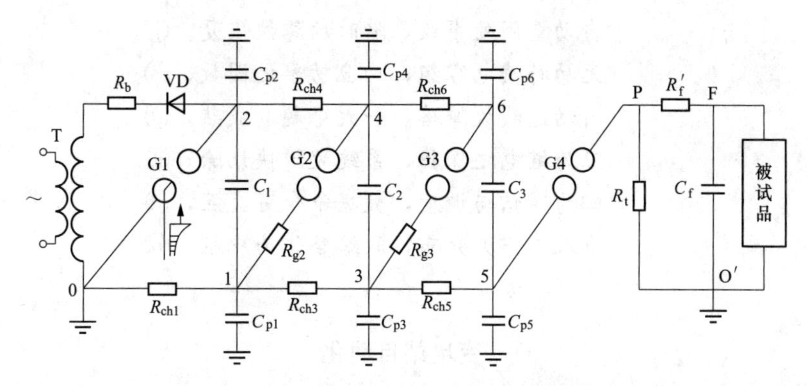

图 4-68 多级冲击电压发生器的基本电路

T—变压器；$C_1 \sim C_3$—各级主电容；R_b— 保护电阻；VD—整流元件；$C_{p1} \sim C_{p6}$— 各级对地杂散电容；$R_{ch1} \sim R_{ch6}$— 充电电阻；R_{g2}、R_{g3}— 阻尼电阻；G1—点火球间隙；G2、G3—中间球间隙；G4—输出球间隙；R_t— 波尾阻抗；R_f'— 外加的波前电阻；C_f— 外加的波前电容

③充电完成后，触发 G1 之处的点火装置，使间隙 G1 击穿。此时，点 2 的电位由 $-U$ 突然升到零；主电容 C_1 经 G1 和 R_{ch1} 放电；由于 R_{ch1} 的值很大，故放电进行得很慢，且几乎全部电压都降落在 R_{ch1} 上，使点 1 的对地电位升到 $+U$。

④当点 2 的电位突然升到零时，经 R_{ch4} 也会对 C_{p4} 充电，但因 R_{ch4} 的值很大，在极短时间内，经 R_{ch4} 对 C_{p4} 的充电效应很小，点 4 的电位仍接近为 $-U$，于是间隙 G2 上的电位差就接近 $2U$，间隙 G2 被击穿。接着，主电容 C_1 通过串联电路 G1－ C_1 －R_{g2} －G2 对 C_{p4} 充电；同时又串联 C_2 后对 C_{p3} 充电；由于 C_{p3}、C_{p4} 的值很小，R_{g2} 的值也很小，故可以认为 G2 击穿后，对 C_{p3}、C_{p4} 的充电几乎立即完成，点 4 的电位立即升到 $+U$，而点 3 的电位立即升到 $+2U$。

⑤与此同时，点 6 的电位却由于 R_{ch6} 和 R_{ch5} 的阻隔，仍接近维持在原电位 $-U$；于是，间隙 G3 上的电位差就接近达 $3U$，促使 G3 击穿。

⑥按照如上原理，点火可促使逐级电容锁链式放电，因此只需选择好适当的电路参

数（如电容大小、球隙击穿额定电压等），便可获得冲击高压。

⑦最后一级与被试品相连的电路，通过适当改变 R_f 和 C_f 的大小可以控制冲击高压的波前时间，通过变化 R_t 的大小可以改变波尾的放电时间。

4.6 变电站自动化

变电站所自动化，四大功能来概括。①
一为监视之控制，实时获取电气值。②
数据采集与处理，事件记录与追忆，③
故障录波和监视，操作闭锁和频次。④
二为自动之装置，快速响应于实时。⑤
备用电源自投入，明备暗备两部署。⑥
自动重闸处事故，瞬时故障快恢复。⑦
无功补偿电容组，响应功率之因数。⑧
自动选线故障路，一大难题渐成熟。⑨
三为继电之保护，系统故障快切除。⑩
四为通信与调度，数据命令可交互，⑪
少人看守大分布，联络整体为中枢。⑫

解析：

变电站自动化

①变电站自动化系统的功能应包括：变电站电量的采集和电气设备运行状态监视、控制和调节，从而保证变电站正常工作和安全运行；当发生故障时，由继电保护装置和故障录波设备等完成瞬态电气量的采集、监视和控制，并迅速切除故障，完成事故后的恢复操作。这些自动化功能大致上可以分为四个方面：监视控制功能、自动装置控制功能、微机继电保护功能以及数据通信调度功能。

②～④功能一为**监视控制**功能。变电站综合自动化系统的监视控制功能主要反映在实时获取运行设备各部分的电气参数和状态数据上，具体包括以下几点：

（1）**数据采集**。采集运行设备中各种重要的模拟量（如电流、电压）、状态量（如断路器位置、变压器分接头位置）以及脉冲量（如电能量）。

（2）**数据处理**。数据处理主要包括：输电线路、变压器的有功、无功、电压、电流等的统计计算；三相电压不平衡度计算；母线电压谐波分析计算等。

（3）**事故顺序记录与事故追忆**。事故顺序记录就是对变电站内的继电保护、自动装置和断路器等按事故时动作的先后顺序自动记录，主要为动作时间记录，精确至毫秒级。事故追忆指对跳闸开关及相关联开关，让事故发生前一段时间以及事故发生后一段时间内的系统主要数据的变化进行重现。这两者都是为了方便分析事故发生的原因，以便运行检修人员能更准确找到故障而设置的。

（4）**故障录波**。记录故障前后各系统的电流、电压变化曲线，以便发生故障后分析故障原因，尽快恢复供电。

（5）**运行监视**。运行监视即对采集到的反映变电站实时运行状况和设备状态的数据进行自动监视，如母线电压超差后发出报警信号、变压器油温过高后发出报警信号等。

（6）**操作闭锁**和**频次**。操作闭锁主要包括："五防"（即防止带负荷拉、合隔离开关；防止误入带电间隔；防止误分、合断路器；防止带电挂接地线；防止带地线合隔离开关）闭锁；远方控制和就地控制闭锁；自动和手动闭锁等。频次主要记录断路器动作次数、避雷器动作次数（实际设备中，避雷器的外形和线路上电压互感器的外形极为相似，避雷器需要记录动作次数而在其架构腰部设有记录动作次数的表计，而电压互感器是没有的，初学者往往可以通过其是否有表计来判断其到底是哪种设备）等。

⑤～⑨功能二为**自动装置控制**功能：变电站的自动装置投入主要体现在当电力系统运行状态发生变化时，相对应的设备能立即作出响应，以保证系统安全、可靠供电以及提高电能质量的自动控制上。自动装置主要包括如下几种：

（1）**备用电源自动投入**装置。当工作电源因故不能供电时，备用电源自动投入装置迅速响应，及时将备用电源自动投入使用，或将用电负荷切换到备用电源上去。电源的备用方式又分为明备用和暗备用两种：**明备用**指的是在正常工作时，备用电源不投入工作，只有在工作电源发生故障时才投入工作；**暗备用**是指在正常工作时，两电源都投入工作，但有剩余容量作相互之间的备用。

（2）**自动重合闸**装置。它主要是工作在架空线路发生瞬时性故障而被继电保护装置切除后，将对应断路器重新合闸，以快速恢复供电的一种策略装置（继电保护章节另作介绍）。

（3）**电压、无功功率控制**装置：变电站电压、无功功率综合控制是利用有载调压变压器和母线无功补偿电容器及电抗器进行局部电压及无功功率补偿的自动调节控制，使负荷侧母线电压偏差在规定范围以内以及用户供电系统的功率因数达到电力部门的要求。这一自动控制过程中，通常是以进线处的功率因数作为状态变量，并划分区域加以控制。

（4）**自动选线**装置功能：自动选线装置主要是为中性点不接地或经消弧线圈接地的系统发生单相接地故障后如何甄别故障相而设的。目前实际工作中，解决此类问题的主要办法是通过绝缘监测装置判定故障，然后采用顺序拉闸法（继电保护章节介绍）寻找故障线路，这种方式操作复杂且会发生停电。

⑩功能三为**微机继电保护**装置：微机继电保护是变电站自动化的关键环节，与它直接相关的是系统故障后的自动分、合闸操作以及发出报警信息，其具体情况也在继电保护章节介绍。

⑪⑫功能四为**数据通信调度**功能：变电站自动化的通信功能主要包括系统内部现场级的通信和自动化系统与上级调度的通信两部分。通过通信，可以完成各级单位之间的数据交互，特别是接收调度中心下达的各种操作、控制命令。通信功能可使大片区域的子系统集中到一个控制室，少量的人员即可以完成大规模系统的管理和控制。

第5章 电能电机 工商日常

我们从别人的发明中享受了很大的利益，我们也应该乐于有机会以我们的任何一种发明为别人服务；而这种事我们应该自愿地和慷慨地去做。

——富兰克林

5.1　电能质量

5.1.1　电能质量概述

电能质量三指标，频率波形和电压。①
超差过大影响广，危害设备与电网。②

解析：

电能质量概述

①②对整个电力系统而言，保证良好的**电能质量**是电力工业上的一项基本要求，更是电力系统运行的重要任务。衡量电能质量最重要的三个指标是频率、电压和交流电的波形。当三者皆在允许变动范围内时，才能称为合格的电能；当其中任何偏差超过允许范围时，不仅会影响用户设备的正常工作，对电力系统也会产生严重的危害。为了更好地保证电能质量，从电力系统的源头——发电机处，就对电能质量有了严格的控制。在电能的输送过程中，由于各种原因，电能质量仍然可能发生改变，所以输电线路在完成输送电能功率的同时，还需要保证电能质量的良好。

5.1.2　电力系统频率概述

电能质量硬指标，频率调整尤必要。①
正常运行零点二，极限允许零点五。②

解析：

电力系统频率概述

①**频率**作为衡量电能质量的指标之一，其是否合乎标准关系到现代生活、工业生产、科技国防等各行各业的正常运作。因此保证电力系统频率满足要求是系统运行调整的一项基本内容。

②我国电力系统额定频率为50Hz，允许的波动范围为±0.2Hz。特殊情况下，一般指系统容量较小，如系统故障，部分区域与大电网解列运行时，频率偏差可以放宽到±0.5Hz。随着我国电力运行、管理、维护水平的提高，实际运行中的允许偏差也在逐步缩小，一般控制其偏差在±0.1Hz以内。

5.1.3　频率调整

频率调整两步走，维持稳定满需求。①
一次调频由机组，增减有功主调速，②
小幅调节慢过渡，表现有差正或负，③
多台机组并联布，调节特性更显著。④
二次调频调精准，调频器件细调整，⑤

功频特性调节稳，抵偿变量减或增。⑥

解析：

频率调整

①电力系统频率的变化是由有功负荷实时不规则变化引起的。为了维持系统频率的稳定，需从电源端（即发电机组处）调整频率。具体调整可以分为两步：频率的第一次调整和频率的第二次调整（简称**一次调频**与**二次调频**）。

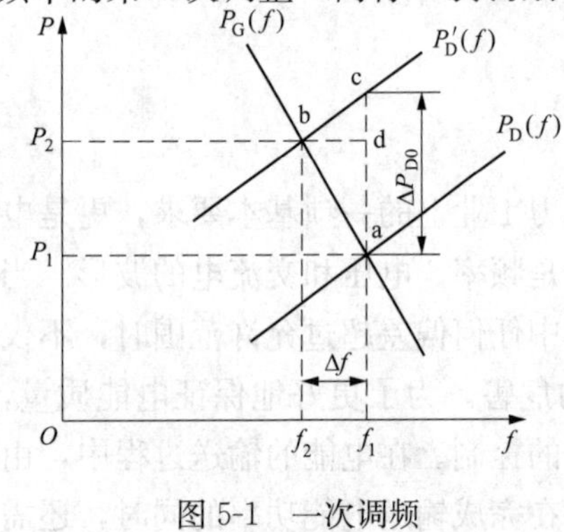

图 5-1 一次调频

②频率的第一次调整由发电机组增减有功功率来完成，与其直接对应的设备为发电机组调速器。如图 5-1 所示，负荷的功频特性 $P_D(f)$ 与发电机组功频静特性 $P_G(f)$ 的交点 a 是系统的原始运行点，若系统负荷突增ΔP_{D0}，其特性曲线变为$P'_D(f)$。由于发电机组的功率不能立即变动，机组将减速，系统频率下降，发电机调速器动作，增加原动机出力（火电机组是增加进汽量、水电机组是增加进水量），使机组维持恒速，频率增加。但由于负荷功率自身也存在一个调节效应，使得发电机所增加的输出量小于系统负荷的增加量，最后使系统稳定在一个新的平衡点 b 上，此时的频率f_2 较系统原来的频率f_1 略小一些。

③频率的一次调整属于小幅调节，为了保证调整系统本身的稳定性，发电机不能采用过大的单位调节功率。单位调节功率即频率发生单位量变化时，发电机输出功率的变化量，用公式表示为

$$K_G = -\frac{\Delta P_G}{\Delta f}$$

式中：ΔP_G为发电机功率变化量；Δf 为频率变化量；负号表示二者变化方向相反，即发电机输出功率增加，频率降低。

一次调频总是处于被动状态下的调节，即根据负荷变化的增减，作出相应的反应，所以调整与正常值有一定的正负偏差，即一次调频为有差调节。

④当系统中有 n 台装有调速器的机组并联运行时，其调节功率为

$$K_{G\Sigma} = \sum_{i=1}^{n} K_{Gi}$$

即 n 台机组的等值单位调节功率远大于一台机组的单位调节功率，频率调节性能将更加显著。

⑤当负荷功率变化幅度较大时，进行一次调频后，频率的偏移量可能仍超出允许范围，因此需要对频率进行二次调整。频率的二次调整由调频器来完成，其能对系统频率进行精准的调节，使频率回到原来的值。

⑥二次调频是以手动或自动的方式调节发电机组的调频器，通过使发电机组的**功频静态特性**（即功率与频率的变化关系，若以频率为横坐标、功率为纵坐标，则其是一条向下倾斜的直线）平行移动来改变发电机的有功功率，其改变量能完全抵偿负荷的初始增量，使频率

偏差为零，即二次调频为无差调节。现代电力系统中广泛使用的自动发电控制（Automatic Generation Control，AGC）功能能够完成频率的二次调整任务。二次调频如图5-2所示，假定系统中只有一台发电机向负荷供电，原始运行点为两条特性曲线$P_D(f)$与$P_G(f)$的交点a，系统的频率为f_1，当负荷突然增大ΔP_{D0}的瞬间，由于调频器有一定的时滞尚未动作，调速器立即动作进行一次调整使运行点a移到b点，频率下降到f_2。然后，在调频器的作用下，机组的静态特性上移为$P'_G(f)$，设发电机组增加的功率为ΔP_{G0}，运行点也随之由b点移至c点，此时系统的频率为f'_2，频率下降有所减小，由于进行了二次调整，由仅有一次调整时的$\Delta f'$减小为$\Delta f''$。从图5-2中很明显可以看出，如果二次调整发电机增发的功率能完全抵偿负荷的初始增量，即$\Delta P_{D0}=\Delta P_{G0}$，则$\Delta f=0$，系统将运行于图中的e点，即实现了无差调节。

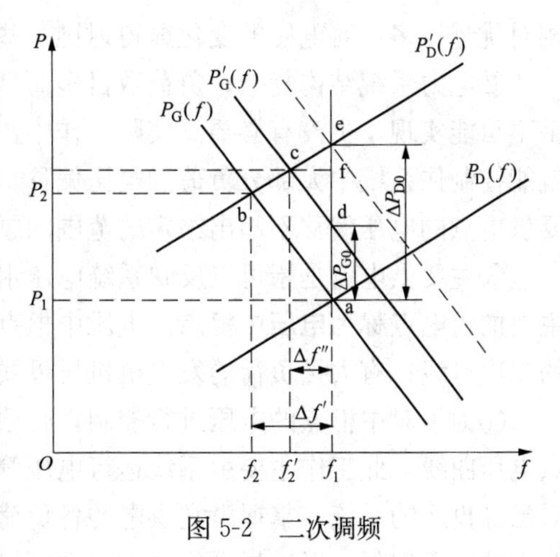

图5-2 二次调频

一次调频是保证系统稳定的基础手段，电力系统中几乎所有的机组都参与调节，它的调节过程是被动的，是各发电机组为维护自身额定转速而达到的调节效果，它时刻跟随着负荷的变化而自动变化。二次调频是保证频率在允许偏差范围内的重要手段，电力系统中只有少量的机组参与调节，它的调节过程是主动的，是受调度人员或自动调控设备所控制的。

注：在实际电力系统中，当负荷变化时，只要配置了调速器的机组还有可调的容量，都参加频率的一次调整。而频率的二次调整一般只由一台或少数几台发电机组（一个或几个电厂）承担。

5.1.4 电压中枢点调压概念

电力系统又一参，系统电压实时监。①
负荷点多且分散，控制主要供电点。②
主要厂站各母线，专业术语中枢点。③
调压方式三经典，逆顺常调优中选。④

解析：

电压中枢点调压概念

①**电压**是衡量电能质量的又一重要指标。电力系统中的用电设备都是按照标准的额定电压来设计制造的，电压的偏移过大不仅使设备无法发挥最佳性能，甚至引起系统性的电压崩溃。电压崩溃是指由于电压不稳定所导致的系统内大面积、大幅度的电压下降过程，属于一种严重的电力系统事故。过去几十年里，瑞典、法国、日本、巴西、美国等都发生过电压崩溃事故，致使电网解列。因此需要对系统电压进行实时监测。

以最简单而常见的照明负荷白炽灯为例，电压过高，白炽灯的寿命将大大缩短，电压过低，亮度和发光效率又大幅度下降，如图5-3所示。日光灯也有类似的情况，不过它的性能相对优越得多，对电压的变化显得迟钝一些。

②电力系统结构复杂，负荷数目多而且相对分散，对所有负荷点电压都进行监视调控几乎不可能实现，也没有必要。实际工作中，只需控制好系统中主要供电点电压在允许范围，就能控制住系统中大部分负荷的电压偏移。于是，电力系统电压调整问题也就转变为保证主要供电点的电压偏移不超出给定的范围问题。

③主要供电点是指可以反映系统电压水平的主要发电厂、变电站的母线，专业上把这些主要的供电点称为**电压中枢点**。电压中枢点通常包括：水、火电厂的高压母线；枢纽变电站的二次母线；有大量负荷的发电机机压母线。

④为了对中枢点的电压进行控制，必须先确定中枢点电压的允许变动范围，即编制中枢点电压曲线，此工作主要由系统运行电压管理部门完成。编制中性点电压曲线的意义在于：对已经投运的系统，掌握由它供电的各负荷点对电压质量的要求，以及中枢点到各负荷点线路上的电压损耗，以选择更为合理的中枢点电压范围值。

如图 5-4 所示简单网络，O 点为中枢点，a、b 为两个不同的负荷点，假设两负荷点的允许电压偏差都是±5%，但由于中枢点 O 与这些负荷之间线路上电压损耗的大小和变化规律不相同，所以只有将中枢点的电压控制在某一较小的范围内时，才能同时满足这两个负荷点的电压要求。

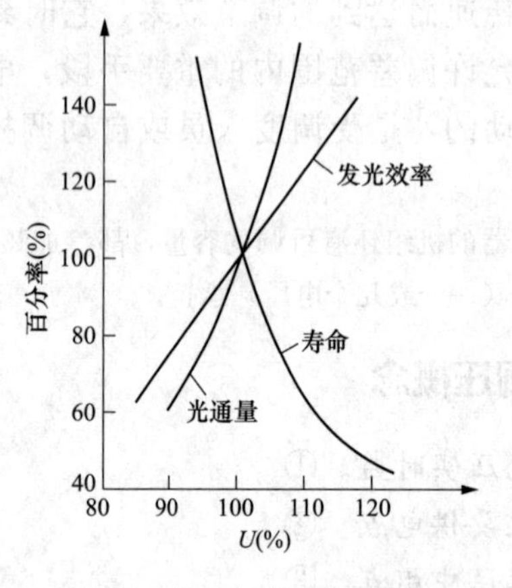

图 5-3　白炽灯的电压特性图

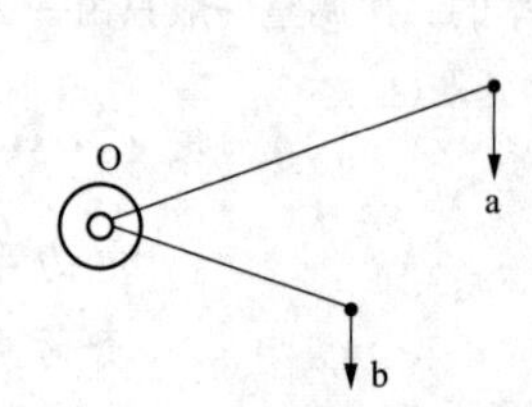

图 5-4　简单网络图

规划设计中的系统或实际运行的电力系统中缺乏必要的数据，或系统供电的较低电压等级的电力网往往还未建成，使得中枢点电压曲线无法编制。此时可根据中枢点所管辖的电力系统中负荷分布的远近及负荷波动的程度或电能质量的允许偏差，对中枢点的电压提出原则性的要求，大致确定一个允许的变动范围。

根据线路情况不同，一般把中枢点的调压方式分为三大类：逆调压、顺调压、常调压。

5.1.5　电压调整的措施

简单系统引为例，说明调压四措施：①
机端电压与变比，电网参数和功率。②
合理组合兼经济，综合优化之问题。③

解析：

电压调整的措施

①②以简单的电力系统为例，说明各种调压措施。简单电力系统如图5-5所示，图中略去了线路的电容功率、变压器的励磁功率和网络的功率损耗，并将网络阻抗归算到调压侧。

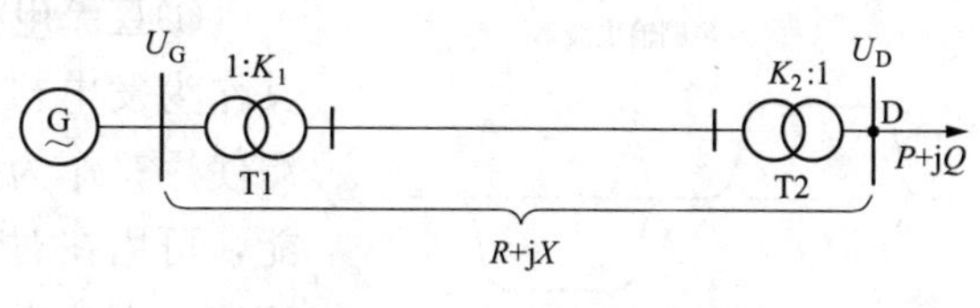

图5-5　简单电力系统

图5-5中，D点的电压

$$U_D=\frac{U_GK_1-\Delta U}{K_2}=\left(U_GK_1-\frac{PR+QX}{U_N}\right)/K_2$$

由上式可见，调整用户端电压U_D可采取以下四种措施：

（1）改变发电机机端电压U_G。

（2）改变电力变压器的变比K_1、K_2。

（3）改变功率分布$P+jQ$（主要是Q）。

（4）改变电力网络的参数$R+jX$（主要是X）。

③实际电力系统调压时，需要根据具体的情况对可能采取的措施进行技术经济比较，找出合理的解决方案。从更高角度来看，现代电力系统的调压问题是一个综合优化问题。其目标函数可以是有功网损最小，或者是电压监测点电压越限的平方和最小；等式约束条件是潮流方程，不等式约束是各监测点电压的上下限、各无功电源的上下限及各变压器变比的上下限。可采用数学优化法或人工智能方法求解该优化问题，以得到更加科学和优化的调压方案。

5.2　电　　机

5.2.1　直流电机结构（换向式）

直流电机结构繁，实际应用很广泛。①
具体结构来分辨，线圈首末换向片。②
定子结构大外圈，机座电刷磁极连。③
机座是为支撑件，磁路闭合钢板焊。④
电刷常为石墨碳，柔软耐磨良导电。⑤
永久磁铁绕组换，励磁电流磁场建，⑥
NS两极成对现，交替排列均匀圈。⑦
转子电枢成整体，铁芯绕组换向器。⑧
铁芯构架绕组嵌，磁通路径硅钢片。⑨
电枢绕组核心件，特定规律换向连。⑩
换向器件分多片，均匀布置成圆环，⑪
配合电刷方向换，机械换接交流电。⑫

解析：

直流电机结构（换向式）

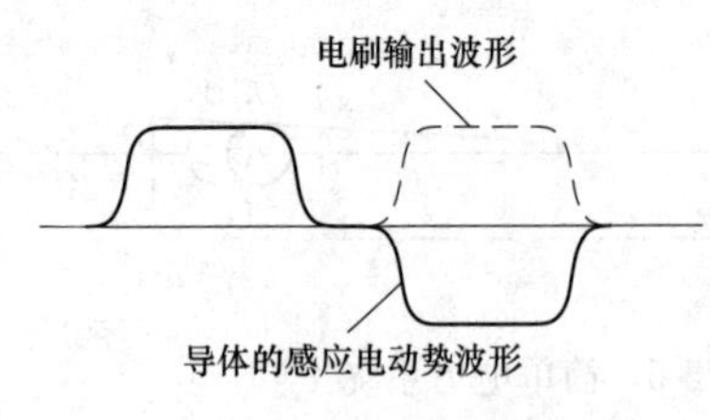

图 5-6　直流电机输出波形

①**直流电机**（换向式）是最为常见的一种直流电机。其作为发电机时，具有良好的供电质量，可作为直流电源使用；作为电动机时，具有优良的启动性能和调速性能，可用在对调速性能要求较高的场合。但与交流电机相比，直流电机结构较为复杂，造价相对较高。尽管如此，直流电机在很多领域仍有相当高的实用价值。

②直流电机最大的特点就是转子线圈首末端分别与弧形钢片（一般称为换向片）相连，多个换向片构成的整体则称为换向器，换向器的作用是改变输出或是进入线圈电流的方向，使输出时进入负载电流的方向保持不变，即以直流形式输出，如图 5-6 所示，直流进入线圈时方向变化，维持旋转磁场。直流电机的内部结构如图 5-7 所示，直流发电机的原理图如图 5-8 所示。

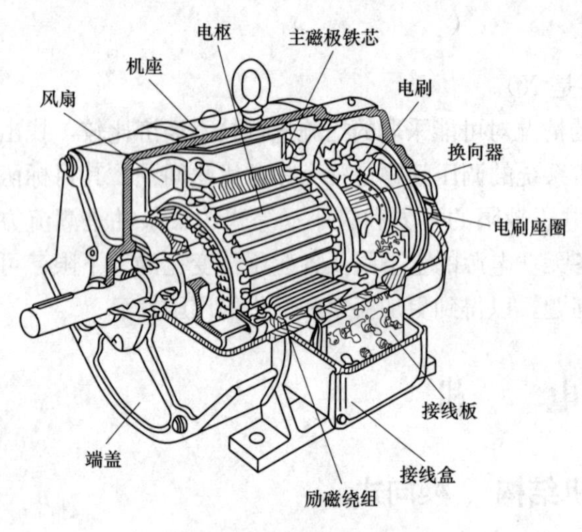

图 5-7　直流电机结构

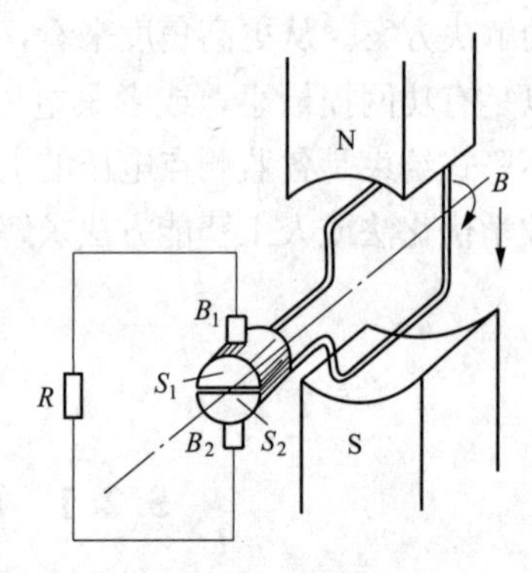

图 5-8　直流发电机原理

③直流电机的定子为机体外圈固定的部分，用于安放主磁极和电刷，主要包括机座、主磁极、换向极、电刷装置等。**主磁极**由主磁极铁芯和套在铁芯上的励磁绕组构成，其作用是产生主磁场。

④**机座**通常既是直流电机的机械支撑，又是磁极外围磁路闭合的部分，即磁轭，因此其通常是采用导磁性较好的钢板焊接而成，或用铸钢制成。机座两端装有带轴承的端盖。

⑤**电刷装置**固定在机座或端盖上，如图 5-9 所示，电刷的数量通常等于主磁极个数。电刷装置由电刷、刷握、刷杆和弹簧压板等组成，结构如图 5-10 所示。电刷一般用石墨－碳材料制成，柔软可供摩擦，并具有极好的导电性能。电刷装于刷握中，由弹簧压紧，以保证电枢转动时电刷与换向器表面接触良好。通过这种接触使旋转部分与静止部分构成电通路，以保证将电枢电流由旋转的换向器通过静止的电刷与外部直流电路接通。

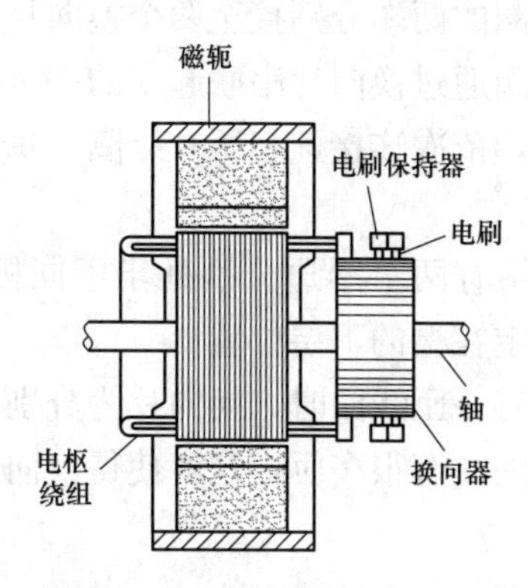

图 5-9　电刷装置与换向器结构图

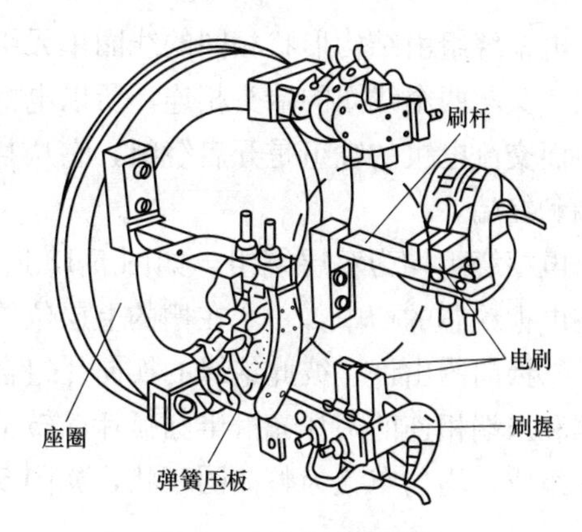

图 5-10　电刷装置结构

⑥主磁极用于产生主磁场。绝大部分直流电机的主磁极都不采用永久性磁铁，而是采用磁极铁芯外套励磁绕组来代替永久性磁铁。四极直流电机结构如图 5-11 所示，当励磁绕组中通有直流励磁电流时，气隙中会形成一个恒定的主磁场。为了减少磁阻，励磁绕组中心设有励磁铁芯；为了使经过励磁铁芯进入电枢表面的磁通分布合理，在励磁铁芯靠近电枢的一侧设有磁靴（称极靴）。

⑦电机中磁极的 N 极和 S 极只能成对出现，故主磁极的极数一定是偶数，并且其是以交替极性的方式均匀排列于机座的整个圆圈内。

⑧转子结构主要包括电枢铁芯、电枢绕组、换向器等，这一整体一般称为电枢。

⑨**电枢铁芯**用来构成磁通路径，并且嵌放电枢绕组。同时与变压器、发电机等与电磁相关的电气设备一样，为了减少涡流损耗，电枢绕组铁芯一般也采用硅钢片叠成。电枢铁芯的周围开槽，槽内放置绕组。槽口有多种形状，一般大型直流电机采用矩形槽，小型直流电机采用梨形槽，如图 5-12 所示。

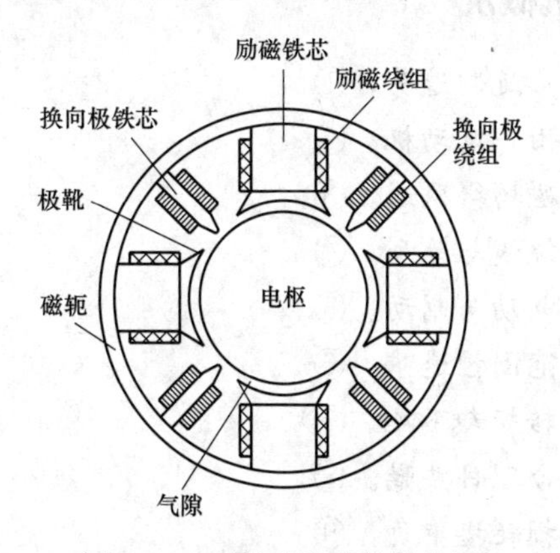

图 5-11　四极直流电机结构图

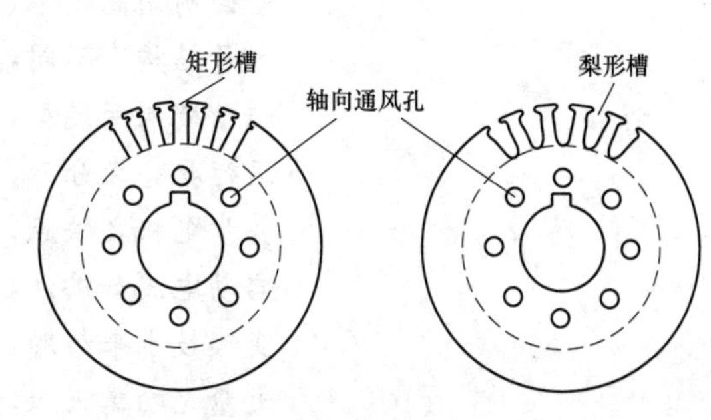

图 5-12　电枢铁芯槽口

⑩**电枢绕组**是用来产生感应电动势、通过电流并产生电磁力或电磁转矩，使电机能够实现机电能量转换的核心构件。电机的电枢绕组由多个绝缘导线绕制的线圈连接而成，并且各线圈以特定的规律与换向器连接。

电枢绕组由结构形状相同的线圈单元组成，每一线圈的两端分别接至两个换向片，每个换向片又与两个线圈的端头相连，所以电枢绕组是各线圈通过换向片串联起来的一个闭合绕组。而交流电机的绕组是开启绕组，它从某一导体出发，依次连接该相所有线圈，每相都有首端和终端。

电枢绕组均为双层绕组，如图 5-13 所示，一个线圈有两个圈边分别处于不同极面下，放在电枢铁芯的槽中，一个在槽的上层位置，另一个必定在槽的下层位置。

⑪**换向器**由许多彼此绝缘的换向片组合而成。当只有一匝线圈时，换向片为分别与线圈首端和末端相连的两片光滑半圆弧片。转子中绕组线圈往往有很多匝，这就使得换向器由很多片组成，均匀布置为整体圆环状，如图 5-14 所示。

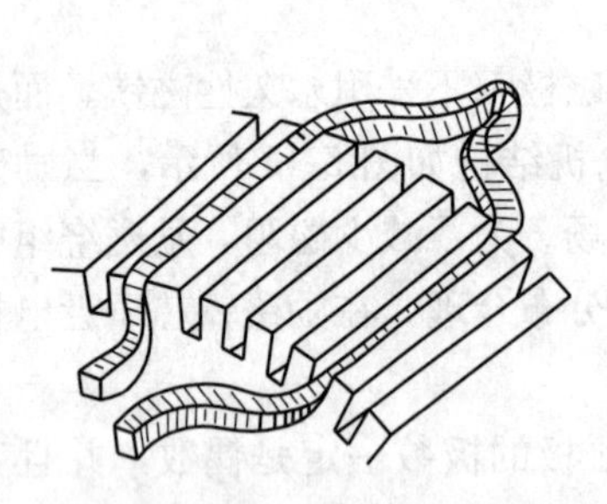

图 5-13　直流电机电枢绕组双层绕组示意图

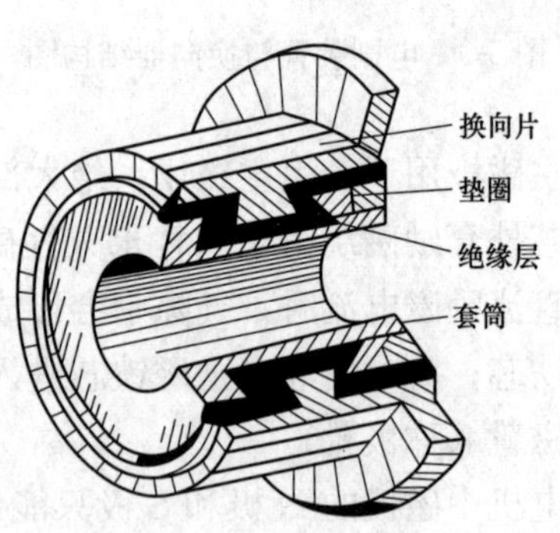

图 5-14　换向器构造

⑫换向器的作用是配合安装在定子上的电刷把电枢绕组内的交流电动势用机械换接的方法转换为电刷间的直流电动势，即随转子旋转的换向器通过与电刷的接触，使电流经电刷进入或离开电枢。

5.2.2　异步电机概况

异步电机价格低，应用广泛制造易，①
坚固耐用高效率，主要用作电动机。②
定子结构有不同，旋转磁场得磁通。③
转子绕组两类型，分为绕线与笼型。④
运行状态又分三，发电电动与制动。⑤
异步电机之缺点，较大范围控速难。⑥
启动电流如洪注，启动转矩却不足。⑦
变频技术来帮助，日臻合理目共瞩。⑧
大量无功需吸入，线路损耗堪重负，⑨
无功补偿就地布，滞后无功及时补。⑩

解析：

异 步 电 机 概 况

①②**异步电机**又称为**感应电机**，是交流电机的一种。与直流电机相比，异步电机的转子

没有与外电路相连接的部分，即转子中的能量是由旋转磁极感应产生，因此也称为感应电机。由电机的可逆性原理可知，感应电机既可以作为感应发电机运行，也可以作为感应电动机运行。作发电机运行时，它需要在电网的拖动下进入正常的发电状态，影响工作性能，故而很少用作发电机（目前风电机组一般采用异步电机）。反之，作为电动机运行时，却具有结构简单、制造容易、运行可靠、价格低廉、坚固耐用、效率较高等优点，得到十分广泛的应用。异步电动机几乎遍布工矿企业、商业办公以及家庭民用等大部分场合，据统计，现代电网动力负荷中，异步电动机占近85%。

③异步电机的定子结构与直流电机定子的结构是大不相同的。首先，异步电机设有磁极结构，取而代之的是在定子铁芯中设置交流绕组，通以交流电来获得与直流电机磁极旋转有同样功效的在空间旋转的磁场，简称**旋转磁场**。再者，异步电机的定子铁芯结构与直流电机转子结构相似，如图5-15所示，定子铁芯由内圆冲有槽齿的硅钢片叠合而成，槽中放置交流绕组，这种结构可使绕组流过交流电时，具有较好的合成磁通势。由基波磁通势产生的互磁通称为**主磁通**，它通过气隙并同时交链定子绕组和转子绕组。除去主磁通以外的磁通统称为**漏磁通**。

④异步电机转子主要包括绕组、铁芯和转轴三部分。转子铁芯与定子铁芯一样，也是异步电机磁路的一部分，一般也用薄硅钢片叠压而成。铁芯外圆的周围开口均匀分布的转子槽，槽内装有转子绕组的导体。转子铁芯可直接固定在转轴上，也可通过支架再套在转轴上。

异步电机的转子绕组有两种类型：绕线式和笼型。

笼型转子绕组的每一槽内装有铝或铜制的导体，导体两端中，各有一个端环将其短接，形成一个自行短路的绕组。若将其中的转子绕组抽出来看，其形状就像一个鼠笼，如图5-16所示 。笼型转子绕组通常采用铜条加工而成或金属铝铸造而成。铸铝笼型转子结构简单、制造方便、经济耐用，应用十分广泛。

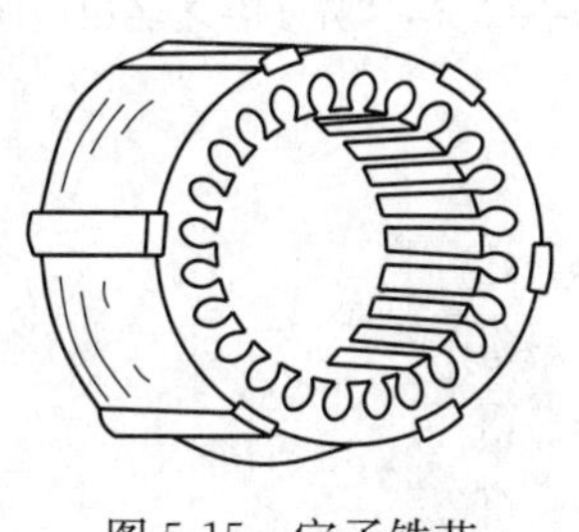

图5-15　定子铁芯

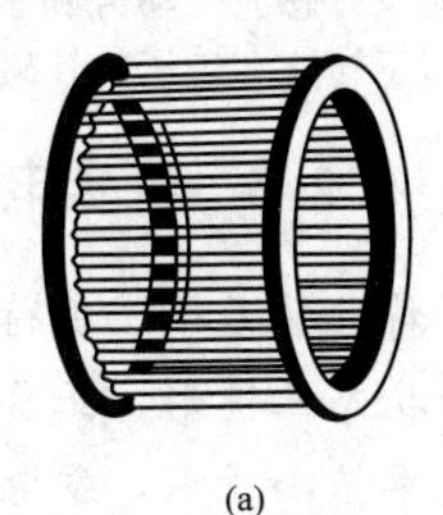

(a)

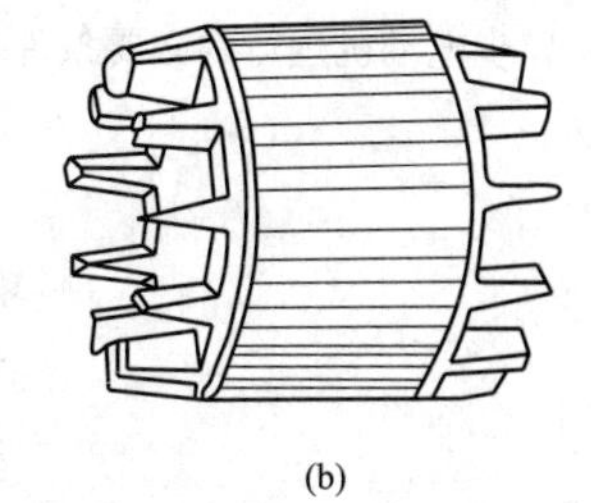

(b)

图5-16　笼型转子绕组

(a) 铜条笼形绕组；(b) 铸铝笼形转子

绕线式异步电动机的转子绕组与定子绕组相似。它用绝缘导线嵌于转子槽内，绕组相数和极对数均与定子绕组相等。其三个出线端在转轴一端的三个滑环上，通过三个滑环滑动接触静止的电刷，与外电路相连。绕线式异步电动机通过滑环和电刷在转子绕组回路中接入附加电阻，可以改善起动和调速性能，接线如图5-17所示。

⑤异步电机转子转速 n 与定子旋转磁场转速n_1 之间存在着转速差 $\Delta n=n_1-n$，此转速差即定子旋转磁场切割转子导体的速度，它的大小决定着转子电动势及其频率的大小，直接

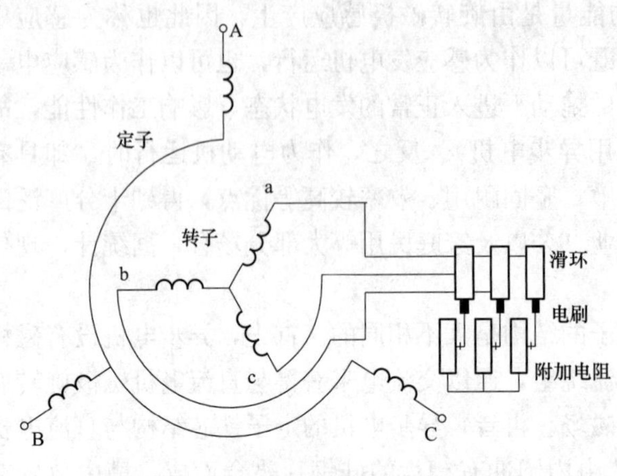

图 5-17　绕线转子异步电机接线示意图

影响到异步电机的工作状态。转速差可用转差率 s 来表示，即

$$s=\frac{n_1-n}{n_1}$$

根据转子与定子磁场旋转的相对速度，可知 s 可能存在正负及大小的关系，根据 s 的取值，可以把异步电机的运行状态分为三种：电动机运行状态，发电机运行状态和电磁制动运行状态。

⑥⑦异步电动机优点众多，但也存在一些缺点，具体如下：

（1）调速性能不十分完美，特别是不能经济地在较大范围内平滑调速。相较之下，直流电机的调速性能要优越得多。

（2）在额定电压直接启动时，启动电流比额定电流大得多，约为额定电流的 5～7 倍，启动时转子功率因数很低，约为 0.2。电机启动时，由于启动电流大，定子漏抗压降增大，电动势E_1 减小，主磁通Φ_m也会相应减小，因此启动转矩并不大，一般只有额定转矩的 1～2 倍。

⑧随着电力电子技术的发展，交流变频电源的性能和可靠性日臻完善，价格日趋合理。采用变频电源时，感应电动机的启动、调速特性都可获得很大的提升。

⑨⑩电网负载中，异步电动机所占的比重较大，异步电动机运行必须从电网吸收滞后的无功功率，这给电网带来了相当大的负担，同时也增加了线路损耗。为此，通常需要采取一定的无功补偿措施，如就地无功补偿等，以减少系统中无功功率的输送数额。

注：异步电动机转子旋转的转速 n 不能等于定子旋转磁场转速n_1，如果 $n=n_1$，转子与定子旋转磁场之间就没有相对运动，转子绕组中就没有感应电动势和感应电流，也就不能产生推动转子的电磁转矩。因此，异步电动机运行的必要条件是转子转速和定子旋转磁场转速之间存在差异，“异步”之名由此而来。

5.2.3　异步电机转差率

异步特性转差率，负荷变化变转矩。①
运行状态三情形，正负大小来判定。②
转差率值小于零，发电状态在运行。③
转差率值大于一，磁场逆向制动区。④
零一之间电动机，克服负载机械力，⑤
机械特性 $T-s$，曲线示意三区域，⑥
启动转矩指标一，电压平方成正比，⑦
最大转矩额定比，过载能力表示之。⑧

解析：

转 差 率

①异步电机转子的旋转速度与主磁场的旋转速度有一定差值（略高或略低），为了描述

异步电机的转速，引入参数**转差率**，其对应的符号是 s。异步电机的负荷发生变化时，转子的转差率随之变化，转子导体的电动势、电流和电磁转矩也会发生相应的变化，因此异步电机转速随负荷的变化而变化。

②异步电机有三种运行状态：电动机状态、发电机状态、电磁制动状态。可根据转差率的正负大小判定异步电机所处于的状态，各状态下示意如图 5-18 所示。异步电机三种运行状态比较见表 5-1。

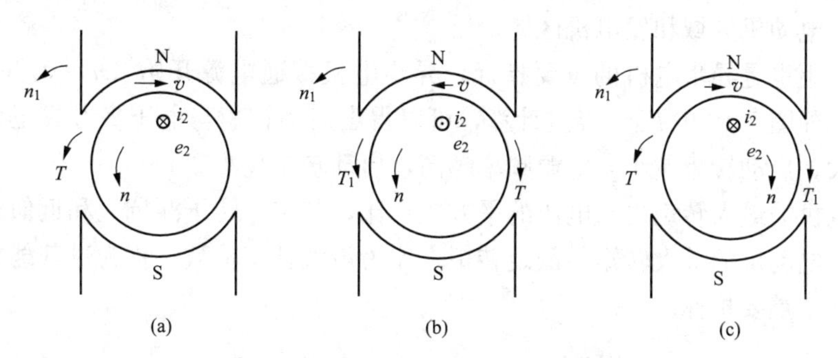

图 5-18　异步电机的三种运动状态

(a) 电动机运行状态；(b) 发电机运行状态；(c) 电磁制动运行状态

T—电磁转矩；T_1—原动机提供的转矩；v—绕组相对磁场的切割速度

表 5-1　　异步电机三种运行状态比较

状态	电动机	发电机	电磁制动
实现	定子绕组接对称电源	外力使转子快速旋转	外力使转子沿磁场方向旋转
n 与 s 关系	$n<n_1$，$0<s<1$	$n>n_1$，$0<s$	n 与 n_1 反向，$s>1$
E_1	反电动势	电源电动势	反电动势
T	驱动	制动	制动
能量转换	电能→机械能	原动机机械能→电能	电＋机械能→内部损耗

③若用原动机拖动异步电机，使其转子转速高于旋转磁场的同步转速，即 $n>n_1$，此时转差率 $s<0$，转子切割磁场的方向与电动机状态时相反，故转子绕组感应电动势和感应电流的方向也与电动机状态时相反。这样电磁转矩 T 的方向也随之改变，即 T 与 n 相反，T 对电机起制动作用。此时异步电机的转轴获得原动机的机械功率，克服电磁转矩做功，根据电磁感应，此时定子向电网输出电功率，即电机处于**发电状态**，见图 5-18（b）。

④转子逆着旋转磁场的方向旋转时（另两种情况都是顺着旋转磁场的方向旋转），转差率 $s>1$。一方面，旋转磁场切割转子的相对速度方向与电动状态时方向相同，此时电动势以及电磁转矩 T 的方向均与电动机时相同，从电网中吸收功率；而另一方面，此时转子的转向与电动机状态时相反，电磁转矩为制动性质的转矩，从外界吸收机械功率，即电机既获得从转轴输入的原动机的机械功率，又从电网中吸收电功率，这两种功率都变为电机内部的损耗，以热量形式散发。这种状态称为**电磁制动状态**，见图 5-18（c）。

⑤当 $0<s<1$ 时，电机处于**电动机状态**，转子以略小于旋转磁场的同步转速沿旋转磁场旋转的方向旋转，此时电磁力矩克服负载制动力矩而拖动转子旋转，为驱动转矩性质，从转

子轴上输出机械功率，见图 5-18（a）。

⑥三相异步电动机在外施电压、频率和参数为规定值时，电磁转矩 T 与转差率 s 之间的函数关系称为异步电动机的电磁转矩-转差率曲线，简称 T-s 曲线，又称为**机械特性曲线**。机械特性是异步电动机最主要的特性。

利用戴维南定理可以将异步电机的等效电路进行简化，并据此求出电磁转矩的表达式。根据最终求得的结果，可以得到异步电机转矩-转速-转差率曲线，如图 5-19 所示，曲线分为制动区域、电动机区域和发电机区域。

⑦启动转矩也是异步电机的重要指标，异步电机接通电源开始（$n=0$）时的电磁转矩称启动转矩，即图 5-19 中T_{st}，经过计算，可以得出启动转矩与电压平方成正比，定、转子漏抗之和越大，启动转矩越小，电源频率越高，启动转矩越小。

⑧异步电机的最大转矩也与电压的平方成正比，与定、转子漏抗之和近似成反比，见图 5-19 中T_{max}。电动机的最大转矩与额定转矩之比为最大转矩倍数，称为**过载能力**，这也是异步电动机的一个重要指标。

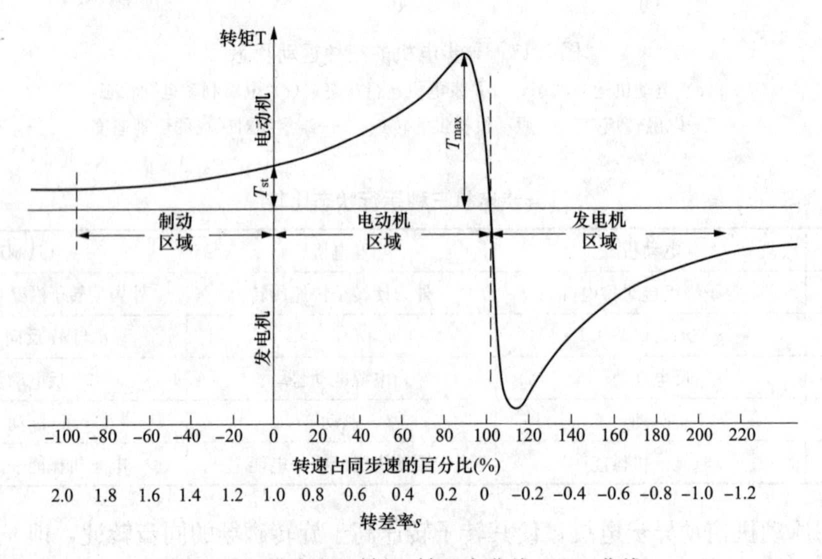

图 5-19　异步电机转矩-转差率曲线（T-s 曲线）

如果负载制动转矩超过电动机的最大转矩，电机就会停转。为保证电动机不因短时间负载突然增大而停转，要求电动机具有一定的过载能力，各类电机都有规定的指标，一般要求最大转矩倍数为 1.8～2.5，特殊要求时可有更高标准。

注：电磁制动态在起重机等相关设备中应用广泛，例如：起重机下放重物时，如重物自由下坠非常危险，这时可使电动机运行在制动状态，由电磁转矩来制止转子加速，调整其下降速度。

5.2.4　绕线式异步电动机的启动

绕线异步电动机，直接启动大冲击。①

电阻频敏变阻器，解决启动大问题。②

转子回路串电阻，初始加速全投入，③

切除电阻需分级，电机可带重载起。④
转子接入频敏器，频敏电阻随频率，⑤
转速上升阻值降，保证转矩限冲击，⑥
轻载启动此法宜，结构简单成本低。⑦

解析：

绕线式异步电动机的启动

①②异步电动机的启动指的是电机从静止状态加速到稳态转速的过程，它包括最初启动状态和加速过程。整个过程中，其启动电流比电动机稳态运行时的额定电流大得多，约为额定电流的 5～7 倍，但启动转矩并不大，一般只有额定转矩的 1～2 倍。

异步电动机启动时，电网从减少它自身所承受的冲击电流出发，要求异步电动机的启动电流尽可能小，但太小的启动电流所产生的启动转矩又不足以启动负载；而负载侧则一般要求启动转矩尽可能大，以保证任何情况下都能顺利启动且缩短启动时间，但大的启动转矩必伴随着大的启动电流。因此，异步电机具体采用哪种方式启动（或者说应从哪些方面来考虑改善启动性能）需进一步分析。

绕线式异步电动机启动时，通常采用在转子回路中串入可调电阻或者频敏变阻器的方式，来限制启动电流，同时增大启动转矩。

这种启动方式性能较好，基本可以解决启动过程中启动转矩降低的问题。因此，大容量的异步电机通常采用绕线式结构。

③④在转子回路中串接可调节电阻器启动原理接线如图 5-20 所示。由转子电流公式 $I=\frac{E_2}{\sqrt{R_2^2+X_2^2}}$，可看出在转子回路接入适当的启动电阻，可以减小启动电流和提高启动转矩。

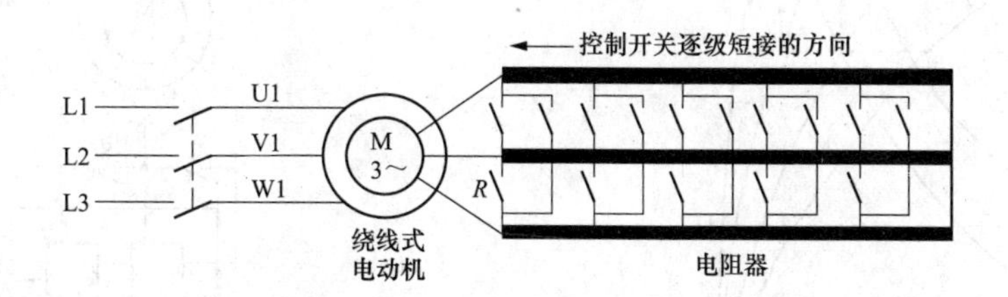

图 5-20　绕线异步电动机串接可调节电阻启动原理接线示意图

串入启动电阻器启动的方式通过滑环和电刷的接触将电阻器串入转子回路中。

启动时，启动变阻器全部电阻串入转子回路，合上开关，电动机通电启动。启动后，随着转速的逐渐升高，将串入的电阻逐渐切除，直到将转子绕组短接，启动过程结束，电动机进入正常运行状态。

绕线异步电动机启动电阻逐级减小的机械特性曲线如图 5-21 所示。启动具体过程及分析如下：在接通电源时，电阻器的电阻全部串入转子回路，电动机启动特性曲线如图中曲线 4 所示。电动机开始转动以后，转矩沿曲线 4 逐渐下降，到达 a 点后，一部分电阻被切除，电动机特性曲线变为曲线 3，转矩由 a 点升高到 A 点；随着转速的升高，转矩即沿曲线 3 逐渐下降，达到 b 点后，又有一部分电阻被切除，电动机的启动特性曲线变为曲线 2，转矩由 b 点升高到 B 点；随着转速的再升高，转矩即沿曲线 2 逐渐下降，达到 c 点后，电阻全部切除，电动机的特性曲线变为曲线 1，当转速达到额定值时，电动机即在额定点 D 上稳定运行。如果不接启动电阻，而采用全压启动，那么电动机的特性曲线即为曲线 1，开始阶段启动转矩很小，当小于所需的启动转矩时，电动机不能启动。

绕线型电动机串入启动电阻器既可获得较大的启动转矩，又可抑制启动电流，所以它允许电动机在重载下启动。在启动频繁、满负载运行的场合下，如龙门吊车、铲土机、卷扬机和起重机等多采用绕线型异步电动机转子串电阻的方式启动。其缺点是启动控制设备较复杂、笨重，投资大，运行维护工作量大。

⑤～⑦转子回路**串频敏变阻器启动**时，由于转子电流的频率在启动过程中是逐渐变化的，因此串联接入的频敏变阻器的阻值也随之变化，以改变其启动特性。三相绕线式异步电动机转子串频敏变阻器启动接线如图 5-22 所示。频敏变阻器的三个绕组分别套装在铁芯上，并接成星形，通过电刷、滑环将其串入转子电路。刚接通电源时，转子的电流频率最高 $f_2=f_1$（f_1 为定子电流频率），频敏变阻器铁芯中的涡流损耗最大，其绕组中对应的等效电阻就最大，相当于转子回路阻抗增加，限制了启动电流，又增大了启动转矩 T。启动后，转子转速上升，转子电流频率下降（$f_2=sf_1$），于是频敏变阻器中的涡流损耗减小，相当于转子回路阻抗减小，使启动电流相应增加。启动结束后，转子绕组短接，把频敏变阻器从电路中切除。

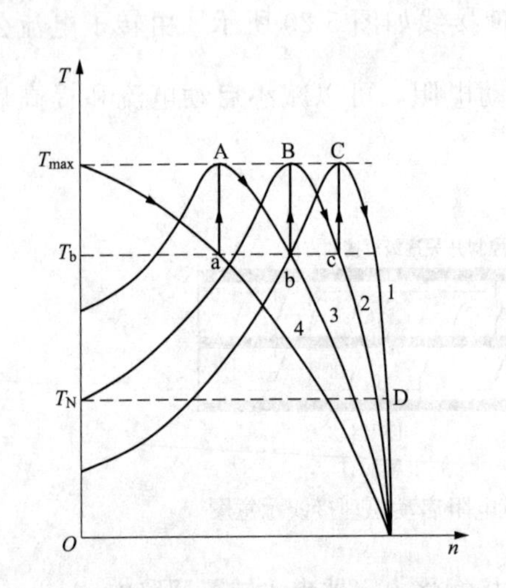

图 5-21　绕线异步电动机启动电阻逐级减小的机械特性曲线

T_b—启动转矩下限；T_{max}—最大启动转矩；T_N—额定转矩

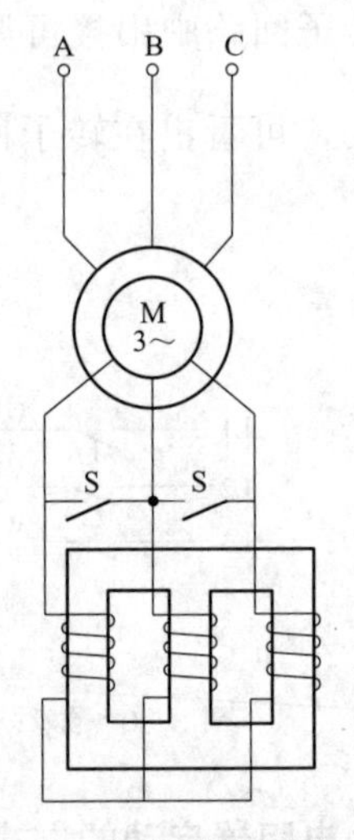

图 5-22　三相绕线式异步电动机转子串频敏变阻器启动接线

采用频敏电阻器启动，由于其电抗的存在，功率因数较低，启动转矩只能达到最大转矩的 50%～60%。所以，轻载启动宜采用频敏变阻器。采用频敏电阻器启动结构简单，成本也低。

5.2.5　异步电动机的调速

异步电机调速度，转差公式来帮助。①
变极变频变转差，或优或劣或廉价。②
变极调速难平滑，运行可靠不复杂，③
改接绕组简单化，无需连调可用它。④
改变转差两方法，串接电阻变电压：⑤
转子回路串电阻，只适绕线恒转矩；⑥
改变定子端电压，效率低来功耗大。⑦
变频调速理想化，无级调速范围大，⑧
交直交型变电压，调节电压脉宽法，⑨
PWM 为主打，媲美直流渐无瑕。⑩

解析：

异步电动机的调速

①异步电动机具有结构简单、价格低廉、运行可靠等优点，应用广泛，因此对其调速性能的研究具有十分重要的价值。从理论上分析，可直接从转差率公式入手，经过变换即方便看出几种能用来调速的方法。

根据 $s=\frac{n_1-n}{n_1}$，可得

$$n=n_1(1-s)=\frac{60f}{p}(1-s)$$

式中：n_1 为同步转速；f 为频率；p 为极对数；s 为转差率。

②依据上述公式，可明显看出普通异步电机的调速方式可分三种：变极调速（p）、变频调速（f）、变转差率调速（s）。变极调速结构简单，运行可靠，是廉价的调节方式；变频调速可以实现速度的精准控制，可认为是优良的调节方式；变转差调速因对电机的结构和应用场合均有一定的限制，特别是效率较低，是相对较差的一种调速方式。

③④**变极调速**是通过改变笼型电动机定子绕组的极对数来实现调速，这种调速是分极的，平滑性能差（就如天平秤上固定大小的砝码一样，很难控制其精确），但由于结构并不复杂，运行起来较为可靠，因而在很多工业制造场合得到应用，如车、铣、镗、磨、钻床以及水泵等。由于这种调速方式需要变换极对数，为了避免转子绕组换接，变极电动机基本采用笼型转子，它可以随着定子极对数的改变而自动改变极对数。

变极调速的原理如下：设定子每相有两组线圈（为简明起见，仅画出 A 相的两组），每组线圈用一个集中线圈来表示。如果把两组线圈 A1X1 和 A2X2 正向串联，如图 5-23 所示，则气隙中将形成四极磁场；若把 A1X1 和 A2X2 反向串联，使第二组线圈中的电流反向，则气隙中将形成两极磁场，如图 5-24 所示。由此可见，欲使极对数改变一倍，只要改变定子绕组的接线，使相绕组的两组线圈中有一组电流反向流通即可。

⑤⑥**改变转差率调速**又分为两种方法：转子回路串接电阻，改变定子端电压。

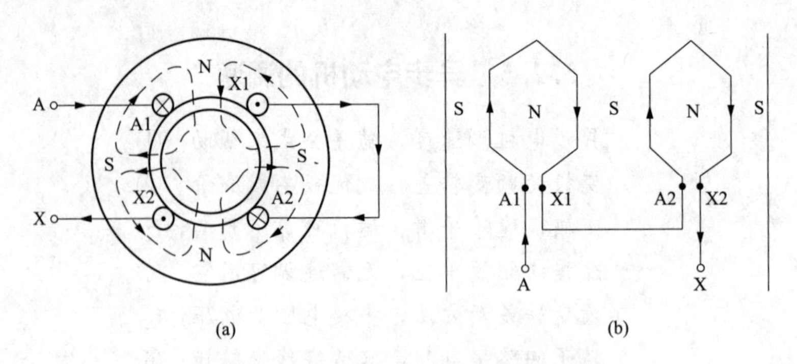

图 5-23　$2p=4$ 时一相绕组的连接

（a）每相两组线圈的正向串联；（b）两组线圈的展开图

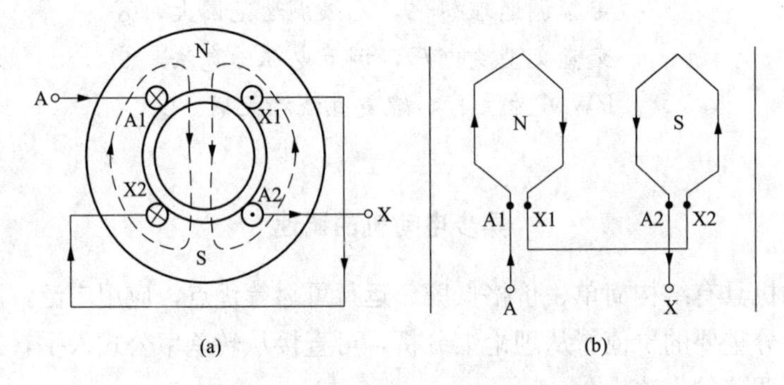

图 5-24　$2p=2$ 时一相绕组的连接

（a）每相两组线圈的反向串联；（b）两组线圈的展开图

转子回路中串接电阻调速的方法可做到恒转矩调速，适用于绕线式异步电动机。这种方式的优点是方法简单、调速范围广，缺点是调速电阻要消耗一定的功率。

⑦**改变定子端电压**的调速方式性能也不够好，目前广泛采用的交流调压器由晶闸管组成，通过调整晶闸管导通角的大小来调节加到定子上的端电压。此种方式效率较低，功率损耗较大。

通过改变转差率来调速的两种方式都不理想，实际工业中只有特定情况才用到。通常，前一种方式因为可以获得较大的启动转矩，且结构简单，性能稳定，因此常被用在各类起重机上；而后一种常结合现代电力电子技术，将其用在双馈电动机上，其可以自动适应外部实时变化的自然环境或工况。

⑧**变频调速**是通过改变电源频率使旋转磁场的同步转速发生变化，从而使电动机转速随之变化。即只需要均匀地调节电源频率，就可以平滑地控制电动机的转速。现代电力电子技术通过交—直—交或交—交技术能达到对电源频率的连续控制，因此，变频调速成为一种较为理想的调速方式。其不仅能实现无级调速，而且调速范围较大，调速前后电动机的主要性能参数和节能效果等方面都较好。

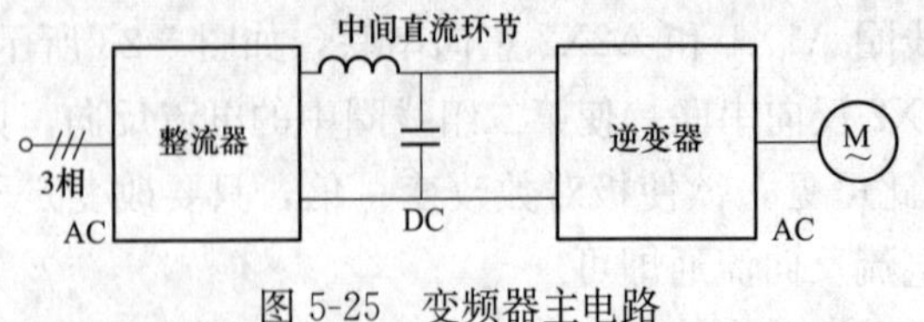

图 5-25　变频器主电路

⑨⑩目前应用最为广泛的交—直—交型变频器的主电路如图 5-25 所示，它先把工频交流电源的电压通过整流器变成直流电压，然后再由逆变器把直流电压变换成频率

可变的交流电压输出。早期，因为电力电子技术的发展程度不高，此种方式损耗大，效率低。20世纪70年代后期，出现了脉冲宽度调制（PWM）方式和相应的变频器，使得这种方式逐步占据异步电机调速主导地位。其PWM变频器主电路如图5-26所示，电源的三相交流电压经6只二极管组成整流桥整流，经滤波后变为直流电压U_{dc}；逆变器由六只开关频率较高的功率开关器件V_1～V_6组成桥式电路，输出三相交流电压；与功率开关器件反向并联的续流二极管，其作用是提供电感性负载无功功率的通路。控制电路采用PWM法来控制逆变器各功率开关器件的导通和开断的顺序和时间，使逆变器输出具有某一周期的一系列幅值相等、宽度不等、正负交变的三相矩形脉冲电压波。

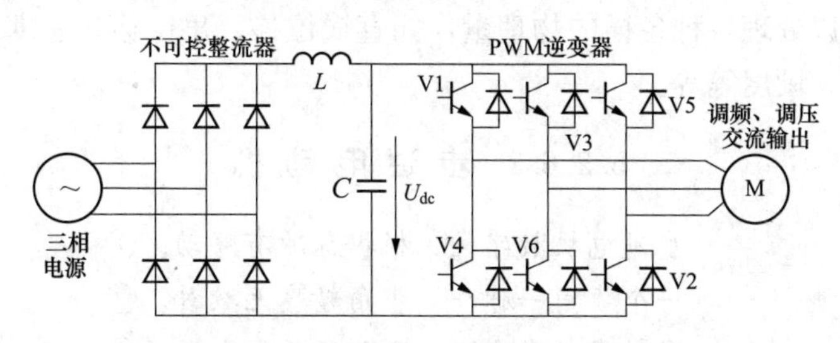

图5-26　PWM变频器的主电路

图5-27所示为A相的输出电压波形u_A及其基波u_{A1}。改变调制周期，就可以改变输出电压的频率。换言之，PWM变频器的逆变器既可完成调压，又可完成调频。

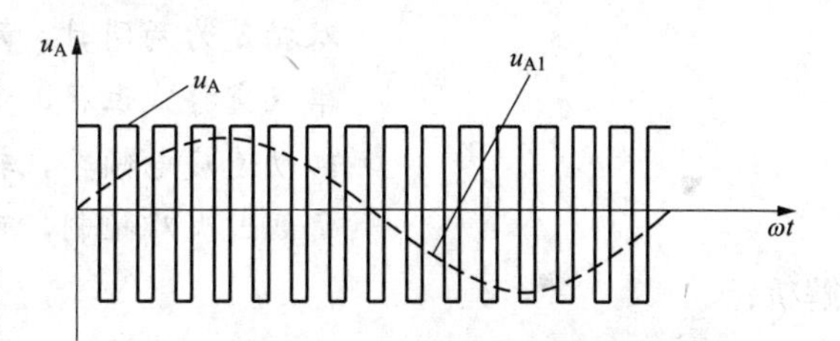

图5-27　A相输出电压波形及其基波

近年来，由于变频技术的发展，变频装置的价格不断降低，性能不断提高，异步电动机变频调速系统已有与直流电动机调速（相比交流电机，直流电机的调速不仅范围宽广、调节平滑，更兼具经济性和可靠性，它通常也有三种调速方法——调节励磁电流、调节外施电压、电枢回路引入可调电阻）相媲美的趋势。

5.2.6　特种电动机

5.2.6.1　特种电动机概况

特殊性能电动机，信号变换与传递。①
外径可至毫米级，主在精度而非力。②
现代工业新劳役，军事装备与政企。③
炼油钢铁计算机，激光雷达导航仪。④

解析：

特种电动机概况

①**特种电动机**是具有特殊性能的电动机，也称为**控制电动机**，常应用于数字控制及自动

化控制系统中传递和变换信号（电压）。

②控制电动机大多为微型电动机，主要性能指标是精度、可控性和速应性，力能指标则是次要的。它是在普通电动机理论基础上发展起来的特殊用途的电动机。其功率一般从数毫瓦到数百瓦不等，质量则从数十克到数千克，机壳外径最小可至毫米级。

③④控制电动机是现代工业自动控制系统领域重要的执行元件或信号元件，它服务于现今各行业的高科技领域或民用自动化设备中，如化工、炼油、钢铁、造船、原子能反应堆、数控机床、自动化仪器等。在军事装备中，也采用较多，如雷达天线的自动定位、飞机的自动驾驶仪、导航仪、激光和红外线技术、自动火炮射击控制等。

控制电动机可以处理各种各样的物理量，如直线位移、角位移、速度、加速度、温度、湿度、压力、浓度、硬度等等。

5.2.6.2 步进电动机

步进电机数字控，根据脉冲有序动。①
一个步角一脉冲，步角精度无数种。②
多相多拍多方式，开环运行即合适。③
单拍特指通一只，逐一通电吸转子。④
双拍是为两同时，两个绕组同获磁。⑤
单双交替减位移，步距减少二分一。⑥
转动速度电频率，转动方向电顺序。⑦
负载过大难控制，可能出现步丢失。⑧

解析：

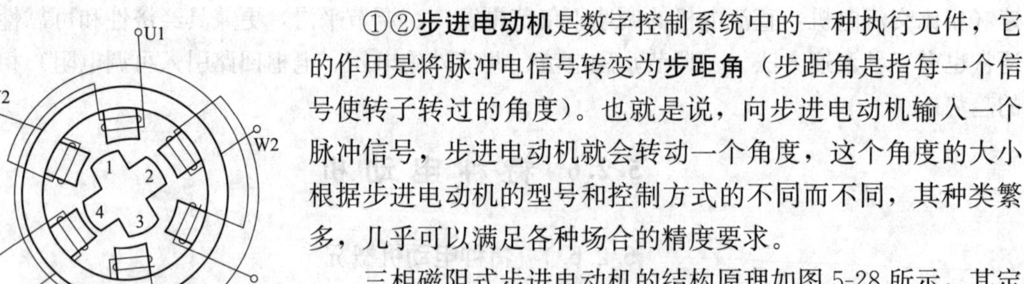

步进电动机

①②**步进电动机**是数字控制系统中的一种执行元件，它的作用是将脉冲电信号转变为**步距角**（步距角是指每一个信号使转子转过的角度）。也就是说，向步进电动机输入一个脉冲信号，步进电动机就会转动一个角度，这个角度的大小根据步进电动机的型号和控制方式的不同而不同，其种类繁多，几乎可以满足各种场合的精度要求。

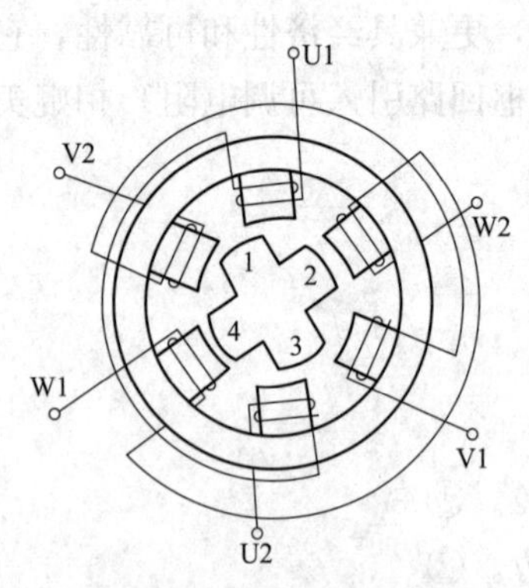

图 5-28　三相磁阻式步进电动机结构原理

三相磁阻式步进电动机的结构原理如图 5-28 所示，其定子和转子都用硅钢片叠成双凸极形式。定子上有六个极，其上装有绕组，相对的两个极上的绕组串联起来，组成三个独立的绕组，称为三相绕组，独立绕组数称为步进电机的相数。因此，四相步进电动机定子上应有八个极，五相、六相依此类推。

③在非超载的情况下，步进电动机的转速、停止的位置只取决于脉冲信号的频率和脉冲数，而不受负载变化的影响，即给电动机加一个脉冲信号，电动机则转过一个对应的步距角。这一线性关系的存在，使得步进电动机多采用开环控制。

步进电动机在工作时，需要驱动器将脉冲信号电压按一定的顺序轮流加到定子的各相绕组上。步进电动机的定子绕组从一次通电到下一次通电称为一拍。其通电方式通常有单拍、双拍和单双拍。

④～⑥下面以三相步进电动机为例，分别对这三种运行方式进行说明。

（1）三相步进电动机的单拍运行通常称为**三相单三拍**运行方式，其通电顺序为U-V-W或反之，其中“单”指的是每次只给一相绕组通电，“三拍”指的是通电三次完成一个通电循环。

当U相绕组单独通电时，定子U相磁极产生磁场，靠近U相的转子齿1和3被吸引到与定子极U1和U2对齐的位置，如图5-29（a）所示；当V相绕组单独通电时，定子V相磁极产生磁场，靠近V相的转子齿2和齿4被吸引到与定子极V1和V2对齐的位置，如图5-29（b）所示；当W相绕组单独通电时，定子W相磁极产生磁场，靠近W相的转子齿3和1被吸引到与定子极W1和W2对齐的位置，如图5-29（c）所示。

反之，如果通电顺序变为W-V-U，则转子转动的方向就会变成与上述方向相反的方向旋转，即逆时针旋转。显然，在这种运行方式下的步距角为30°。

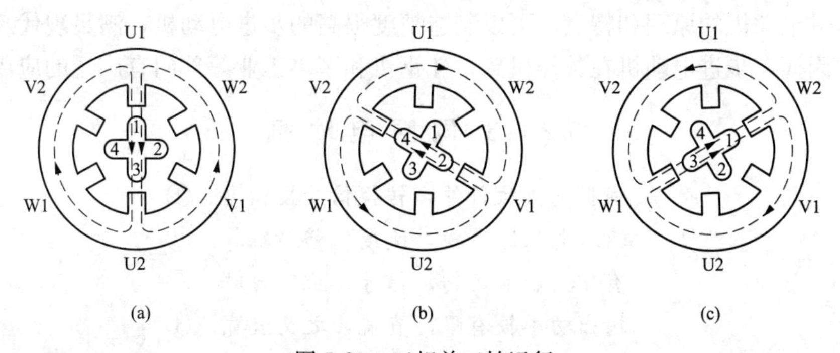

图5-29　三相单三拍运行

（a）U相通电；（b）V相通电；（c）W相通电

（2）三相步进电机的双拍运行通常称为**三相双三拍**运行方式，其通电顺序为UV-VW-WU或反之。

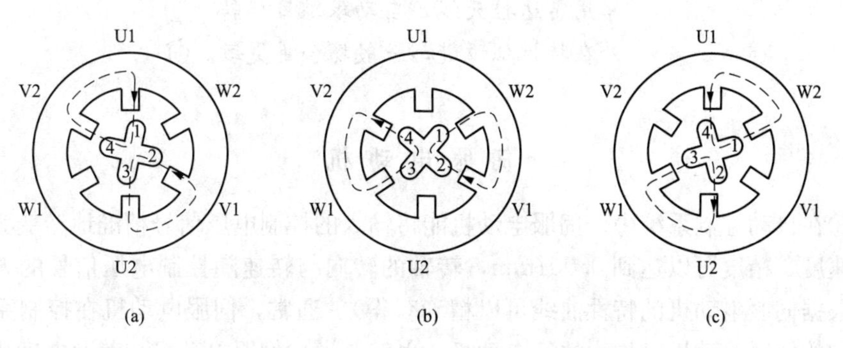

图5-30　三相双三拍运行

（a）UV相通电；（b）VW相通电；（c）WU相通电

当U、V两相绕组同时通电时，由于U、V两相的磁极对转子齿都有吸引力，故转子将转到如图 5-30（a）所示的位置；当 V、W 两相绕组同时通电时，同理，转子将转至图 5-30（b）的位置；W、U 两绕组通电时，即到达图 5-30（c）所示的位置。同样，若将通电顺序变为反向，转子的转向也将变为反向。显然，这种运行方式下的步距角仍为 30°。

（3）三相步进电机的单双拍交替运行通常称为**三相六拍**运行方式，其通电顺序为 U-UV-V-VW-W-WU 或反之。

结合上述两种运行方式，可以明显看出：当 U 相绕组通电时，转子将转到图 5-29（a）所示位置；当 U、V 两相绕组同时通电时，转子将转到图 5-30（a）所示位置；以后情况依此类推。即这种运行方式结合了上两种运行方式，经过六拍才完成一个通电循环，其步距角较上两种减少了一半，即 15°。

⑦步进电动机的转速取决于各控制绕组通、断电频率，转动方向取决于各绕组的通电顺序。

⑧步进电动机虽然具有**自锁能力**（最后一个电脉冲停止输入时，步进电动机可以实现停机时的精确定位），但其过载能力较差，一旦系统出现过载，步进电动机很可能会出现堵转或是步角丢失的情况。

依据步进电动机的原理和特点，可以制造精度很高的步进电动机，满足现代工业自动控制的要求。因而，步进电动机在数控机床、轧钢机和军事工业等部门有广泛的应用。

5.2.6.3 伺服电动机

伺服电机执行件，转换信号技精湛。①
输入电压通变换，速度位移精准算。②
有压控制立运转，信号停止不自转。③
输出功率较有限，直流比之交流宽。④
直流伺服他励源，电枢控制用广泛，⑤
迅速平滑多优点，机械特性为直线。⑥
交流伺服速稍缓，两相异步本质判。⑦
杯形笼型磁阻减，不对称态不紊乱。⑧
军用雷达控天线，自动跟踪目标转。⑨
外在特性似步进，一般场合更灵敏。⑩

解析：

伺服电动机

①～③在自动控制系统中，**伺服电动机**能将输入的控制电压信号精准地转变为转轴的角位移或角速度，精度可以达到 0.001mm，转轴的转向与转速随控制电压信号的方向和大小而改变（根据伺服电动机的特性曲线可以精确获得）。通常，伺服电动机在控制系统中作为执行元件，故伺服电动机又称为**执行电动机**。也就是说，伺服电动机与普通电动机最大的特点是可控性，即：有控制信号时，伺服电动机就转动，而且转速的大小正比于控制信号的大小；控制信号消失后，伺服电动机就会立即停止转动；控制信号的极性发生改变时，电动机的转向也随之发生相应的改变。

④伺服电动机有直流和交流两大类。直流伺服电动机输出功率宽广，小至几瓦，大至几百瓦；交流伺服电动机输出功率一般较小，通常为几十瓦。

⑤⑥直流伺服电动机实质就是微型的他励直流电动机，其结构与原理都与他励直流电动机相同。

伺服电动机的控制通常分为电枢控制和磁场控制：**电枢控制**即通过改变电枢绕组电压的方向与大小来控制运转；**磁场控制**通过改变伺服电动机励磁绕组电压的方向与大小来控制运转。电枢控制应用更为广泛，这种控制方式机械特性线性度好、特性曲线为一组平行线、响应迅速、控制平滑等优点。

直流伺服电动机在现代数控机床的进给系统、数控机床的主轴电机等上均应用广泛。特别的，现代更是相继出现了低惯量直流伺服电动机、无刷直流伺服电动机等，使得其应用更加广泛且效率更高，寿命更长等。

直流伺服电动机的机械特性曲线为一条直线，线性度好，系统动态误差小，精度高。

⑦交流伺服电动机的实质是一个两相异步电动机，其原理如图 5-31 所示。定子上装有两个在空间相差 90°的绕组——励磁绕组和控制绕组，运行时，励磁绕组始终加上一定的交流励磁电压 U_f，控制绕组则加上控制信号电压 U_k。

⑧交流伺服电动机转子的结构形式主要有两种：笼型转子和空心杯形转子。空心杯形转子伺服电机结构如图 5-32 所示。其定子分为内定子和外定子两部分。外定子的结构与笼型交流伺服电动机的定子相同，铁芯槽内放有定子三相绕组。内定子由硅钢片叠成，压在一个端盖上，一般不放绕组，它的作用只是为了减少磁路的磁阻。

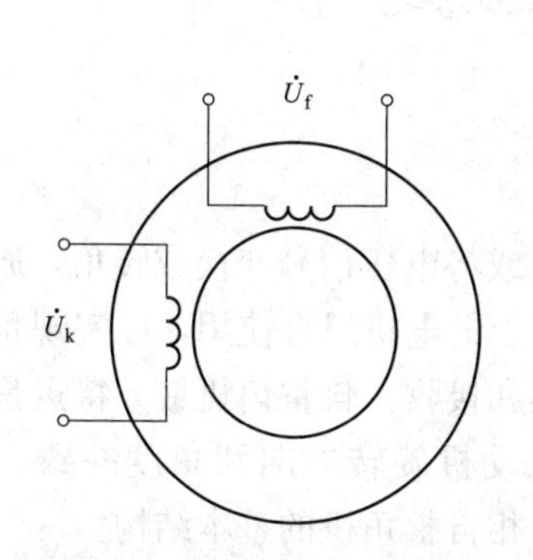

图 5-31　交流伺服电动机原理图

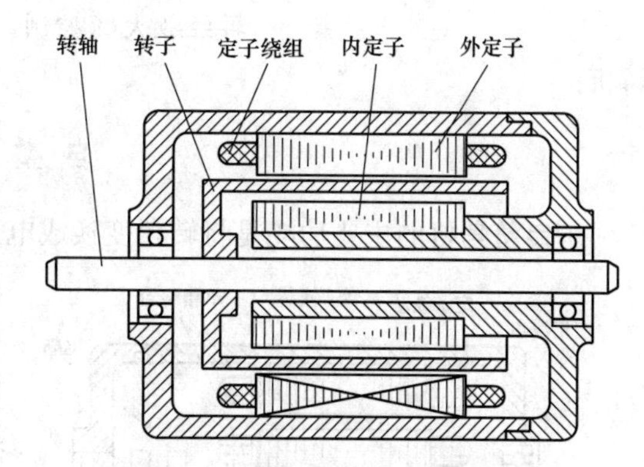

图 5-32　交流杯形转子交流伺服电动机结构示意图

交流伺服电动机与普通电机还有一个重要区别：普通的两相和三相异步电动机正常情况下都是处于对称状态下运行的，不对称状态属于故障运行。而交流伺服电动机则可以靠不同程度的不对称运行来达到控制的目的，具体如下。

为消除交流伺服电机的自转现象，往往将转子电阻做得很大，这是因为当控制电压消失后，伺服电机处于单相不对称运行状态，若转子电阻很大，将使临界转差率 $s>1$，这时正负序旋转磁场与转子作用所产生的两个转矩特性曲线以及合成转矩特性曲线将会发生变化。其中合成转矩的方向与电机旋转方向相反，是一个制动转矩，这就保证了当控制电压消失后转子因惯性仍转动时，电动机将被迅速制动而停下。转子电阻加大后，不仅可以消除自转，还具有扩大调速范围、改善调节特性、提高反应速度等优点，当然，同时也降低了伺服电机的效率，但对伺服电机而言，效率是次要的，满足控制性能要求才是主要的。

⑨例如在军事雷达天线系统中，雷达天线就是由交流伺服电动机拖动的。当天线发出去的无线电波遇到目标后，反射回来的信息被雷达接收机接收。雷达接收机将目标的方位和距离确定后，向交流伺服电动机送出电信号。交流伺服机按照该电信号拖动雷达天线跟踪目标转动。

⑩从基本功能来看，伺服电机与步进电机十分相似，但实则二者结构原理完全不同，对一般场合而言伺服电机性能更优一些，其不仅表现在精度和响应速度上，伺服电机还拥有更好的过载能力。而步进电机的优势主要在于结构简单、控制方便，价格低廉，在很多要求不高的场合，步进电机是足以满足要求的。

5.2.6.4 自整角机

自整角机轴相似，多台电机转一致。①
通常应用两分支，力矩以及控制式。②
力矩常作角指示，距离远近同位置，③
接收发送电转磁，两端一致才停止。④
控制恰似变压器，输入输出相联系，⑤
一端转角电动势，转成另端压流值，⑥
再经放大随控制，伺服系统配合之。⑦

解析：

自整角机

①**自整角机**的主要功能是将转角变换成电压信号，或将电压信号变换成转角，通过两台或两台以上的电机组合使用，以实现角度的传输、变换和接收。自整角机最大特点是可以保证多台电动机旋转方向和角度一致，图 5-33 所示为单相自整角机的基本结构。

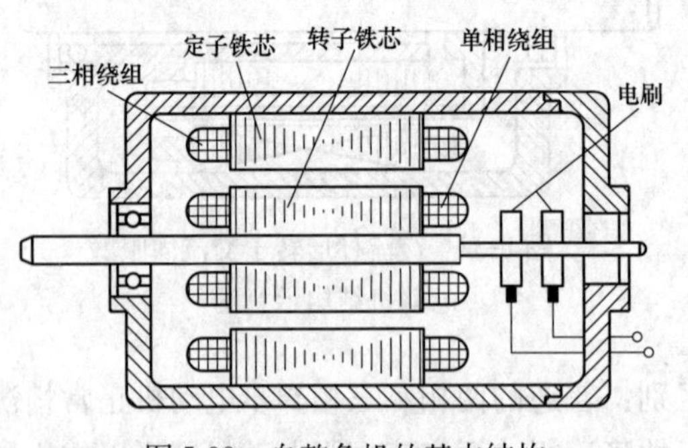

图 5-33　自整角机的基本结构

②自整角机按其在同步功能系统中作用的不同，可分为力矩式自整角机和控制式自整角机两种。

③**力矩式自整角机**的主要作用是保证两台或多台电机（或系统）转动的一致性。多台自整角机之间可以通过电信号的接收与发送实现转动一致，消除了距离的障碍。

利用力矩式自整角机组成的同步连接系统的电路如图 5-34 所示，其中自整角机 a 放在需要发送转角的地方，称为**自整角发送机**；自整角机 b 放在需要接收转角的地方，称为**自整角接收机**。它们的定子绕组又称同步绕组，用导线对接起来；转子绕组又称励磁绕组，接在同一交流电源上。

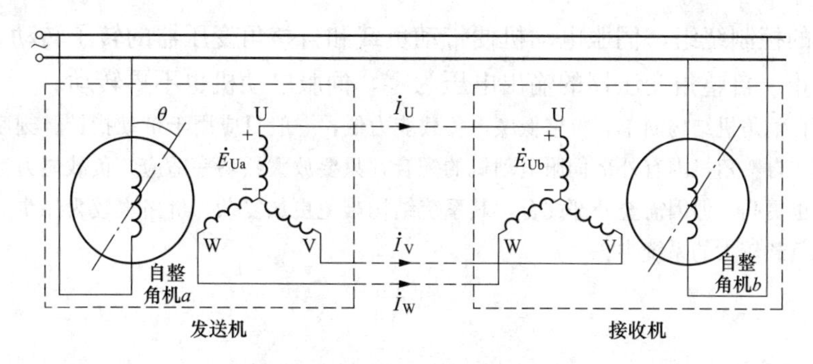

图 5-34　力矩式自整角机电路

④如图 5-34 所示接线，当发送机转子在外施转矩的作用下，顺时针偏转 θ 角时，发送机和接收机之间会处于不协调位置（两转子绕组相对位置相同时即为协调位置），即两端定子线电动势不相等，致使电路中就有电流 $\dot{I}_U$、$\dot{I}_V$ 和 $\dot{I}_W$ 产生，发送机和接收机中都会产生电磁转矩。由于两者定子电流的方向相反，因而两者的电磁转矩方向相反。这时，发送机相当于一台发电机，其电磁转矩的方向与其转子的偏转方向相反，它力图使发送机转子回到原来的协调位置。但因发送机转子受外力控制，不可能往回转动。接收机则相当于一台电动机，其电磁转矩的方向使转子也向 θ 角的方向转动，直到重新转到协调位置，即与发送机一样也偏转了 θ 角为止，于是接收机转子便准确地指示出了发送机的转角。

⑤**控制式自整角机**的接线如图 5-35 所示，它与力矩式自整角机系统不同之处是：控制式自整角机中的接收机并不直接带负载转动，转子绕组不接在交流电源上，而是用来输出电压，故又称输出绕组。

由于该接收机是从定子绕组输入电压，从转子绕组输出电压，它工作在变压器状态，故也称为自整角变压器。两转子绕组处于垂直位置时为它的协调位置。

⑥如图 5-35 所示，在外施转矩的作用下，自整角发送机的转子绕组顺时针偏转了 θ 角，则定子电流产生的脉振磁通势的方位也随转子一起偏转 θ 角，仍然与励磁绕组轴线一致。因此与之方位相同的自整角变压器中，定子脉振磁场便与输出绕组不再垂直，两者的夹角为（$90°-\theta$），将在输出绕组中产生一个正比于 $\cos(90°-\theta)=\sin\theta$ 的感应电动势和输出电压。可见，控制式自整角机可将远处的转角信号变换成近处的电压信号。

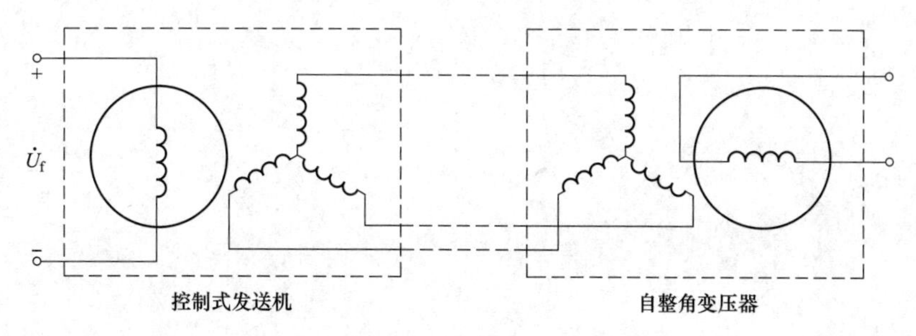

图 5-35　控制式自整角机电路

⑦若想利用控制式自整角机来实现同步连接系统，可将其输出的电压经放大后，输入交

流伺服电动机的控制绕组，伺服电动机便带动负载和自整角变压器的转子转动，直到重新达到协调位置为止，自整角变压器的输出电压为零，伺服电动机也不再转动。

注：力矩式自整角机结构简单、价格低廉，负载能力低，一般只应用于带动指针、刻度盘之类的轻载指示系统。控制式自整角机因有外部伺服电动机的配合，只要放大器功率适应，负载能力远高于力矩式自整角机，且精度也更高。但因需要外部配合，其系统结构难免更加复杂、价格也较为昂贵，因此一般用于精度要求较高或负载较大的系统中。

第6章 继电保护 安全保障

科学从来不是，也不会是尽善尽美的书本，每一个重要成就都将带来新问题，每发展一步都会不断地发现更新更艰巨的困难。

——爱因斯坦

6.1 继电保护基础概念

6.1.1 整体概况

电力系统保健康，继电保护来帮忙。①
好似西医切病灶，防止扩散难收场。②
自动切除内故障，动作发信非正常。③
最大限度控影响，处理系统大振荡。④

解析：

整体概况

①电力系统的运行状态从继电保护作用的角度可以分为三类：**正常工作状态，不正常工作状态，故障状态**。多数情况下，电力系统运行在正常运行状态，但因外力、绝缘老化、误操作等多种原因可能会出现不正常工作状态或故障状态，这时候电力系统中的继电保护装置便发挥作用，使故障范围不致扩大，保证整个大电网安全稳定运行。

②继电保护装置保证电网安全稳定的工作原理就好比西医做手术，在最小的范围内以最精准的刀法将病症部位切除，保证病变不扩散到其他正常工作部分，但并不能将器官病症修复完好。这样虽然可能会影响或削弱这一器官的基本功能，但不会影响整个身体的机理。

③继电保护装置有跳闸与发信两种执行操作。对于可能危及电力系统正常运行的故障，一般作用于断路器跳闸来切除故障，如短路故障、断线故障等；对于可短时间运行的不正常工作状态，一般作用于监控系统发出信号，提醒运行人员注意，如对称过负荷、温度升高等。

④跳闸与发信是继电保护装置的两大基本任务。

跳闸：自动、迅速、有选择性地将故障元件从电力系统中切除，使故障元件免于继续遭到破坏，并保证其他无故障的元件迅速恢复正常运行。

发信：反映电气元件或设备的不正常运行状态，并根据不正常运行情况和电气元件维护条件，发出报警信号，由运行人员进行处理或采取一定的动作延时后，再作用于跳闸。

电力系统中通过跳闸或发信来处理单一设备或单一区域故障的过程由继电保护装置来完成，这类事故被称为元件事故。而对整个电力系统而言，若出现运行指标异常和遭到破坏，例如系统的频率或电压异常甚至崩溃、系统发生振荡甚至失去稳定、系统被解列以致大面积停电等，这类事故涉及整个电力系统，称为系统事故。系统事故一方面很可能是由于电气元件事故处理不当引发的，另一方面需要继电保护装置配合工作来消除事故。

简单说来，完成对单一设备或区域故障处理的装置称为继电保护装置，其也是电力系统安全稳定运行的**第一道防线**。而对于整个系统的故障，则由电力系统安全稳定运行的**第二道防线**（安全稳控装置切机切负荷）和**第三道防线**（失步解列装置解列电网）共同完成。后两道防线不仅能作用于特殊的不正常状态，还能响应于不同区域的多重故障以及电力系统整体崩溃的状态，通常合称为安全自动装置。

总之，继电保护装置存在的主要目的就是控制故障影响范围，保证电力系统不会因个别意外因素而致系统整体崩溃。

6.1.2　继电保护基本原理与分析法则

6.1.2.1　继电保护的基本原理

继电保护甄故障，可判电量非电量。①
故障之时比正常，各类参量突增降。②
譬如短路之故障，电流增大电压降，③
相角变化减阻抗，流进流出非同样，④
再或功率突变向，产生零序流通畅。⑤
再如主变内故障，绕组温升噼啪响，⑥
产生气体压力涨，油流速度超平常。⑦
频采上述各参量，保护原理辨故障。⑧

解析：

继电保护的基本原理

①为了使继电保护能够承担其应有的任务，必须要求它能够正确地利用系统正常运行与发生故障或不正常运行状态之间的差别，实现保护。这些差别不仅体现在常见的电气量（电压、电流、功率、相角等）上，对于一些特殊的设备，往往还体现在非电量（温度、压力、流速等）上。

②当系统或设备发生故障时，各电气量或非电量会发生相对应的增加或下降。

③④以电力系统中出现最多的短路故障为例，在一般情况下，发生短路后，总是伴随有电流的增大和电压的降低以及线路始端测量阻抗的减小和电压与电流之间相位角的变化。此外，对一台变压器或是一条线路，还应有流入该变压器或该线路的电流等于流出该台变压器或该条线路的电流。若该变压器或该线路发生故障，其流入与流出也往往并不相等。

⑤双侧电源接线系统往往会出现故障前后某处的功率方向发生突变的现象。如图6-1所

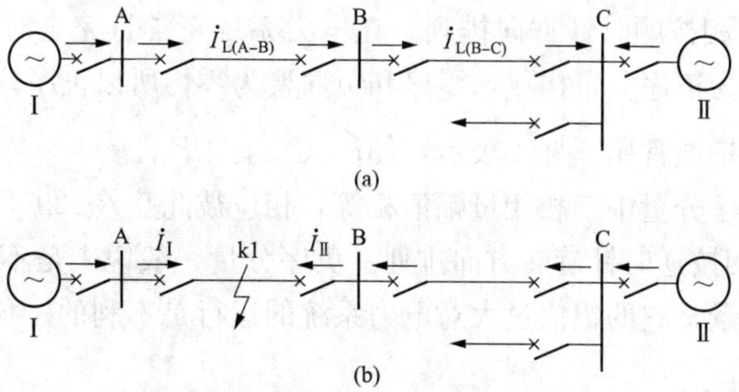

(a)

(b)

图6-1　双侧电源网络接线

(a) 正常运行情况；(b) k1点短路时电流分析

示，设正常运行时，两侧电源皆向母线C供电。如若在A-B段k1点发生短路，则由两侧电源供给的短路电流皆流向k1处，即短路点k1至C段的电流方向发生了突变。如若此处发生的是接地短路，则很可能还会在系统中产生流通的零序电流。

⑥⑦再如，主变压器正常运行时，绕组温度通常均衡，随负荷或周围环境温度增加或降低，内部无气体并发出均匀的“嗡嗡”声。当变压器内部发生故障时，往往伴随着绕组温度急剧上升，并使变压器油受热分解而产生大量气体，这些气体迫使变压器内部压力逐步增加，油流速度渐而加强。与此同时，变压器还会发出杂乱的“噼啪”声。

⑧根据设备正常时与故障时各参量对比，可以清楚地看出，只要实时监测各类参量的变化情况，并同步对其进行分析对比，就可以从理论上区分设备的故障状态与正常状态。这也是设计继电保护的最基本原因以及利用它分辨各类故障的原理。

6.1.2.2 对称分量法

对称分法剖故障，正负零序三分量。①
正序分量正常量，顺时针转对称状。②
负序分量非正常，反向旋转且勿忘。③
零序分量同方向，接地故障分解项。④
三量等幅叠加上，恰为故障之相量。⑤
各序等值复合网，独立分析不影响。⑥

解析：

对称分量法

①电力系统正常运行时，电压、电流的三相都是对称的（特殊情况除外）。当系统发生**不对称故障**（如单相接地故障、两相短路故障等）时，处于故障点处的参量发生畸变，成为不对称参量。任何一组不对称的三相相量可以通过一种特定的方式将它变为三组对称的特定相量，这就是所谓的**对称分量法**。这种方法十分类似高中物理学里所讲的力的分解，只不过物理上通常是分解到x和y两个坐标轴上，而此处是分解成三个方向并不固定，但是十分具有鲜明特点的三个相量，分别是正序分量、负序分量以及零序分量。

②**正序分量**：正序分量中三相相量幅值相等，相位彼此互差120°，且是a超前b，b超前c，即A、B、C三相按顺时针方向排列。在电力系统正常且完全对称运行的情况下，电压或电流等参量全部为正序分量构成，零序和负序皆为零，所以正序分量可以说就是系统中的正常参量。正序分量通常用下标1表示，如$\dot{F}_{a1}$、$\dot{F}_{b1}$、$\dot{F}_{c1}$。

③**负序分量**：负序分量中三相相量幅值相等，相位彼此互差120°，但相位与正序恰恰相反，即A、B、C三相按逆时针旋转方向排列。负序分量一般说来是不对称故障或不对称运行时所产生的特有分量，它的幅值过大对电力系统的运行是不利的。负序分量通常用下标2表示，如$\dot{F}_{a2}$、$\dot{F}_{b2}$、$\dot{F}_{c2}$。

④**零序分量**：零序分量中，三相相量幅值相等，三相相位也相同。零序分量伴随着接地故障而出现，以电压相量为例：当系统发生两相短路时，故障电压分解为正序分量和负序分

量，零序分量为零；当系统发生单相或两相接地短路时，故障电压即分解为三组皆不为零的正、负、零序分量。这是因为零序三相方向相同所致，方向相同的三组相量必然形成共同的通路，而电力系统中A、B、C三相共同的通路往往与大地相关。另外，在变压器三角形绕组内部同样可能出现零序，但它往往对外无法表现出来。零序分量通常用“0”表示，如$\dot{F}_{a0}$、$\dot{F}_{b0}$、$\dot{F}_{c0}$。

⑤正序、负序、零序三组分量是故障点处某一参量分解出来的，这三组相量也能合成原来的故障量，这一过程的实质是叠加定理的应用，如图6-2所示。

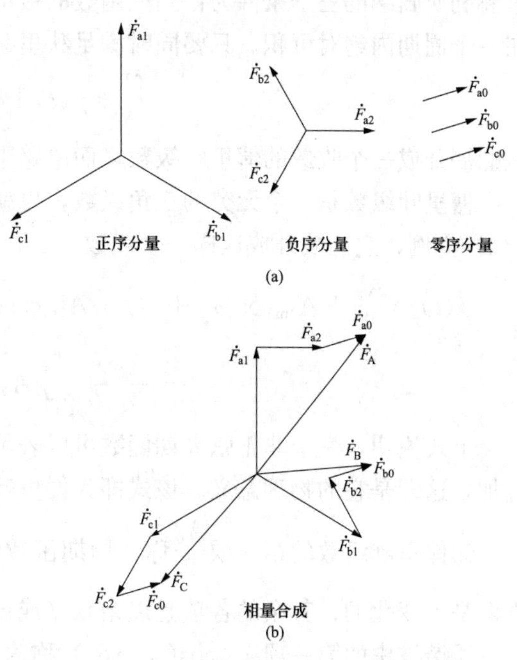

图6-2　相量的分解和合成

(a) 相量分解；(b) 相量合成

⑥利用对称分量法分析电力系统的各种不对称故障时，可以绘制出各序电流流通的网络图。该序电流通过某一元件时，产生的相应序电压与序电流的比值称为序阻抗，即：正序通路中的阻抗称为**正序阻抗**，负序通路中的阻抗称为**负序阻抗**，零序通路中的阻抗称为**零序阻抗**。静止设备的正序阻抗和负序阻抗通常是相等的，而旋转设备三序阻抗往往不相等。由系统各序阻抗组成的网络称为相应的序网络，利用序网络依次求解待求电量的各序分量是常用的一种方法。这种方法最大的优点是各序网络分量单独分析，互不影响，最终将结果进行合成即可。

6.1.2.3　谐波分析法

周期函数非正弦，数学方法可变换。①
展为级数若收敛，正弦分量无穷段。②
首项恒定称直流，其余各项为谐波。③
一次谐波称基波，高次谐波二至末。④
谐波频谱又分多，高低振幅上下坡。⑤
共同合成原周波，取项多者近轮廓。⑥

解析：

谐波分析法

①电力系统交流发电机所产生的电动势，其波形并非理想的正弦曲线，而是接近正弦波的周期性波形。即使是正弦激励源电路，若电路中存在非线性器件，也会产生非正弦的响应。当系统发生故障时尤是如此。然而，非正弦周期函数所对应的波形往往是奇形怪状，难于分析。但非正弦周期电流、电压、信号等都可以用周期函数表示，即

$$f(t)=f(t+nT)$$

式中：T 为周期函数的周期；n 为自然数，取 0，1，2，……。为了进一步方便分析，通常采用傅里叶变换将其展开成熟悉的波形。

②当然，一个函数能否展开成傅里叶级数是有条件的，在数学上称为狄里赫利条件。狄里赫利所归纳的三个条件为：周期函数的极值点的数目为有限个；间断点的数目为有限个；在一个周期内绝对可积。只要同时满足狄里赫利三个条件，即

$$\int_0^T |f(t)|\,\mathrm{d}t<\infty(\text{有界})$$

就能展开成一个收敛的傅里叶级数，而电路中实际的波形一般情况下都满足这三个条件。

傅里叶级数是一个无穷的三角级数，也就是说，它由无穷项三角函数叠加而成。以上文 $f(t)$ 为例，它能展开成这样一个级数

$$f(t)=\frac{A_0}{2}+A_{1\mathrm{m}}\cos(\omega_1+\theta_1)+A_{2\mathrm{m}}\cos(2\omega_2+\theta_2)+\cdots+A_{k\mathrm{m}}\cos(k\,\omega_k+\theta_k)+\cdots$$

$$=\frac{A_0}{2}+\sum_{k=1}^{\infty}A_{k\mathrm{m}}\cos(k\,\omega_k+\theta_k)$$

上式说明，一个非正弦周期函数可以表示为一个直流分量与一系列不同频率的正弦量相叠加，这即是它的物理意义。该式即为傅里叶级数，是一个无穷三角级数。

③傅里叶级数的第一项$\frac{A_0}{2}$称为周期函数的恒定分量，通常也称为**直流分量**，因为它的方向是不变化的；其余的各项是以余弦（或正弦）表示的无穷项，通称为**谐波**。

④谐波中的第一项$A_{1\mathrm{m}}\cos(\omega_1+\theta_1)$ 称为一次谐波，最为常见的叫法为**基波**。在电力系统中，基波往往是参量的主要成分，是与电力系统频率相同的波。谐波中的其他项则全部称为**高次谐波**，即 2 次谐波、3 次谐波、4 次谐波等，$k\omega_k$ 中 k 的数值即为谐波的次数。

⑤对谐波的分析中，常常还有频谱图的参与。频谱图如图 6-3 所示，是为了直观、形象表示一个周期函数分解为傅里叶级数后所包含频率分量在总体中的比重，用线段的高度表示各次谐波振幅。

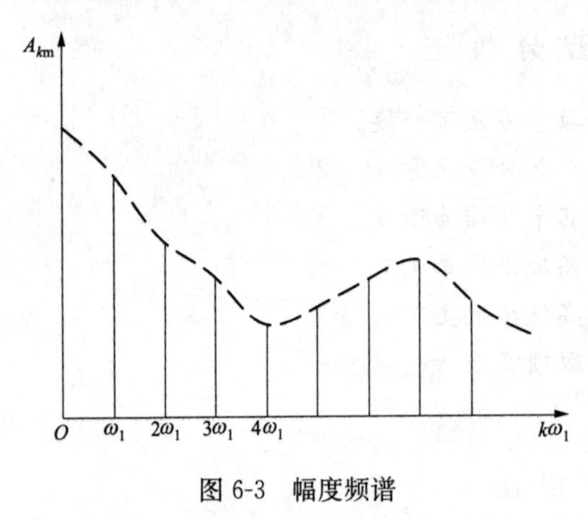

图 6-3　幅度频谱

⑥傅里叶级数展开可得到无穷多项三角函数，实际应用中不可能全部代入计算或分析，而只需要取其前 3 项或前 4 项加以合成，就可以得到与原非周期函数相近的波形曲线。当然，所取的合成项越多，合成曲线就与原来的曲线越接近，具体根据所需的精度进行选取。以方波合成为例如图 6-4 所示，所取合成项的多少直接影响方波的逼真度。

其中，周期为 2π 的方波 $f(x)=\begin{cases}-1, & -\pi\leqslant x<0\\ 1, & 0\leqslant x<\pi\end{cases}$ 可以展开成

$$f(x)=\frac{4}{\pi}\left[\sin x+\frac{\sin 3x}{3}+\frac{\sin 5x}{5}+\frac{\sin 7x}{7}+\cdots\right]$$

$$(-\infty < x < +\infty, x \neq 0, \pm\pi, \pm 2\pi, \cdots)$$

傅里叶级数为信号处理领域提供了几乎无可替代的作用，它不仅可以分析出某一特定信号所含的各种分量大小，从而判定其于系统的作用；而且它还为信号的合成提供了方法，可以通过多种信号的叠加得到所需要的信号，如信号发生器、声音模拟等。

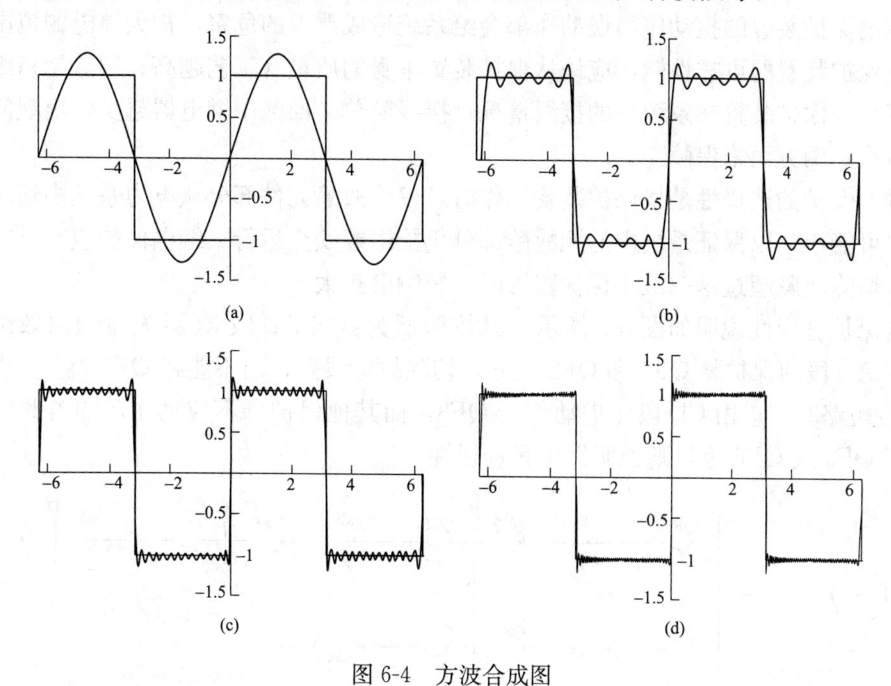

图 6-4　方波合成图

(a) 取至1次谐波合成；(b) 取至5次谐波合成；(c) 取至13次谐波合成；(d) 取至 n 次谐波合成

6.1.3 基本要求

继电保护任务重，四大要求须贯通。①
可靠性能质量控，动作靠谱不误动，②
拒动误动危害重，工艺接线两并重。③
选择性能管辖同，缩小范围就近动，④
后备保护防拒动，主保失效才能动。⑤
速动性能最好懂，迅速动作基本功。⑥
灵敏性能校验用，区内故障敏感动。⑦

解析：

基本要求

①为了完成继电保护所担负的重任，继电保护装置不仅应该能够正确地区分系统正常运行状态、不正常运行状态和故障状态，而且还应能自动、迅速、有选择性地将故障元件从电力系统串切除，以保证其他无故障部分持续或是快速恢复供电。因此，从技术上对继电保护装置提出了以下四个基本要求：速动性，选择性，可靠性，灵敏性。

②保护装置的**可靠性**包括安全性和信赖性，这两者主要取决于保护装置本身的制造质

量、保护回路的接线情况。安全性，是要求继电保护装置在不需要动作时应可靠不动作，即不发生误动。信赖性，是要求继电保护装置在规定的保护范围内对已经发生的应该动作的故障应可靠动作，即不发生拒动。换句话说，就是动作要靠谱，该动就动，不该动就不能动，该动不动称拒动，不该动却动称误动。这是对继电保护性能最根本的要求。

③继电保护装置的拒动作与误动作都会给系统造成严重的危害，扩大停电的范围。为了提高继电保护装置的可靠性能，应该从保护装置本身的质量（工艺越高、制造越精细当然质量会越好）与保护装置在系统中的接线情况（接线简单、回路中继电器越少，出现问题的可能性就越小）两方面来保障。

④继电保护的**选择性**是指保护装置动作时，仅将故障元件部分从电力系统中切除，使停电范围尽可能小，以保证系统中的无故障部分仍能继续安全运行。继电保护应有其特定的管辖区域，切除故障超过这一最小保护范围时，影响会扩大。

继电保护选择性说明如图 6-5 所示，具体解析为：当 AB 段 k1 处发生短路故障时，应由装设在 AB 段的保护将 QF1 和 QF2 跳开，切除故障线路，而不能将 QF5 跳开；如 CD 段 k3 处发生短路时，应由 CD 段保护动作于 QF8，而其他保护皆不应动作，如若此时其他保护动作于 QF5 或 QF6 等，则说明保护无选择性。

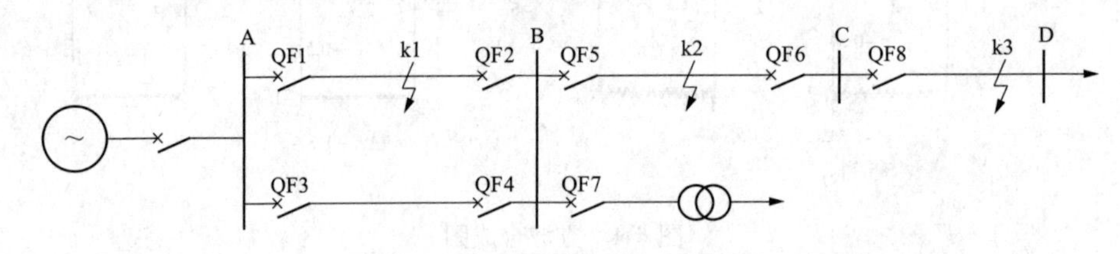

图 6-5 继电保护选择性说明图

⑤在要求继电保护动作有选择性的同时，还必须考虑继电保护装置或断路器有拒动作的可能性，因而就需要考虑后备保护问题。后备保护是当主保护或断路器拒动或没有启动时才启动的保护，在主保护的执行没有失效前，后备保护不能动作。

⑥**速动性**即在发生故障时，继电保护装置能迅速动作切除故障，以减少系统在故障状态下的工作时间，缩小故障元件的损坏程度。故障切除时间等于保护装置和断路器动作时间的总和，就现在微机保护装置而言，一般保护动作可做到几毫秒到十几毫秒之间。

⑦继电保护的**灵敏性**是指对于其保护范围内发生故障或不正常的运行状态的反应能力。简单说来，即是其对区内故障（发生在保护范围内的故障）的敏锐程度。若保护装置满足灵敏性要求，则无论故障处于保护范围内的哪一位置、故障类型是何种以及故障中是否出现过渡电阻情况，保护装置都能正确反应。灵敏性通常用于衡量保护定值的设定是否符合标准。

再者，灵敏性反映的是一种能力，并非越灵敏越好，灵敏度高的保护必然更加敏感，保护整定值会更加接近正常运行时的系统参数，如果稍有偏差，保护装置将可能出现误动，会降低保护的可靠性能。继电保护的四个要求相互制衡，相互矛盾，又紧密联系在一起，继电保护的科学研究、设计、制造和运行围绕如何处理好这四者的辩证统一关系而进行。

6.1.4 保护分类

至关重要主保护，安全稳定两兼顾，①
不带时限最快速，保护全长立切除。②
防止拒动新事故，后备保护与辅助。③
后备保护多约束，延时动作慢切除。④
辅助保护是为补，主后不足才投入。⑤

解析：

保护分类

①②继电保护在配置上有主保护、后备保护和辅助保护之分。**主保护**是满足系统稳定要求和设备安全要求，能在线路或设备故障时以最快速度且有选择地切除线路全长范围或保护区域内被保护设备的保护。主保护在继电保护中占有最重要的地位，如线路不带时限的纵联保护、变压器重瓦斯保护、发电机纵差保护等。

③**后备保护**是当主保护或断路器拒动作时，由本保护处另一个不同保护（近后备）或相邻电力设备的其他保护实现后备（远后备）动作的保护。后备保护是在主保护拒动的情况下才启动的保护，在电力系统保护中处于后备地位。

④为了最大限度地缩小故障对电力系统正常运行产生的影响，应保证由主保护快速切除任何类型的故障。后备保护动作切除故障一般都带有一定的延时，即等待主保护确实不动作后才动作，通常会造成故障影响扩大化，特别是在由远后备切除故障时尤为明显。因此，主保护与后备保护之间存在动作时间和动作灵敏度的配合，这些配合不仅受电力系统参数的影响，更受到上、下级线路保护整定值或动作时间的约束。

⑤**辅助保护**一般是用于弥补主保护和后备保护某些性能的不足或主保护和后备保护皆退出时而增设的简单保护，如为了消除方向保护死区的保护、发电机启停机保护等。

6.1.5 后备保护

高压电网整体汇，出现事故防网溃。①
保护装置双重配，不同原理保设备。②
单套又分主与备，主若拒动有后备。③
后备保护两种类，近备远备各称谓。④
本体位置近后备，通过延时来保卫。⑤
失灵保护附加配，实现方式近后备。⑥
相邻位置远后备，实现简单整定对。⑦
扩大切除防网溃，性能完善价不贵。⑧

解析：

后备保护

①电力系统发展至今，全国的高压电网都存在着或多或少的联系，一旦某一处发生重大

电力事故，如果不加以控制，很可能发展到影响整个电网的安全运行。因此，系统运行必须配备保护装置以控制故障发展，只要保护配制合理，就可以控制电力系统中几乎所有的故障种类。

②为了进一步提高保护装置的可靠性能，高压电网的保护装置一般要求双重化配置（220kV及以上电压等级皆为双重配置）。两套设备通常采用不同原理或不同厂家的保护装置，且两套保护装置相互独立，互不影响，交流电流分别取自电流互感器相互独立的绕组，分别作用于断路器的不同跳闸线圈。若双重化装置的一套主保护或主保护所对应的断路器没有动作，则可由另一套保护的主保护动作，即两套装置互为备用（此两套保护装置被称为**双主双备**保护，即两套保护装置中都有主保护和相应的后备保护）。

③对于其中一套保护装置而言，其本体保护装置上即设有主保护和后备保护，一旦主保护出现拒动，后备保护则会启动用以切除故障。高压电网的两套保护皆是如此。

④根据后备保护装置安装的位置或是动作的范围不同，可以将后备保护分为近后备保护与远后备保护两种。不管是哪一种后备保护，其动作特性都会经短暂的延时再动作，这是其与主保护的重要区别。

后备保护通常由本保护处不同保护原理的其他保护或相邻电力设备的其他保护实现后备动作的保护，前者称为近后备保护，后者称为远后备保护。

⑤⑥**近后备保护**是当主保护拒动时，由电力设备或线路的另一保护通过短暂延时来实现切除主保护未能正确反应的故障的保护。近后备保护与主保护安装在同一断路器处，在主保护拒动时实现后备作用。例如，双重化配置的220kV线路保护，当两套保护的主保护皆拒动时，可由装置处另一原理的其他保护或另一套装置的其他保护通过延时来动作，予以切除故障。如系统中的断路器失灵保护，当断路器拒动时（非主保护拒动，此种情况是电力系统故障与断路器发生失灵故障同时发生的双重故障），可由断路器失灵保护启动跳开所有与故障元件相连的电源侧断路器（近后备保护一般情况下不扩大事故，因为它所动作的断路器通常是本断路器，但当所需跳开断路器失灵时，则可通过远跳方式作用于其他断路器，因而也可能造成事故的扩大，但这种扩大却是因为主设备双重故障引起的）。

⑦⑧**远后备保护**是当主保护或断路器拒动时，由相邻电力设备或线路保护来实现的后备保护。110kV以下电压等级保护多数采用远后备方式。远后备保护方式保护范围延伸至下级线路，一般而言只要能正确控制其整定定值和时间，其保护功能实现简单，性能完善，经济性能也好。但是其动作切除故障时，必将使供电中断的范围扩大（本应该是故障本级切除的，最后变为故障邻级或下级切除，供电中断范围扩大）。

如图6-6所示，以CD段k3处发生短路故障为例，QF5为本体位置，此处既配有主保护，又配有相应的后备保护（即近后备保护），若此处主保护失效，将由近后备保护延时动作于QF5切除故障；而若此处主保护以及近后备保护皆失效，将会由上级线路的QF3切除故障，即远后备保护，此时将会造成事故的扩大，如果此处保护再度失效，将会致使再上一级线路跳闸，即QF1与QF2动作。如系统中存在多处保护配置问题，就会出现越多级跳闸，使系统中潮流发生改变，使电力系统工况恶化，可能引起系统大面积瓦解。

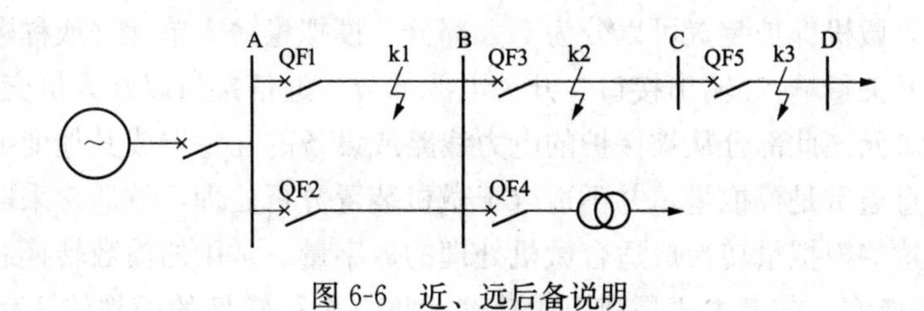

图 6-6　近、远后备说明

6.2　继电保护基本设备

6.2.1　微机保护装置

微机保护速发展，推陈出新各厂站。①
组成部分硬软件，精度较高维护便。②
数据采集始单元，模拟量值数字换。③
数据处理微芯片，存储运算逻辑判。④
开关之量出入监，跳闸发信读触点。⑤
开关电源作供电，消除干扰输入宽。⑥
标准通信促分散，局域网内保护连。⑦
人机交互更直观，运行程序自巡检。⑧

解析：

微机保护装置

①**微机保护装置**就是指利用微型计算机或微控制器来实现继电保护功能的一种自动装置。随着电力工业与计算机科学（或集成电路）的迅速发展，目前微机型继电保护装置已经广泛应用于整个电力系统，分布在几乎所有发电厂与变电站中。

②微机保护装置就是具有特定功能的计算机，其系统由硬件和软件两大部分组成，并具备现代自动化设备几乎所有优点，如精度高、灵活性大、可靠性高、维护方便、调试简单、易于系统升级扩展新附加功能等。微机保护结构如图 6-7 所示。

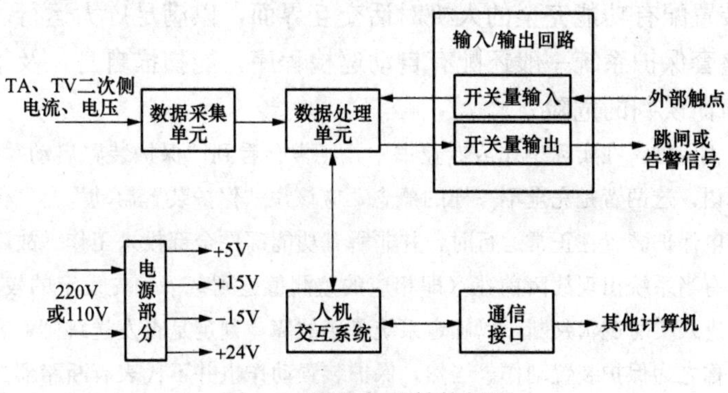

图 6-7　微机保护结构框图

从功能上说，微机保护装置可以分为 6 大部分：模拟量输入单元（或称数据采集单元）、数据处理单元、开关量输入/输出接口、开关电源部分、通信接口以及人机交互部分。

③**数据采集单元**：此部分从被保护的电力线路或设备的互感器或其他变换器上取得电气量信息，这些信息通常是模拟量，并不适合于微机装置分析处理，故通常采取模数转换的方式进行变换，将这些模拟量转换成适合微机处理的数字量。常用的模数转换芯片有逐次逼近型和电压-频率变换型：前者主要是利用比较器，将一个待转换的模拟输入信号与一个预测的、计算机已知其二进制编码的基准模拟信号进行比较，若该预测值小于待转值，则增加二进制编码（即增加预测值），直至预测值大于待转值，即可判定待转值大小在最后两次比较之间。后者主要利用多谐振荡器原理，使振荡器产生的脉冲频率正比于输入电压的脉冲序列，然后在固定的时间内对脉冲进行计数，计数值的大小即代表电压瞬时值的大小。

④**数据处理单元**：包括微处理器、只读存储器、随机存储器、随机存取存储器、定时器以及并行口等。微处理器执行存放在只读存储器中的程序，对由数据采集系统输入至随机存取存储器中的数据进行分析处理，以完成各种算术与逻辑判断。

⑤**开关量输入/输出接口**：由若干并行接口、光电隔离器及中间继电器等组成，以完成各种保护出口跳闸、信号告警、外部触点输入等功能。

微机保护所采集的信息通常可分为模拟量和开关量，开关量断路器、隔离开关、按钮等具有的分、合两种工作状态，可以用 0、1 表示。

开关量的输入回路是为了读入外部触点的状态，包括断路器和隔离开关的辅助触点或跳合位置继电器触点、外部对装置的闭锁触点、气体继电器触点等。

开关量的输出主要包括保护的跳闸出口信号以及反应保护工作情况的本地和中央信号等。

⑥**开关电源部分**：微机保护装置对电能质量要求较高，因此保护装置的电源通常是开关电源。开关电源一般采用逆变法，即将直流逆变为交流，再把交流整流为保护装置所需的直流电压。它可把变电站强电系统的直流电源与微机保护装置的弱电系统的直流电源完全隔离开，因而通过逆变后的直流电源具有很强的抗干扰能力，从而可大大消除来自变电站中因断路器跳合闸等原因产生的强干扰。

⑦**通信接口**：每一台微机保护装置都具有标准的通信接口，用以与局域网内的其他保护装置或计算机进行通信，使保护装置可以实现彻底的分散布置，相关信号共享方便快捷。

⑧微机保护装置配有功能完全的人机对话交互界面，以满足广大运行、检修人员习惯操作需求。并且，整套保护系统一般还配有自动巡检程序，能扫描自身，及早发现问题，以免出现装置本身故障而误判的危险。

注：对于现代微机保护，在实际工作或专业书中，经常会看到“保护装置启动”和“保护装置动作”两个相类似的专业术语，这两者是完全不一样的概念，应该说“保护装置启动”是“保护装置动作”的必要条件。实际上，继电保护装置在正常运行时，并非所有功能部件全部投入工作。故障逻辑判断单元属于没有投入的功能，只有当系统出现故障前兆（即相应的监测值达到某一预先设定的较动作值略小的数值）时，保护装置启动，进入实时逻辑判断，以确定系统是否故障，判定是否发送跳闸、合闸或报警信号，保护作出动作信号，才称之为保护装置动作。当然，保护装置动作也并不代表着断路器的动作，因为断路器也可能出现拒动（拒动的原因多种多样，可能是跳闸信号通道故障、断路器跳闸机构的故障、断路器闭锁

等），跳闸回路同样也可能出现故障。

6.2.2 继电器概况

保护装置基本件，不同功能继电器。①
核心结构略盘点，弹簧衔铁点线圈。②
继电特性主参数，动作量与返回量。③
动合动断通电前，预先设定值门槛。④
达到门槛自通断，开合回路把信传。⑤

解析：

继电器概况

①**继电器**（本章所述的为电磁继电器，其他种类不另加叙述）是继电保护装置的基本组成元件。可以说，在微机保护装置出现之前，保护装置的核心元件就是继电器，一些具有不同功能的继电器通过不同的组合，可以完成某一特定功能，如闭合或断开某些触点以控制一个较大功率的电路或设备，达到保护作用，这也就是电力保护称为继电保护的原因。现今，尽管计算机技术发展突飞猛进，但因继电器原理简单、价格低廉、性能可靠等原因，在电力系统二次回路中，仍占有不可替代的地位。

②现代继电器种类多样，结构千差万别。普通电磁继电器由铁芯、线圈、衔铁、触点簧片等组成的，其基本原理如图6-8所示（现代电磁型继电器有多种结构形式，但不论哪种结构，其基本原理皆为此）。只要在线圈两端加上一定的电压，即合上图中的K1，线圈中就会流过一定的电流，从而产生电磁效应，衔铁就会在电磁力吸引的作用下克服弹簧的拉力吸向铁芯，从而带动衔铁的动触点与下静触点吸合，回路B被接通。当线圈断电后，线圈中电磁的吸力也随之消失，衔铁就会在弹簧的反作用力下返回原来的位置，使动触点与原来的静触点吸合，回路A接通。

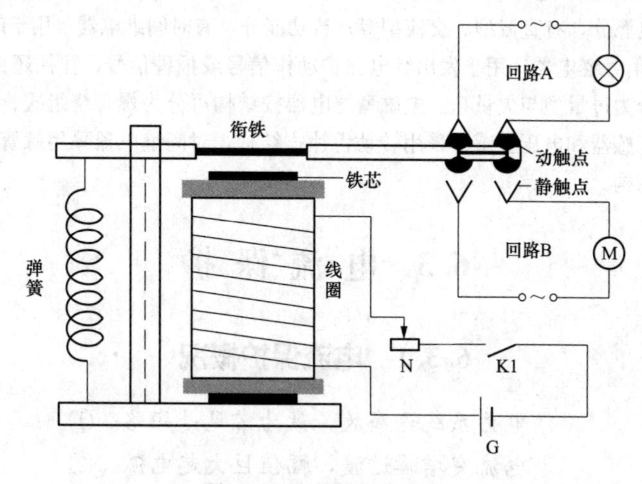

图6-8　继电器基本原理

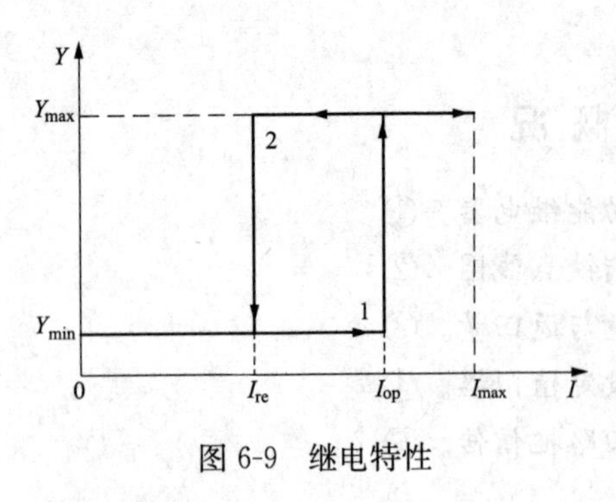

图 6-9　继电特性

③为了保证继电器可靠工作，往往对其的动作特性有明确的要求，除了响应特定的信号种类外，继电器还有所谓的“**继电特性**”参数，它主要包括继电器的动作量与返回量。图 6-8 结合图 6-9，以电流继电器为例介绍如下。

动作量：K1 闭合时，滑动变阻器 N 处于阻值最大位置，继电器铁芯所具有的吸引力不足以将衔铁吸下，若逐步减小滑动变阻器的阻值，一旦回路电流大于I_{op}（动作电流），继电器迅速动作，稳定、可靠地吸住衔铁，即对应继电特性的拐点 1，若继续减小电阻，继电器状态仍保持不变。

返回量：继电器动作后，其回路对应的电流处在I_{op}～I_{max}之间。此时若变为增加滑动变阻器的阻值，当电流为I_{op}或比I_{op}略小时，继电器仍会保持原动作状态，只有当滑动变阻器的阻值再度加大，回路中的电流达到I_{re}（返回电流）时，继电器才突然得到返回，恢复到原来未动作的情况。无论启动和还是返回，继电器的动作都是明确利落的，它不可能停留在某一个中间位置，这就是继电器的继电特性。

④继电器具有两种不同的触点：动合触点和动断触点。

动合触点：当继电器的输入量未达到整定值时，处于断开状态的触点称为动合触点，如图 6-8 所示，可连通回路 B 的动、静触点即是动合触点。

动断触点：当继电器的输入量未达到整定值时，处于闭合状态的触点称为动断触点。如图 6-8 所示，可连通回路 A 的动、静触点即是动断触点。

继电器的动作值一般是可调的，其整定措施通常是调整线圈匝数、调整弹簧拉力等。

⑤实际二次回路中，往往是多个继电器复杂连接的，前一个继电器的动作为下一个继电器动作提供条件，一系列继电器动作的结果是将某种类信号传递给工作人员或执行设备等。

注：继电器发展至今，其应用早已遍布各行各业，因而其种类更是繁杂。按结构原理分，有电磁式（在继电保护中最为常用）、感应式、极化式、微机式等；按反应的物理量分，有电流、电压、功率、压力、气体等；按工作电源分，有直流型、交流型等；按功能分，有时间继电器（用于时间整定）、中间继电器（用于扩充节点）、信号继电器（用于发出继电保护动作信号或报警信号，往往还带有自保持功能）等；按物理量变化，则可分为过量型与欠量型。电磁型继电器按结构可分为螺管绕组式、吸引衔铁式和转动舌片式三种，通常电流互感器和电压互感器采用转动舌片式结构，时间继电器采用螺管绕组式结构，中间继电器采用吸引衔铁式结构。

6.3　电流保护

6.3.1　电流保护概况

电力系统论事故，最为常见是短路。①
电流突增瞬过渡，幅值巨大起电弧。②
烧毁设备难恢复，电流保护可切除。③
切除原则细解读，确保无处不牵顾。④

解析：

电流保护概况

①在电力系统可能发生的各种故障中，危害较大且发生概率较高的首推**短路故障**。所谓短路，是指电力系统正常运行情况以外的相与相之间或相与地（或中性线）之间的连接。

产生短路故障的原因很多，如各种形式的过电压引起的绝缘子、绝缘套管表面闪络，绝缘材料恶化等引起绝缘介质击穿，以及恶劣自然条件造成线路与大地短接等。短路故障按短接情况不同，可分为单相接地短路、两相短路、两相接地短路和三相短路（三相接地短路因与三相短路性质相同，而统一称为三相短路），见表6-1。

表6-1　　各种短路示意图和代表符号

短路种类	示意图	短路代表符号
三相短路	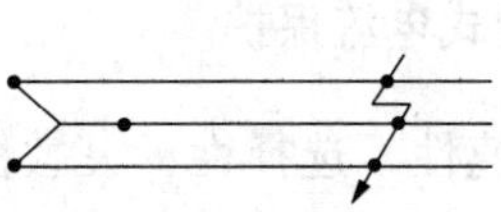	$f^{(3)}$
两相接地短路	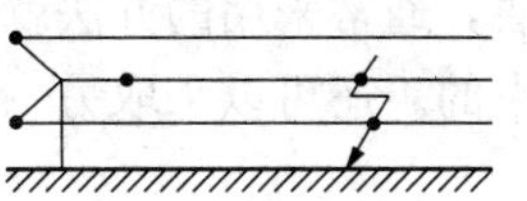	$f^{(1,1)}$
两相短路	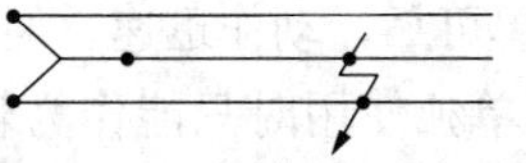	$f^{(2)}$
单相接地短路	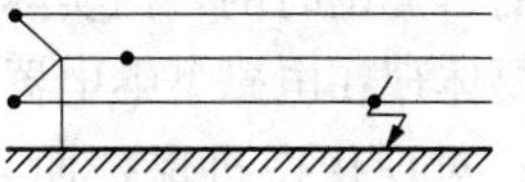	$f^{(1)}$

②系统发生短路故障时，短路处阻抗瞬间减小，致使通过故障点处的电流迅速增大，巨大的短路电流击穿空气间隙或周围绝缘物质等，使短路处燃起长、短或间歇的电弧，同时短路处电压下降，周围相关电气设备将无法正常工作。

③所燃起的电弧足以使邻近元件或设备烧毁，如果不加以控制甚至可能会对整个电力系统造成影响。针对短路过程中电流迅速增大的特点，基于电流幅值增大的继电保护装置应运而生，即当电流幅值达到某一正常运行时不会达到的特定数值时，电流保护装置可启动将对应的部分切除。

④为了确保继电保护装置的选择性和保护范围的理想性（本线路全长的100%），必须要求保护装置有一定的切除原则。

注：电力系统中的短路是属于故障状态的一种，短路会引起电力系统事故。但需要注意，在日常生活中，并非所有的短路都是有害的，短路也可以被利用，如电焊机，即是利用短路产生的电弧，将金属熔化从而焊接金属的。

6.3.2　三段式电流保护

切除原则莫轻忽，四大要求全满足。①
电流速断为始初，固有时间瞬切除，②
保护范围有束缚，二至八层本线路。③
限时速断次保护，短暂延时留裕度，④
范围扩至下线路，不超速断需清楚。⑤
最后一段定时限，保至邻线之末端，⑥
过流原理动作慢，躲开负荷最大点，⑦
阶梯时限定不变，电流大小不相关。⑧

解析：

三段式电流保护

①所有继电保护投入使用都要遵循快速性、选择性、灵敏性以及可靠性四大基本原则。但很多时候，其中会出现相互矛盾的情况，如选择性、快速性与灵敏性三者之间就不可能同时达到最为理想的状态。为了解决这一矛盾，通常采用的办法就是优先保证保护动作的选择性，电流的三段式保护就是因此而研究出来的。还可以采取另一种办法，即采用无选择性的速断保护，其应用之一就是重合闸前加速。

②③三段式电流保护的第Ⅰ段称为**电流速断保护**，它是反应于短路电流幅值增大而瞬时动作的一种电流保护。其保护的优点是简单可靠，动作迅速。但为了保证选择性，其一般只能保护本线路全长的20%～80%。因此其单独使用时只能作为辅助保护以快速切除使电压严重降低的电源附近的短路。

电流速断保护的动作通常认为是瞬时的、无延时的，但实际上，它的切除是有一定的固有时间的。对传统保护而言，固有时间主要体现在电磁型继电器的动作时间或中间继电器的固有延时时间（通常为0.06～0.08s）上；对现代微机保护而言，固有时间一般为附加的10～20ms左右的延时。当线路上装有避雷器时，传统保护可以自然利用固有时间躲过避雷器放电引起的瞬时电流速断保护误动作，因此不需加装时间继电器；微机保护是通过附加延时予以躲过。

以图6-10为例，假定每条线路上均装有电流速断保护，当线路AB上发生故障时，希望保护2能瞬时动作，而当线路BC上故障时，希望保护1能瞬时动作，最为理想的情况就是它们皆能保护本线路的全长，即本段线路全长L的100%。但是实际并不能达到这样，具体分析如下。

以保护2为例，按照选择性的要求，它应该对短路点k1作出反应，而不应该对短路点k2作出反应。实际系统中，由于k1点和k2点相距太近，这两处短路时，从保护2安装处所流过的短路电流数值几乎一样，电流保护装置并不能完全区分这两点，也就是实际系统上并不能做到让保护装置2只反应k1处的短路电流而不反应k2处的短路电流。因此，在对保护装置整定设置中，电流速断保护并不能设置成保护线路全长，这将可能引发线路的越级跳闸，即本来应该由线路保护1跳闸的k2处故障却可能由保护2越级跳闸。

电流速断保护的整定即跳闸原则为：优先保证动作的选择性，即保护装置启动参数的整定值应保证在下条线路出口处短路时不启动。

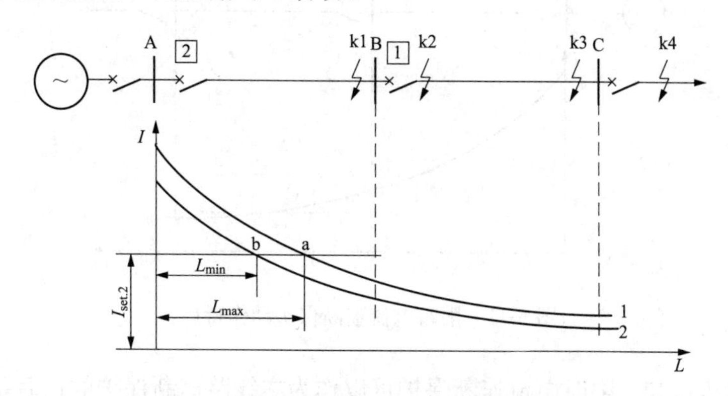

图 6-10　瞬时电流速断保护动作特性

图 6-10 中的曲线为保护整定值情况，曲线 1、2 分别为系统最大运行方式与最小运行方式下系统可能出现的短路电流（系统故障时通过保护装置的短路电流为最大时称为**最大运行方式**；系统故障时通过保护装置的短路电流为最小时称为**最小运行方式**），$I_{set.2}$为保护装置 2 处的整定值，L_{min}和L_{max}分别为保护装置 2 所对应的最小保护范围和最大保护范围。

④⑤三段式电流保护的第Ⅱ段称为**限时电流速断保护**。由于有选择性的电流速断保护不能保护本线路的全长，因此往往需要增加一段带时限动作的保护，用来切除本线路上速断保护范围以外的故障，同时也能作为速断保护的后备保护，这就是限时电流速断保护。

限时电流速断保护范围除保护本线路的全长外，还必然延伸到下一条线路中去，因此其动作时间需与两方面配合：一方面动作时限应比下一条线路速断保护的动作时限高出一个时间级 Δt（增加这一时间级的用意在于保证下级线路短路时，下级线路保护能优先切除故障），少数情况下，还需比下一条线路限时电流速断保护再高出一个时间级 Δt。另一方面，Δt 理论上是越小越好，但就实际情况考虑一定的裕度时间（跳闸时间、电弧熄灭时间、继电器返回时间等等），多取 0.5s。

实际运用中，为了使上述时限尽量缩短，首先考虑使它的保护范围不超过下级线路速断保护范围，这样可以将保护 1 和保护 2 处的限时电流速断保护的时间均设为 Δt，这样能保证此两段任何一处发生故障时，都能在 Δt 内切除。只有当少数与下级线路速断保护配合后，在本线路末端短路灵敏性不足时，才考虑限时电流速断与下级线路的限时电流速断保护配合，即上述提到的动作时限比下级线路限时速断保护再高出时间级 Δt，即 $2\Delta t$。

以图 6-11 为例，对限时电流速断保护动作特性进行说明。

假设断路器 1 和 2 处都装设有限时电流保护，若 BC 段靠近 1 处发生短路故障，此时 1 处的电流速断保护应该迅速动作，将这一故障切除。此时，保护 2 的限时电流保护也能启动，但因为时间阶梯配置原则，它对于 BC 段的动作时间比保护 1 高出 Δt，保护 1 动作后，保护 2 返回，这里从时间上保证了动作的选择性。同理，如果这一故障发生在 AB 段的末端，此时电流速断保护也是无法动作的，经过 Δt 的短暂延时后，安装在 2 处的限时电流保护同样将这一故障切除。

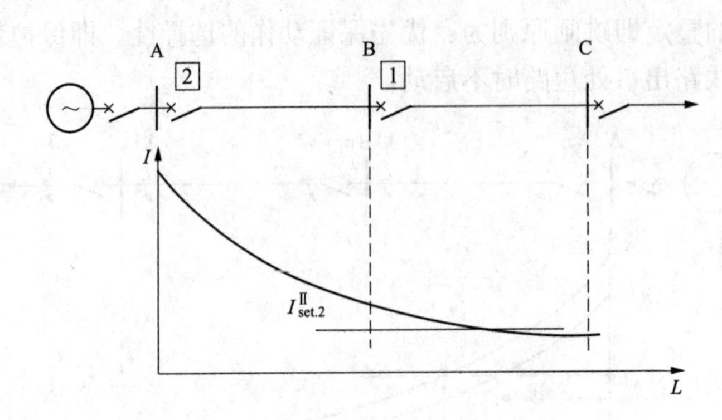

图 6-11　限时电流速断保护动作特性

通过如上分析可知，限时电流速断保护可以作为本线路速断保护的近后备，但它却不能作为下级线路的远后备，这是因为它并不能保护下级线路的全长，而是只能保护一部分。同时，在电流速断保护与限时电流速断保护的配合下，可以保证全线路范围内的故障都能在0.5s的时间内予以切除，一般情况下都能满足速动性的要求。在满足灵敏度的要求时，这两段的配合即作为线路的主保护。

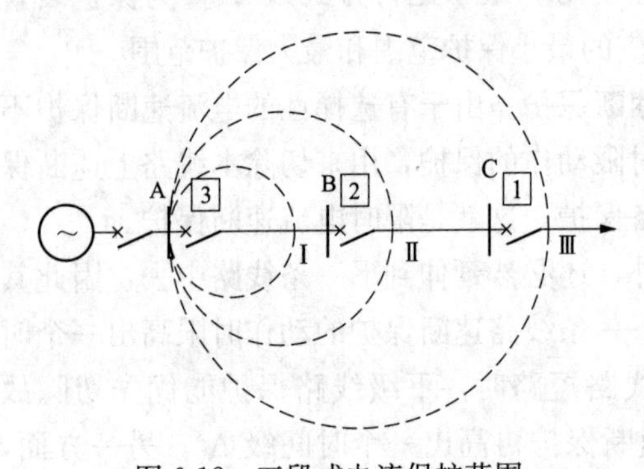

图 6-12　三段式电流保护范围

⑥三段式电流保护的第Ⅲ段称为**定时限过电流保护**。一般情况下，其不仅能够保护本线路的全长，而且还能保护相邻线路的全长。其Ⅰ、Ⅱ、Ⅲ段的保护范围大致如图 6-12 所示。

从保护范围上和动作时间上来说，定时限过电流保护既可以作为本线路主保护拒动时的后备保护，还可以作为下级线路的远后备保护，同时还能作为设备的过负荷保护。

⑦定时限过电流保护的基本保护原理是过电流保护，即其启动电流是按照躲过最大负荷电流来整定的一种保护（整定值一般比速断保护整定值小得多）。由于其保护范围扩大至下级线路，致使具有多级下级线路的保护的整定时间要逐级递减进行整定，即前一级线路的动作时间都要比下一级线路的动作时间高出一个时间阶段 Δt，以防止无故越级跳闸，这样，线路越长，首级保护的整定时间就越长，动作就越慢。单侧电源保护时限配合情况如图 6-13 所示。

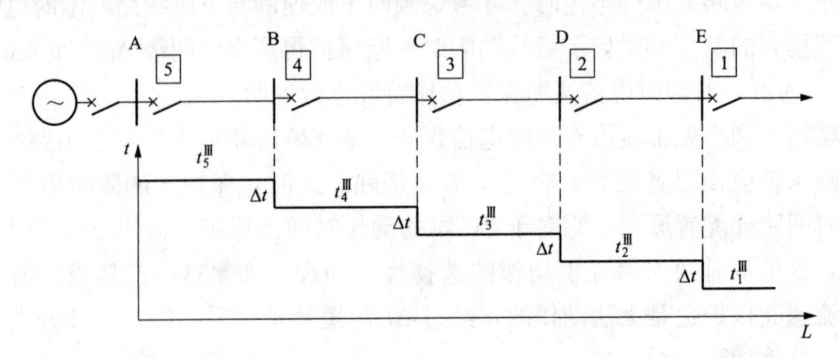

图 6-13　单侧电源保护时限配合情况

⑧保护的动作时限是固定的，经整定计算确定后，即由专门的时间继电器予以保证，其动作与短路电流的大小无关，因此称为定时限过电流保护。

与之对应的还有**反时限过电流保护**，其是一种动作时间不固定，且根据过电流的大小实时确定动作时间的保护。

6.3.3 三段式电流保护评价

电流保护三段式，阶段原则细配置。①
简单可靠少投资，主要缺点报君知：②
最大运行之方式，选择具体整定值；③
灵敏性能之校验，最小方式来计算。④
运行方式影响大，广泛用于低电压。⑤

解析：

三段式电流保护评价

①电流速断保护不能保护线路全长，限时电流速断保护也不能作为相邻元件的后备保护，因此，为保证保护装置能迅速而有选择性地切除故障，常将电流速断保护、限时电流速断保护和过电流保护组合在一起，构成三段式电流保护。它们的组合方式主要有采用速断保护加过电流保护或限时速断加过电流保护，也可以三者同时采用。

②～④使用Ⅰ段、Ⅱ段或Ⅲ段组成的阶段式电流保护的优点是结构简单、可靠，并且在一般情况下能满足快速切除故障的要求，但也有其相应的缺点：

(1) 保护的整定值必须按系统最大运行方式来选择。最大运行方式下，系统的等值阻抗最小，所对应的短路电流最大。以电流速断保护为例，它的定值必须要躲过下级线路出口处可能出现的最大短路电流，否则保护无法满足选择性的要求。

(2) 保护的灵敏性则必须在系统最小运行方式下校验。保护装置的灵敏性直接对应着保护范围大小，从图6-10可以看出。对电流速断保护，它的保护范围至少要达到线路全长的15%～20%；对于限时电流速断保护，它必须满足本线路末端发生两相短路时，具有足够的反应能力。这就使得它在110kV及以上电力系统往往不能满足灵敏性能或保护范围的要求。因此其在35kV及以下电压等级电网中获得了广泛的应用。

⑤三段式电流保护的缺点是直接受电网接线以及电力系统运行方式变化的影响。以电流速断保护为例，如图6-14所示，曲线1为最大运行方式时各处对应的短路电流，曲线2为最小运行方式时各处对应的短路电流，$I^{\mathrm{I}}_{\mathrm{set.2}}$表示保护2处电流Ⅰ段保护动作值，$L_{\min}$为最小运行方式下保护范围。从图6-14中可以明显看出，当系统运行方式变化较大时，在最大运行方式下整定的定值可能在当系统处于最小运行方式时完全没有保护范围或是保护范围太过窄小。

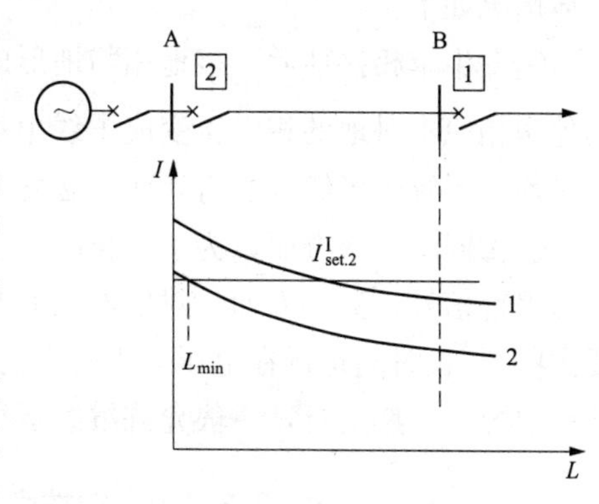

图6-14 运行方式变化对保护范围的影响

当线路长短发生变化时，同样也可能使已经整定好的定值出现无保护范围的情况，如图6-15所示，较长线路始末两端电流差别较大，短路电流曲线变化较陡，保护范围较为正常；而较短线路时，电流曲线变化平缓，速断保护在考虑一定的可靠系数后，保护范围变得极其短小，甚至为零。

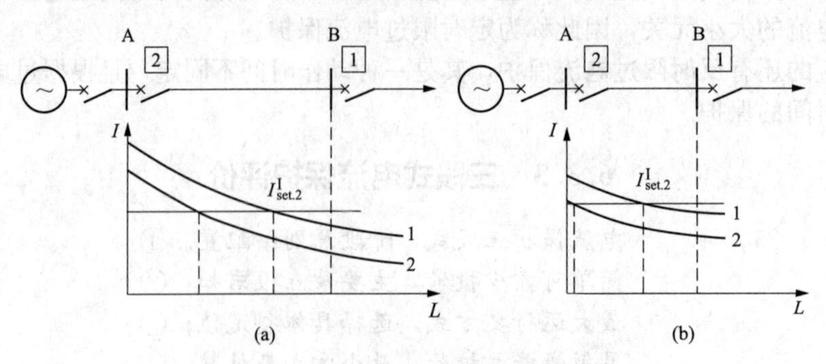

图 6-15 线路长短对保护范围的影响

（a）长线路；（b）短线路

6.3.4 中性点非有效接地电网中单相接地

6.3.4.1 单相接地概况

中性点为小接地，单相接地细分析：①
对地电压根三涨，负荷供电无影响。②
继续运行不能长，多点接地还需防，③
动作发信人来忙，两小时内排故障。④

解析：

单相接地概况

①变压器中性点为**非有效接地**（即**小电流接地**），发生单相接地时，因故障电流无法流通或受到一定的补偿，致使中性点故障电流相当小，甚至可以忽略不计。此时，系统三相之间的线电压仍然保持对称，对负荷的供电不会产生影响，系统不必立即跳闸，可继续运行，具体情况如下。

②发生单相接地后，接地相与地形成等电位，即大地相当于三相中的一相。也就是说，其他两相原本对地的相电压变成了线电压，即对地电压升高为原来的 $\sqrt{3}$ 倍，但三相仍然保持对称，系统仍可继续运行，而不必立即跳闸。

③④同时，一方面，为了防止故障进一步扩大成两点或多点接地短路，保护装置应及时发出报警信号；另一方面，对地电压的升高对绝缘考验加强（低压线路绝缘裕度比例较高压要大些），长时间运行在电压等级较高的环境中的绝缘子串会加快老化，因此不允许系统在此种情况下长期运行，一般允许继续运行 1～2h，待运维人员采取措施予以消除。

6.3.4.2 中性点经消弧线圈、小电阻接地方式

消弧线圈感分量，抵消容性过补偿，①
架空线路多安装，熄灭电弧电流降。②

电缆线路不一样，电容电流十倍涨，③
消弧容量难补偿，残余电流起弧光，④
为此采用小电阻，城市配网应用广。⑤

解析：

中性点经消弧线圈、小电阻接地方式

①中性点非有效接地系统中发生单相接地时，接地点流过全系统的对地电容电流（输电线路与大地构成电容系统，线路的每一相相当于电容器的一个极板，大地则是另一个极板，正常运行时系统中也会有少量的对地电容电流出现，如图6-16所示，短路点k处的电容电流$\dot{I}_{k}=\dot{I}_{B}+\dot{I}_{C}$），如果此电流较大（线路出线回路越多，电容电流越大），则会在接地点处燃起电弧，危害设备。为了消除这一影响，通常在中性点接入一个电感线圈，这样，接地点处就有一个电感分量的电流流过，此电流和接地故障处的电容电流相抵消，从而消除这一危害，因此称此电感线圈为**消弧线圈**。

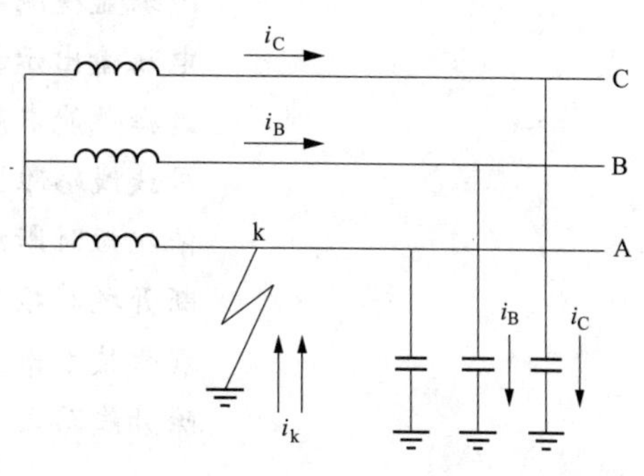

图6-16　简单网络接线示意图

消弧线圈通常是采用过补偿方式，即所补偿的电感电流大于电容电流，补偿后的残余电流为感性。这种方式可以避免系统发生**串联谐振**（全补偿时发生，欠补偿时也可能发生）的过电压问题。通常规定各级电压网络中，当全系统的电容电流超过10A时，即应装设消弧线圈。

②采用消弧线圈来进行补偿的方式多用于架空线路上，因为架空线路对地电容电流一般不太大，消弧线圈可起到降低电容电流和熄灭电弧的作用。

③④电缆线路则完全不一样，电缆线路对地电容远大于架空线路对地电容（电缆线路绝缘层充当极板，对地距离近，中间介质也可能是泥土、水、潮湿的空气），因此在发生单相接地故障时，故障点流过的电容电流可能是架空线路的10倍，可达到100～150A。若仍采用消弧线圈灭弧，不仅要增大消弧线圈及接地变压器的容量，而且由于在运行中电容电流变化范围也大，往往使得跟踪补偿困难，接地点的残余电流仍可能引起弧光，从而达不到补偿的目的。

⑤因此，在城市电缆线路中通常采用中性点经小电阻接地的方式（也称大电流接地方式），此时接地保护将反应该电阻性电流而动作于跳闸。也就是说，这一单回线路是一种以牺牲一定的供电可靠性来避免故障危害过大的方式，而供电的可靠性则另通过环网供电或自动投入装置进行保证。这种方式一般分布在我国经济相对发达的沿海城市的电网，如深圳、珠海、广州采用中性点经16Ω电阻接地，北京、天津采用经10Ω电阻接地。

注：对于采用消弧线圈接地的方式，在大型发电机—变压器组构成单元接线的情况下，由于总电容为定值，运行方式也固定，一般采用欠补偿方式，即补偿的感性电流小于接地容性电流，这样有利于减小电力变压器耦合电容传递过电压引起发电机中性点位移电压升高。当发电机—升压变压器高压侧发生接地故障时，故障点的零序电压将会传递到发电机侧，一般称为传递电压，传递电压的大小与变压器高、低压绕

组的耦合电容、发电机对地电容、消弧线圈的电感等相关，在欠补偿时传递电压小。输电线路上，变压器接地一般采用过补偿方式，这是因为输电线路的运行方式并不固定，若也采用欠补偿，一旦系统中切除某条或部分线路后，线路对地电容减小，本身的欠补偿可能发展成全补偿，引发谐振，系统将出现很大的过电压，严重危及设备安全。

6.3.4.3　绝缘监视装置

绝缘监视测零序，开口三角电压取。①
电压输出示故障，持续报警呼人助。②
选择性能本基础，众多保护独它无。③
母线线路难区分，何种方法能应付？④
依次短时断线路，继而将之再投入，⑤
断开之时报警住，确认故障该线路。⑥
现代技术未止步，选线功能渐成熟。⑦
除开线路之用途，直流系统也监护。⑧

解析：

绝缘监测装置

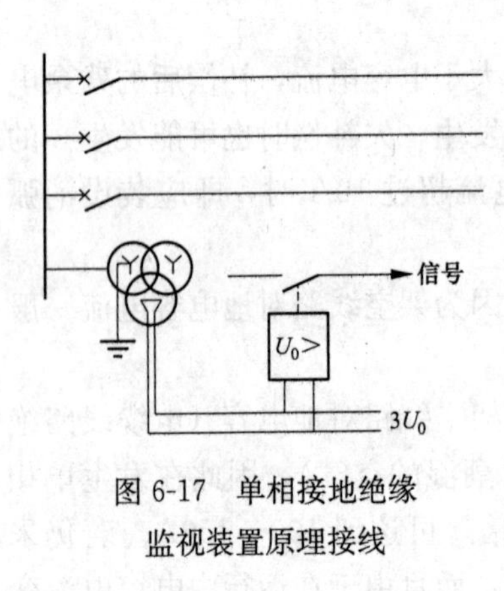

图 6-17　单相接地绝缘监视装置原理接线

①在发电厂和变电站的母线上，一般装设电网单相接地**绝缘监视装置**，它利用接地后出现的零序电压带延时动作于信号。其接线方式如图 6-17 所示，通过一个过电压继电器接于电压互感器二次开口三角形的一侧构成网络单相接地的监视装置。

系统中的零序电压获取通常有两种方法：

(1) 通过较为传统但应用广泛的三相五柱式电压互感器获取。如图 6-18 (a) 所示，这种互感器一次侧中性点接地，二次绕组接成开口三角形，开口三角两端即为 3 倍的零序电压

$$\dot{U}_{\ln}=\dot{U}_{a}+\dot{U}_{b}+\dot{U}_{c}=3\dot{U}_{0}$$

如上等式之所以成立，是因为正常运行时，三相电压对称，$\dot{U}_{a}+\dot{U}_{b}+\dot{U}_{c}=0$（理想情况下，忽略其他因素），即正常运行时开口三角无电压输出。而在实际系统中，由于互感器的本身误差以及三相系统对地的不完全平衡，在开口三角形侧也可能有数值不大的电压输出，此电压称为**不平衡电压**。

(2) 现代集成电路式保护与数字式保护中常采用一种逻辑算法获取，即通过已经取得的三相电压相加得到零序电压，而无需专用的零序电压互感器。通常称完成这一运算的元件为加法器，如图 6-18 (b) 所示。

现代继电保护系统中，这两种获取零序电压的方法常同时出现在同一套保护装置中，通过对比两种方式得到的数值可以检测数据采集系统是否正常，其前者称为**外接零序**，后者称为**自产零序**。

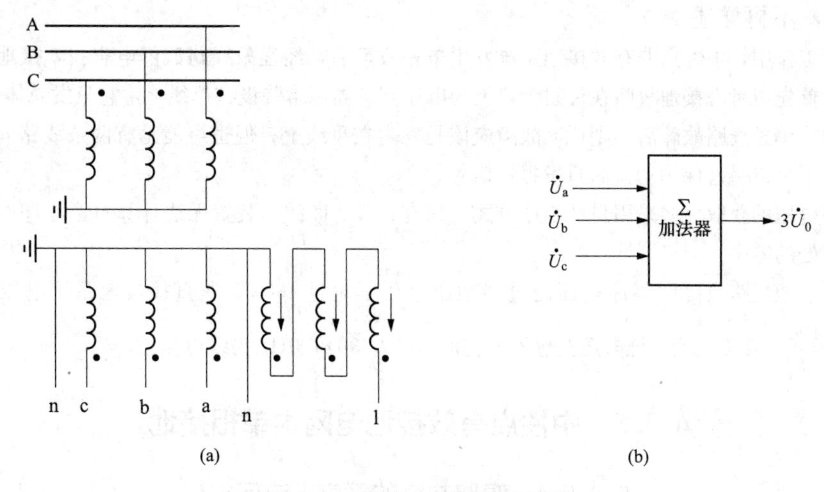

图 6-18 零序电压获取接线图

(a) 三相五柱式电压互感器；(b) 加法器

②一旦系统母线或任一出线发生接地故障，母线电压互感器的开口三角即有电压输出，过电压继电器动作，发出报警信号，提醒监控人员系统发生单相接地故障。

③④零序电压通过三相之和采集，即只要系统中发生单相接地故障，则与之相应的母线或线路上将出现零序电压。然而监视装置却无法分辨出接地故障具体是在线路上还是母线上，更无法分辨出是哪条线路。因此，在众多保护原理中，只有绝缘监视装置保护没有选择性（后文中将要介绍的前加速保护动作时也无选择性，但其是因为经济性需求而故意设定的无选择性）。

⑤因此，想要知道故障出现在哪一条线路上，还需要由运行人员通过试验来判断。运行人员会依次短时断开各条线路，并继之再把该线路投入。工作中，通常称这一操作过程为**拉合试验**（或称**顺序拉闸法**）。

⑥如果在断开某条线路后，零序电压消失，监控不再发出报警信号，即说明所断开线路就是故障线路。否则，应把刚断开的线路再合闸投入运行，继续断开下一条线路，直至找到故障线路为止。

⑦随着现代继电保护技术的发展，具有选出故障线路的装置也日渐成熟，通常将这类装置称为小电流选线装置。该装置是利用接地故障时产生的暂态电流和谐波电流作为选线判断的依据。小电流接地系统接地的故障等效电路是一个容性电路，故障时会产生很大的暂态电流，特别是发生弧光接地短路或间歇性接地故障时，暂态电流含量更丰富，持续时间更长。小电流选线装置通过提取某一频率段的谐波分量进行分析判断，找出故障线路。

当前电力系统上的小电流选线技术在理论上已经较为完善，但在实际应用中还并没有完全成熟，还只能作为协助运维人员判定的装置，采用拉合试验判断故障线路仍是实际工作中主要采用的方法。

⑧在电力系统中，低压直流也会出现与中性点非有效接地的交流系统单相故障情况相类似的情形，因为低压直流的正负极是不接地的，当直流系统发生单极接地时就会出现同样的问题。因此，直流绝缘监测装置也在电力系统中也得到了广泛的应用，它的故障查找方法也

与上述类似，不再详述。

注：实际工作中，中性点非有效接地系统发生单相故障后，经逐条线路试停电查找，接地信号可能仍不消失，此时首先应考虑接地故障在母线上，因为电压互感器通常装设在母线上，它只发总体的接地信号，逐条试停电排除单条线路故障后，则说明故障应该是发生在母线上；但也可能是有两条线路同时接地，但接地电流较小不足以引起保护动作而只发报警信号。

目前零序电压的获取大多采用自产零序方式。只有在TV断线，装置无法计算自产零序时，才改用开口三角形绕组处的零序。

为使发生接地短路故障时零序电压滤过器输出电压不超过100V，非直接接地系统电压互感器变比取 $(U_1/\sqrt{3})/\frac{100}{3}$，直接接地系统电压互感器变比取 $(U_1/\sqrt{3})/100$（U_1为线电压）。

6.3.5 中性点有效接地电网中单相接地

6.3.5.1 短路故障的零序电流保护

直接接地高等级，绝缘裕度可降低。①
俗语又称大接地，接地常在变压器。②
倘再发生短接地，构成回路现零序。③
为使零序易获取，接地分布需干预。④

解析：

短路故障的零序电流保护

①110kV及以上系统往往是直接接地系统，而电压等级较低的系统往往是非有效接地系统，这主要是从系统绝缘裕度和技术水平上考虑的。电压等级越高，短路后的故障电流也越大，危害性也更为严重，而高压系统的绝缘成本和技术水平也更高（若采用不接地方式，一旦发生单相接地故障，非故障相的电压会上升至正常电压的$\sqrt{3}$倍，系统绝缘水平将面临严峻考验），为了更加有效地应对这一问题，高压系统往往是以牺牲极小的可靠性来制衡这一问题。

②高压电网为直接接地系统，接地点在变压器或电源中性点处，发生单相接地故障时，故障相处流过很大的短路电流，故又称为**大电流接地系统**。

③对于大电流接地系统，当系统中再无其他接地点时，中性点处的单一接地并不能构成回路，中性点处无电流流过，对系统的运行无任何影响。但是倘若系统再发生某一点短路接地，中性点处的接地与故障点的接地以及大地共同组成回路，系统将会出现很大的零序电压和电流。因而利用零序电流来构成接地短路的保护具有其他保护所难以具备的优点。

④在实际系统中，为了保持零序电流易于获取，通常需要对变压器的接地数目及分布进行规划，即在大接地系统中，并不是每一台变压器的中性点都需要接地。中性点接地变压器的数目及分布，决定了零序网络结构，影响着零序电压和零序电流的大小及分布。因此，对变压器中性点接地方式的选择原则如下：

（1）中间变电站母线有穿越电流或变压器低压侧有电源时，至少要有一台变压器中性点接地，以防止由于接地短路引起的过电压。

（2）电厂并列运行的变压器，应将部分变压器的中性点接地。这样，当一台中性点接地的变压器由于检修或其他原因切除时，将另一台变压器中性点接地，以保持系统零序电流的大小和分布不变。

（3）终端变电站变压器低压侧无电源，为提高零序保护的灵敏性，变压器应不接地运行。

（4）对于双母线按固定连接方式运行的变电站，每组母线上至少应有一台变压器中性点直接接地。这样，当母联开关断开后，每组母线上仍然保留一台中性点直接接地的变压器。

总的说来，应减少中性点接地变压器的数目，以降低零序电流通路，但应尽可能地使各个变电站保持有一台变压器中性点接地。

6.3.5.2　零序电压、电流分布情况

零序参量细解详，电压电流和功率。①
故障点处电压量，好似电源瞬添上。②
构成回路电流畅，远离故障电压降。③
正向功率为逆向，线路朝着母线望。④

解析：

零序电压、电流分布情况

①中性点直接接地的系统发生接地短路后，系统中往往会出现各类零序参量，需要关注的是零序电压、零序电流以及零序功率的情况。

②③中性点直接接地系统一旦发生接地短路时，接地处就相当于接入了一个零序电源，因此零序电压是最先出现的参量，并且故障点处的零序电压最高，系统中距离故障点越远处则零序电压越低，其具体数值取决于测量点到大地间阻抗的大小。零序网络与零序电压分布如图6-19所示。值得指出的是，在同一电压等级的网络中，必须要有两个接地点才能构成零序电流的通路。也就是说，若没有构成回路，则短路瞬间系统中可能只出现零序电压，而没有零序电流。

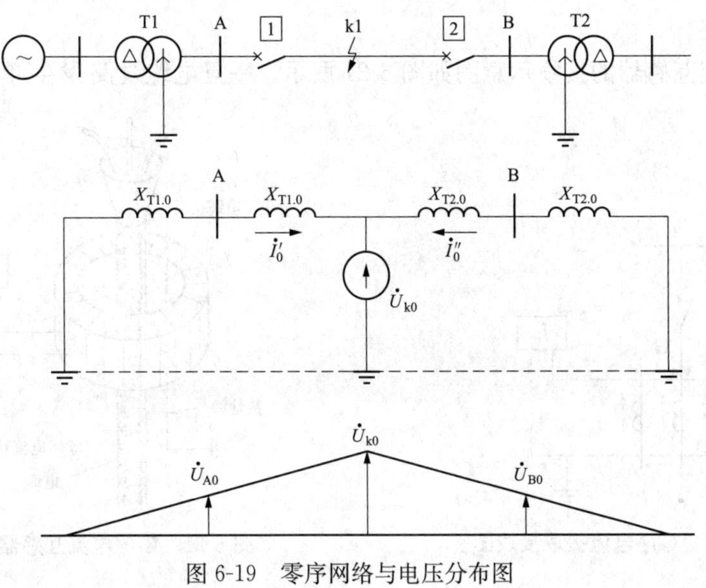

图6-19　零序网络与电压分布图

④零序功率的正方向与系统正序功率方向相反，即零序功率的实际方向是由线路流向母线的。因为零序电源产生在故障点处，零序电流的流向是从故障处向着母线处流通的，这就使得零序功率方向出现了与正常功率方向逆向的现象。

6.3.5.3 零序电流的提取

零序电流之提取，三相叠加亦同理。①
通常采用滤过器，磁化特性需计及。②
电缆线路新法计，单支互感把它替，③
三相穿过圆环体，屏蔽接地需相抵。④

解析：

零序电流的提取

①零序电流的提取从其定义上说，同样可以采取三相叠加的形式。当然，由于电压与电流性质的不同，零序电压是通过绕组的串接自动叠加，而零序电流则是通过绕组的并联叠加。零序电流提取接线如图 6-20 所示。

②图 6-20 所示是电力系统中测量零序的一种常用方式，它的专有名称为**零序电流滤过器**。由于这种接线方式采用了三个互感器，但实际生产制造中每一个互感器的磁化曲线以及其他特性总有某些微小的差别，这些差别将会引起测量结果出现一定的偏差，偏差的数值通常称为**不平衡电流**。

③电缆线路通常采用单支互感器进行测量。电流互感器套在电缆的外面，从铁芯中穿过的电缆就是电流互感器的一次绕组。这是一种直接利用三相磁场叠加的经典形式，此时线路的 A、B、C 三相在一根电缆内，窄小的空间布置使得互感器的一次电流就是三相叠加的结果，即$\dot{I}_a+\dot{I}_b+\dot{I}_c$，只有当一次侧三相之和不为零时，零序电流互感器的二次侧才有相应的$3\dot{I}_0$输出。这种方式只采用单支互感器，接线变得更加简单，且无不平衡电流产生，但它不宜用于架空线路。

④零序电流互感器的接线示意图如图 6-21 所示。一旦电缆线路发生单相接地，故障相

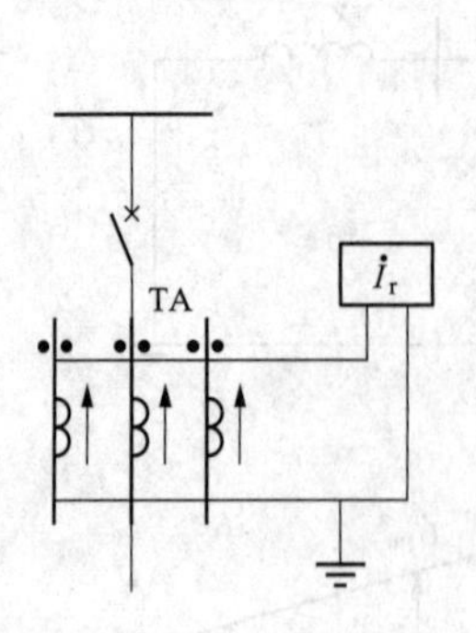

图 6-20 零序电流提取接线图

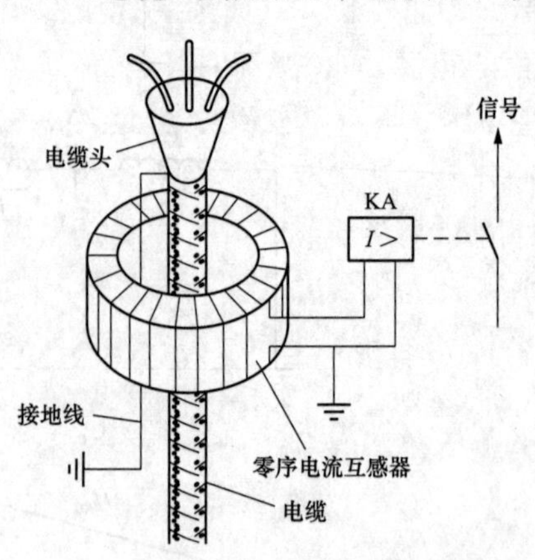

图 6-21 零序电流互感器接线示意图

较大的接地电流必使一次电流三相之和不再为零，二次侧感应出零序电流，使继电器动作并发出信号。

在零序电流互感器实际安装过程中，存在电缆金属屏蔽接地线是否应该穿过电流互感器的问题。分析这一问题的原则是使流过屏蔽线的电流能相互抵消，不对零序电流监测产生影响。可通过两种情况来分析：其一，电缆终端头接地点位于零序电流互感器上端时，此时电缆外壳的接地电流已经穿过零序电流互感器，零序互感器已经产生感应，故此就要求将接地线返回，并穿过零序互感器。这样在零序互感器中因为穿过一来一去的一对大小相等、方向相反的电流，所以在零序互感器中不会产生干扰。其二，电缆终端头接地点位于零序电流互感器下端时，电缆外壳的接地电流尚未穿过零序电流互感器，所以对零序电流互感器不会产生影响，电缆接地线应直接接地。

6.3.5.4 零序电流保护评价

零序保护定值小，灵敏度高更可靠。①
电流变化较陡峭，运行方式影响少。②
高压电网专用到，单相接地显高效。③
通常采用三段式，整定原则亦相似。④
缺点在于重合闸，短暂退出才为佳。⑤
若采自耦来变压，整定配合复杂化。⑥

解析：

零序电流保护评价

①**零序电流保护**一般按照躲开不平衡电流的原则来整定，其整定值相比过电流保护（过电流保护的定值一般按躲过最大负荷电流来整定）要小得多，因此零序过电流保护的灵敏性更高。

②相间短路的电流速断和限时电流速断保护很大程度上受系统运行方式变化的影响，而零序保护受系统运行方式变化影响要小得多。一旦发生故障，零序电流变化较为显著（因为非故障时几乎为零），曲线陡峭，因此零序保护更为稳定，保护范围也更大一些。

③最值得一提的是，我国110kV及以上的高压和超高压系统都为中性点直接接地系统，而单相接地故障约占全部故障的80%，并且其他故障往往也是由单相接地故障发展而来，因此，采用专门的零序保护就具有更加显著的优势。

④零序电流保护属于电流保护中的一种，同样广泛采用三段式零序电流保护。通常零序Ⅰ段为无时限的电流速断保护，只保护线路中的一部分；零序Ⅱ段为带时限的保护，一般有0.5s延时，可保护线路全长，并与相邻线路保护相配合；零序Ⅲ段为零序过电流保护，作为本级线路和邻级线路接地短路的后备保护，其具体整定原则与电流保护十分相似，此处不再详细论述。

⑤⑥零序保护也有一定的缺点，主要表现在以下两个方面：

(1) 随着单相重合闸的广泛应用，在重合闸动作过程中将会出现非全相运行状态，再加上系统两侧的电机发生摇摆，则很可能出现较大的零序电流，从而影响零序电流保护的正确动作。为了避免零序保护误动作，往往需要在重合闸动作的过程中将零序电流保护暂时退出运行。

(2) 当采用自耦变压器联系两个不同电压等级的网络时，任一网络的接地短路都将在另一网络中产生零序电流，这将使零序保护的整定配合复杂化。

6.4 距离保护

6.4.1 距离保护概况

距离保护阻抗名，保护定值阻抗定。①
同于电流多段分，下段称远本段近。②
根据远近之特性，配合动作理简明。③
短路点距保护近，阻抗较小动作迅。④
距离较远时限性，保障选择与灵敏。⑤
多用三段阶梯形，三段电流相对应。⑥

解析：

距离保护概况

①②**距离保护**是反应故障地点至保护安装地点之间的距离（距离远近与阻抗大小成正比关系），并根据距离的远近而确定动作时间的一种保护。其保护装置上的整定值为阻抗值，通常将系统实时测量的阻抗值称为阻抗继电器的测量阻抗，即

$$Z_{k}=\frac{\dot{U}_{k}}{\dot{I}_{k}}$$

式中：$\dot{U}_{k}$ 为保护安装处的测量电压；$\dot{I}_{k}$ 为保护安装处的测量电流。

值得注意的是：距离保护是一种**欠量保护**，这与电流为**过量保护**相反，电流的增大往往与短路相关，阻抗则是减小与短路相关。

③④当短路点距保护安装处较近时，其测量阻抗小，动作时间就短；反之，当短路点距保护安装处较远时，其测量阻抗大，动作时间就长。这样就可以保证有选择性地切除故障线路。

如图 6-22（a）所示，若 k3 处发生短路，保护 1 处的测量阻抗为Z_{k}，保护 2 处的测量阻抗为$Z_{AB}+Z_{k}$。很明显，保护装置 1 距离短路点近，保护装置 2 距短路点远，所以为了保障对故障的选择性，保护装置 1 应该先动作。这种保障选择性的配合是通过整定值和动作时限来完成的。

⑤⑥短路点较远时，动作时长更是体现了距离保护的时限性。不仅能够保障距离保护的选择性与灵敏性，还能够采用与电流三段式保护相类似的方式来构成性能完善、工作可靠的距离三段式保护。

以图 6-22（b）为例来说，t_{1}、t_{2}、t_{3}分别表示距离保护Ⅰ、Ⅱ、Ⅲ段的动作时间，其

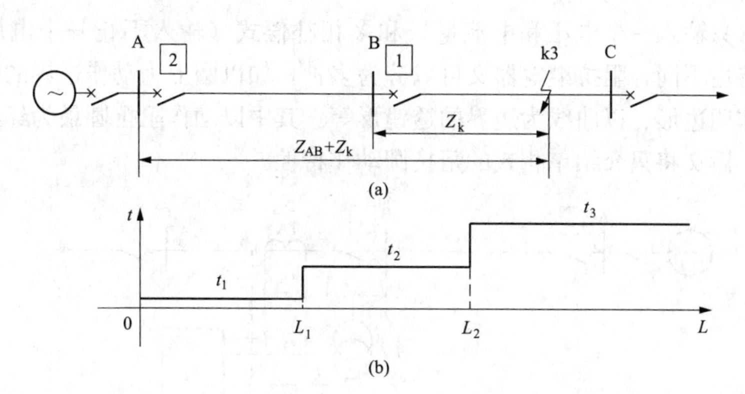

图 6-22 距离保护作用原理与动作时限示意图

(a) 网络接线；(b) 时限特性

中t_1是保护本身的固有时间，也就是说距离保护Ⅰ段是瞬时动作的。L_1、L_2则是表示距离保护 2 的Ⅰ、Ⅱ段保护范围，与电流式三段保护十分相似，距离保护Ⅰ段同样不能保护本段线路的全长，通常为全长的 80%～85%，因此需装设距离保护Ⅱ段；距离保护Ⅱ段则可以保护至下级线路的一部分；为了作为下级相邻线路保护装置和断路器拒绝动作时的后备保护，同时也作为本线路距离Ⅰ、Ⅱ段的后备保护，还应装设距离保护第Ⅲ段，其与过电流保护相似，其启动阻抗按躲过正常运行时的最小负荷阻抗来选择，而动作时限整定的原则应使其比距离Ⅲ段保护范围内下级各线路保护的最大动作时限高出 Δt。

6.4.2 阻抗继电器简介

距离保护核心件，阻抗继电器独占。①
电阻电抗复平面，电压电流比来判。②
多种形式细分辨，基本原则不变换。③
最常采用阻抗圆，动作特性边界验。④

解析：

阻抗继电器简介

①**阻抗继电器**是距离保护的核心元件，其主要作用是测量故障点到保护安装地点之间的阻抗值，并与整定阻抗值进行比较，以便确定保护是否应该动作。

②阻抗值 Z 可以写成 $R+\mathrm{j}X$ 的复数形式，因此阻抗 Z 可以利用复数平面来分析其元件的动作特性，并可以在几何图形上清楚表示出来。阻抗继电器的测量阻抗实质上是由电压与电流的比值来判定的，即 $Z=\dfrac{\dot{U}}{\dot{I}}$，其中的 $\dot{U}$ 和 $\dot{I}$ 均为二次值。

如图 6-23 所示，距离保护需要测量系统的电流以及电压，并通过这两个参量的比值来共同判定系统工作状态。

③为满足电力系统不同运行特点的要求，设计出了各种各样的阻抗继电器。根据比较原理不同，阻抗继电器通常可分为幅值比较式和相位比较式；根据输入量不同，阻抗继电器可

以分为单相式（只输入一个电压和电流量）和多相补偿式（输入不止一个电压或电流）两种。根据动作特性不同，阻抗继电器又可以分为多种，如以圆形为动作边界的阻抗圆、以直线为边界的动作四边形、以曲线为边界的透镜形等。其中以动作阻抗圆最为经典，其他是由此衍生而来的，后文将只介绍单相式的阻抗圆动作特性。

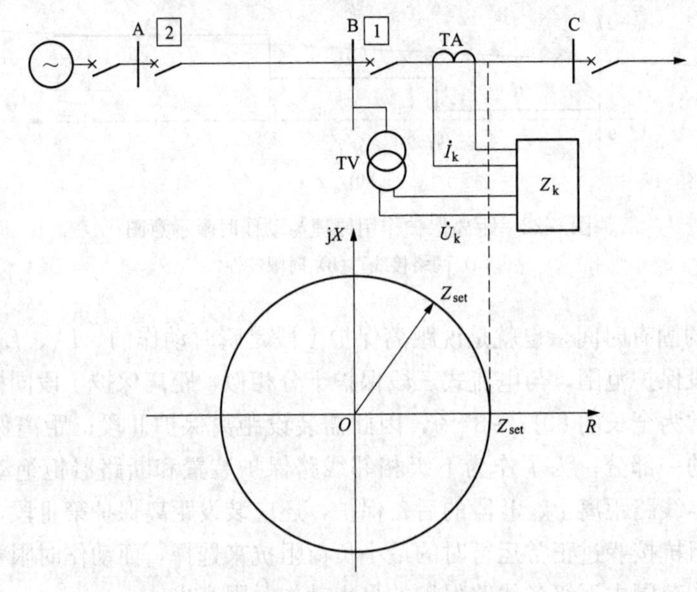

图 6-23　距离保护网络接线图

④图 6-23 所示动作圆为距离Ⅰ段整定情况，整定值是保护范围边界处至保护安装处的阻抗值。阻抗的动作区域通常是圆域，这是因为实际系统中，保护装置处的测量阻抗往往会出现众多情况，整体可表示为 $Z=\frac{\dot{U}}{\dot{I}}=\frac{U\angle\theta}{I\angle\delta}$，当角度 θ 和 δ 呈现各种不同值时（电力系统中可能出现的简单故障、复杂故障以及攻击向量等致使可能出现各类值），阻抗 Z 为 $\pm R\pm$ jX，即位于复平面的各个象限。但通常而言，以保护 1 为例，若故障发生在 BC 段，由于此时测量电压为正向，电流也为正向，所以此时测量阻抗往往位于第Ⅰ象限，并处于动作圆域内部；而若故障发生在反向的 AB 段上时，此时电压仍为正，但电流则会反向，所以此时的测量阻抗往往位于第Ⅲ象限，同样位于动作圆域内。而当线路正常运行时，其测量阻抗总处于动作圆域外。

不管保护装置采用何种动作特性，确定好的阻抗边界至关重要，直接关系到保护的正确动作，因此在电力保护装置调试或检修工作中，经常需要对阻抗边界进行校验。

6.4.3　三种圆形边界阻抗继电器

全向阻抗继电器，保护装处圆心立，①
整定阻抗半径替，边界圆内动作域。②
方向阻抗继电器，坐标原点过轨迹，③
整定阻抗直径替，反向故障外区域。④

偏移阻抗继电器，动作圆域左下移，⑤
移动系数零点一，消除出口之死区。⑥
其他阻抗继电器，原理相当不再议。⑦
实际运用防死区，一二方向三偏移。⑧

解析：

三种圆形边界阻抗继电器

①②**全向阻抗继电器**一般简称为**全阻抗继电器**，其动作特性是以保护安装地点为圆心，以整定阻抗值Z_{set}为半径的圆域，如图6-24（a）所示。当测量阻抗位于圆内时阻抗继电器动作，即边界圆内为保护的动作区域，圆外为非动作区域。从动作圆上可以看出，这种特性的继电器没有方向，即其以保护点为中心，四周（正反方向上）只要测量值位于阻抗圆内都会引起其动作，因而称作全向阻抗继电器。

③④**方向阻抗继电器**的动作特性是以整定阻抗Z_{set}为直径所作的圆域，并且边界圆轨迹通过坐标原点，如图6-24（b）所示。同理，圆内为动作区域，圆外为非动作区域，圆上则为临界状态。从动作特性上可以清楚地看出，反方向故障（第Ⅲ象限）在动作区域之外，即这种阻抗继电器具有方向选择性。

⑤⑥将方向阻抗继电器的动作特性向左下方移动一小段，即是**偏移特性阻抗继电器**的动作特性，这种动作特性向反方向偏移了αZ_{set}，一般情况下，$\alpha=0.1\sim0.2$，以便消除方向阻抗继电器在出口短路时的死区，如图6-24（c）所示。所谓的死区，指的是当相间短路故障正好发生在保护安装地点的出口处时，由于故障环路残余电压会降低到零，方向阻抗继电器因加入的电压为零，即测量阻抗的分子为零，测量阻抗则为零，正好处于圆周上的原点位置，其测量阻抗处于方向阻抗继电器临界状态而不能动作。

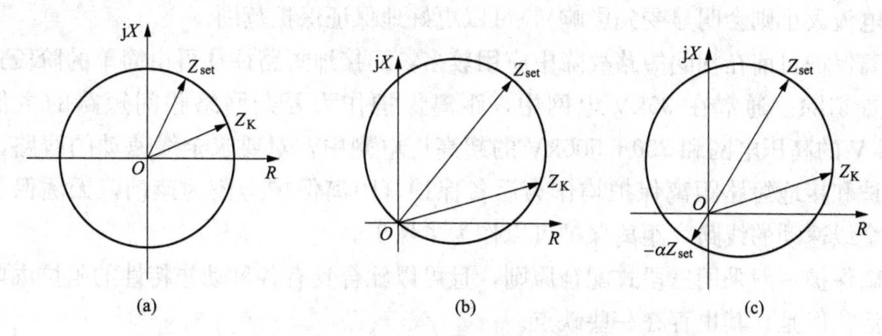

图6-24 三种圆形阻抗继电器动作特性

（a）全阻抗继电器；（b）方向阻抗继电器；（c）偏移阻抗继电器

方向保护中，消除死区通常有两种方法：一是采用引入非故障相电压，即第三相电压，此方法需要多加一组互感器。二是采用记忆回路，保证能获取故障前一瞬间电压值。

⑦其他种类的阻抗继电器原理也与之相当，判断方法也差别无几，可以根据需要再作研究。

⑧在距离保护实际应用中，为了保证保护装置动作的特性，通常距离保护Ⅰ段和保护Ⅱ

段采用方向阻抗继电器。但由于方向阻抗继电器在保护安装处存在死区，为了保护整体的完整性，距离保护Ⅲ段通常采用具有偏移特性的阻抗继电器，以消除死区。全阻抗继电器不具有方向性，正、反方向故障都能动作，通常只适用于单侧供电的电力系统中，或在双侧供电系统中与方向阻抗继电器配合使用。

6.4.4 对距离保护的评价

距离保护评一评，复杂网络也灵敏，①
多端电源仍稳定，足以保证选择性。②
相间短路应用多，接地用少细琢磨。③
适用方式亦灵活，主要缺点大概说。④
过渡电阻易迷惑，可能越级不动作。⑤
系统振荡需躲过，ⅠⅡ两段暂闭锁。⑥
TV断线如惹祸，闭锁防止误动作。⑦
闭锁装置太过多，接线复杂易出错。⑧

解析：

对距离保护的评价

①距离保护所采用的阻抗继电器同时反应电压的降低与电流的增大，因此，其动作性能往往比单纯的电压、电流保护更加灵敏。对于网络结构复杂的情形，距离保护也不受影响。

②距离保护还有一大优点是对多端供电的网络以及运行方式变化较大的网络，也能保证保护范围的稳定与动作的选择性。因为距离保护前两段往往采用方向阻抗继电器，可以有效地解决保护动作的方向问题。同时，线路中的阻抗并不随系统运行方式的变化而变化（电流保护中的电流大小则会明显受到影响），可以更好地保证保护范围。

③距离保护目前在相间短路故障中应用较多，而接地短路往往可由简单的阶段式零序电流保护装置切除。通常在35kV电网中，距离保护作为复杂网络相间短路的主保护；在110～220kV的高压电网和330～500kV的超高压电网中，对要求全线速动的线路，相间短路距离保护和接地短路距离保护均作为后备保护（距离保护Ⅰ段为速动，无法保护全线），对不要求全线速动的线路，距离保护可以作为主保护。

④距离保护一般采用三段式配合原则，且可以配合具有各种动作特性的阻抗继电器，应用十分灵活。但是，其也存在一些缺点。

⑤首先，电力系统发生的短路一般都不是金属性短路，而是在短路点存在**过渡电阻**。过渡电阻会使短路电流减小，使母线残压升高，使测量阻抗值增大，不利于保护的启动，严重时甚至引起距离保护无选择性越级跳闸。

如图6-25（a）所示单侧电源线路，当线路BC段始端QF2出口处发生带过渡电阻R短路时，断路器QF2处阻抗元件测量阻抗$Z_{r2}=R$，而断路器QF1处阻抗保护元件的测量阻抗为$Z_{r1}=Z_{AB}+R$。

如图6-25（b）所示，测量阻抗Z_{r1}和Z_{r2}均落在断路器QF1处和QF2处保护的第Ⅱ段的动作圆内和QF2处保护第Ⅰ段特性圆外。这时如两处阻抗保护的第Ⅱ段的动作时间相等，即$t_{set1}^{\mathrm{II}}=t_{set2}^{\mathrm{II}}$，将导致保护1和保护2以相同时限断开断路器QF1和QF2，造成无选择性动作。若整定延时产生误差使$t_{set1}^{\mathrm{II}}<t_{set2}^{\mathrm{II}}$，则断路器QF1将无选择性跳闸，QF2不能跳闸。如过渡电阻增大到R'，则保护1和保护2的第Ⅰ、Ⅱ段均不动作，只能由保护1和保护2的第Ⅲ段动作跳闸，使保护速动性变差，甚至发生无选择性动作。

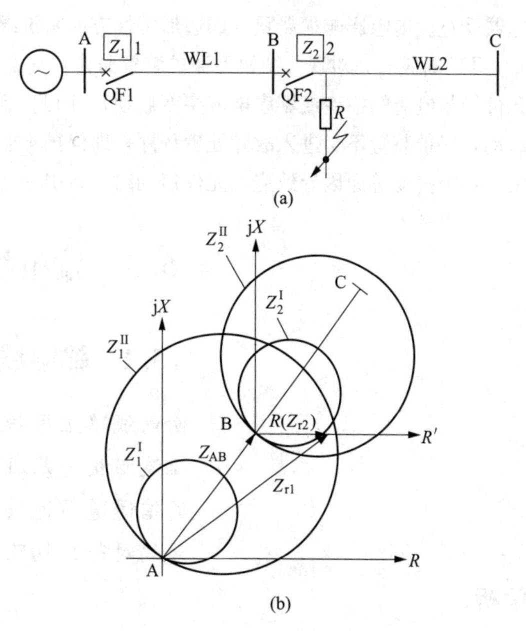

图 6-25 单侧电源线路测量阻抗Z_r受过渡电阻R的影响

（a）网络图；（b）动作特性分析图

通常，对于单侧电源线路而言，保护装置距短路点越近时，受过渡电阻的影响越大；同时保护装置的整定值越小，相对地受过渡电阻的影响也越大。因此，短线的距离保护应特别注意过渡电阻的影响。

⑥其次，当电力系统发生振荡时，各点电压、电流和功率的幅值以及相位都会发生周期性变化，电压与电流之比所构成的测量阻抗也将跟随着变化。当测量阻抗进入距离保护的动作区时，将使距离保护发生误动作（电力系统发生振荡是不能随意切除线路或发电机的，否则可能引起整个系统失步崩溃。电力系统的振荡大多数情况下能通过自动装置的调节自行恢复，或在预定地点由专门的安全稳定控制装置配合振荡解列装置予以处理，其能够从系统整体上判断情况，有选择性地切除线路或发电机）。所以在系统振荡时应该暂时闭锁距离保护的Ⅰ、Ⅱ两段（第Ⅲ段由于延时较长，一般可以自然躲过微型振荡的影响）。

通常能够利用振荡与短路的区别来识别系统所处状态，并构成**振荡闭锁**：

（1）振荡时，电压、电流及测量阻抗幅值均作周期性的变化，变化缓慢；短路时，电流突然增大，电压突然减小，变化速度快。

（2）振荡时，三相完全对称，无负序或零序分量；短路时，会长期（不对称短路）或瞬间（对称短路）出现负序电流，接地故障时还有零序电流。

⑦在电力系统正常运行状态下，当电压互感器二次回路断线时，距离保护将会失去电压。此时，由于负荷电流的作用，将使阻抗元件的测量阻抗为零，从而很可能引起保护误动作。为此，距离保护应设置电压互感器二次回路断线闭锁功能，并在断线期间发出报警信号。

电压互感器二次回路断线闭锁功能的实现可以利用电压互感器二次回路断线时，其二次回路产生零序电压的特点来实现。

⑧距离保护中采用了较多的闭锁装置和复杂的阻抗继电器以及其他相关附属元件，因此其接线往往比较复杂，出错的可能性增加，即可靠性能有所降低。

注：过渡电阻对距离保护第Ⅰ、Ⅱ段影响不同。第Ⅰ段因动作时间很小，受影响也相对较小；第Ⅱ段动作时间长，受影响大。过渡电阻对不同特性阻抗继电器影响程度也不同，一般说来，圆特性方向阻抗继

电器受过渡电阻影响最严重，四边形特性方向阻抗继电器躲过过渡电阻影响性能最好。

TV 断线时，对现代微机型保护装置而言，其虽失去电压，但由于大多数微机保护都是采用电流启动元件（相电流的突变或零序电流突变启动），因此，TV 断线时，由于电流并没有发生突变，启动元件不会启动，保护装置不会进入故障处理程序，即保护不会误动作。但是当 TV 断线期间再发生区外故障短路或由于系统扰动等原因导致启动元件启动时，将引起距离保护误动作，因此 TV 断线时仍必须闭锁距离保护。

6.5 输电线路纵联保护

6.5.1 输电线路纵联保护概况

输电线路主保护，总称纵联硬技术。①
压流阻抗为基础，线路两侧装置布。②
通信通道多通路，实时数据常交互。③
两端对等瞬切除，线路全长皆保护。④

解析：

输电线路纵联保护概况

①②前面介绍的电流、距离等保护容易实现，但由于其无时限Ⅰ段保护范围并不能保护线路全长，这就使得其直接应用于电压等级高、影响面广的高压输电线路不太合适。为了能实现线路全长范围内无时限切除任何点故障，输电线路保护以电流、电压、距离保护为基础，运用了一套可靠性更高、稳定性更好、选择性更佳的保护，即输电线路**纵联保护**（具体又可以分为纵联差动保护、方向比较纵联保护和距离纵联保护三类）。纵联保护的特点之一是在输电线路的两侧（也可能是多侧）均配有保护装置，且两侧装置实时处于联动状态。输电线路纵联保护结构如图 6-26 所示。

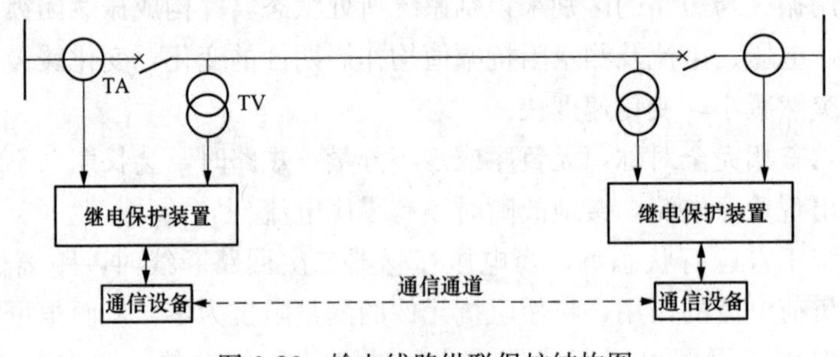

图 6-26　输电线路纵联保护结构图

③为了实现两侧或多侧保护之间的数据相互传递、相互比较，需要用到某种通信通道将输电线路两端或各端的保护装置纵向连接起来。

④连接起来后的保护装置通过两端或多端的数据对比，能更加准确地判断故障是在本线路范围内还是线路范围外，从而决定是否动作跳闸。这就使得纵联保护具有绝对的选择性，只要是发生在本线路内的故障，保护装置均可以瞬时切除，不会发生如电流保护与距离保护无法全线速动的问题。

6.5.2　纵联保护的通信通道

纵联通信多方案，其中四类用广泛。①
最早采用导引线，适用距离稍偏短。②
现代远距三方案，载波微波与光纤。③
根据条件适宜选，异质异理把信传。④

解析：

纵联保护的通信通道

①通信通道种类繁多，但在输电线路保护中，目前广泛使用的纵联保护的通信通道有输电线导引线通道、载波通道（或称高频通道）、微波通道以及光纤通道四种。

②**导引线通道**是纵联保护最早采用的通信通道，其只适用于短距离通信上，特别是一个厂站内采用。导引线通道的通信介质通常是敷设的二次电缆（随着光纤的发展，这种方式应用越来越少），其投资随线路长度而增加，线路较长（超过 15km）时不经济，并且导引线越长，自身的运行安全性也越低。

③④现代较长输电线路，通常采用后三种通信通道——载波通道、微波通道和光纤通道作为纵联保护的主要通道形式。这三种通道的传输介质和原理均不相同，载波通信的传输介质是输电线路本身，微波通道的传输介质是空中大气，光纤通道的传输介质则是光导纤维。

纵联保护可以应用上述任一种通信通道，但从目前情况来看，各种线路应优先考虑光纤通道，尤其在数字化变电站更是如此。

6.5.3　输电线载波通道

载波通信多设备，又称高频较实惠。①
信号加工技成熟，输电线路成通路。②
防止信号越邻级，加装线路阻波器，③
形似鸟笼圆柱体，感容谐振之原理。④
耦合电容滤波器，中间传递并隔离。⑤
收发信机两端立，高频信息得判比。⑥

解析：

输电线载波通道

①②输电线路的**载波通道保护**又称为**高频通道保护**，是直接利用高压输电线充当高频信号的通道实现的一种纵联保护。载波通信示意如图 6-27 所示。这种方式只需要高压线路的一相导线和大地构成“相—地”通道，实际应用中“相—地”通道应用较多，经济实惠。如需要系统更加可靠，则可以使用“相—相”通道。“相—相”通道传输效率高，衰耗小，所需的加工设备多，会增大投资。虽然载波通道需要有较多的高频信号加工设备以完成信号的收发，但可省去通道费用，且规划安装方便，因而应用广泛。

③④为了防止高频信号传递到外线路，即保证高频信号只在被保护线路范围内传递，而

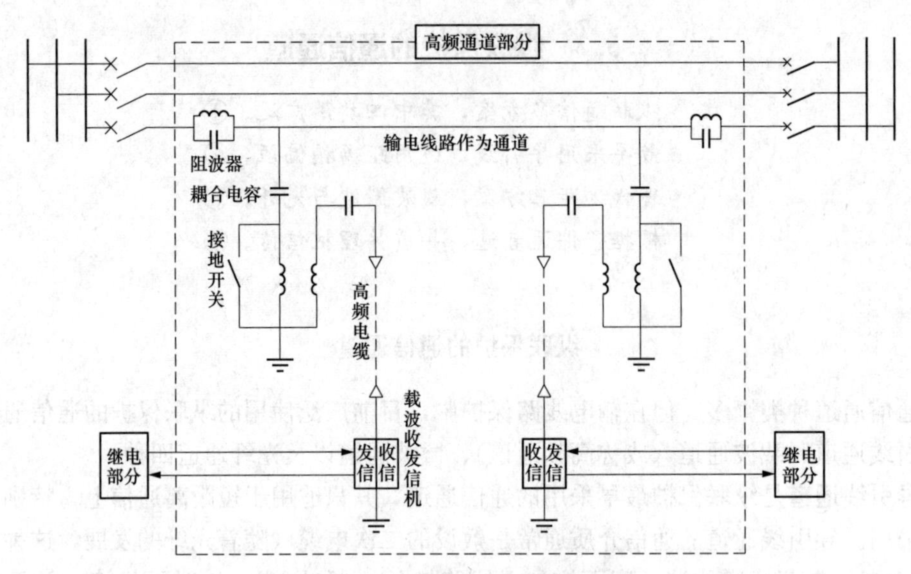

图 6-27 载波通信示意图

不至于穿越到邻级线路上去，需要在线路始末端装设阻波器。

阻波器由电感线圈与可变电容并联组成。当发生并联谐振时，阻波器所呈现的阻抗极大，以阻止所采用的高频信号通过。而对于其他频率的参量，高频阻波器仅为 0.04Ω，不影响工频电流在输电线路上传输。这样，只需将载波信号频率设置为阻波器的谐振频率即可，通常选用频率为 50～400kHz。

阻波器的形状如一个大的鸟笼子，一般挂在输电线保护安装处杆塔横梁上，呈圆柱体状，如图 6-28 所示，可以明显分辨。

图 6-28 阻波器

⑤**耦合电容**与**连接滤波器**共同配合将载波信号传送至输电线路，同时使高频收发信机与工频高压线路绝缘。由于耦合电容对于工频电流呈现极大的阻抗，故由它所致的工频泄漏电流极小。可以说，耦合电容器和连接滤波器的组合功能刚好与阻波器相反，即前者是“通高频”而“阻工频”，后者则是“通工频”而“阻高频”。

连接滤波器由一个可调节的空心变压器及连接至高频电缆一侧的电容器组成。它与耦合电容器共同组成一个四端网络式的带通滤波器，不仅可使高频信号顺利通过，且可以避免高频信号的电磁波在传送过程中发生反射，从而减小高频能量的附加衰耗。

⑥高频收、发信机由继电保护部分控制发出预定频率的高频信号，通常在电力系统发生故障、保护启动后发出信号。发信机发出的高频信号经载波信道传送到对端，被对端和本端的收信机所接受。换言之，只要输电线路上有高频电流，则不论该高频电流是由哪一端的发信机发出的，两端的收信机都收到同样的高频信号。该信号传送至继电保护装置经比较判断后，作用于继电保护的输出部分。

注：由于输电线路本身是高频通道的一部分，线路上故障在某种意义上相当于通道也出现故障，因此，往往会担心高频电流能否经过短路故障点送往对端。实际上，输电线路上的故障80%以上都是单相接地短路，对于相一相耦合的高频通道，即使线路上有单相接地短路，高频电流仍能流过短路点。对于相间短路，本身就在回路内，同样可以收到信号；对于TV断线与线路断线故障，通过两侧配合进行区分（装置会实时自动发送检测信号或人为发送检测信号以检测通路是否畅通，收到方会有确认信息反馈）。而对于其他更为极端或其他通道彻底损坏的情况，则可由其他保护进行跳闸切除。

6.5.4 微波通道

微波通信实方便，数据信号空中传。①
调制音频发对端，收发解调各类参。②
传输范围视可见，增大距离中继站。③
主要问题投资大，综合利用方为佳。④
不单适用于保护，军事国防各用途。⑤

解析：

微波通道

①**微波通信**是以电磁波为媒介，将通信信号发射至空中的一种无线通信方式。微波通信基本结构框架如图6-29所示，由于传输介质为大气，完全独立于输电线路之外，不受输电线路故障、断线等的影响，因而应用方便。

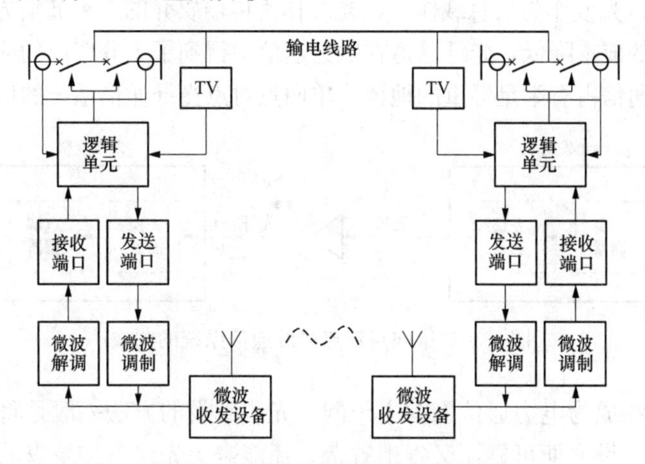

图6-29　微波通信基本结构框架图

②微波通信的基本原理是将输电线两端保护的测量数据调制成为微波信号，然后由微波收发器直接发送到空中，对端收发器接收到微波信号后，经过微波解调器解调，再送到保护装置，可完成两端数据的实时交互。微波信号可用频率带宽较宽，可传送容量较载波要大得多。

③用于保护的微波信号频率较高，通常在300～30 000MHz之间，其波长较短，绕过障碍物的能力较差，直接传输距离限于无障碍物的视线可及的范围内。因此，每隔一定的距离（一般在50km左右）就需要建设一个中继站，将微波信号整形、放大后，再转发出去。

④微波通信在保护上最大的优点是不受输电线路的影响，无论内部或外部故障，微波通

道都可以传送信号。但是它会受到一定外在因素的影响，如微波信号的衰耗与天气有关，在空气中，水蒸气含量过大时信号衰耗增大，称之为信号的衰落，必须加以注意。

微波通信的主要问题是投资大，只有在与通信、保护、远动、自动化技术等综合利用微波通道时，经济上才是合理的。

⑤微波通信的发展历史悠久，其最初是因军事需要而发展的，现今，微波通信已经成为当今生活不可或缺的重要技术，在现代生活与军事国防中仍占有举足轻重的作用，如现代卫星通信、手机通信等。在电力继电保护方面，国外应用较多，我国应用则相对较少。

6.5.5 光纤通道

光纤通信发展快，制造成本逐步降。①
架空地线内部藏，电力通信主干网。②
众多优势聚一堂，信号复用大容量。③
基本形式两式样，单模多模看工况。④
激光发射功率强，全反原理损耗降。⑤
电磁干扰无影响，距离远近亦无防。⑥

解析：

光纤通道

①**光纤通信**是以光波作为信息载体，以光纤作为传输媒介的一种通信方式。随着光纤技术的发展和光纤制作的成本降低，光纤通道在电力通信中得到了十分广泛的应用，在现代各种类工业通信中，光纤通信占有举足轻重的地位。单向点对点光纤通信系统的构成如图 6-30 所示。

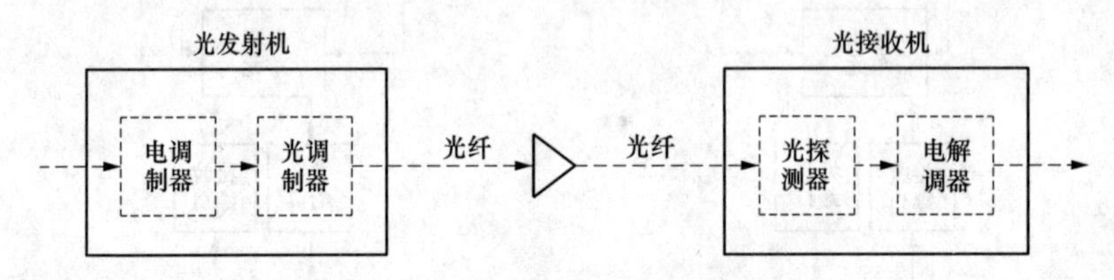

图 6-30 单向点对点光纤通信系统的构成

②光纤通信正在成为电力通信网的主干网。光缆敷设的方法一般是将其包裹在空心架空地线的铝绞线内，架设方便可靠，又省工省费，还能避免光缆直接暴露的腐蚀问题，此类敷设方式较具代表的是 OPGW 光缆。电力系统中还有一种强度较高、沿输电线杆塔下侧单独拉设的光纤，此类敷设方式较具代表的是 ADSS 光缆。

③光纤通信不仅具有保密性好、敷设方便、抗腐蚀、不怕雷击、制造原料易获得等众多优点，而且其信道还可以采用多种复用方式。常见的信道复用采用按频率区分（频分复用）或按时间区分（时分复用），即同一根光纤内可以传递多路信号而互不影响，通信的容量巨大。

④根据光纤传递的模式不同，可以将其分为两类：单模光纤，多模光纤。**单模光纤**相比多模光纤色散更小，因此可传输的距离更长，价格也更贵。**多模光纤**带宽大，但相应的色散也大，价格便宜。

⑤光纤传输的光信号来自激光发射源，激光发射源是将电信号转变为光信号的器件。激光发射源的出现，使得光纤得以迅速发展（早期一般采用LED发射，功率太小，传输距离远远不够）。同时，光纤传播采用的是光的全反射原理，传播过程中的损耗也十分小。

⑥光纤传输的抗电磁干扰能力强，电磁场的强度对光的传播毫无影响。光纤传播过程中损耗低，在不需要中继站或光放大器的情况下仍可以传播较长的距离。

当然，光纤通信也存在美中不足之处，其具体表现在：通信距离相比庞大的电力系统来说还不够长，在长距离通信时，要添加中继器及其附加设备；当光纤断裂时，不易找寻故障点或修复。不过，光缆中光纤数目很多，当有光纤断裂时，通常可以将断裂的光纤用备用光纤替换。

注：各种线路应优先考虑采用光纤通道，但在以下条件下也可考虑采用其他通道。

（1）在下列条件下宜选用导引线通道：

1）有现存的金属通信线路可用。

2）所需的金属导引线在15km以下。

3）被保护线路为两端线路，或者每边长度不超过3.7km，总长度不超过11km的三端线路。

4）光纤通道短期内难以获得。

（2）在下列条件下宜选用高频载波通道：

1）输电线路太长，不能用导引线通道。

2）专用于继电保护时光纤通道投资太大。

3）除了保护信号外，不需要其他数据传输。

4）需要两种不同原理的完全独立的通信通道。

（3）在下列条件下宜选用微波通道：

1）输电线路载波频段不够分配，不能用于保护。

2）除了保护信号外需要传送其他数据和语言。

3）光纤通道短期内难以获得，而有现成的微波通道可供保护应用。

6.5.6 高频信号的性质

高频信号分三种，功能逻辑有不同。①
闭锁信号禁止动，外部故障才发送。②
允许信号选择动，可以跳闸信互送。③
跳闸信号必须动，无需再判经监控。④

解析：

高频信号的性质

①纵联保护依靠通信通道传送信号，来判断故障的位置是否在被保护线路范围以内，因此，信号的性质和功能在很大的程度上决定了保护的性能。高频信号按其性质可以分为闭锁信号、允许信号、跳闸信号三种。

②**闭锁信号**：保护装置收到闭锁信号即表示保护装置此时不能动作。当发生外部故障时，由判定为外部故障的一端保护装置向两端保护装置发出闭锁保护信号，两端保护闭锁而不动作。若发生内部故障，不发此信号。

③**允许信号**：保护装置收到允许信号表示允许跳闸，即保护所测的功率方向为正，属于区内问题，但不一定跳闸，只有当保护元件同时也动作了才跳闸。即内部故障时，两保护装

置同时向对侧发允许信号，表示可以跳闸。外部故障时不发此信号。

④**跳闸信号**：保护装置收到跳闸信号则应无条件动作于跳闸，无需经过其他监控或逻辑判断元件等。

注：1. 闭锁式保护的检测发信机与保护装置是独立的，发信机的信号除了要发到对侧外，还要发送到本侧。

2. 对于闭锁式高频方向保护来说，在外部故障时能准确、快速地发出闭锁信号是至关重要的，但在某些情况下，可能由于启动发信元件的灵敏度不足或其他原因（如定值输入错误等）使发信机未启动，这时候必然造成保护的误动作。为了解决这一问题，往往通过高频发信机远方启动回路，即在外部故障时，只要有一端发信机启动了，就可以通过高频通道去启动对端的发信机（启信信号的发送要在方向元件动作之前）。（注意：发信机的启动是发送闭锁信号的前提，而闭锁信号又是防止保护误动的关键。）

对于闭锁式和允许式这两种保护原理，早期皆应用较多，欧美国家多使用允许式。保护发展至今，允许式因需要长期持续发送信号，资源占用大，且因其发信装置故障时，将造成保护装置拒动，现国内已越来越少。而闭锁式在其发信装置故障时，将造成保护装置误动。相比拒动，误动影响范围更小一些，现今采用闭锁式的越来越多。

6.5.7 导引线电流纵联差动保护

纵联差动导引线，绝对选择势夺冠。①
两侧互感串成环，差动继电并中间。②
二次回路电流串，差动电流相加减。③
区内区外自动判，不超定值不切断。④
达到定值之一半，差流报警发越限。⑤
适用距离稍偏短，发变组母用广泛。⑥

解析：

导引线电流纵联差动保护

①电流纵联差动保护是有绝对选择性的快速保护。在光纤通道普及时，导引线正在被光纤所取代，但其基本保护原理不变，只是信号通道发生变化或加入了更多的判定参量，使保护更加可靠。

②纵联差动保护的工作原理可以通过最简单的两端线路进行说明，其主要接线是在线路的两侧装设特性和变比完全相同的电流互感器（根据电流的流向注意安装电流互感器的极性），然后用电缆将这两组互感器的二次侧串联起来，形成环状，并将差动继电器并联接入两电流互感器中间。

图 6-31 所示为双绕组单相变压器差动保护的原理接线图，$\dot{I}_1$、$\dot{I}_2$ 分别为变压器两侧的负荷电流，$\dot{I}'_1$、$\dot{I}'_2$ 分别为相应的电流互感器二次侧电流，流入差动继电器 KD 的差动电流为

$$\dot{I}_r = \dot{I}'_1 + \dot{I}'_2$$

③采用图 6-31 所示方式连接后，二次电流在回路中流通，流入继电器的电流即为各互感器（可以应用于多端线路）二次电流的总和：$\dot{I}_K = \dot{I}_1 + \dot{I}_2$。

线路正常运行时，实际上是同一个电流$\dot{I}_1$从线路的一端流入，又从另一端流出。在不计电流互感器本身影响的情况下，二次回路中流入差流继电器回路的电流$\dot{I}_K=0$，继电器不动作。

④在线路外部发生故障时，与线路正常运行情况一样，流入互感器的电流$\dot{I}_1=-\dot{I}_2$，即$\dot{I}_K=\dot{I}_1+\dot{I}_2=0$。而在线路内部发生故障时，两侧电流将反向，此时流入差流继电器的电流将会是两者的叠加，如果叠加后的电流值超过继电器定值，继电器将会动作，实现保护动作跳闸。

⑤当叠加值达到保护定值约 1/2 时（各厂家设置有所不同），保护装置启动，并发“差流越限”告警，提醒运行人员注意。（差流越限不作用于跳闸，系统短时的振荡、冲击等会引起越限。）

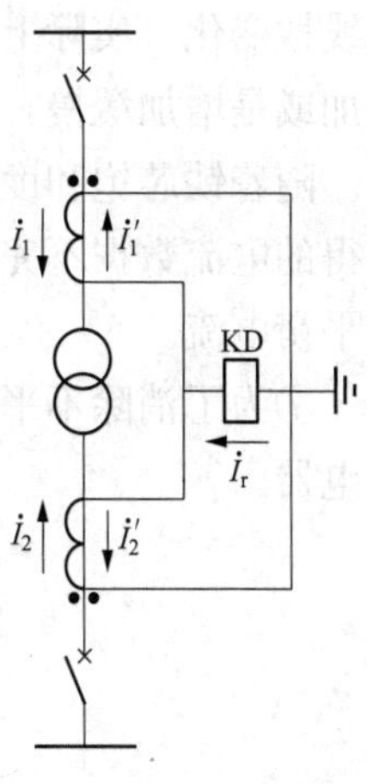

图 6-31　双绕组单相变压器差动保护原理接线图

⑥电流纵联差动保护广泛应用于距离相距较近的发电机、变压器、母线等重要电气设备保护。也可以用于短距离的输电线路保护。但是电流的纵联差动保护要用电缆将两侧的互感器串接起来，长距离的输电线路无法采用。

6.5.8　电流互感器的不平衡电流

电流互感有误差，误差随着电流加。①
磁通密度逐增大，铁芯饱和受磁化。②
理想特性直线爬，励磁电流无限加。③
实际形似上梯形，电流过大成水平。④
两支互感更为甚，曲线不同分两层。⑤
此称电流不平衡，同采数据不相等。⑥
消除影响制动引，防止误动误报警。⑦

解析：

电流互感器的不平衡电流

①如果电流互感器具有理想的特性，那么对于需要两侧配合的电流纵联差动保护来说，在正常运行与外部发生故障时，两个电流互感器二次电流大小相等、相位相差 180°，即代数和为零。实际上，电流互感器总会有一定误差，且励磁特性也不完全相同，这就使得流过差流互感器的电流并不为零，并且电流值会随着励磁电流的增加而增加。

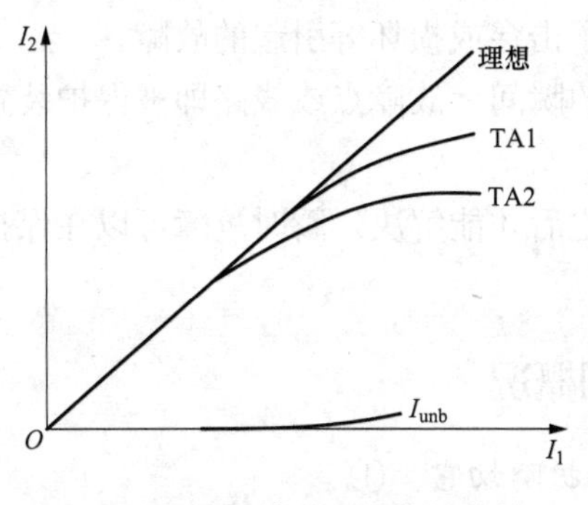

图 6-32　电流互感器磁化特性曲线

②当电流互感器的一次电流增大时，将引起铁芯中磁通密度增大。随着磁通密度的增大，铁芯开始饱和，电流互感器的误差也越来越大。

③～⑥电流互感器磁化特性曲线如图 6-32 所示，理想情况下，二次侧电流I_2随一次侧电流I_1的变化

而线性变化。实际上，当励磁电流增加到一定大小后，二次电流由于铁芯饱和的原因而不再增加或是增加缓慢，此时两支电流互感器的特性将分别对应图中 TA1 和 TA2，出现分层现象。随着铁芯饱和度加大，分层现象也更加明显，对外的表现是同一型号的互感器在同一处采得的电流数据不完全相等，电流差为图 6-32 中的 I_{unb}，一般将这一电流称为电流互感器的不平衡电流。

⑦为了消除不平衡电流引起保护误动作或误发报警信号，往往会引入带制动特性的差动继电器。

6.6 自动重合闸

6.6.1 电力系统故障类型

线路故障多情形，简单复杂永与瞬。①
运行经验已表明，各类情形章可循。②
八成故障瞬时性，另外两成永久存。③
为保速动不能等，快速切除不区分。④
永久故障需人工，瞬时故障自重合。⑤

解析：

电力系统故障类型

①电力系统的故障类型多种多样，大多发生在输电线路上，特别是架空输电线路和配电线路。这些故障大致可以分为短路故障与断线故障或简单故障与复杂故障（**简单故障**就是通常所说的单重故障，即故障只发生在某一处；**复杂故障**则是多重故障，即同一时刻内有多处发生故障），或**永久故障**与**瞬时故障**等。

②电力系统的故障情形没有无固定模式，但从运行经验和大数据统计中可以发现这些故障的共同特性以及输电线路容易发生的故障类型。

③电力系统架空线路的故障大多是瞬时性的，即短时就可自然恢复正常的故障，这类故障可以占到输电线路故障的 80%。瞬时故障如：由雷电引起的绝缘子表面闪络；大风引起的碰线；鸟类、树枝等掉落在导线上引起的短路等。另外大约 20% 的故障为永久性故障，即无法自行恢复的故障，例如线路倒杆、断线、绝缘子击穿或损坏等引起的故障。

④为了保证保护装置动作的快速性，在故障发生的瞬间，故障点或线路即被保护装置切除，保护装置短时内并不对这两种故障类型进行区分。

⑤永久性故障必须经过人工检查、维修、试验等之后才能解决。瞬时故障可以在保护装置上采取自动重合闸方式合闸，使之不影响正常供电。

6.6.2 自动重合闸概况

线路故障一刹那，区内保护瞬切它。①
跳闸完成再合闸，重合成功瞬故障，②
故障消失复供电，稳定可靠效益显。③

解析：

自动重合闸概况

①电力系统输电线路故障的瞬间，继电保护装置将快速将故障部分切除，并不判断其是瞬时性故障还是永久性故障（短时间内也无法判断，除非延时，但万一是永久故障，延时动作可能带来十分严重的后果）。

②③为了让瞬时性故障发生后能快速恢复供电，可采取**自动重合闸**（简称 AAR）方式，即在保护跳闸后经预定的短暂延时后，再将断路器重新合闸，即进行自动重合闸。对瞬时性故障，重合闸可以成功，即在断开与合闸这一小段时间内，瞬时性故障已经消失，系统恢复供电。如果是永久性故障，重合闸动作后，故障电流仍存在，保护装置再次迅速动作，再次将故障切除，即重合闸失败。

在采用重合闸以后，供电稳定性、可靠性大大提高，经济效益显著。但是若断路器重合于永久性故障，也将带来一些不利的影响。例如：

（1）使电力系统再一次受到故障冲击，在一定程度上降低系统运行稳定性。

（2）使断路器的工作状态变得更加恶劣，因为断路器此时需在短时间内连续动作三次（断—合—断），这对断路器的使用寿命以及第二次切断时的性能皆有一定的影响。

注：重合闸策略可以分为三种，分别为单相重合闸、三相重合闸以及综合重合闸（工作现场重合闸装置上通常还有一个“停用重合闸”，即不使用重合闸功能），每一种方式有各自的优缺点，一般根据现场情况或上级要求选择一种方式投入应用。

6.6.3 单相重合闸

单相接地之故障，保护动作断单相。①
断后延时再重合，重合失败跳三相。②
相间故障跳三相，闭锁重合操作箱。③

解析：

单相重合闸

①当系统发生单相接地短路故障时，继电保护装置动作跳开发生故障相的断路器，而未发生故障的两相仍然继续运行。

②经短暂延时（通常为 0.5～1s）后，断开相启动单相重合闸装置，将断开相重合。如果合闸成功（瞬时故障），即恢复对称供电；如果合闸失败（永久故障），立刻跳开三相，不再重合闸。

③采用单相重合闸的线路出现相间故障时，保护装置立刻跳开三相，并且闭锁重合闸操作箱，视系统发生永久故障，不再进行重合闸。如果因任何其他原因断开三相断路器，也不再进行重合。

注（1）单相重合闸一般用于 220～500kV 架空线路。此等级线路的线间距离大，发生相间故障的可能性小，所发生故障中单相接地故障高达 90%以上，因此，适宜采用单相重合闸装置。单相重合闸装置的合闸时间由调度运行部门选定（通常为 1s 左右），并且不宜随运行方式变化而改变。

（2）单相重合闸过程中，由于只断开了单相，其他两相仍处于运行中，此时系统出现不对称情况，将产生负序分量和零序分量，这些分量可能引起本线路中的其他保护误动作，此时应采取闭锁可能误动作的保护，或事先对非全相运行状态加以考虑，通过合理的整定值或整定时间躲过。

（3）为了实现单相重合闸，必须有故障相的选择元件（简称选相元件），才可以保证选出故障相别。通常所采用的选相元件有如下几种：

1）电流选相元件：在每相上装设一个过电流继电器，其启动电流按照躲过最大负荷电流的原则进行整定，以保证动作的选择性。

2）低电压选相元件：用三个低电压继电器分别接于三相的相电压上，低电压继电器根据故障相电压降低的原理而动作，它的启动电压应小于正常运行时以及非全相运行时可能出现的最低电压。

3）相电流差突变量选相元件：这种选相元件是在线路三相上各装设一个反映电流突变量的电流继电器。其选相功能完备，在高压输电线路上应用广泛。

4）阻抗选相元件：用三个低阻抗继电器分别接于三个相电压和经零序补偿的相电流上，以保证继电器的测量阻抗与短路点到保护安装处的正序阻抗成正比。

6.6.4 三相重合闸

无论何种之故障，同时跳开断三相，①

一秒之后齐合上，再度动作非正常。②

解析：

三相重合闸

①②**三相重合闸**是指无论本线路发生何种类型故障，继电保护装置均将三相断路器跳开（而不是只跳开故障相），经过预定延时，通常为1s（可整定，一般在0.5～1.5s）发出合闸令，将断路器的三相一齐合上。若是瞬时性故障，因故障已经消失，重合成功，系统再次进入正常运行状态。若是永久性故障，继电保护再次动作跳开三相，不再重合。

注：110kV及以下架空线路上通常采用三相重合闸。

6.6.5 综合重合闸

综合考虑上两种，根据故障选择动。①

单相接地用单重，相间短路用三重。②

解析：

综合重合闸

①将单相重合闸与三相重合闸综合在一起考虑，根据故障的类型来选择采用重合闸策略的方式称为**综合重合闸**。

②当发生单相接地故障时，采用单相重合闸方式工作；当发生相间短路时，采用三相重合闸方式工作。

注：（1）综合重合闸一般用于220kV及以上架空线路上。

（2）线路究竟使用何种重合闸方式，要结合系统的稳定性分析，选取对系统稳定最有利的方式。一般原则如下：

1）110kV及以下电压的系统单侧电源线路采用三相重合闸。

2）110kV双电源单回联络线，采用单相重合闸对电网安全运行效果显著时，可采用单相重合闸。

3）110、220kV线路可采用三相重合闸。220kV采用三相重合闸不能满足系统稳定和运行要求时，可采用综合重合闸。

4）330～500kV线路一般采用单相重合闸，并应装设综合重合闸，用户可以根据需要选择。

（3）在综合重合闸装置中通常会有“短延时”和“长延时”两种重合闸时间。这主要是为了使三相重合闸和单相重合闸的重合时间可以分别进行整定。由于潜供电流的影响，一般单相重合闸的时间要比三相重合闸的时间长。另外，可以在高频保护投入或退出运行时，采用不同的重合闸时间：当高频保护投入时，重合闸时间投“短延时”；当高频保护退出运行时，重合闸时间投“长延时”。

6.6.6　不适合重合闸情形

重合次数一次宜，充电原理计数器，①
特殊情况合二次，连续三次大冲击。②
人工跳开断路器，不再重合理解易。③
手动投入断路器，保护跳开不重合。④
其他永跳亦同理，闭锁重合定无疑。⑤
工况不佳断路器，避免重合须谨记。⑥

解析：

不适合重合闸情形

①②重合闸按重合次数分可以分为一次式重合闸（只重合一次）和两次式重合闸（尝试两次）。一般来说，一次式重合闸应用较多，两次式重合闸应用较少。对于真正永久性故障，尝试两次重合的后果是系统将在短时间内连续受到三次短路冲击，对系统稳定很不利，所以二次式重合闸使用很少。只有在单侧电源终端线路上且当断路器的断流容量允许的情况下才可采用二次式重合闸。

为了实现一次重合闸，往往采用重合闸是否充满电的原理。当装置下达一次重合闸命令时，只有充电时间大于10～15s后装置方才充满电，只有充满电才允许发重合闸命令。重合闸发出合闸命令时马上把电放掉。之所以称之为充电，是因为早期是采用电阻、电容来实现充、放电，即重合闸发合闸命令时利用电容器上的电压对出口继电器放电。只有电容器充电时间大于15s后，电容器上电压才足够大，对出口继电器放电才足以使继电器动作。而在现代微机保护中的重合闸程序采用了计数器进行替代，用计数器的不断计数和清零来模拟电容器的充、放电。

③值班人员手动操作或通过监控系统将断路器断开时，不应再进行重合闸。这种方式的具体实现就是在手动操作或监控操作后马上放电，以保证装置不再重合。

④手动投入断路器时，如由于线路上有故障，断路器随即被继电保护将其断开，不应再进行重合闸。手动投入断路器多为检修之后初次上电，此时被继电保护动作断开断路器说明检修质量不合格，系统上存在永久性故障（造成这种永久性故障很可能是检修时保安接地线忘记拆除而致），因此不应启动重合闸。

⑤其他情况下发生永跳（永久故障跳开断路器）道理相同，应闭锁重合闸，不能进行重合。通常发生永久故障跳闸有多种情况，如重合闸压板未投入、重合闸装置未充满电、母线差动动作跳闸等。

⑥断路器处于工况不佳状态时，如操动机构中的气压或液压降低，不应进行重合闸。

这种情况进行重合闸，后果尤为严重，甚至可能引发断路器爆炸。因为操作压力不足时，断路器的合闸时间会变长，不利于断路器灭弧，强大的电弧甚至可能引发爆炸。当然，针对此问题，断路器上还设有机械闭锁装置，当压力过低时，机械闭锁启动，禁止断路器再度动作。

6.6.7 重合闸前加速

过流保护长线路，电源首端重合布，①
任何一段有事故，首端保护瞬切除。②
动作时限无需顾，此称重合前加速。③
瞬时故障快恢复，永久故障再切除。④
二次切除选择动，正常时限各保护。⑤
经济简单设备少，多段线路装一套。⑥

解析：

重合闸前加速

①②当网络较长线路或者多段线路发生故障时，如果每条（每段）线路上均装设有过电流保护，则保护动作时，必然按照阶梯原则配合切除故障。

具体情况如图 6-33 所示，在靠近电源端保护 1 处加装重合闸装置。此处保护动作时限比保护 2 处动作时限高一个时间级 Δt，而保护 2 处的动作时限又比保护 3 处动作时限高一个时间级 Δt。

③当任何一条线路上发生故障时，可以采取**前加速**原则进行切除故障。以图 6-33 中 K2 故障为例，故障本应由保护 3 进行切除，因为采取前加速原则，第一次都由保护 1 瞬时无选择性地动作予以切除，而不管其本来的动作时限，切除之后再进行重合闸。同理，若故障点发生在 K1 处，首先同样由保护 1 采取前加速动作。

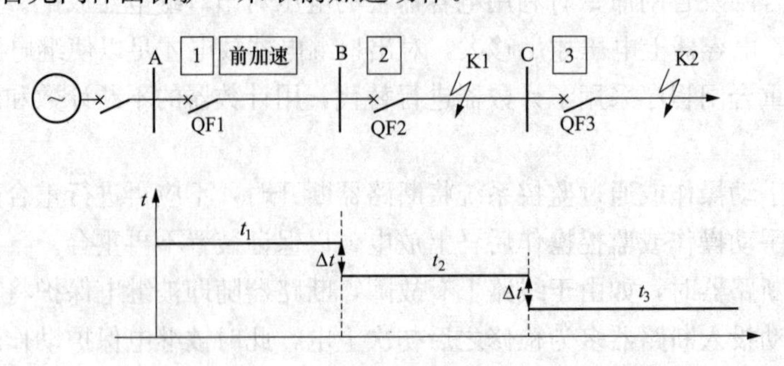

图 6-33 重合闸前加速保护网络接线

④⑤如果此时的故障是瞬时性故障，则在重合闸以后即恢复正常供电。如果此时故障是永久性的，则保护还需将故障部分再次切除。第二次切除将按各保护正常动作时限有选择性地来切除故障，即由保护 3 以动作时限 t_3 来启动切除，而不是继续由保护 1 来动作切除。

⑥这种采用重合闸前加速保护的方式多段线路只需要装设一套重合闸装置，经济性好，设备使用较少，接线也就更加简单。此种方式在 35kV 以下由发电厂或重要变电站引出的直配线路上应用较多。高压输电线路一般对选择性要求高，往往采取后加速保护。

注：前加速的主要优点是能快速切除故障，且经济实惠。但也有缺点，主要体现在当断路器 QF1 本体出现故障时，会造成故障切除过慢或扩大事故范围，影响全线路供电。

6.6.8　重合闸后加速

系统故障之切除，正常时限来动作。①
选择性能为基础，重合条件需满足。②
永久故障再切除，无顾延时后加速。③
配置复杂其缺点，优势明显选动佳。④

解析：

重合闸后加速

①高压线路上一般都装有性能比较完备的保护装置，一旦区内发生故障，保护装置能快速以事先整定的动作时限将这些故障切除。

②高压线路上一般不允许保护无选择性地动作后以重合闸来纠正（前加速），因为这样可能会扩大事故范围。因此保护动作极具选择性，而重合闸装置只需要满足重合条件即可自动重合闸。

③在断路器重合闸时，如果重合于永久性故障，保护装置将加速切除故障，即以更快的速度切除故障（与第一次保护动作是否有时限无关），这种切除方式被称为重合闸保护的**后加速**。以图 6-33 为例，当 K2 处故障时，应由 3 处的主保护动作于 QF3，若此时 3 处的主保护失效，QF3 由 3 处的后备保护以时限 t_3 切除，再经过短暂延时后，重合闸装置向 QF3 发重合闸命令，若合于永久故障，保护装置将加速跳开 QF3，而不再顾及第一次动作时带有的延时 t_3，即重合闸后加速。整个过程皆是有选择性地动作。

④重合闸后加速保护的缺点在于相比前加速设备配置要复杂，每台断路器上都需要装设一套重合闸装置，因此系统就更加复杂。但是其优势也十分明显，能够完全满足高压线路上所要求严格的选择动作性能。因此重合闸后加速保护在高压电网中应用广泛。

注：后加速的主要优点体现在有选择性地切除故障，并对永久故障有特定的反应能力。它的缺点主要是投资相对较大，装置相对复杂。

6.6.9　检无压和检同期重合闸

双侧电源供电下，故障双侧皆跳闸，①
为避重合冲击大，检定同期与无压。②
先合一侧采无压，为纠偷跳同期加。③

另侧检定同期压，线路母线幅相差。④

先重一侧工况差，定期轮换较为佳。⑤

解析：

检无压和检同期重合闸

①②在双侧电源线路供电系统中，一旦线路发生故障，两侧的保护将会跳开相应的断路器。采用重合闸时，必须考虑双侧系统是否同期的问题。非同期合闸会对系统产生很大的冲击电流，甚至引起系统振荡。对于两侧系统，目前应用最多的通过检查线路无压和检查同期来进行重合闸。也就是说，在线路的一侧采用检查线路无电压重合闸，而在另一侧采用检查同期的重合闸。如图 6-34 所示，MN 线路的 M 侧采用检查线路无压重合闸（用“V”<表示），N 侧采用检查同期重合闸（用“V－V”表示）。

图 6-34　检查线路无压和检查同期重合闸

③先重合侧采用**检无压方式**进行重合：当 MN 线路上发生短路故障时，两侧开关三相跳闸后，线路上三相电压为零，M 侧检查到线路无压满足条件，经过短暂延时（主要考虑使故障点绝缘强度得到恢复以及断路器断弧后的去游离时间）后发出重合闸命令。

断路器在正常运行情况下，由于误碰跳闸机构、出口继电器意外闭合等情况，可能造成断路器误跳闸，即所谓的**“偷跳”**。对于使用检无压的 M 侧的断路器，如果发生“偷跳”，因对侧断路器仍闭合，线路上仍有电压，因此检无压的 M 侧就不能实现重合。为了使其能纠正“偷跳”，通常都是在检无压一侧也同时投入检同期功能。如此，则如果发生了断路器“偷跳”，则检同期继电器就能起作用，将“偷跳”的断路器重合。所以 M 侧会同时标示“V<”和“V-V”。

④后重合侧采用**检同期方式**进行重合：M 侧重合成功后，N 侧检测到母线和线路均有电压，且母线与线路的同名相电压幅值差和相角差在允许范围内，则 N 侧满足同期合闸条件，经过延时发令重合闸。使用检同期方式需要同时向装置提供母线电压与线路电压。

⑤检无压的一侧总是为先重合闸侧，极有可能重合闸于永久性故障而再次跳闸，导致断路器可能在短时间内两次切除短路电流，工作条件恶劣。而采用检同期的一侧则肯定是重合于完好线路，工作条件相对较好。为了平衡断路器负担，通常在线路两侧都装设检同期和检无压的继电器，定期进行倒换使用，使两侧断路器工作条件接近。

注：发电厂的送出线路，电厂侧通常固定为检同期或停用重合闸，这主要是为了避免发电机受到冲击。

6.7 电力变压器保护

6.7.1 故障类型与保护配置概况

变压器之各故障，箱内箱外非同样。①
保护装置两套装，电量保护非电量。②
箱外故障多短路，电压电流与阻抗。③
箱内故障多情况，瓦斯温升或油样。④

解析：

故障类型与保护配置概况

①电力变压器（本处主要介绍大型变压器，即油浸式变压器）是电力系统中使用广泛的大型设备，是电力系统中不可缺少的重要电气设备。它的运行情况会影响供电的可靠性与系统的安全性。变压器属于静止设备，其故障率较低，但是其故障的情况千变万化。按发生的位置分，变压器故障大致可分为油箱内和油箱外两类故障。

②变压器发生油箱内和油箱外故障时，对外表现的变化和现象有所不同，故在保护装置上也配备两套原理不同的保护，一套称为电量保护，另一套则称为非电量保护，以保证在变压器发生故障时能迅速将其切除。

③变压器油箱外的故障多为套管和引出线上发生相间短路以及接地短路故障，这些故障主要表现为电流增加、电压下降等电量变化。反应电流、电压等量的保护为电量保护。

④变压器油箱内的故障可能为相间故障、匝间故障、绕组触壳等，情况多样，短路过程中除了电流、电压等电量发生变化外，油箱内油、气（瓦斯气体）、温度等非电量也会发生变化，反应油、气、温度等量的保护为非电量保护。

注：大型变压器一般会装设两套电量保护、一套非电量保护，其中两套电量保护互为备用，同时运行，动作于对应断路器的不同跳闸线圈。

6.7.2 电气量保护（主）

6.7.2.1 变压器纵联差动保护（比率制动式）

单一纵差存误差，引入制动制衡它。①
制动特性单调升，动作边界比函数。②
初段水平平过渡，二段倾斜扬坡度。③
两段曲线大用处，克服区外之判误。④
消除饱和之影响，制动越流之窜入。⑤
纵轴差流欲动作，横轴比率制动阻。⑥
制动特性之引入，防止保护误动作。⑦

解析：

变压器纵联差动保护（比率制动式）

①输电线路保护中已经简要介绍过单一的纵联差动保护，流入差动继电器的不平衡电流与变压器外部故障时的穿越电流等因素有关，穿越电流越大，不平衡电流也就越大。因此，单一差动保护的可靠性不高。为了提高动作可靠性，引入带制动性能的差动保护，即在差动继电器中引入一个能够反映变压器穿越电流大小的制动电流判据，继电器的动作电流不再按躲过最大穿越电流整定，而是根据制动电流大小自动调整，从而提高动作的可靠性，一般将其称为**比率制动式差动保护**。

②比率制动式差动保护的动作特性如图 6-35 所示，在平面坐标上，其动作区域以两条斜率不等的比例（一次）函数为边界。

图 6-35 中，I_r为差动电流，I_{res}为制动电流，$K_{rel}f(I_{res})$ 为差动继电器的制动特性函数曲线。$K_{rel}f(I_{res})$ 曲线是一条单调开口向上的曲线（不平衡电流过大时不再为线性），这是因为随着系统电流的增加，互感器的饱和度增加，不平衡度也随之增加，即所需要的制动电流也越大。$K_{rel}f(I_{res})$ 曲线上方区域称为动作区域，下方称为制动区域。实际应用时，以这一曲线作为动作标准不太易于实现，因而对其进行简化，以两条与之近似的折线进行替代，且这两段折线皆在曲线上方，即所谓的两折线特性。

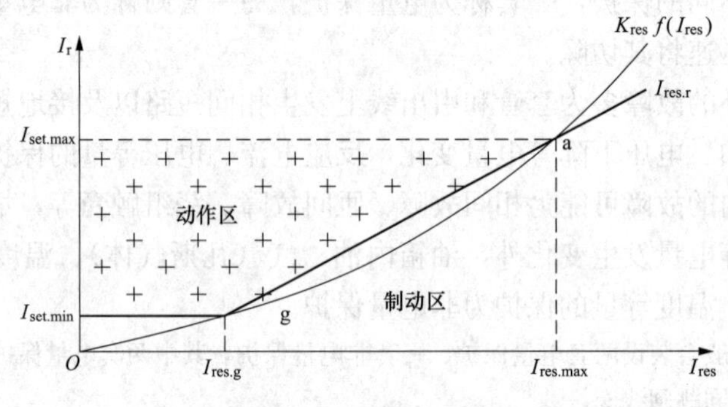

图 6-35　继电器制动特性

③第一段为与坐标横轴平行的直线段，起始点称为**最小动作电流**$I_{set.min}$，其值通常取（0.2～0.5）I_N（I_N为变压器的额定电流）。设置最小动作电流是因为存在一些与制动电流无关的不平衡电流，如变压器的励磁电流、测量回路的杂散噪声等，动作电流过小容易造成继电器的误动作。$I_{set.g}$称为**拐点电流**，它通常取自 $K_{rel}f(I_{res})$ 曲线上的一点，这一点的大致选取范围为（0.6～1.1）I_N。实际继电保护整定计算过程中，最小动作电流和拐点电流需要根据实际确定。

第二段为一条斜线，位于 $K_{rel}f(I_{res})$ 曲线上方，与 $K_{rel}f(I_{res})$ 相交于 a 点，a 点所对应的电流为**最大制动电流**。对于变压器而言，其斜率通常取 0.4～1.0 之间的数值，其中 0.5、0.6、0.7 取值最为常见。

④⑤采用两段折线动作边界的制动曲线保护（比率制动式保护）的主要用处：克服区外短路故障时差动回路的不平衡电流；消除变压器铁芯饱和之后带来的各种影响；制动外部短路穿越电流。

⑥坐标轴上纵轴为差动电流，具体表示为$\dot{I}_{r}=|\dot{I}_{1}+\dot{I}_{2}|$。横轴为制动电流，具体表示为$\dot{I}_{res}=|\dot{I}_{1}-\dot{I}_{2}|/2$（这种制动方式称为平均电流制动，另有复式制动和标积式制动，不再单独说明）。

具体说来，差动电流的大小决定保护装置是否动作，而制动电流的大小决定是否阻止保护动作。即保护的动作条件由原来的只判断差动电流改为了须同时满足差动电流与制动电流的与门逻辑。更为简单来说，只有当系统差动电流较大，而制动电流较小时，保护才能动作；而对于制动电流较大、差动电流相对不大的情况，往往是由于外部故障或其他因素引起，并不是区内故障的特征，保护不动作。

⑦总之，引入制动特性，是为了防止外部故障时的不平衡电流和励磁涌流等情形引起保护装置的误动作，从而有效地提高差动保护的可靠性。

6.7.2.2　变压器励磁涌流

正常运行变压器，励磁电流略不计。①
特殊情况另分析，两种工况突励磁：②
空载之时突合闸，故障消失压复时。③
零压突升似决堤，铁芯饱和增磁密。④
励磁涌流峰值大，五至十倍额定比。⑤
峰值容量成反比，关系曲线大概记。⑥
涌流影响大问题，保护措施来防止。⑦

解析：

变压器励磁涌流

①正常运行中的变压器，励磁电流（用于建立磁场的电流）一般不会超过额定电流的2%～5%，对差动保护几乎无任何影响，可以忽略不计。

②～④有几种特殊情况需要另外分析，其共同点是变压器突然励磁、励磁电流剧增，其可能直接影响差动保护误动作。常见的两种情况如下：一是变压器处于空载状态时突然并网合闸；二是系统瞬时故障瞬间失压又瞬时恢复电压时。这两种情况都属于正常情况，或者说属于非故障状态，突然励磁都是因为变压器电压从零或近似为零的数值突然上升到运行电压，致使铁芯中磁通密度瞬时增加到铁芯材料导磁率的非线性区域，变压器铁芯严重饱和。如图 6-36 近似曲线所示，铁芯不饱和时，磁化曲线的斜率很大，励磁电流i_{μ}很小，近似为零；铁芯饱和后，磁化曲线的斜率很小，i_{μ}大大增加，形成**励磁涌流**。

⑤⑥一般说来，励磁涌流的峰值可以达到额定电压的 5～10 倍甚至几十倍。其具体数值的大小与诸多因数有关，如其与合闸瞬间电压的初相角、铁芯中剩磁的大小和方向以及变压器的额定容量大小等皆相关。励磁涌流峰值与变压器的额定容量大小大致成反比关系，具体关系曲线如图 6-37 所示。图中纵坐标为励磁涌流最大值$I_{\mu\max}$与变压器额定电流值I_{N}的比值，横坐标为变压器额定容量。从图中明显看出，变压器额定容量越大，所产生励磁涌流占比越小。

⑦励磁涌流是变压器快速升压时必须考虑的一个重要问题，因此，需了解励磁涌流的特

点，再根据其特点选择合适的保护措施来防止励磁涌流引起的误动作。

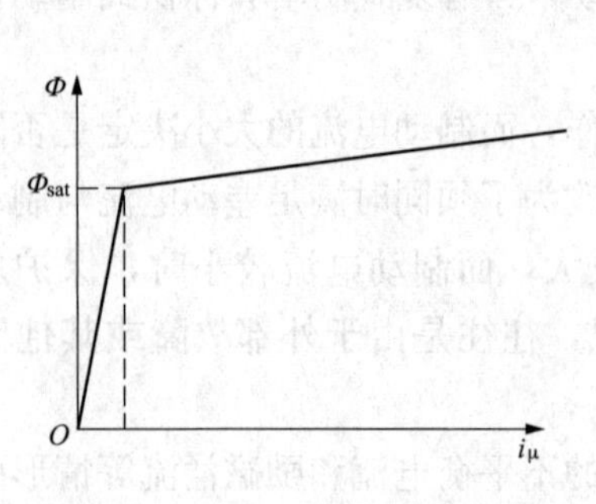

图 6-36 变压器近似磁化曲线

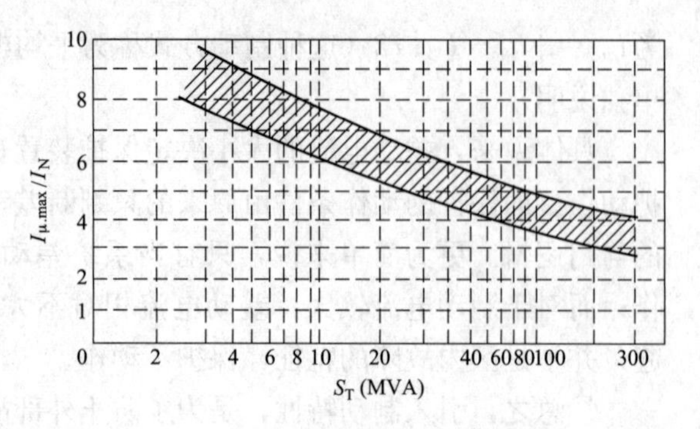

图 6-37 $I_{\mu.\max}/I_N$ 与变压器额定容量 S_T 的关系曲线

6.7.2.3 励磁涌流特点

励磁涌流大干扰，并非故障不跳闸。①
区别故障需知晓，涌流特有间断角，②
除开基波它量找，二次谐波占主要。③
过零合闸涌流高，峰值合闸涌流小。④
三相涌流不相同，至少一相涌流高。⑤

解析：

励磁涌流特点

①励磁涌流的产生是由变压器铁芯饱和造成的，虽然会产生巨大的电流冲击，但其只发生在变压器突上电等特殊情况下，且瞬时衰减，因此通常把励磁涌流定义为系统的干扰情况，并非故障状态，继电保护装置不应动作于跳闸。

②③励磁涌流与故障电流不同，其主要特性如下。

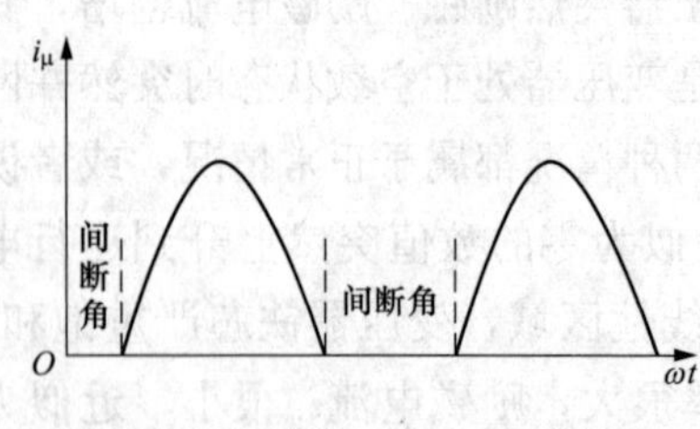

图 6-38 单相变压器励磁涌流波形

（1）对单相变压器而言，从波形上看，故障电流在正负周期上均有波形，而励磁涌流波形完全偏离时间轴一侧，并且出现间断。单相变压器励磁涌流波形如图 6-38 所示，涌流越大，间断角越小。之所以会出现间断角，是因为变压器铁芯饱和的间断性，根据变压器近似磁化曲线可知，铁芯不饱和时，磁化曲线斜率很大，励磁电流近似为零，间断角即出现在此时。而铁芯饱和后，磁化曲线斜率很小，励磁电流大大增加，形成励磁涌流。

（2）励磁涌流的另一大特点是含有大量的高次谐波分量，其中主要以二次谐波为主，约占基波的 30%～40%。

④可以通过合闸瞬间电压相位或幅值大小判断磁通密度的变化，进而判断励磁涌流的大小。以单相为例，有如下结论：在电压幅值为零时合闸，变压器铁芯会出现最严重的饱和情况，励磁涌流将达到最大；在电压瞬时值为最大值时合闸，无励磁涌流产生。

变压器稳定运行时，铁芯中的磁通滞后于外加电压90°，见图6-39（a）。空载合闸初瞬（$t=0$）时，电压瞬时值$u=0$、初相$\alpha=0$，铁芯中正常的磁通应该为负的最大值$-\Phi_m$，如图6-39（b）所示，再经过半个周期后，正常磁通变为$+\Phi_m$，又由于合闸瞬间铁芯中的磁通不能突变，因此在合闸瞬间将出现一个非周期分量磁通，而这一磁通的幅值也为$+\Phi_m$。也就是说，经过半个周期后，铁芯中的磁通就达到了$2\Phi_m$，如果此时铁芯中原来还存在剩余磁通Φ_{res}，则此时总磁通为$2\Phi_m+\Phi_{res}$，此时变压器铁芯严重饱和，系统中将出现最大的励磁涌流。同理，还可以分析出，在电压瞬时值为最大时合闸，就不会出现励磁涌流。

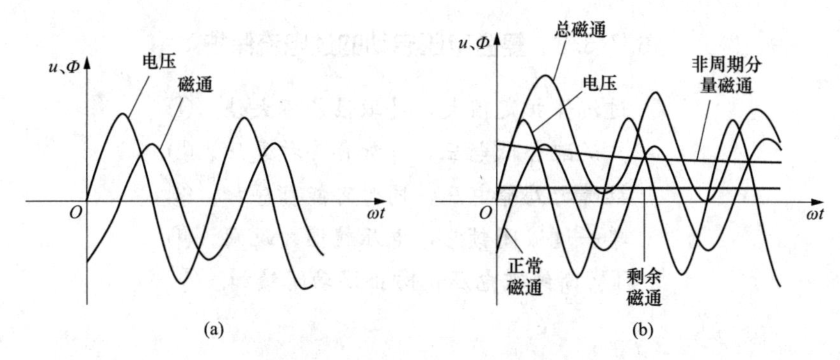

图6-39　电压峰值时合闸瞬间变压器励磁涌流分析图

（a）稳态运行；（b）$u=0$瞬间空载合闸

⑤对三相变压器而言，由于三相电压之间有120°的相位差，因而三相励磁涌流大小不会相同，无论何时瞬间合闸，至少有一相会出现较大的励磁涌流。

注：1. 由于励磁涌流具有区别于短路电流的特征，工程应用中为了防止励磁涌流引起差动保护的误动作，常采用如下两种方法特别处理：

（1）采用**二次谐波制动**方法。该方法根据励磁涌流中含有大量二次谐波分量的特点，采用滤波技术或傅里叶分解算法从差动电流中分离出基波分量和二次谐波分量，当其中的二次谐波含量大于整定值时就将差动保护闭锁，防止励磁涌流引起的误动作。

（2）**鉴别间断角**方法。该方法的根据是，励磁涌流波形中会出现间断角，而变压器内部故障时流入差动继电器的稳态电流是正弦波，不会出现间断角。当间断角大于整定值时（间断角整定值一般取65°）将差动保护闭锁，防止励磁涌流引起的误动作。

2. 电压和磁通之间的关系为$u=\frac{d\Phi}{dt}$，一般发电机感应线圈中的磁通量是按正余弦关系变化的，假设磁通量$\Phi=k\cos\omega t$，其中ω为磁通量角频率，可以由转子的转动频率得到，根据电磁感应定律可知，电动势u为Φ对t求微分，即有$u=\frac{d\Phi}{dt}=k\sin\omega t=k\cos(\omega t+90°)$，由此可见，电压与磁通量的变化有90°的相位差。

6.7.3　其他电气量保护（后备）

6.7.3.1　过电流保护

过流保护理明了，回路简单多用到。①
最大负荷定值校，常配电压需知晓。②

解析：

过 电 流 保 护

①**过电流保护**的原理十分简单，通常只需要判断电流互感器二次侧的电流大小，因而在各种设备的保护中基本都有配备。

②过电流保护的启动电流按躲过可能出现的最大负荷电流整定，启动电流比较大，对于升压变压器或容量较大降压变压器，其灵敏度往往不能满足要求。为此，在很多场合与电压保护相结合使用，常见的有低电压启动的过电流保护、复合电压启动的过电流保护等。

6.7.3.2 复合电压启动的过电流保护

过流保护定值大，灵敏性能不太佳。①
广泛配合低电压，外加负序称复压。②
故障之处降电压，同时可能负序加。③
单一过流闭锁它，电压越槛才跳闸。④
TV 断线零电压，防止误动闭锁加。⑤

解析：

复合电压启动的过电流保护

①单纯的过电流保护定值较大，特别是对于升压变压器、系统联络变压器以及大容量变压器，灵敏性能往往较差。

②工程上广泛将过电流与低电压结合使用，称为低电压启动的过电流保护。经过配合低电压的发展，后续又多加入判别负序电压条件，使过电流保护能适应更多场合。一般将低电压与负序电压的组合称为**复合电压**，采用复合电压即可组成复合电压启动的过电流保护。

③④采用复合电压启动的过电流保护时，过电流的整定值可以适当减小。因为一旦系统发生短路故障，故障处往往伴随着电压降低或产生负序电压分量，即低电压继电器与负序电压继电器至少能启动一个。其中，低电压继电器主要反应接地故障和三相短路故障，而负序电压继电器则反应不对称故障。

当检测到系统中只有单一的过电流启动，而低电压或负序电压并没有启动，则此时很可能是由于系统短时过负荷等因素引起的过电流，保护不能动作，即将其闭锁。只有当系统过电流、低电压或负序电压同时也启动，才判定为故障，保护装置启动跳闸。其动作逻辑如图 6-40 所示。

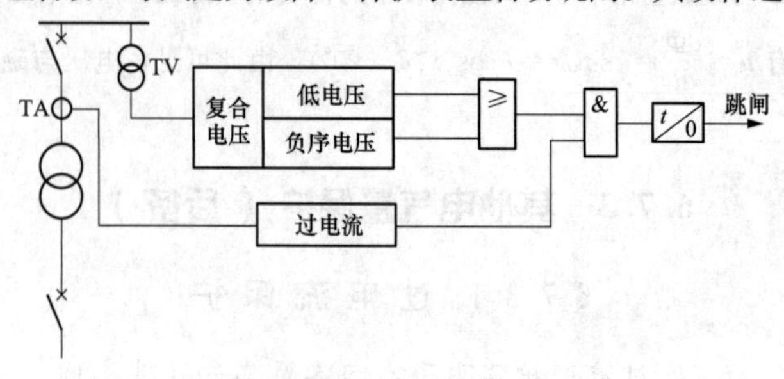

图 6-40 复合电压启动的过电流保护动作逻辑

⑤采用复合电压启动的过电流保护的电压互感器回路发生断线时，低电压条件自动满足，若此时再发生非故障性的过电流，将会使复合电压启动的过电流保护误动作。为此，在实际装置中还需要配置电压回路断线闭锁的功能。

注：整定计算如下：

（1）负序电压继电器的一次动作电压按躲过正常运行时的不平衡电压整定。根据运行经验，通常整定负序电压 $U_{op2}=0.06U_N$（U_N为电源额定相间电压）。

（2）接在相间电压上的低电压继电器的一次动作电压，按躲过电动机自启动的条件整定。对于火力发电厂的升压变压器，还应考虑能躲过发电机失磁运行时的最低电压，一般可取整定低电压 $U_{op}=(0.5\sim0.6)U_N$。

6.7.3.3　中性点直接接地的零序电流保护

中点接地变压器，零序保护显绝技。①
中性点处电流取，正常运行无零序。②
一旦故障再接地，相地之间回路闭。③
零序电流得以立，切除故障短延时。④
通常采用两段式，多级后备再延时，⑤
初级延时跳母联，二级延时切主变。⑥

解析：

中性点直接接地的零序电流保护

①电力系统中，接地故障是最常见的故障形式。中性点直接接地运行的变压器均采用零序过电流保护作为变压器接地后备保护。

②测量零序电流的电流互感器TA装设在变压器中性点接地处，当系统发生接地故障时，接地点处出现零序电压，变压器中性点将出现零序电流，而系统正常运行时没有零序电流。

③④一旦发生接地故障，相线与地之间形成闭合回路，故障点处可等效出一个零序电源。此时，系统中有两个接地点，会形成零序电流通路而出现零序电流流通，零序保护则启动，经过短暂延时后动作切除故障。

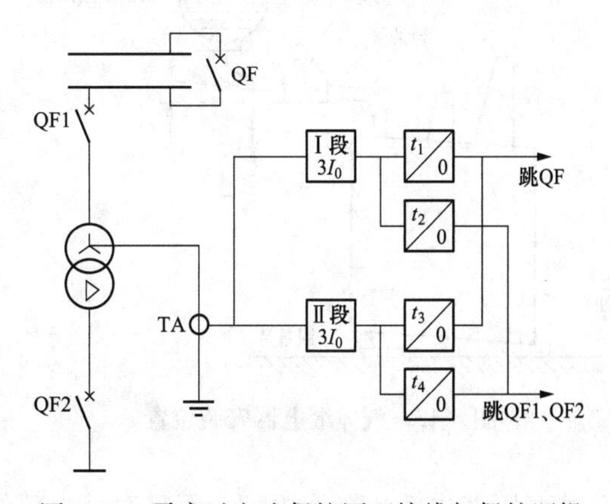

图6-41　零序过电流保护原理接线与保护逻辑

⑤⑥零序过电流保护通常采用两段式，其Ⅰ段与相邻元件零序电流保护Ⅰ段相配合，其Ⅱ段与相邻元件零序电流保护后备段（不是Ⅱ段）相配合。并且根据需要，各段还可以采用两个时限：以较短的时限跳开母联断路器或分段断路器，如图6-41中的QF；以较长时限跳开变压器，即跳开变压器各侧断路器，如图6-41中的QF1、QF2。

6.7.4 非电量保护（主）——变压器瓦斯保护

瓦斯作为主保护，保护范围箱内部。①
安装位置小坡度，油箱油枕连接处。②
箱内故障起电弧，油料分解气上浮。③
浮出气体之速度，甄别故障之程度。④
轻微故障不轻忽，轻度瓦斯发信速。⑤
严重故障气大量，迫使油流过速度，⑥
冲动挡板接触点，重度瓦斯瞬切除。⑦
接线简单少回路，动作灵敏且迅速，⑧
配合差动内外顾，避免各类大事故。⑨

解析：

变压器瓦斯保护

①变压器保护中常用的电气量保护对于变压器内部的某些轻微故障，灵敏性能可能不足，因此变压器通常还装设有反映油箱内部油、气、温度等特征的非电量保护。**瓦斯保护**（也称**气体保护**）就是其中的一个主保护。

瓦斯气体，是一个十分宽广的概念，它通常由各种烃类气体混合而成，在变压器保护中，也可将它称之为故障特征气体，主要包括甲烷（CH_4）、乙烷（C_2H_6）、乙烯（C_2H_4）、氢气（H_2）、一氧化碳（CO）等。

②瓦斯保护的气体继电器安装在油箱与储油柜（油枕）之间的连接管道上，如图 6-42 所示。油箱内产生的气体必须通过气体继电器才能流向储油柜，为了使气体能更加通畅地流动，连接管道一般与水平面具有一定的升高坡度，通常为 2%～4%。

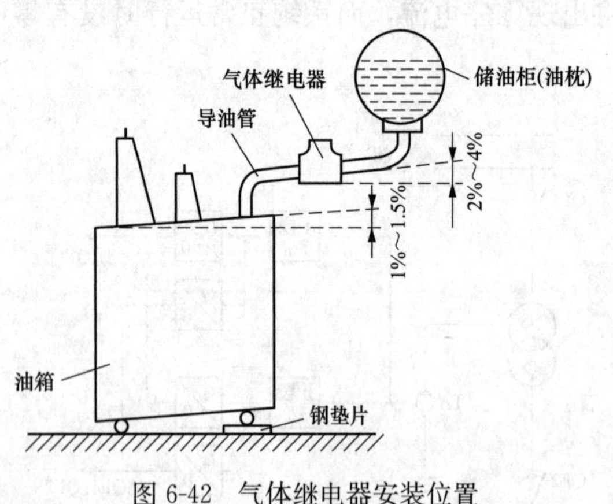

图 6-42 气体继电器安装位置

③④电力变压器通常利用变压器油作为绝缘和冷却介质，当变压器油箱内部发生故障时，在故障电流和故障点电弧的作用下，变压器油和其他绝缘材料会因受热而分解，产生大量气体，即瓦斯气体。这些气体从变压器箱内向上浮出，顺着导油管道浮向储油柜处（储油柜处设有呼吸器，可缓慢与外界进行气体交换），浮上的气体经过气体继电器，根据浮过气体量的多少与速度可以大致判断出变压器故障的严重程度。

⑤变压器瓦斯保护的一大优点是其不仅能反映变压器内部的严重故障，而且对其内部的不正常情况或轻微故障其也能甄别，并启动轻瓦斯保护动作于信号，使运维人员能够迅速发现故障并及时处理。

以开口杯式挡板式气体继电器为例，如图 6-43 所示，对继电器的动作情况进行分析。正常情况下，继电器内充满油，开口杯在浮力与平衡件的作用下处于上翘位置，挡板亦处于上翘位置，如图 6-44（a）所示。

轻瓦斯动作情况：当变压器内部发生轻微故障时，产生的少量气体汇集在气体继电器的上部，迫使气体继电器内的油面下降，开口杯露出油面，因物体在气体中受到的浮力比在油中受到的浮力小，开口杯失去原来的平衡，绕轴下落，同时带动永久磁铁下落，当气体汇集到一定程度时，开口杯的持续下落将使永久磁铁与干簧触点接触，接通外部电路，发出轻瓦斯动作信号，如图 6-44（b）所示。

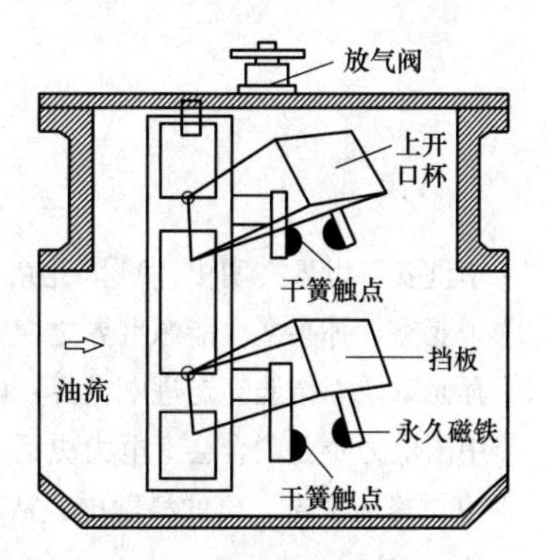

图 6-43 开口杯挡板式气体继电器结构简图

⑥⑦当变压器内部发生严重故障时，故障点周围的温度剧增而迅速产生大量气体，变压器内部压力升高，迫使变压器油以较快速度从油箱经过导油管道向储油柜方向冲去。

重瓦斯动作情况：过速的油流冲击气体继电器下部挡板，挡板的动作带动永久磁铁动作，最终与干簧触点接触，跳闸回路接通，重瓦斯保护动作将变压器切除，如图 6-44（c）所示。当变压器发生严重漏油时，轻瓦斯与重瓦斯都将动作，如图 6-44（d）所示。

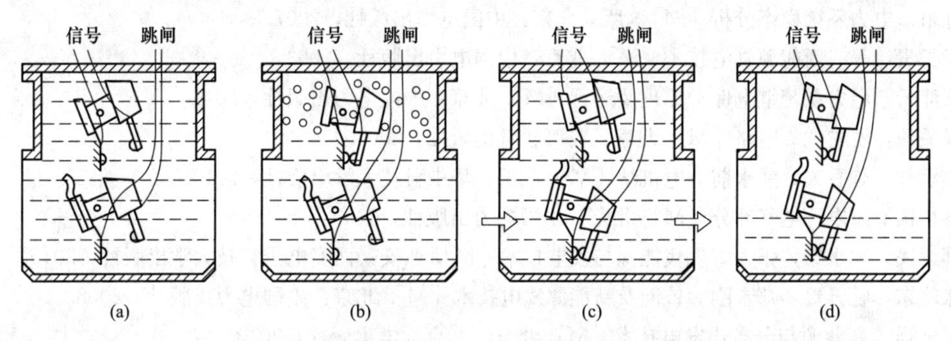

图 6-44 开口杯挡板式气体继电器动作情况

（a）正常时；（b）轻瓦斯；（c）重瓦斯；（d）严重漏油

⑧⑨依上，瓦斯保护的主要优点是动作迅速、灵敏度高、安装接线简单，能反应油箱内部发生的各种类型故障。其缺点是不能反映油箱以外的套管及引出线等部位发生的故障。因此，一般采用瓦斯保护与差动保护相互配合、相互补充，实现快速而灵敏地切除变压器箱内箱外各种类型的故障。

注：气体保护和差动保护均为变压器的主保护，较大容量变压器需同时采用。

参考文献

[1] 李世安．世界文明史 [M]. 北京：中国发展出版社，2000.
[2] 朱亚杰，孙兴文．能源世界之窗 [M]. 北京：清华大学出版社，2010.
[3] 孙元章，李裕能．走进电世界：电气工程与自动化（专业）概论 [M]. 北京：中国电力出版社，2009.
[4] 中国电力企业联合会．电力史话．北京：社会科学文献出版社，2015.
[5] 克雷格·罗奇．电的科学史：从富兰克林的风筝实验到马斯克的特斯拉汽车 [M]. 北京：中信出版社，2018.
[6] 刘筱莉，仲扣庄．物理学史 [M]. 南京：南京师范大学出版社，2001.
[7] 威廉 E，罗思柴尔德．通用电气成功全书 [M]. 北京：机械工业出版社，2008.
[8] 孟祥萍，高嬿．电力系统分析 [M]. 2 版．北京：高等教育出版社，2010.
[9] 胡虔生，胡敏强．电机学 [M]. 北京：中国电力出版社，2009.
[10] 刘振亚．特高压电网 [M]. 北京：中国经济出版社，2005.
[11] 陈珩．电力系统稳态分析 [M]. 3 版．北京：中国电力出版社，2007.
[12] 王长贵，等．新能源发电技术 [M]. 北京：中国电力出版社，2003.
[13] 张沛云．电力系统继电保护原理及运行 [M]. 北京：中国电力出版社，2011.
[14] 邱关源，罗先觉．电路 [M]. 北京：高等教育出版社，2006.
[15] 辜承林，陈乔夫，熊永前．电机学 [M]. 武汉：华中科技大学出版社，2010.
[16] 熊信银．发电厂电气部分 [M]. 北京：中国电力出版社，2009.
[17] 邢运民，陶永红，张力．现代能源与发电技术 [M]. 西安：西安电子科技大学出版社，2015.
[18] 张晓东，杜云贵，郑永刚．核能及新能源发电技术 [M]. 北京：中国电力出版社，2008.
[19] 朱永强．新能源与分布式发电技术 [M]. 北京：北京大学出版社，2010.
[20] 冯飞．新能源技术与应用概论 [M]. 2 版．北京：化学工业出版社，2016.
[21] 汤双清．飞轮储能技术及应用 [M]. 武汉：华中科技大学出版社，2007.
[22] 关金锋．发电厂动力部分 [M]. 北京：中国电力出版社，1998.
[23] 龙源电力集团股份有限公司．风力发电基础理论：第一分册 [M]. 北京：中国电力出版社，2016.
[24] 王明华，李在元，代克化．新能源导论 [M]. 北京：冶金工业出版社，2014.
[25] 钱显毅，钱显忠．新能源与发电技术 [M]. 西安：西安电子科技大学出版社，2015.
[26] 曹晴峰．电气学科概论 [M]. 北京：中国电力出版社，2014.
[27] 孟遂民，孔伟，唐波．架空输电线路设计 [M]. 2 版．北京：中国电力出版社，2015.
[28] 张忠亭．架空输电线路设计原理 [M]. 北京：中国电力出版社，2010.
[29] 李光辉．输电线路基础 [M]. 北京：中国电力出版社，2012.
[30] 赵先德．输电线路基础 [M]. 3 版．北京：中国电力出版社，2011.
[31] 刘振亚．特高压交直流电网 [M]. 北京：中国电力出版社，2013.
[32] 张勇军．全国工程硕士专业学位教育指导委员会推荐教材：高压直流输电原理与应用 [M]. 北京：清华大学出版社，2012.
[33] 韩民晓，等．高压直流输电原理与运行 [M]. 2 版．北京：机械工业出版社，2013.
[34] 沈其工，方瑜，周泽存，等．普通高等教育“十二五”规划教材　普通高等教育“十一五”国家级规划教材：高电压技术 [M]. 4 版．北京：中国电力出版社，2012.

[35] 梁曦东，周远翔，曾嵘．高电压工程 [M]. 北京：清华大学出版社，2015.
[36] 施围，邱毓昌，张乔根．普通高等教育“十一五”国家级规划教材：高电压工程基础 [M]. 北京：机械工业出版社，2013.
[37] 庞清乐，郭文，李希年．供电技术 [M]. 北京：清华大学出版社，2015.
[38] 赵德申．供配电技术应用 [M]. 北京：高等教育出版社，2004.
[39] 张红．高电压技术 [M]. 北京：中国电力出版社，2009.
[40] 胡孔忠．供配电技术 [M]. 合肥：安徽科学技术出版社，2007.
[41] 曾根悟，等．程君实，等．译．图解电气大百科 [M]. 北京：科学出版社，2002.
[42] 姚春球．发电厂电气部分 [M]. 北京：中国电力出版社，2013.
[43] 张炳达．2010 注册电气工程师执业资格考试专业基础考试复习教程 [M]. 天津：天津大学出版社，2010.
[44] 刘宝贵．发电厂变电所电气设备 [M]. 北京：中国电力出版社，2008.
[45] 袁季修．电流互感器和电压互感器 [M]. 北京：中国电力出版社，2011.
[46] 王越明．电气二次回路识图 [M]. 北京：化学工业出版社，2012.
[47] 宗士杰，黄梅．“十三五”普通高等教育本科规划教材：发电厂电气设备及运行 [M]. 3 版．北京：中国电力出版社，2016.
[48] 李发海，朱东起．电机学 [M]. 5 版．北京：科学出版社，2013.
[49] 刘柏青．电力系统及电气设备概论 [M]. 武汉：武汉大学出版社，2011.
[50] 孟祥忠．现代供电技术 [M]. 北京：清华大学出版社，2006.
[51] 陈慈萱．电气工程基础：上 [M]. 北京：中国电力出版社，2012.
[52] 喻剑辉，张元芳．电气工程及其自动化专业继续教育函授专科系列教材：高电压技术 [M]. 北京：中国电力出版社，2009.
[53] 张一尘，章建勋，屠志健．高电压技术 [M]. 北京：中国电力出版社，2007.
[54] 杨淑英．普通高等教育“十二五”规划教材：电力系统概论 [M]. 2 版．北京：中国电力出版社，2013.
[55] 刘天琪．“十三五”普通高等教育规划教材：现代电力系统分析理论与方法 [M]. 2 版．北京：中国电力出版社，2016.
[56] 万千云，等．电力系统运行实用技术问答 [M]. 北京：中国电力出版社，2003.
[57] 刘涤尘．电气工程基础 [M]. 武汉：武汉理工大学出版社，2002.
[58] 冈田隆夫，等．电机学：上、下 [M]. 洪纯一，译．北京：科学出版社，2003.
[59] 戴文进，徐龙权．电机学 [M]. 北京：清华大学出版社，2008.
[60] FITZGERALD A E，等．电机学 [M]. 刘新正，等．译．北京：电子工业出版社，2004.
[61] 胡敏强．电机学 [M]. 3 版．北京：中国电力出版社，2014.
[62] 王生．电机与变压器 [M]. 北京：高等教育出版社，2005.
[63] 梅卫群，江燕如．建筑防雷工程与设计 [M]. 3 版．北京：气象出版社，2008.
[64] 汤蕴璆，梁艳萍．电机学 [M]. 北京：机械工业出版社，2011.
[65] 唐介，刘娆．电机与拖动 [M]. 3 版．北京：高等教育出版社，2014.
[66] 郭丙君．电机与拖动基础 [M]. 北京：化学工业出版社，2012.
[67] 贺家李．电力系统继电保护原理 [M]. 4 版．北京：中国电力出版社，2013.
[68] 张保会，尹项根．电力系统继电保护 [M]. 2 版．北京：中国电力出版社，2010.
[69] 郭光荣，李斌副．电力系统继保护 [M]. 2 版．北京：高等教育出版社，2011.

[70] 国家电网公司运维检修部．国家电网公司十八项电网重大反事故措施（修订版）辅导教材［M］．北京：中国电力出版社，2012.
[71] 杨晓敏．电力系统继电保护原理及应用［M］．北京：中国电力出版社，2006.
[72] 刘学军，段慧达，辛涛．继电保护原理　电气工程及其自动化专业［M］．3版．北京：中国电力出版社，2012.
[73] 国家电力调度通信中心．电力系统继电保护实用技术问答［M］．2版．北京：中国电力出版社，2000.
[74] 电力行业职业技能鉴定指导中心．变电站值班员［M］．北京：中国电力出版社，2001.
[75] 康华光；华中科技大学电子技术课程组．电子技术基础：模拟部分［M］．5版．北京：高等教育出版社，2006.
[76] 文锋．现代发电厂概论［M］．北京：中国电力出版社，2008.
[77] 赵畹君．高压直流输电工程技术［M］．2版．北京：中国电力出版社，2011.
[78] 苗世洪，朱永利．发电厂电气部分［M］．北京：中国电力出版社，2015.
[79] 陈化钢．电力设备预防性试验方法及诊断技术［M］．北京：中国水利水电出版社，2009.
[80] 刘宝贵．发电厂变电所电气部分［M］．3版．北京：中国电力出版社，2016.
[81] 房俊龙，等．电力系统分析［M］．北京：中国水利水电出版社，2007.
[82] 张仁醒．电工基本技能实训［M］．北京：机械工业出版社，2008.
[83] 戴绍基．电气安全［M］．北京：高等教育出版社，2005.
[84] 黄益庄．变电站综合自动化技术［M］．北京：中国电力出版社，2000.
[85] 朱声石．高压电网继电保护原理与技术［M］．3版．北京：中国电力出版社，2005.
[86] 熊信银，张步涵．电气工程基础［M］．2版．武汉：华中科技大学出版社，2014.
[87] 刘振亚．全球能源互联网［M］．北京：中国电力出版社，2015.
[88] 张全元．变电运行现场技术问答［M］．3版．北京：中国电力出版社，2016.
[89] 夏国明．供用电设备［M］．北京：中国电力出版社，2010.
[90] 杨文臣，李华副，李琳，等．电力工程技术问答：变电、输电、配电专业（中）［M］．北京：中国电力出版社，2015.
[91] 国家电力调度通信中心．国家电网公司继电保护培训教材：上［M］．北京：中国电力出版社，2009.
[92] 史迪夫·劳．我是未来：尼古拉·特斯拉传［M］．杭州：浙江人民出版社，2018.